高等教育规划教材

Visual FoxPro 程序设计教程

第3版

刘瑞新　汪远征　曹欢欢　等编著

机械工业出版社

本书以 Visual FoxPro 6.0 中文版为语言背景，以程序语言结构为主线，通过大量实例，深入浅出地介绍了数据库与 Visual FoxPro 的基础知识、Visual FoxPro 的编程环境与编程基础、Visual FoxPro 编程的工具与编程步骤、顺序结构程序设计、选择结构程序设计、循环结构程序设计、数组、自定义属性与方法、表单集与多重表单、菜单与工具栏、数据表和索引、多表操作与数据库、查询与视图、关系数据库标准语言 SQL 和报表。本书内容涵盖《全国计算机等级考试二级考试大纲（Visual FoxPro 程序设计）》。

本书适合作为大学、高职高专及各类中等职业教育学校的教材，也可以作为各类计算机培训班的教学用书，还可以作为各类应试人员的学习用书。

本书配有电子教案，需要的教师可登录 www.cmpedu.com 免费注册，审核通过后下载，或联系编辑索取（QQ：2966938356，电话：010-88379739）。

图书在版编目（CIP）数据

Visual FoxPro 程序设计教程 / 刘瑞新等编著．—3 版．—北京：机械工业出版社，2015.1

高等教育规划教材

ISBN 978-7-111-48219-2

Ⅰ．①V… Ⅱ．①刘… Ⅲ．①关系数据库系统－程序设计－高等学校－教材 Ⅳ．①TP311.138

中国版本图书馆 CIP 数据核字（2014）第 233219 号

机械工业出版社（北京市百万庄大街 22 号 邮政编码 100037）

责任编辑：和庆娣 责任校对：张艳霞

责任印制：刘 岚

涿州市京南印刷厂印刷

2015 年 1 月第 3 版・第 1 次印刷

184mm×260mm・20 印张・496 千字

0001－3000 册

标准书号：ISBN 978-7-111-48219-2

定价：39.90 元

出版说明

当前，我国正处在加快转变经济发展方式、推动产业转型升级的关键时期。为经济转型升级提供高层次人才，是高等院校最重要的历史使命和战略任务之一。高等教育要培养基础性、学术型人才，但更重要的是加大力度培养多规格、多样化的应用型、复合型人才。

为顺应高等教育迅猛发展的趋势，配合高等院校的教学改革，满足高质量高校教材的迫切需求，机械工业出版社邀请了全国多所高等院校的专家、一线教师及教务部门，通过充分的调研和讨论，针对相关课程的特点，总结教学中的实践经验，组织出版了这套“高等教育规划教材”。

本套教材具有以下特点：

1）符合高等院校各专业人才的培养目标及课程体系的设置，注重培养学生的应用能力，加大案例篇幅或实训内容，强调知识、能力与素质的综合训练。

2）针对多数学生的学习特点，采用通俗易懂的方法讲解知识，逻辑性强、层次分明、叙述准确而精炼、图文并茂，使学生可以快速掌握，学以致用。

3）凝结一线骨干教师的课程改革和教学研究成果，融合先进的教学理念，在教学内容和方法上做出创新。

4）为了体现建设“立体化”精品教材的宗旨，本套教材为主干课程配备了电子教案、学习与上机指导、习题解答、源代码或源程序、教学大纲、课程设计和毕业设计指导等资源。

5）注重教材的实用性、通用性，适合各类高等院校、高等职业学校及相关院校的教学，也可作为各类培训班教材和自学用书。

欢迎教育界的专家和老师提出宝贵的意见和建议。衷心感谢广大教育工作者和读者的支持与帮助！

机械工业出版社

前　言

本教材第1版、第2版由于结构合理，内容取舍得当，易于教师讲授和方便学生理解，被许多大专院校连续多年选为教材，也因此成为同类书中印刷量最大的教材之一。

为了使本教材更加完善，我们对第2版教材进行了一些调整和充实，使之更加符合当前大专院校对Visual FoxPro课程的教学要求。因此，本书无论在内容和课时安排上，都更加适应教学的需要。

本书作为第二个层次的计算机教学内容，建立在读者没有任何程序设计知识的基础上，重点讲解计算机程序设计语言的基本知识（语言基本元素与结构、语言本身所支持的数据类型、数组、各种表达式的使用）、结构化程序设计知识（程序的输入和输出、程序的控制结构、顺序结构、选择结构、循环结构、子程序及文件的使用等）、面向对象程序设计的概念与方法和程序中常用的算法等。本书的基本内容主要围绕“程序设计”这个主题。

微软公司开发的Visual系列语言不仅在功能上趋于统一，而且在编程的方法上也是一致的，它们都是采用“面向对象”编程技术的简化版——可视化编程。这是一种程序设计的新概念、新方法，学会一种可视化编程语言，可以毫不费力地学习另一种可视化编程语言。所以通过本教材的学习，读者不仅可以学会程序设计的基本知识、设计思想和方法，还可以学会可视化程序设计的通用方法与步骤。

本书以Visual FoxPro 6.0中文版为语言背景，以程序语言结构为主线，把可视化控件、向导分散到各章中介绍，通过大量实例，深入浅出地介绍了数据库与Visual FoxPro的基础知识、Visual FoxPro的编程环境与编程基础、Visual FoxPro编程的工具与步骤、顺序结构程序设计、选择结构程序设计、循环结构程序设计、数组、自定义属性与方法、表单集与多重表单、菜单与工具栏、数据表和索引、多表操作与数据库、查询与视图、关系数据库标准语言SQL和报表等。本书概念清晰、逻辑性强、层次分明、例题丰富，适合教师课堂教学和学生自学。本书内容涵盖《全国计算机等级考试二级考试大纲（Visual FoxPro程序设计）》。

全书通过大量有趣的实例介绍了程序设计的基础和方法，使读者可以轻松学会使用Windows环境中的可视化编程工具。在例题讲解中，按照先给出设计目标，然后介绍为实现设计目标而采取的设计方法，使学生明确程序设计的思想和方法，做到有的放矢。

全书图文并茂，所有操作都依实际屏幕显示一步一步讲述，读者可以边看书边上机操作，通过范例和具体操作，理解基本概念并学会操作方法。针对初学者的特点，全书在编排上注意由简到繁、由浅入深和循序渐进的特点，力求通俗易懂、简捷实用。

本书由刘瑞新、汪远征、曹欢欢等编著，刘瑞新编写第1、12章，汪远征编写第2、3、4章，曹欢欢编写第5、6、8章，徐雅静编写第7、15章，刘桂玲编写第9、11章，刘克纯、田金雨、骆秋容、王如雪、曹媚珠、陈文焕、刘有荣、李刚、孙明建、李索、刘大学编写第10章，张超林编写第13、16章，沙世雁、缪丽丽、田金凤、陈文娟、李继臣、王如新、赵艳波、王茹霞、田同福、徐维维、徐云林编写第14章以及课件的制作、程序的调试等。全书由刘瑞新、汪远征教授统编定稿。

由于编者水平有限，书中疏漏之处难免，欢迎读者对本书提出宝贵意见和建议。

编　者

目　录

第 1 章　数据库基础和 Visual FoxPro 编程环境

数据库是数据库应用程序的核心。本章首先介绍数据库的基本概念，然后介绍数据模型、关系数据库以及 Visual FoxPro 关系数据库管理系统等基础知识。

1.1　数据库的基本概念

数据库是按一定方式把相关数据组织、存储在计算机中的数据集合。数据库不仅存放数据，而且还存放数据之间的联系。

1.1.1　数据与数据处理

数据是指存储在某一种媒体上的能够识别的物理符号。数据的概念有两个方面的涵义：描述事物特性的数据内容以及存储在媒体上的数据形式。数据形式可以是多样的，例如“2015 年 1 月 16 日”是一个数据，它可以表示为“2015-1-16”“15/16/2004”等多种形式。

数据的概念在数据处理领域中已经大大地拓宽了，数据不仅包括各种文字或字符组成的文本形式的数据，而且包括图形、图像、动画、影像、声音等多媒体数据。

数据处理是指将数据转换成信息的过程，通过数据处理可以获得信息，如通过商店的进货量和销售量，就可以知道库存量，从而为进货提供依据。

1.1.2　数据库的产生

计算机管理数据随着计算机的发展而不断发展，利用计算机对数据进行处理经历了 4 个阶段。

1．人工管理阶段

计算机诞生之初，外存储器只有纸带、磁带、卡片等，没有像磁盘这样的速度快、存储容量大、随机访问、直接存储的外存储器。软件方面，没有专门管理数据的软件，数据包含在计算或处理它的程序之中。数据管理的任务包括存储结构、存取方法、输入输出方式等，完全由程序员通过编程实现。这一阶段的数据管理称为人工管理阶段。

2．文件系统阶段

20 世纪 50 年代后期至 20 世纪 60 年代后期，计算机开始大量地用于各种管理中的数据处理工作，大量的数据存储、检索和维护成为紧迫的需求。此时，在硬件方面，可直接存取的磁盘成为外存储器的主流；软件方面，出现了高级语言和操作系统。

这一阶段的数据处理采用程序与数据分离的方式，有了程序文件与数据文件的区别。数据文件可以长期保存在外存储器上被多次存取，在操作系统中文件系统的支持下，程序使用文件名访问数据文件，程序员只需关注数据处理的算法，而不必关心数据在存储器上如何存取。这一阶段的数据管理称为文件（系统）管理阶段。

文件系统中的数据文件是为了满足特定的需要而专门设计的，为某一特定的程序而使用，数据与程序相互依赖。同一数据可能出现在多个文件中，这不仅浪费存储空间，而且由于不能统一更新，容易造成数据的不一致。

3．数据库系统阶段

随着社会信息量的迅猛增长，计算机处理的数据量也相应增大，文件系统存在的问题阻碍了数据处理技术的发展，于是数据库管理系统便应运而生。

数据库技术的主要目的是有效地管理和存取大量的数据资源，包括：提高数据的共享性，使多个用户能够同时访问数据库中的数据；减少数据的冗余度，提高数据的一致性和完整性；提供数据与应用程序的独立性，从而降低应用程序的开发和维护费用。

数据库管理系统从 20 世纪 60 年代末问世以来，一直是计算机管理数据的主要方式。

4．分布式数据库系统阶段

20 世纪 70 年代以前，数据库多数是集中式的，随着网络技术的发展，为数据库提供了良好的运行环境，使数据库从集中式发展到分布式，从主机/终端系统结构发展到客户/服务器系统结构。

1.1.3 数据库系统

1．基本概念

① 数据库（DataBase）：是指存储在计算机存储器中，结构化的相关数据的集合。它不仅存放数据，而且还存放数据之间的联系。

数据库中的数据面向多种应用，可以被多个应用程序共享。其数据结构独立于使用数据的程序，对于数据的增加、删除、修改和检索由系统软件进行统一的控制。

② 数据库管理系统（DBMS）：是指帮助用户建立、使用和管理数据库的软件系统，主要包括 3 部分：数据描述语言（DDL）、数据操作语言（DML）以及其他管理和控制程序。

③ 数据库应用系统（DBAS）：利用数据库系统资源开发的面向某一类实际应用的应用软件系统。一个 DBAS 通常由数据库和应用程序两部分构成，它们都需要在数据库管理系统的支持下开发和工作。

④ 数据库系统：是指引进数据库技术后的计算机系统，包括硬件系统、数据库集合、数据库管理系统和相关软件、数据库管理员、用户等 5 部分。

其中，硬件系统是指运行数据库系统需要的计算机硬件，包括主机、显示器、打印机等；数据库集合是指数据库系统包含的若干个设计合理、满足应用需要的数据库；数据库管理系统和相关软件包括操作系统、数据库管理系统、数据库应用系统等相关软件；数据库管理员是指对数据库系统进行全面维护和管理的专门人员；数据库系统最终面对的是用户。

2．数据库系统的特点

与文件系统相比，数据库系统具有以下特点：

① 数据的独立性强，减少了应用程序和数据结构的相互依赖性。

② 数据的冗余度小，尽量避免存储数据的相互重复。

③ 数据的高度共享，一个数据库中的数据可以为不同的用户所使用。

④ 数据的结构化，便于对数据统一管理和控制。

1.2 数据模型

在现实世界中，事物和事物之间是存在联系的，这种联系是客观存在的，是由事物本身的性质所决定的。例如，学校教学系统中的教师、学生、课程、成绩等都是相互关联的。通常把表示客观事物及其联系的数据及结构称为数据模型。

1.2.1 基本概念

1．实体

客观存在并且可以相互区别的事物称为实体。实体可以是实际的事物，如教师、职工、部门、单位等；也可以是抽象的事件，如比赛、订货、选修课程等。

2．实体集

实体集是具有相同类型及相同性质（或属性）实体的集合，例如某个学校的所有学生的集合可以被定义为实体集 Students。

3．属性

实体通过一组属性来表示，属性是实体集中每个成员具有的描述性性质。将一个属性赋予某实体集表明数据库为实体集中每个实体存储相似的信息，例如学生可以用学号、姓名、性别、出生日期等属性描述。但对每个属性来说，各实体有自己的属性，即属性被用来描述不同实体间的区别。

4．联系

实体之间的对应关系称为联系，它反映了现实事物之间的相互联系，例如，一位学生可以选学多门课程；一个部门中可以有多个职工。

1.2.2 实体之间的联系

联系可以归纳为以下 3 类。

1．一对一的联系

若对于实体集 A 中的每一个实体，都有实体集 B 中唯一的一个实体与之联系，则称实体集 A 与实体集 B 具有一对一的联系。例如，一个部门有一个经理，而每个经理只在一个部门任职，则部门和经理之间具有一对一的联系。

2．一对多的联系

若对于实体集 A 中的每一个实体，实体集 B 中有 n（n＞0）个实体与之联系，反之，对于实体集 B 中的每个实体，实体集 A 中至多只有一个实体与之联系，则称实体集 A 与实体集 B 具有一对多的联系。例如，一个部门有若干名职工，而每名职工只在一个部门工作，则部门与职工之间是一对多的联系。

3．多对多的联系

若对于实体集 A 中的每一个实体，实体集 B 中有 n（n＞0）个实体与之联系，反之，对于实体集 B 中的每个实体，实体集 A 中也有 m（m＞0）个实体与之联系，则称实体集 A 与实体集 B 具有多对多的联系。例如，学生和选修课程的联系，某个学生可以选修多门课程，某门选修课程也可以被多名学生选修。

1.2.3 数据模型简介

数据库中的数据从整体来看是有结构的，即所谓数据的结构化。各实体以及实体间存在的联系的集合称为数据模型，数据模型的重要任务之一就是指出实体间的联系。按照实体集间的不同联系方式，数据库分为 3 种数据模型：层次型、网络型和关系型。

1．层次模型

层次模型的结构是树结构，树的节点是实体，树的枝是联系，从上到下为一对多的联系。每个实体由“根”开始沿着不同的分支放在不同的层次上。如果不再向下分支，则此分支中最后的节点称为“叶”。图 1-1 所示为某系的机构设置，“根”节点是系，“叶”结点是各位教师。

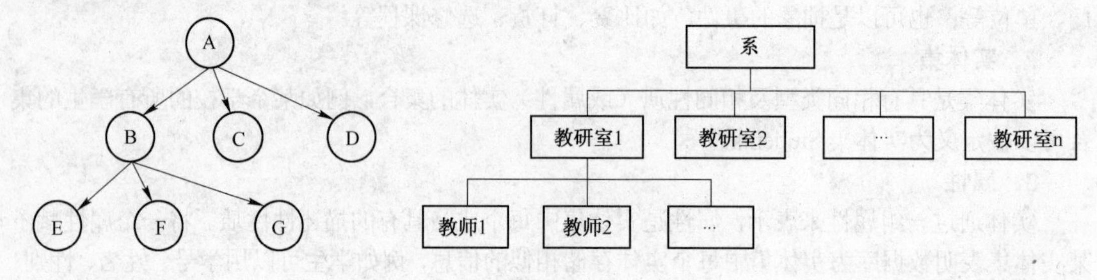

图 1-1　树结构与层次模型

支持层次模型的数据库管理系统称为层次数据库管理系统，其中的数据库称为层次数据库。

2．网状模型

用网形结构表示实体及其之间联系的模型称为网状模型。在网状模型中，每一个节点代表一个实体，并且允许节点有多于一个的“父”节点。这样网状模型代表了多对多的联系类型，如图 1-2 所示。

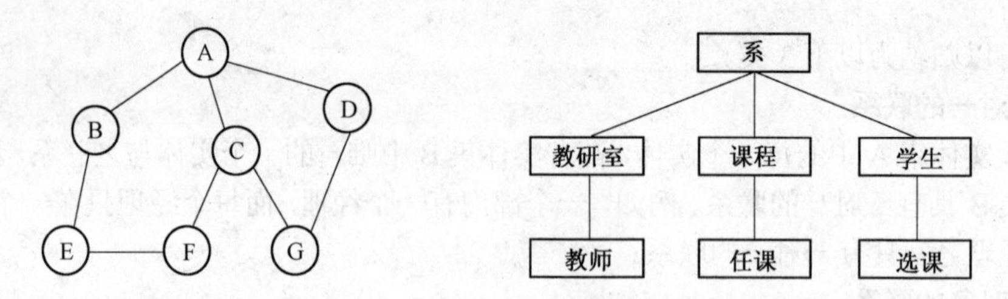

图 1-2　网形结构与网状模型

支持网状模型的数据库管理系统称为网状数据库管理系统，其中的数据库称为网状数据库。

3．关系模型

关系模型是以数学理论为基础构造的数据模型，它用二维表格来表示实体集中实体之间的联系。在关系模型中，操作的对象和结果都是二维表（即关系），表格与表格之间通过相同的栏目建立联系。

关系模型有很强的数据表示能力和坚实的数学理论，且结构单一，数据操作方便，最易被用户接受，以关系模型建立的关系数据库是目前应用最广泛的数据库。由于关系数据库的许多优秀功能，层次数据库和网状数据库均已失去其重要性。

1.3　关系数据库

自 20 世纪 80 年代以来，新推出的数据库管理系统几乎都是基于关系模型的。Visual FoxPro 就是一种关系数据库管理系统。

1.3.1 基本概念

1．关系与表

关系的逻辑结构就是一张二维表，如学籍表、课程表等。在 Visual FoxPro 中，一个关系就是一个“表”，每个表对应一个磁盘文件，表文件的扩展名为.DBF。表文件名即表的名称，也就是关系的名称。

2．属性与字段

一个关系有很多属性（即实体的属性），对应二维表中的列（垂直方向）。每一个属性有一个名字，称为属性名。对于一张二维表格来说，属性就是表格中的栏（列），同栏的数据应具有相同的性质，如“姓名”这一栏就只能填充姓名数据，而不能是其他数据。

在 Visual FoxPro 中，属性表示为表中的“字段”，属性名即为字段名。

3．关系模式与表结构

对关系的描述称为关系模式，一个关系模式对应一个关系的结构。其格式为：

关系名(属性名 1，属性名 2，…，属性名 n)

在 Visual FoxPro 中对应的表结构为：

表名(字段名 1，字段名 2，…，字段名 n)

4．元组与记录

在一个表格（一个关系）中，行（水平方向）称为“元组”。在 Visual FoxPro 中，元组表示为表中的“记录”。

一个表中可以有多个记录，也可以没有记录，没有记录的表称为“空表”。

5．域

域是属性取值的范围，不同的属性有不同的取值范围，即不同的域。如成绩的取值范围是 0～100，逻辑型属性的取值只能是 .T.（真）或 .F.（假）。

6．码与关键字

用来区分不同元组（实体）的属性或属性组合，称为码。在 Visual FoxPro 中对应的概念是关键字，关键字是字段或字段的组合，用于在表中唯一标识记录。如学生成绩表中的学号字段是关键字，因为学号不可能重复，可以用来唯一标识一个记录；性别字段就不是关键字，因为表中相同的性别可能会在不同记录中出现，即有两个或两个以上记录的该属性相同。

如果码的任意真子集都不能成为码，这样的“最小码”称为“候选码”。候选码可能有多个，被选中用来区别不同元组的候选码称为主码。在 Visual FoxPro 中，对应的概念是候选关键字和主关键字。

如果表中的某个字段不是本表的关键字，而是另外一个表中的关键字，则称该字段为外部关键字。

7．关系模型与数据库

从集合论的观点来看，一个关系模型就是若干个有联系的关系模式的集合，一个关系模式是命名的属性集合，另外，关系是元组的集合，元组是属性值的集合。

在 Visual FoxPro 中，把相互之间存在联系的表放到一个数据库中统一管理。例如，在订货管理数据库中可以包含订单表和客户表。

1.3.2 数据完整性

数据完整性是指数据库中数据的正确性和一致性（或相容性），保证数据完整性可以防止数据库中存在不合法的数据，防止错误的数据进入数据库中。

数据完整性可以分为实体完整性、域完整性和参照完整性。

1．实体完整性

实体完整性是指数据库表的每一行都有一个唯一的标识。实体完整性由实体完整性规则来定义，完整性规则是指表中的每一行在组成码（关键字）的列上不能有空值或重复值，否则就不能起到唯一标识行的作用。

2．域完整性

域完整性是指数据库数据取值的正确性。它包括数据类型、精度、取值范围以及是否允许空值等。取值范围又可分为静态和动态两种：静态取值范围是指列数据的取值范围是固定的，如年龄小于 150；动态取值范围是指列数据的取值范围由另一列或多列的值决定，或更新列的新值依赖于它的旧值。

3．参照完整性

参照完整性是指数据库中表与表之间存在码（关键字）与外码（外部关键字）的约束关系，利用这些约束关系可以维护数据的一致性或相容性，即在数据库的多个表之间存在某种参照关系。要实现这种参照关系，首先要创建表的码与外码。

① 当对含有外码的表进行插入、更新操作时，必须检查新行中外键的值是否在主表中存在，若不存在就不能执行该操作。

② 当对主表中的行进行删除、更新操作时，必须检查被删除行或被更新行中主码的值是否在被一个或多个外码参照引用，若正被参照就不能执行该操作。

1.3.3 对关系数据库的要求

通常生活中的二维表格多种多样，不是所有二维表格都被当作“关系”而存放到数据库中。也就是说，在关系模型中对“关系”有一定的规范化要求。

① 关系中的每个属性（列）必须是不可分割的数据单元。如图 1-3a 所示的复合表不符合要求，不能直接作为关系，应将它改为如图 1-3b 所示的二维表。

姓 名	成绩		
	语文	数学	外语

a)

姓 名	语文	数学	外语

b)

图 1-3 复合表与关系表

a) 复合表 b) 关系表

② 同一关系中不应有完全相同的属性名，即在同一个表格中不能出现相同的栏（字段）。

③ 关系中不应有完全相同的元组，即在同一个表格中不能出现相同的行（记录）。

④ 元组（记录）和属性名（字段）与次序无关，即交换两行或两列的位置不影响数据的实际含义。

1.3.4 关系运算

关系运算对应于 Visual FoxPro 中对表的操作，在对关系数据库进行查询时，为了找到用户感兴趣的数据，需要对关系进行一定的运算。这些运算以一个或两个关系作为输入，运算的结果是产生一个新的关系。关系的运算主要指选择、投影和连接 3 种运算。

1．选择运算

选择运算是指从关系中找出满足给定条件的元组，又称为筛选运算。选择的条件以逻辑表达式给出，使得逻辑表达式的值为真的元组被选取。选择是从行的角度进行的运算，即选择部分行，经过选择运算可以得到一个新的关系，其关系模式不变，但其中的元组是原关系的一个子集。

在 Visual FoxPro 中，选择操作使用命令短语 FOR | WHILE 〈条件〉或设置记录过滤器来实现。

2．投影运算

从关系模式中指定若干个属性组成新的关系称为投影。投影是从列的角度进行的运算，经过投影可以得到一个新关系，其关系模式所包含的属性个数往往比原关系少，或者属性的排列顺序不同。投影运算提供了垂直调整关系的手段，体现出关系中列的次序无关的特性。

在 Visual FoxPro 中，投影操作使用命令短语 FIELDS 〈字段 1〉，〈字段 2〉，…，或设置字段过滤器来实现。

选择运算和投影运算经常联合使用，从数据库文件中提取某些记录和某些数据项。

3．连接运算

从两个关系中选取满足连接条件的元组组成新关系，称为连接（或链接、连结）。连接是关系的横向结合，连接运算将两个关系模式的属性名拼接成一个更宽的关系模式，生成的新关系中包含满足连接条件的元组。连接过程是通过连接条件来控制的，连接条件中将出现两个关系中的公共属性名，或者具有相同语义、可比的属性。

选择和投影运算都是一目运算，它们的操作对象只是一个关系，相当于对一个二维表进行切割。连接运算是二目运算，需要两个关系作为操作对象，如果需要连接两个以上的关系，应当两两进行连接。

在 Visual FoxPro 中，连接操作相当于对两个二维表进行拼接。有两种意义下的连接操作，用 JOIN 命令实现两个表的连接将得到一个新的表；关联操作命令 SET RELATION 属于逻辑上的连接操作。

4．自然连接和优化

自然连接是指去掉重复属性的等值连接，它是按照属性值对应相等为条件进行的连接操作。自然连接是最常用的连接运算。

系统在执行连接运算时，要进行大量的比较操作，因此执行时比较费时。尤其在包括许多元组的关系之间进行连接时，更加突出。

优化的一般方法是：

① 首先进行选择运算，尽量减少关系中元组的个数，缩小参与连接运算关系的数量，减少访问记录的次数。

② 然后能投影的投影，使关系中的属性个数减少。在投影时必须注意保留连接两个关系所需要的公共属性或具有相同语义的属性，否则关系之间就失去了联系。

③ 最后再进行连接操作。

利用关系的投影、选择和连接运算，可以方便地分解或构造新的关系。

1.4 Visual FoxPro 的特点

1．简单、易学、易用

（1）快速完成应用任务

提供了“向导”、“生成器”和“设计器”3 种工具，这 3 种工具都使用图形交互界面方式，使用户能够简单而又快捷地完成数据操作任务。

（2）一致的用户界面，使用方便的工具栏

Visual FoxPro 改进了用户界面，其主窗口与许多其他 Microsoft 产品（如 Word、Excel）更趋于一致，使得用户更容易操作，系统功能更易于发挥。Visual FoxPro 也给用户提供了使用方便的“工具栏”，工具栏里有许多按钮，它们代表着菜单里的某些选项。

（3）不编程而建立应用程序界面

Visual FoxPro 提供的“表单设计器”是一种功能强大的工具，用户能够不编程或使用很少的代码来实现友好的交互式应用程序界面，并可对界面进行控制。

（4）用项目管理器统一管理工作

Visual FoxPro 提供的另一种高效易用的工具是“项目管理器”，通过项目管理器，用户可以集中地管理数据、文档、类库、源代码等各种资源。例如，建立和更新数据库，设计或改变窗体和报表，定义或改变类库，生成或重新生成自己的应用程序等。另外，用户也能在项目管理器中使用 Visual FoxPro 提供的简单而有效的其他工具，如向导、生成器、工具栏等。

2．功能更强大

Visual FoxPro 能通过使用快速查询（Rushmore）技术和对系统的优化，使用户最大限度地体会到快速而又功能强大的优点。

（1）真正的数据库概念

以前的 XBase 软件中称.DBF 文件为数据库，使人容易产生数据库就是一个二维表的错误认识。而 Visual FoxPro 废除了以前 XBase 不合理的数据库概念，采用独特的数据库容器（DataBase Container），为用户管理应用系统中的表、查询、表单、报表、程序等数据提供了方便。数据库容器支持长数据库文件名和字段名，可为字段名设置新的显示标题，为字段指定默认值，设置字段级和记录级的有效性规则，设置表的插入、删除和改变记录的触发事件代码。

（2）可视化编程技术

Visual FoxPro 用与 Visual C++、Visual Basic 同样的编程技术，这是它取名为 Visual FoxPro 的原因。可视化编程技术给人一种所见即所得的感受，在编辑屏幕表单、报表、菜单时，可以直接运行，不必来回调试，极为方便。

（3）具有面向对象编程的能力

Visual FoxPro 在支持标准 XBase 传统的面向结构的编程方式的同时，也提供了完全的面向对象编程（OOP）能力。在 Visual FoxPro 的对象模式下，用户可以利用所有的面向对象编程特性，这些特性包括“继承”“封装”“多态性”以及“分类”，它们都作为用户所熟悉的 XBase 编程语言的扩展集而实现。

（4）更容易处理事件

Visual FoxPro 包含一种事件模式，它能够帮助用户自动地处理事件。在这种事件模式下，用户可以获取并控制所有标准的 Windows 事件，例如鼠标的移动。通过处理这一事件，用户可以拖动和放置一个对象。用户可以用两种方法来控制事件：一种是通过“属性窗口”来可视控制；另一种是通过 Visual FoxPro 的编程语言来控制。

（5）增强的功能

Visual FoxPro 的最新版本功能大大加强，SQL 语句更加丰富。新增许多命令和函数；增加了 7 种新的字段类型：整型、货币型、日期时间型、双精度型、通用型、二进制字符型和二进制备注型；在结构化的复合索引中可以建立 4 种类型的索引：主索引、候选索引、普通索引和唯一索引；允许在表中使用空值 NULL，以保证与采用 SQL 标准的数据库管理系统的兼容和数据共享。

（6）最优化系统

Visual FoxPro 能够通过优化用户的系统设计来提高自身的性能。在所有的优化措施中，最有效的方法是尽可能多地增加用户的扩展内存（Extended memory）或者减少被其他应用程序（如 Windows）所占用的内存。另外，提高 Visual FoxPro 性能的措施还包括加快启动速度和优化设置（SET）命令。

（7）使用快速查询技术

快速查询（Rushmore）技术是一种专用的数据查询技术，它能够迅速地从数据库中选择出一组满足用户要求的记录。使用这种技术能将数据查询所需的时间从几小时或几分钟减少到几秒钟，这样可以极大地提高数据查询的效率。

3．支持客户机/服务器结构

Visual FoxPro 可作为开发强大的客户机/服务器（Client/Server）应用程序的前台。Visual FoxPro 既支持高层次的对服务器数据的浏览，又提供了对本地服务器语法的直接访问，这种直接访问给用户提供了开发灵活的客户机/服务器应用程序的坚实基础。Visual FoxPro 提供了支持客户机/服务器结构所需的各种特性：多功能的数据词典、本地和远程视图、空值 NULL 支持、事务处理、对任何 ODBC 数据资源的访问。

（1）用数据词典定义规则

Visual FoxPro 数据库（.DBC）提供了一个数据词典，使用这个数据词典，用户可以对数据库中的每一个数据表添加规则、视窗、触发器、永久关系和连接。

另外，用户可以通过“引用完整生成器”来定义插入、更新和删除规则，这样可以加强每一个保存关系的引用完整性。

Visual FoxPro 也支持数据表中的 NULL 值，这种能力极大地提高了 Visual FoxPro 同其他数据资源的兼容性和连接能力，这些数据资源包括 Microsoft Access、SQL Server 等数据库。

（2）查看远程或异种数据

用户可以用来自远程、本地或多数据表的异种数据，以便在用户的本地计算机上开发和测试一个客户机/服务器应用程序。本地数据视图使用本地计算机上的数据表而不是远程服务器上的数据表。而多表数据查看使用的是多个不同数据表中的相关数据。为了减少用户从服务器上卸载的数据量，用户可以建立带参数的视图，然后从用户的 Visual FoxPro 客户机/服务器应用程序中更新远程数据。

（3）用事务处理来控制共享访问

共享访问是指多个用户对数据的共享以及相应的一些必要的访问限制，例如为了不让某用户访问某些数据，用户可以建立起支持数据共享访问的应用程序。用户在建立应用程序时，如果使用事务处理和缓冲手段（记录级或数据表级），则可以减少编程的工作量。Visual FoxPro 内含的批处理进程和详细的对更新冲突处理的控制，可以使多用户环境中的数据更新过程得以简化。

（4）实现客户机/服务器应用程序

在客户机/服务器应用程序开发中，用户除了使用数据视图以外，还可以通过 Visual FoxPro 的 SQL 通路功能来发送当前服务器所识别的控制台命令，这样用户可以直接访问服务器。这种功能比数据视图提供了更多的对服务器的访问和控制。

Visual FoxPro 具有将用户的应用程序升档的能力。升档是指用户在本地计算机上建立一个应用程序后，可以基于一个后台的数据资源使应用程序运行在一个客户机/服务器环境中，这样做的好处之一就是用户可以用和本地 Visual FoxPro 数据表结构一样的结构建立起远程的服务器数据库。不仅如此，用户在升档时可以选择哪些数据表放在服务器中而哪些表放在本地机上，这样既可以提高共享能力，又可以提高访问效率。

4．同其他软件的高度兼容性

Visual FoxPro 可以同其他 Microsoft 软件共享数据，例如用户可用自动 OLE 来包含其他软件（如 Excel、Word）中的对象，并在 Visual FoxPro 中使用这些软件。

（1）同其他软件共享数据

在 Visual FoxPro 中同其他软件共享数据是很容易的。用户可用“主元表向导”使 Excel 共享 Visual FoxPro 数据，还可以用“邮件合并向导”使 Word 共享 Visual FoxPro 数据。

（2）导入和导出数据

用户能够在 Visual FoxPro 和其他软件之间输入和输出数据，即导入和导出。导入数据是指 Visual FoxPro 利用其他软件生成的数据。导出数据是指 Visual FoxPro 生成一定格式的数据以供其他软件使用。这种导入、导出是通过不同文件格式的转换来实现的，不同的文件格式包括文本、电子表格（Spreadsheets）和表。

（3）使用自动 OLE 控制其他软件

Visual FoxPro 提供的自动 OLE 能够加强用户应用程序的功能。用户可以通过编程来运行其他的软件。例如用户可以调用 Excel 来完成某些计算，命令 Graph 将运行结果绘制成图，然后把图存放在一个 Visual FoxPro 表的通用型字段中，所有这些工作都可通过 Visual FoxPro 的编程来实现。

1.5 Visual FoxPro 的启动、退出及主窗口

1.5.1 Visual FoxPro 的启动

从“开始”菜单中选择“Microsoft Visual FoxPro 6.0”，进入 Visual FoxPro 6.0 后，将显示如图 1-4 所示的对话框，对话框有 5 个单选项和 1 个复选项。

- 打开组件管理器：打开新的组件管理库，管理 Visual FoxPro 组件。
- 查找示例程序：将打开示例应用程序窗口，示例应用程序的目的是帮助用户学习使用

Visual FoxPro。通过研究每个示例，可以看到示例是如何运行的，了解如何用代码来实现这些示例，并把示例中的一些特性应用到用户的应用程序中。

● 创建新的应用程序：将打开“程序”窗口，创建新的应用程序。
● 打开一个已存在的项目：将显示“打开”项目对话框。
● 关闭此屏：关闭此对话框，回到 Visual FoxPro 的主窗口。

如果选择了“以后不再显示此屏”复选项，在以后启动 Visual FoxPro 后将直接进入 Visual FoxPro 的主窗口。关闭本对话框后，窗口的显示将与以前版本一样，如图 1-5 所示。对于初学者应选择“关闭此屏”，然后在 Visual FoxPro 的主窗口中操作。

图 1-4　启动 Visual FoxPro

图 1-5　Visual FoxPro 的主窗口

1.5.2　Visual FoxPro 的退出

下列方法中的任何一种，都可以退出 Visual FoxPro 6.0 系统：

● 在命令窗口输入“QUIT”，再按〈Enter〉键。
● 用鼠标单击系统窗口右上角的“关闭”按钮。
● 用鼠标单击“文件”菜单中的“退出”项。
● 同时按下〈Alt+F4〉键。

1.5.3　Visual FoxPro 的主窗口

Visual FoxPro 的主窗口（如图 1-5 所示）具有标准的 Windows 风格。除了在窗口的上边有标题栏、控制菜单图标、极小化按钮、极大化按钮和关闭按钮外，还包括菜单栏、工具栏、主窗口、命令窗口和状态栏。

1. 菜单栏

在主窗口的最上一行是菜单栏，通过它可以完成绝大部分的操作。在默认的情况下，菜单栏有 8 个子菜单。随着用户操作的不同，子菜单和菜单项会有相应的增加与减少。

2. 工具栏

工具栏上的按钮对应于最常使用的菜单命令，所以使用工具栏可以加快某些任务的执行。

工具栏可以显示为窗口形式，只要将鼠标指针指向工具栏中按钮之外的地方，然后把工具栏“拖”（按下鼠标左键，同时移动鼠标）下来即可。可以将工具栏四处拖动，放在主窗口的任何地方。将工具栏放在窗口四周的动作称为“停放（Dook）”。将鼠标放在某个按钮上停一会，就会出现该按钮的说明文字，称为工具提示（Tooltip）。

3．“命令”窗口

“命令”窗口是一个接受输入命令的地方，就像早期的 XBase 环境的点状态。用户可以直接在命令窗口中输入 Visual FoxPro 命令。Visual FoxPro 命令提供的功能远远超过主菜单，这是因为主菜单只列出最常用的功能。

“命令”窗口是 Visual FoxPro 的一种系统窗口。当选择菜单命令时，相应的 Visual FoxPro 语句会自动反映在“命令”窗口中。初学者可以通过“命令”窗口学习许多常用的命令。

在“命令”窗口中还有如下一些使用技巧：

- 在按〈Enter〉键执行命令之前，按〈Esc〉键删除文本。
- 将光标移到以前命令行的任意位置按〈Enter〉键，重新执行此命令。
- 选择要重新处理的代码块，然后按〈Enter〉键。
- 若要分割很长的命令，可以在所需位置的空格后输入分号，然后按〈Enter〉键。
- 可在“命令”窗口内或向其他编辑窗口中移动文本。选择需要移动的文本，并将其拖动到需要的位置。
- 可在“命令”窗口内或向其他编辑窗口中复制文本，而不用使用“编辑”菜单的命令。选择需要的文本，按下〈Ctrl〉键不放，将其拖动到需要的位置。

1.6 配置 Visual FoxPro

安装 Visual FoxPro 后，用户可以根据需要定制开发环境。环境设置包括主窗口标题、默认目录、项目、编辑器、调试器及表单工具选项、临时文件存储、拖放字段对应的控件和其他选项。用户既可以用交互式，也可以用编程的方法配置 Visual FoxPro，甚至可以使 Visual FoxPro 启动时调用用户自建的配置文件。

1.6.1 设置环境和管理临时文件

1．使用“选项”对话框

用户可以在“命令”窗口的程序中使用 SET 命令设置环境，也可以使用下列方式交互地在“选项”对话框中设置、查看或更改环境选项。

从“工具”菜单中选择“选项”项，打开“选项”对话框。“选项”对话框中具有一系列代表不同类别环境选项的选项卡。例如，在“显示”选项卡中，可以设置 Visual FoxPro 主窗口显示方式，如图 1-6a 所示。在“区域”选项卡中，可以设置日期格式、货币格式等项，如图 1-6b 所示。

2．保存设置

用户可以把在“选项”对话框中所作设置保存为在当前工作期有效或者是 Visual FoxPro 的默认（永久）设置。

把设置保存为仅在当前工作期有效：在“选项”对话框中更改设置，然后单击“确定”按钮。所作的设置一直作用到退出 Visual FoxPro（或直到再次更改它们）为止。

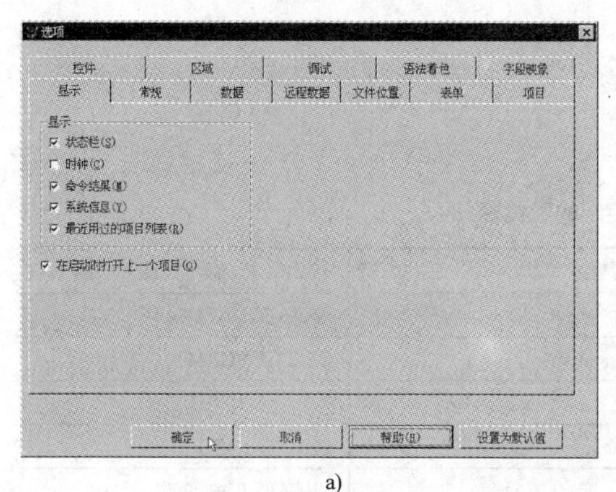

a)

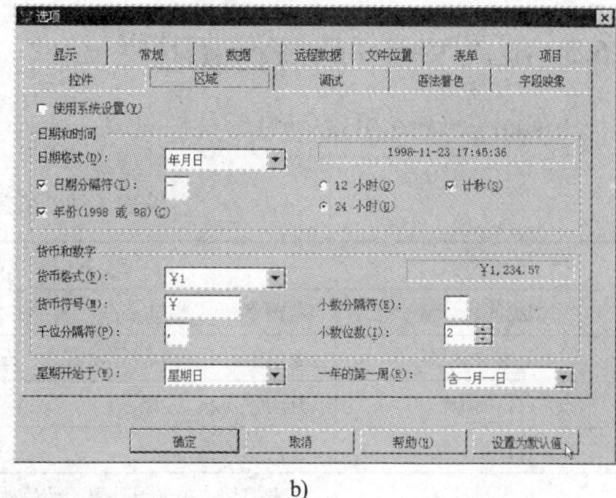

b)

图 1-6 “选项”对话框

a) “显示”选项卡 b) “区域”选项卡

把当前设置保存为默认设置：在“选项”对话框中更改设置，然后单击“设置为默认值”按钮，再单击“确定”按钮，系统将把设置存储在 Windows 注册表中。

通过执行 SET 命令或在启动 Visual FoxPro 时指定一个配置文件，可以忽略默认设置。

3. 管理临时文件

Visual FoxPro 在许多操作中产生临时文件。例如在编辑、索引、排序时，都要产生临时文件。文本编辑期间也会产生正在编辑文件的临时副本。

除非为临时文件指定其他位置，否则 Visual FoxPro 在 Windows 保存临时文件的目录中创建临时文件。指定临时文件位置的步骤为：

① 从“工具”菜单中选择“选项”项，然后选择“文件位置”选项卡。

② 输入临时文件的位置，如图 1-7 所示。若要永久保存所做的更改，单击“设置为默认值”按钮。

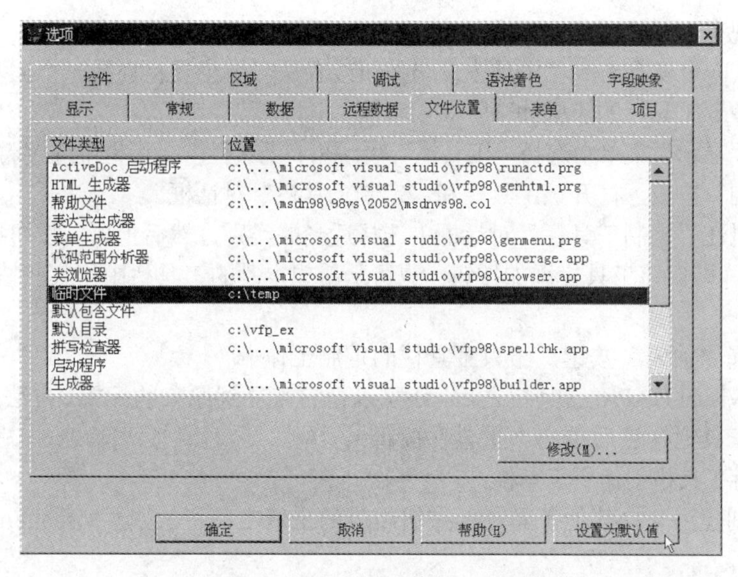

图 1-7 输入临时文件的位置

1.6.2 配置 Visual FoxPro 工具栏

Visual FoxPro 可定制的工具栏见表 1-1。

表 1-1 可定制的工具栏

工 具	相关的工具栏	命 令
数据库设计器	数据库	CREATE DATABASE
表单设计器	表单控件、表单设计器、调色板、布局	CREATE FORM
打印预览	打印预览	
查询设计器	查询设计器	CREATE QUERY
报表设计器	报表控件、报表设计器、调色板、布局	CREATE REPORT

1. 激活工具栏及使工具栏不活动

默认情况下，工具栏中只有“常用”工具栏可见。当使用一个设计器工具时，将激活相关的工具栏。当然，还可以在任何需要时激活一个工具栏。

- 若要激活一个工具栏，可以运行相应的设计器工具，或者从“显示”菜单中选择“工具栏”项，在“工具栏”对话框中选择希望激活的工具栏，如图 1-8 所示。
- 若要使一个工具栏不活动，可以关闭相应工具，或者从“显示”菜单中选择“工具栏”项，在“工具栏”对话框中清除欲使之不活动的工具栏。

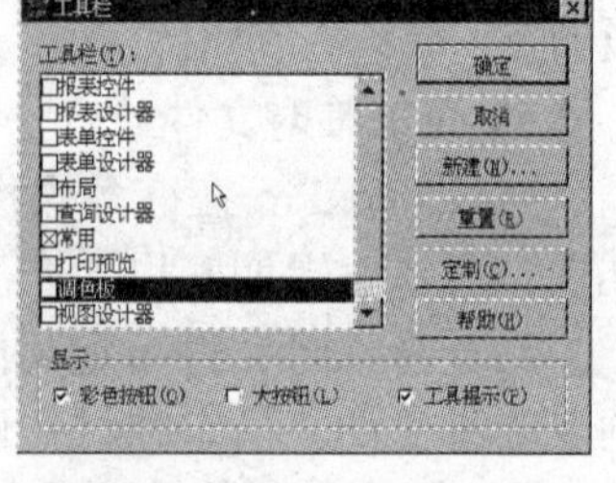

图 1-8 “工具栏”对话框

2. 定制现有工具栏

创建自定义工具栏最简单的方法就是修改 Visual FoxPro 提供的工具栏。用户可以通过添加或移去按钮修改现有工具栏，创建包含现有工具栏按钮的新工具栏，也可以使用代码创建一个自定义工具栏类来定义自定义工具栏。

（1）修改现有 Visual FoxPro 工具栏

用户可以从一个现有工具栏中移去一个按钮或者从一个工具栏向另一个工具栏复制按钮。修改 Visual FoxPro 工具栏的步骤如下。

首先，从“显示”菜单中选择“工具栏”项，在“工具栏”对话框中选定希望定制的工具栏并单击“定制”按钮，打开该工具栏和“定制工具栏”对话框。

然后，可以在“定制工具栏”对话框中选择适当的类别，然后把所需按钮拖到工具栏上，如图 1-9 所示，即向该工具栏添加按钮；也可从希望定制的工具栏中将某些按钮拖离工具栏而移去它们。

最后，选择“关闭”按钮，结束工具栏的定制工作。

在更改了 Visual FoxPro 工具栏之后，还可以把它恢复到原来的配置。方法是在“工具栏”对话框中选择工具栏，然后单击“重置”按钮。

（2）从现有工具栏创建新工具栏

用户可以创建由来自其他工具栏的按钮组成的全新工具栏。创建 Visual FoxPro 新工具栏的步骤如下。

从“显示”菜单中选择“工具栏”项，在“工具栏”对话框中单击“新建”按钮，在打开的“新工具栏”对话框中命名工具栏，如图 1-10 所示，单击“确定”按钮。

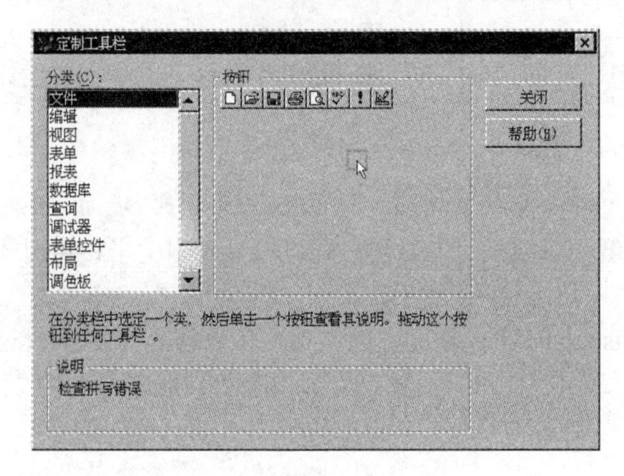

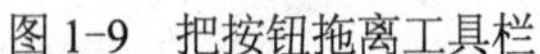
图 1-9　把按钮拖离工具栏

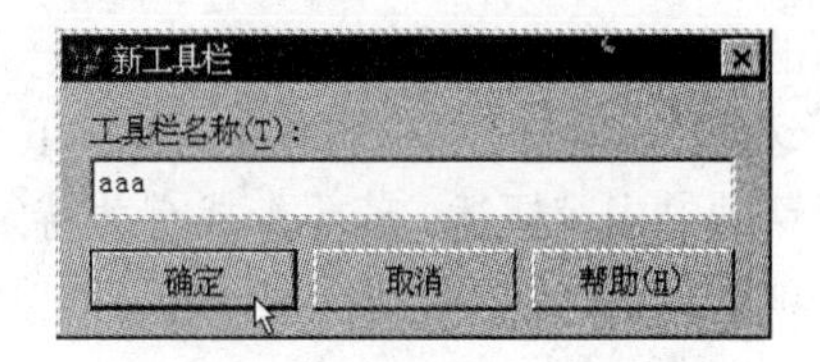

图 1-10　“新工具栏”对话框

然后，在“定制工具栏”对话框中选择一个类别，把所需按钮拖到新建的工具栏上。还可以用鼠标把工具栏上的按钮拖动到所需位置来重排它们。

最后，在“定制工具栏”对话框中单击“关闭”按钮，结束工具栏的创建工作。

不能重置自己创建的工具栏上的按钮。

若要删除创建的工具栏，可以采用如下步骤：

从“显示”菜单选择“工具栏”项，选定欲删除的工具栏，单击“删除”按钮，最后单击“确定”按钮以确认删除。不能删除 Visual FoxPro 提供的工具栏。

1.6.3　恢复 Visual FoxPro 环境

如果希望关闭所有操作返回 Visual FoxPro 启动时的状态，用户可以在“命令”窗口或在退出 Visual FoxPro 之前最后调用的程序中，按下列顺序运行如下命令：

```
CLEAR ALL
CLOSE ALL
CLEAR PROGRAM
```

说明：CLEAR ALL 从内存中移去所有对象，按顺序关闭所有私有数据工作区以及其中的临时表。

在 CLOSE ALL 正确执行后，关闭 Visual FoxPro 所有工作区中的数据库、表以及临时表。

CLEAR PROGRAM 清除最近执行程序的程序缓冲区。CLEAR PROGRAM 迫使 Visual FoxPro 从磁盘而不是从程序缓冲区中读取文件。

在事务过程中：如果事务正在执行过程中，应在执行 CLEAR ALL、CLOSE ALL 以及 CLEAR PROGRAM 命令之前对每一层事务使用 END TRANSACTION 命令。

在缓冲式更新过程中：如果在缓冲式更新的过程中，应在执行 CLEAR ALL、CLOSE ALL 以及 CLEAR PROGRAM 命令之前，对每一个有缓冲式更新的临时表使用 TABLEUPDATE( ) 或 TABLEREVERT( )函数。

1.7 使用 Visual FoxPro 帮助和联机文档

使用 Visual FoxPro 帮助系统，可以快速查询到有关 Visual FoxPro 设计工具和程序设计语言的信息。

1.7.1 获得帮助

如果对某个窗口或对话框的含义不理解，只要按〈F1〉键，就可以显示出关于该窗口或对话框的上下文相关的帮助信息。

选择“帮助”菜单中的“Microsoft Visual FoxPro 帮助主题”项，可以得到 Visual FoxPro 联机帮助的内容概述。若要查找有关特定术语或主题的帮助信息，请选择“帮助”菜单中的“索引”项。

1.7.2 联机文档

从任何一个对话框中单击“帮助”按钮、按〈F1〉键，或者从“开始”菜单“程序”的“Microsoft Developer Network”中单击“MSDN Library Visual Studio 6.0”项，都将打开联机文档，如图 1-11 所示。

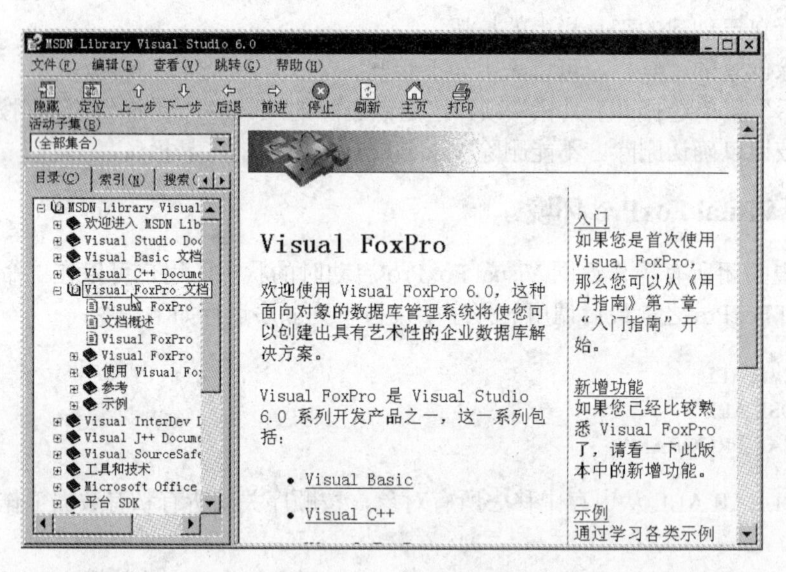

图 1-11 联机文档

在联机文档中带有非常详细的帮助内容，如安装指南、用户指南、开发指南、语言参考，在语言参考中有 Visual FoxPro 全部的语句和函数，读者应该学会通过联机文档学习 Visual FoxPro，所以在本书中为了节省篇幅，有些语句和函数没有给出语法和说明，读者可以使用联机文档自己查看。

MSDN Library 是一个分为三个窗格的帮助窗口。顶端的窗格包含有工具栏，左侧的窗格包含有各种定位方法，右侧的窗格则显示主题内容，此窗格拥有完整的浏览器功能。定位窗格包含有“目录”、“索引”、“搜索”及“书签”选项卡。单击“目录”、“索引”或“书签”选项卡中的主题，即可浏览 Library 中的各种信息。“搜索”选项卡可用于查找出现在任何主题中的所有单词或短语。单击主题中带有下画线的词，即可查阅与该主题有关的其他内容。

- 单击有下画线的彩色字，可链接到另一个主题、网页、其他主题的列表或是某个应用程序。
- 先单击出现在主题开始处的带有下画线的“请参阅”一词，然后再单击要浏览的主题，即可选择含有相关内容的其他主题。
- 选中某个词或短语使其突出显示，然后按下〈F1〉键，即可查看“索引”中是否有包含该词或短语的主题。
- 搜索主题时可使用布尔操作符来优化搜索。
- 如果正在主题窗格中浏览网页上的内容，可使用工具栏上的“停止”和“刷新”按钮来中断下载或刷新网页的内容。

1.7.3 获得示例

为了演示其程序设计技术，Visual FoxPro 提供了一系列有关应用程序、数据库和文件的示例。有关其详细内容，请从 Visual FoxPro 的“帮助”菜单中选择“示例应用程序”项查看。

1.8 Visual FoxPro 的工作方式

Visual FoxPro 的工作方式分为交互方式与程序方式两种。

1.8.1 交互方式

交互方式是通过人机对话来执行各项操作的。在 Visual FoxPro 中，有两种交互方式：命令方式和可视化操作方式。

1．命令方式

命令方式是通过在“命令”窗口中输入合法的 Visual FoxPro 命令来完成各种操作，例如，在“命令”窗口中输入命令：

```
DIR
```

按〈Enter〉键后，系统将在 Visual FoxPro 主窗口显示当前目录下所有数据表文件（.DBF）的列表。

2．可视化操作方式

可视化操作方式则是利用 Visual FoxPro 集成环境提供的各种工具（菜单、工具栏、设计器、生成器、向导等）来完成各项操作，这种方法非常直观，简单易学。

1.8.2 程序方式

Visual FoxPro 的最有力的功能需要通过程序方式实现。用户通过把 Visual FoxPro 的合法命令组织、编写成命令文件（程序），或是利用 Visual FoxPro 提供的各种程序生成工具（表单设计器、菜单设计器、报表设计器等）来设计程序，然后执行程序，完成特定的操作任务。

1.8.3 最简单的操作命令

在进一步说明之前，对语法格式中使用的一些符号做出以下约定：

① [ ] —— 任选项约定符，表示其中内容可选可不选。

② 〈 〉—— 必选项约定符，表示其中内容由用户输入，必须选择。

③ {|} —— 选择项约定符，表示其中多项内容选择其一。

1．输出命令

?命令是最为简单的输出命令，?命令计算并在 Visual FoxPro 主窗口中显示各表达式的值。命令格式为：

? [〈表达式列表〉]

说明：若表达式多于一项，各表达式间要用逗号隔开，显示时各表达式值间各空一格，如图 1-12 所示。

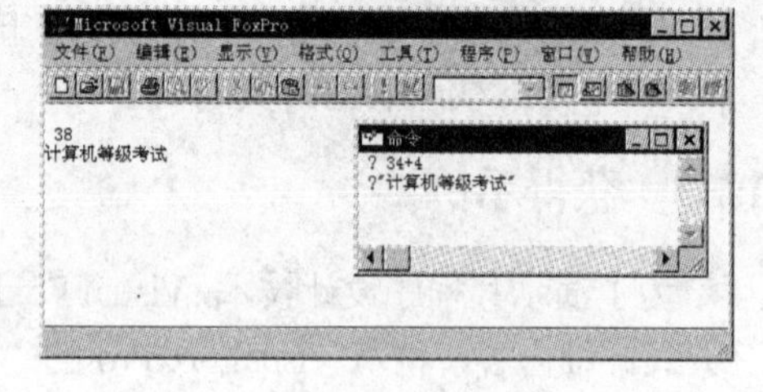

图 1-12 非格式输出

2．清屏命令

CLEAR 用来清除 Visual FoxPro 主窗口中的任何输出内容。命令格式为：

CLEAR

1.9 习题 1

一、选择题

1．在下列 4 个选项中，不属于基本关系运算的是（　　）。

A．连接　　B．投影　　C．选择　　D．排序

2．如果一个班只能有一个班长，而且一个班长不能同时担任其他班的班长，班级和班长两个实体之间的关系属于（　　）。

A．一对一联系　　B．一对二联系　　C．多对多联系　　D．一对多关系

3．Visual FoxPro 支持的数据模型是（　　）。

A．层次数据模型　B．关系数据模型　C．网状数据模型　D．树状数据模型

4．用二维表格来表示实体与实体之间联系的数据模型称为（　　）。

A．实体—联系模型 B．层次模型　　C．网状模型　　D．关系模型

5．数据库（DB）、数据库系统（DBS）、数据库管理系统（DBMS）三者之间的关系是（　　）。

A．DBS 包括 DB 和 DBMS　　B．DBMS 包括 DB 和 DBS

C．DB 包括 DBS 和 DBMS　　D．DBS 就是 DB，也就是 DBMS

6．数据库系统与文件系统的主要区别是（　　）。

A．数据库系统复杂，而文件系统简单

B．文件系统不能解决数据冗余和数据独立性问题，而数据库系统可以解决

C．文件系统只能管理程序文件，而数据库系统能够管理各种类型的文件

D．文件系统管理的数据量较少，而数据库系统可以管理庞大的数据量

7．Visual FoxPro 6.0 是一种关系型数据库管理系统，所谓关系是指（　　）。

A．各条记录中的数据彼此有一定的关系

B．一个数据库文件与另一个数据库文件之间有一定的关系

C．数据模型符合满足一定条件的二维表格式

D．数据库中各个字段之间彼此有一定的关系

8．设有关系 R1 和 R2，经过关系运算得到结果 S，则 S 是（　　）。

A．一个关系　　B．一个表单　　C．一个数据库　　D．一个数组

9．退出 Visual FoxPro 的方法是（　　）。

A．从“文件”菜单中选择“退出”项

B．用鼠标左键单击关闭窗口按钮

C．在命令窗口输入“QUIT”命令，然后按〈Enter〉键

D．以上方法都可以

10．显示与隐藏命令窗口的操作方法是（　　）。

A．用鼠标单击“常用”工具栏上的“命令窗口”按钮

B．通过“窗口”菜单下的“命令窗口”项来切换

C．直接按〈Ctrl+F2〉或〈Ctrl+F4〉组合键

D．以上方法都可以

11．对图书进行编目时，图书有如下属性：ISBN 书号，书名，作者，出版社，出版日期。能作为关键字的是（　　）。

A．ISBN 书号　　B．书名

C．作者，出版社　　D．出版社，出版日期

12．在“选项”对话框的“文件位置”选项卡中可以设置（　　）。

A．表单的默认大小　　B．默认目录

C．日期和时间的显示格式　　D．程序代码的颜色

13．有两个关系 R 和 T 如下：

R

A	B	C
a	1	2
b	4	4
c	2	3
d	3	2

T

A	C
a	2
b	4
c	3
d	2

则由关系 R 到关系 T 的操作是（　　）。

A．选择　　B．交　　C．投影　　D．并

14．不属于数据管理技术发展三个阶段的是（　　）。

A．文件系统管理阶段　　B．高级文件管理阶段

C．手工管理阶段　　D．数据库系统阶段

15．软件按功能可以分为：应用软件、系统软件和支撑软件（或工具软件）。下面属于系统软件的是（　　）。

A．编辑软件　　B．操作系统　　C．教务管理系统　　D．浏览器

二、填空题

1．Visual FoxPro 6.0 是一个 ________ 位的数据库管理系统。

2．在连接运算中，________ 连接是去掉重复属性的等值连接。

3．数据模型不仅表示反映事物本身的数据，而且表示 ________。

4．用二维表的形式来表示实体之间联系的数据模型称为 ________；二维表中的列称为关系的 ________，二维表中的行称为关系的 ________。

5．在关系数据库的基本操作中，从表中取出满足条件元组的操作称为________，把两个关系中相同属性值的元组联接到一起形成新的二维表的操作称为__________，从表中抽取属性值满足条件列的操作称为__________。

6．安装完 Visual FoxPro 之后，系统自动使用默认值来设置环境，要定制自己的系统环境应选择________菜单下的________项。

7．在“选项”对话框中，要设置日期和时间的显示格式，应当选择________选项卡。

第 2 章　Visual FoxPro 编程基础

Visual FoxPro 是由 FoxPro 发展而来，并且根据“可视化编程”的需要，增加了一些新的操作。它的语句、函数和语法规则与 Xbase（如 dBASE、FoxBase、FoxPro）语言基本兼容，而且功能更加强大。

2.1　数据的类型

数据类型是数据的基本属性。对数据进行操作的时候，只有同类型的数据才能进行操作，若对不同类型的数据进行操作，将被系统判为语法出错。

2.1.1　数据的分类

数据是计算机程序处理的对象，也是运算产生的结果。所以首先应该认识 Visual FoxPro 能处理哪些数据，掌握各种形式数据的表示方法。Visual FoxPro 的数据类型分为两大类：基本数据类型和只可用于字段的数据类型。

2.1.2　基本的数据类型

Visual FoxPro 的基本数据类型既可用于字段变量，又可用于常量、内存变量、表达式，包括数值型、字符型、货币型、日期型、日期时间型、逻辑型等，见表 2-1。

表 2-1　Visual FoxPro 的基本数据类型

类　型	代　码	长度（字节）或格式	表示范围或说明
数值型（Numeric）	N	8	$-0.9\,999\,999\,999\times10^{19}$～$0.9\,999\,999\,999\times10^{20}$
货币型（Currency）	Y	8	-922 337 203 685 477.5807～922 337 203 685 477.5807
字符型（Character）	C	每个字符 1 个字节	由字母（汉字）、数字、空格等任意 ASCII 码字符组成，最多 255 个字符
日期型（Date）	D	yyyymmdd	公元 0001 年 1 月 1 日～公元 9999 年 12 月 31 日
日期时间型（DateTime）	T	yyyymmddhhmmss	缺省日期值时，系统自动加上 1999 年 12 月 31 日，省略时间值时，则自动加上午夜零点
逻辑型（Logical）	L	1	只有真（.T.）和假（.F.）两种值

2.1.3　数据表中字段的数据类型

表 2-2 中所示的数据类型只能被用于数据表中的字段。

表 2-2　Visual FoxPro 数据表中字段的数据类型

类　型	代　码	长度（字节）或格式	表示范围或说明
双精度型（Double）	B	8	$+/-4.940\,656\,458\,412\,47\times10^{-324}$～$+/-8.988\,465\,674\,311\,5\times10^{307}$

（续）

类　型	代　码	长度（字节）或格式	表示范围或说明
浮点型（Float）	F	8	与数值型相同
整型（Integer）	I	4	–2 147 483 647～2 147 483 647
通用型（General）	G	10	用于存储 OLE 对象，包含对 OLE 对象的引用。OLE 对象的具体内容可以是一个电子表格、一个字处理器的文本、图片等
备注型（Memo）	M	10	系统将备注内容存放在一个相对独立的文件中，该文件的扩展名为 DBT。由于没有备注型的变量，所以对备注型字段的处理，需转换成字符型变量，然后使用字符型函数进行处理
字符型（二进制）	C	8	用于存储任意不经过代码页修改而维护的字符数据
备注型（二进制）	M	10	用于存储任意不经过代码页修改而维护的备注型数据

2.2　常量与变量

在程序的运行过程中，需要处理的数据存放在内存储器中，可以称始终保持不变的数据为“常量”，称存放可变数据的存储器单元为“变量”，其中的数据称为变量的值。

2.2.1　常量

常量是一个具体的数据项，在整个操作过程中其值保持不变。Visual FoxPro 定义了如下类型的常量。

1．数值型常量

数值型常量即常数，用来表示一个数量的大小，如 2.134。数值型常量可以表示为定点形式也可表示为浮点形式，定点形式如 98、3.14159、–0.76 等。浮点形式如 8.67E2、–4.51E–2 等，分别表示 8.67×10^2 和 -4.51×10^{-2}，其中 E（E 为半角字符，以后不作特别说明时均表示要求使用半角符号，全角符号值只允许出现在字符型数据中）不区分大、小写。

2．字符型常量

字符型常量即字符串，凡是使用 Visual FoxPro 允许的定界符（单引号、双引号或方括号）引导的符号可视为字符串。定界符必须成对出现，字符中已包含某一定界符时，可采用其他定界符引导，如"AAA"、'数据库应用'、[Visual Foxpro]、"单价：'245.78'"等，定界符仅仅起到说明数据类型的作用，不是数据的一部分，如果定界符之间不出现任何字符（包括空格）称为“空串”，如""。

3．逻辑型常量

逻辑型常量只有“逻辑真”和“逻辑假”两个值，凡是可由两种情况表示的数据均可采用逻辑常量，如男与女、及格与不及格等。

逻辑型常量使用“.”作为定界符，用.T.、.t.、.Y.、.y.表示逻辑真，用.F.、.f.、.N.、.n.表示逻辑假。

4．日期型常量

日期型常量必须用一对花括号“{”和“}”作为定界符，花括号中包含用分隔符“/”或“–”分隔的年、月、日 3 部分内容，其格式分为严格格式和传统格式两种。

① 传统格式：{mm/dd/yy}，系统默认的格式为美国日期格式“月/日/年”，其中月、日、

年各为两位数字。

传统格式的日期型常量要受到命令语句 SET DATE TO 和 SET CENTURY 设置的影响。即不同的设置，Visual FoxPro 会对同一个日期型常量做出不同的解释，如{10/08/02}可以被解释为 2002 年 10 月 8 日、2102 年 8 月 10 日、2010 年 8 月 2 日等。

② 严格格式：{^yyyy-mm-dd}，其中，花括号中第一个字符必须是字符“^”，年份必须是 4 位，年月日的顺序不能颠倒或缺省。

用严格格式书写的日期常量可以表示一个确切的日期，不受命令语句 SET DATE TO 和 SET CENTURY 设置的影响。

5．日期时间型常量

日期时间型常量包括日期和时间两部分的内容：{〈日期〉,〈时间〉}，日期部分与日期型常量相似，时间格式为“hh[:mm[:ss]][a|p]”，其中 hh 表示时（系统默认 12）、mm 表示分（系统默认 0）、ss 表示秒（系统默认 0）、a 表示上午（系统默认）、p 表示下午。时间也可以使用 24 小时制。

日期时间型常量也有传统与严格两种格式。如严格格式的日期时间型常量：{^1999-10-01 10:00:00am}，其中 am 表示上午。空的日期时间型常量值表示为{:}。

6．货币型常量

货币型常量的书写格式与数值型常量类似，但要加上一个前置符$，如$123.456。货币型数据不能使用浮点法表示，最多保留四位小数，多余小数采用四舍五入法截取。

2.2.2 变量

Visual FoxPro 有 3 种形式的变量：内存变量、数组变量和字段变量。内存变量是存放单个数据的内存单元，数组变量是存放多个数据的内存单元组，而字段变量则是存放在数据表中的数据项。本节讨论的变量仅指内存变量。

1．变量的命名

每个变量都有一个名称，叫做变量名，Visual FoxPro 通过相应的变量名来使用变量。变量名的命名规则包括：

① 以字母、数字及下画线组成，中文 Visual FoxPro 可以使用汉字作变量名。

② 以字母或下画线开始，中文 Visual FoxPro 可以汉字开始。

③ 长度为 1～128 个字符，每个汉字占 2 个字符。

④ 不能使用 Visual FoxPro 的保留字。

如果当前数据表中有同名的字段变量，则访问内存变量时，必须在变量名前加上前缀“M.”或“M->”（减号、大于号），否则系统将访问同名的字段变量。

2．变量的赋值

在 Visual FoxPro 中，变量必须定义以后才能被使用。但是向内存变量赋值无须事先定义，变量的定义和赋值同时完成。赋值命令的格式有以下两种。

命令格式 1：

〈内存变量名〉=〈表达式〉

命令格式 2：

STORE 〈表达式〉 TO 〈内存变量表〉

说明：

① 首先计算〈表达式〉，然后将值赋给内存变量。

②〈内存变量表〉表示用逗号分隔的多个内存变量。格式 1 一次仅给一个变量赋值，格式 2 一次可以给多个变量赋值。

【例 2-1】 给内存变量 x，y，z 赋值。

```
x = {^2002-10-31}          && x 的值为 2002 年 10 月 31 日，类型为 D
STORE 1/2 TO y, z          && y、z 的值都为 0.5
```

在命令窗口依次输入上面的命令并按〈Enter〉键，显示如图 2-1 所示的结果。

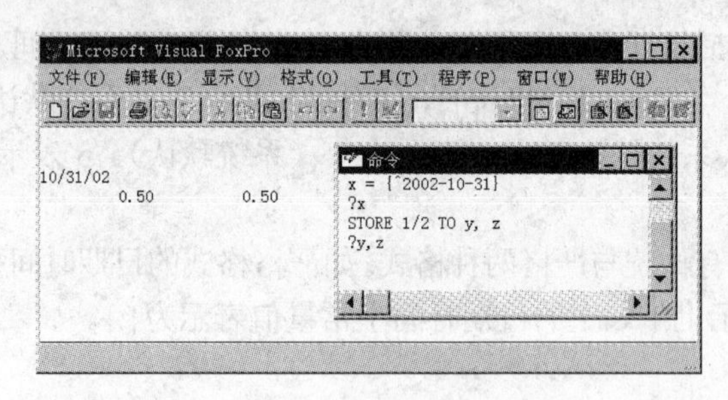

图 2-1 给变量赋值

3．变量的类型

变量的类型是指其存放的数据的值。在 Visual FoxPro 中，有 6 种类型的内存变量。

（1）数值型（N）

数值型变量存放数值型数据，当数值的位数大于或等于数值型数据的最大宽度 20 位时，则用浮点形式表示。如 12 345 678 901 234 567 890 浮点形式表示为 1.234 567 890 123 4E+19。

（2）字符型（C）

字符型变量又称字符串变量，用于存放字符型数据。

（3）逻辑型（L）

逻辑型变量用于存放逻辑型数据，只能存放真（.T.、.t.、.Y.、.y.）或假（.F.、.f.、.N.、.n.）两种逻辑值。

（4）日期型（D）

日期型变量用于存放日期。

（5）日期时间型（T）

日期时间型变量同时存放日期和时间。

（6）货币型（Y）

货币型变量用于存放货币型数据。

（7）对象型（O）

对象型变量用于存放对象型数据。

建立变量时不必指定变量的类型，在内存变量中存放什么类型的数据，该变量就具有什么类型。可以通过赋值命令随时建立、修改变量的类型和值。

4．变量的作用域

命令窗口定义的变量在本次 Visual FoxPro 运行期间都可以使用，直到使用 CLEAR

MEMORY 命令或 RELEASE 命令将其清除。但如果是在程序中定义的变量，情况有所不同。一般来说，变量的作用域包括定义它的程序以及该程序所调用的子程序范围。也就是说，在某个过程代码中定义的变量只能在该过程以及该过程所调用的过程中使用。

【例 2-2】 在表单的 Init 事件代码中写下命令：

```
k = 0
THIS.Activate
```

在同一表单的 Activate 事件代码中写下命令：

```
MESSAGEBOX("变量 k 的值为："+ALLT(STR(k)),48,"在过程 Activate 中")
```

运行该表单，依次出现如图 2-2a、图 2-2b 所示的提示。

由于表单的 Init 事件先于 Activate 事件被激发，因此当表单开始运行，变量 k 在 Init 事件代码中被定义为 0，此值被该事件代码调用的过程——Activate 事件代码中的函数 MESSAGEBOX()使用，如图 2-2a 所示。接下来 Activate 事件重新被激发，出现“程序错误”提示信息“找不到变量'K'。”，如图 2-2b 所示，说明 Init 事件过程中定义的变量不能在 Activate 事件过程中使用。

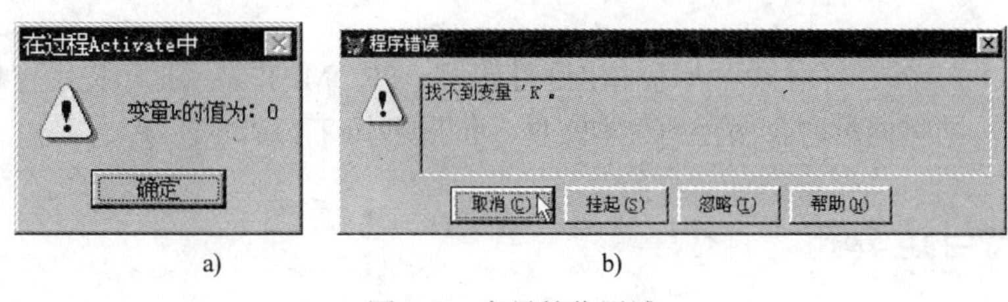

a) b)

图 2-2 变量的作用域

a) Init 事件被激发 b) Activate 事件被激发

在 Visual FoxPro 中，可以使用 LOCAL、PRIVATE 和 PUBLIC 命令强制规定变量的作用范围。

① 用 LOCAL 创建的变量只能在创建它们的过程中使用和修改，不能被更高层或更低层的过程访问，因此被称为局部变量。

② PRIVATE 创建的变量称为私有变量。它用于定义当前过程中的变量，并将以前过程中定义的同名变量保存起来，在当前过程中使用私有变量而不影响这些同名变量的原始值。系统默认定义的都属于私有变量。私有变量可以被当前过程及所调用的过程使用，见例 2-2。

③ PUBLIC 用于定义全局变量。在本次 Visual FoxPro 运行期间，所有过程及程序都可以使用这些全局变量。在命令窗口中定义的变量都属于全局变量。

在例 2-2 中，如果修改表单的 Init 事件代码为如下形式：

```
PUBLIC k
k=0
THIS.Activate
```

则在表单的运行中不会出现错误，将会出现两次图 2-2a 中所示的提示框。

说明：为了避免使用全局变量，可以使用一种特殊的变量——属性。

5．变量的释放

当程序结束或在程序的剩余部分不再使用某些变量时，可以将这些变量从内存中释放掉。从内存中删除或释放变量的命令是：

RELEASE 〈内存变量表〉

这里，〈内存变量表〉中的各个变量用逗号分隔。

还可以使用 CLEAR MEMORY 命令清除所有的内存变量。

6．变量的显示

显示内存变量的命令格式有两种：

LIST MEMORY [LIKE 〈通配符〉][TO PRINTER [PROMPT]|[TO FILE 〈文件名〉]
DISPLAY MEMORY [LIKE 〈通配符〉][TO PRINTER][PROMPT]|[TO FILE 〈文件名〉]

说明：

① 使用 LIKE 可以筛选出需要的变量，可以不写该选项，系统会默认为全体变量。

② 通配符包括“*”和“?”。*代表多个字符，?代表一个字符，如*、A*、?和?B?分别代表所有变量、变量名以 A 开头的变量、变量名是 1 个字符的变量和变量名是 3 个字符中间为 B 的变量。

③ 选项 TO PRINT 可将显示内容输出到打印机，PROMPT 显示打印提示窗口；选项 TO FILE 〈文件名〉则将显示内容保存到文本文件（扩展名为 TXT）。

2.3 表达式与运算符

Visual FoxPro 表达式是指用运算符将常量、变量、字段、函数按 Visual FoxPro 的语法规则连接起来的式子。作为特例，单个的常量、变量、字段和函数均为最简单的表达式。

每个表达式都有确定的值，按照值的数据类型，可以把表达式分为算术表达式、字符串表达式、日期表达式、逻辑表达式、关系表达式和名表达式。

运算符用来处理同种类型的数据。对于 Visual FoxPro 的数据类型，有如下一些类型的运算符：算术运算符、字符串运算符、日期时间运算符、逻辑运算符和关系运算符。

下面先介绍算术运算符、字符串运算符、日期时间运算符等运算符，逻辑运算符和关系运算符留待第 5 章介绍。

2.3.1 算术运算符与算术表达式

算术表达式也称数值型表达式，由算术运算符、数值型常量、变量、函数和圆括号组成，其运算结果为一数值。例如 50 * 2 + (70 – 6) / 8 的运算结果为 108.00。

算术表达式的格式为：

〈数值 1〉〈算术运算符 1〉〈数值 2〉[〈算术运算符 2〉〈数值 3〉…]

Visual FoxPro 提供的算术运算符如表 2-3 所示。在这 6 个算术运算符中，除取负“–”是单目运算符外，其他均为双目运算符。加（+）、减（–）、乘（*）、除（/）、取负（–）、乘方（^或**）运算的含义与数学中的概念基本相同。

表 2-3　算术运算符

运 算 符	名　称	说　明
+	加	同数学中的加法
–	减、取负	同数学中的减法、取负
*	乘	同数学中的乘法
/	除	同数学中的除法
^ 或 **	乘方	同数学中的乘方，如 4^3 表示 4^3
%	求余	12 % 5 表示 12 除以 5 所得的余数

算术运算符的优先权依次为：( ) → ^或** → *和/ → % → +和–。

算术表达式与数学中的表达式写法有所区别，在书写表达式时应当特别注意：

① 每个符号占 1 格，所有符号都必须一个一个并排写在同一横线上，不能在右上角或右下角写方次或下标，例如 2^3 要写成 2^3、x_1+x_2 要写成 x1+x2。

② 原来在数学表达式中省略的内容必须重新写上，例如 2x 要写成 2 * x。

③ 所有括号都用小括号( )，括号必须配对，例如 3[x+2(y+z)]必须写成 3 *(x+2*(y+z))。

④ 要把数学表达式中的有些符号，改成 Visual FoxPro 中可以表示的符号。例如要把 2πr 改为 2 * pi * r。

2.3.2　字符串运算符与字符串表达式

一个字符串表达式由字符串常量、字符串变量、字符串函数和字符串运算符组成。它可以是一个简单的字符串常量，也可以是若干个字符串常量或字符串变量的组合。字符串表达式的值为字符串。Visual FoxPro 提供的字符串运算符有两个（其运算级别相同），如表 2-4 所示。

表 2-4　字符串运算符

运 算 符	名　称	说　明
+	连接	将字符型数据进行连接
–	空格移位连接	两字符型数据连接时，将前一数据尾部的空格移到后面数据的尾部

字符串表达式的格式为：

〈字符串 1〉〈字符串运算符 1〉〈字符串 2〉[〈字符串运算符 2〉〈字符串 3〉…]

【例 2-3】　下面是一些字符串表达式的示例。

```
"ABC123" + "666xyz"                 && 连接后结果为"ABC123666xyz"
"计算机" + "世界"                   && 连接后结果为"计算机世界"
"123   45" + "abcd   " + "   xyz   "   && 连接后结果为"123   45abcd      xyz   "
"ABC   " - " DEFG"                  && 连接后结果为"ABCDEFG   "
```

使用?命令，可以得到表达式的计算结果，如图 2-3 所示。

在字符串中嵌入引号，只需将字符串用另一种引号括起来即可。例如：

```
QM = '"'
cString = cString + QM + ALLTRIM(THIS.Edit1.Value) + QM + ','
```

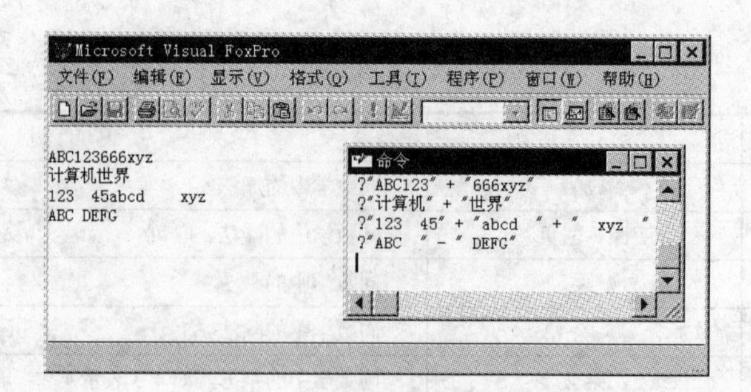

图 2-3 字符串表达式的连接

2.3.3 日期时间运算符与日期时间表达式

日期型表达式由算术运算符（"+""-"）、算术表达式、日期型常量、日期型变量和函数组成。日期型数据是一种特殊的数值型数据，它们之间只能进行加"+"、减"-"运算。有下面3种情况。

1．两个日期型数据相减

两个日期型数据可以相减，结果是一个数值型数据（两个日期相差的天数）。例如：

{^2002/12/19} - {^2002/11/16}　　　&& 结果为数值型数据 33

2．日期型数据加数值型数据

一个表示天数的数值型数据可加到日期型数据中，其结果仍然为一日期型数据（向后推算日期）。例如：

{^2002/11/16} + 33　　　&& 结果为日期型数据{^2002/12/19}

3．日期型数据减数值型数据

一个表示天数的数值型数据可从日期型数据中减掉它，其结果仍然为一日期型数据（向前推算日期）。例如：

{^2002/12/19} - 33　　　&& 结果为日期型数据{^2002/11/16}

Visual FoxPro 将无效的日期处理成空日期。

2.3.4 类与对象运算符

类与对象运算符专门用于实现面向对象的程序设计。有以下两种：

① . —— 点运算符，确定对象与类的关系，以及属性、事件和方法与其对象的从属关系。

② :: —— 作用域运算符，用于在子类中调用父类的方法。

2.3.5 名表达式

在 Visual FoxPro 中，许多命令和函数需要提供一个名。在 Visual FoxPro 中可使用的名有：

表/.DBF 的文件名	表/.DBF 的别名	表/.DBF 的字段名
索引文件名	文件名	内存变量和数组名
窗口名	菜单名	表单名
对象名	属性名	……

在 Visual FoxPro 中定义一个名时，需要遵循以下原则：

① 名中只能以字母（汉字）或下画线开始。

② 名中只能使用字母（汉字）、数字和下画线字符。

③ 不能使用 Visual FoxPro 的保留字。

④ 名的长度可以为 1～128 个字符，但自由表中的字段名、索引标记名最多为 10 个字符。文件名要按操作系统的规定。

名不是变量或字段，但是可以定义一个名表达式，以代替同名的变量或字段的值。名表达式为 Visual FoxPro 的命令和函数提供了灵活性。将名存放到变量或数组元素中，就可以在命令或函数中用变量来代替该名，只要将存放一个名的变量或数组元素用一对括号括起来。例如：

```
STORE "CITY" TO a
REPLACE (a) WITH "Beijing"
```

字段名 CITY 被存放在变量 a 中，在执行 REPLACE 命令时，名表达式(a)将用字段名代替变量。这种方法称为间接引用。

2.4 函数

对于用户来说，程序设计语言中的函数与数学上的函数没有什么区别，使用函数要有参数（自变量），可以从函数得到一个返回的值（因变量）。而从程序设计的角度来看，函数是子程序的一种，它能完成一种特定的运算。

2.4.1 函数的分类

Visual FoxPro 的函数有两种，一种是用户自定义的函数，一种是系统函数。自定义函数由用户根据需要自行编写，系统函数则是由 Visual FoxPro 提供的内部函数，用户可以随时调用。

Visual FoxPro 提供的系统函数大约有 380 多个，主要分为：数值函数、字符处理函数、表和数据库函数、日期时间函数、类型转换函数、测试函数、菜单函数、窗口函数、数组函数、SQL 查询函数、位运算函数、对象特征函数、文件管理函数以及系统调用函数等 14 类。通过查阅“帮助”中的“语言参考”可以了解到函数参数的类型、函数返回值的类型以及函数的使用方法。

2.4.2 常用函数

Visual FoxPro 提供了大量的系统函数供编程人员使用，下面列出常用的一些函数。

1．数学函数

常用的数学函数，见表 2-5。

表 2-5　常用数学函数

函数名	功能	例子与结果	
ABS(<N>)	N 的绝对值	ABS(3)，ABS(–7.8)	3，7.8
SQRT(<N>)	N 的平方根	SQRT(2)	1.41
EXP(<N>)	e^N的值	EXP(1)，EXP(-2)	2.72，0.14

（续）

函 数 名	功 能	例子与结果	
INT(<N>)	N 的整数部分	INT(3.6)，INT(–2.14)	3，–2
LOG(<N>)	N 的自然对数	LOG(10)，LOG(2.7183)	2.30，1.0000
LOG10(<N>)	N 的常用对数	LOG10(10)，LOG10(2.7183)	1.00，0.4343
COS(<N>)，SIN (<N>)	N 弧度的余弦、正弦值	COS(90/180*PI())，SIN(90/180*PI())	0.00，1.00
ACOS(<N>)，ASIN(<N>)	N 的反余弦、反正弦值	ACOS(1)/PI()*180，ASIN(1)/PI()*180	0.0000，90.0000
TAN (<N>)	N 弧度的正切值	TAN(45/180*PI())	1.00
ATAN (<N>)	N 的反正切值	ATAN(1)/PI()*180	45.0000
MAX(<*1>,<*2> [,…])	系列值较大者	MAX(2,3,–5,0)，MAX("A","C","B")	3，C
MIN(<*1>,<*2> [,…])	系列值较小者	MIN("男","女")，MIN({^2002-01-24,},{2001-10-01})	男，10/01/01
SING(<N>)	N 的符号	SIGN(-3)，SIGN(0)，SIGN(6.53)	–1，0，1
PI()	圆周率	PI()	3.14
FLOOR(<N>)	不大于 N 的最大整数	FLOOR(-3.45)，FLOOR(0.7)，FLOOR(2.8)	–4，0，2
CEILING(<N>)	不小于 N 的最小整数	CEILING(-3.45)，CEILING(0.7)，CEILING(2.8)	–3，1，3
MOD(<N1>,<N2>)	N1 和 N2 相除后的余数	MOD(5,3)，MOD(–10,3)	2，2
ROUND(<N1>,<N2>)	N1 保留 N2 位小数	ROUND(12.647,2)，ROUND(12.647,–1)	12.65，10
RAND()	(0，1)的随机数	RAND()	

说明：

① MAX 和 MIN 函数中的参数可以是同种类型的多个参数。

② ROUND 函数按四舍五入保留指定位数的小数。

③ 使用 MOD 函数时，如果被除数与除数的符号相同时，返回值是两数相除的余数；如果符号不同，返回值是相除的余数加上除数，符号与除数相同。

2. 字符串函数

常用的字符串函数，见表 2-6。

表 2-6 常用字符串函数

函 数 名	功 能	例子与结果	
SUBSTR(<C1>,<N1>[,<N2>])	取 C1 中从 N1 开始长度为 N2 的子串，省略 N2 取到最后	SUBSTR("ABC",2,1)	B
LEFT(<C>,<N>)	从 C 左取长度为 N 的子串	LEFT("ABC",2)	AB
RIGHT(<C>,<N>)	从 C 右取长度为 N 的子串	RIGHT("ABC",2)	BC
LEN(<C>)	求 C 的长度	LEN("ABC"),LEN("函数")	3,4
AT(<C1>,<C2>[,<N>])	从 N 位置开始求 C2 在 C1 中第一次出现的位置，省略 N 则从 C1 开始起	AT("ABC","B"),AT("ABAB","B",3)	2,4
ATC(<C1>,<C2>[,<N>])	与 AT 函数类似，但不区分大小写	ATC("ABC",b"), AT ("ABC",b")	2,0
LTRIM(<C>)	删除 C 的左端空格	"ab"+LTRIM(" cd")	abcd

（续）

函 数 名	功 能	例子与结果	
RTRIM(<C>)	删除 C 的右端空格	RTRIM ("ab□□")+ "cd"	abcd
ALLTRIM(<C>)	删除 C 的左、右两端空格	[a]+ALLTRIM(" b□")+[c]	abc
SPACE(<N>)	生成 N 个空格	'a'+SPACE(2)+'b'	a□□b
UPPER(<C>)	把 C 转换成大写	UPPER("aBc")	ABC
LOWER(<C>)	把 C 转换成小写	LOWER("aBc")	abc
OCCURE (<C1>,<C2>)	C1 在 C2 中出现的次数	OCCURE ("abcabcd","c")	2
CHRTRAIN(<C1>,<C2>,<C3>)	以 C3 替换在 C1 中出现的 C2	CHRTRAIN("ABA","A","C")	CBC
STUFF(<C1>,<N1>,<N2>,<C2>)	从 C1 的 N1 开始删除 N2 个字符后插入 C2	STUFF("aBc",2,1,"b")	abc
LIKE(<C1>,<C2>)	比较 C1 与 C2 是否匹配，若匹配返回.T.，否则返回.F.，C1 可以使用通配符 * 或?	LIKE("AB*","abc"),LIKE("Abc","abc")	.T.,.F.

注：□表示空格。

3．日期函数

常用的日期函数，见表 2-7。

表 2-7　常用日期函数

函 数 格 式	说　明	例子与结果	
DATE()	系统当前日期	DATE()	
TIME()	系统当前时间	TIME()	
DATETIME()	系统当前日期和时间	DATETIME()	
DOW(表达式)	取日期表达式的星期号（1 为星期天）	DOW({^2002-11-09})	7
YEAR(表达式)	取日期表达式的年份值	YEAR({^2002-11-09})	2002
MONTH(表达式)	取日期表达式的月份值	MONTH({^2002-11-09 08:25:37 P})	11
DAY(表达式)	取日期表达式在月份中的天数值	DAY({^2002-11-09 })	9
HOUR(表达式)	取时间表达式中的小时数	HOUR({^2002-11-09 08:25:37 P})	20
MINUTE(表达式)	取时间表达式中的分钟数	MINUTE({^2002-11-09 08:25:37 P})	25
SEC(表达式)	取时间表达式中的秒数	SEC({^2002-11-09 08:25:37 P})	37

4．类型转换函数

常用的类型转换函数，见表 2-8。

表 2-8　常用类型转换函数

函 数 名	功 能	例子与结果	
VAL(<C>)	C 型数据转换成 N 型数据	VAL("23.7")，VAL("2+3")	23.70，2.00
STR(<N1>[,<N2>[,<N3>]])	N1 转换成小数位数为 N3 长度为 N2 的 C 型数据	" π ="+STR(3.141593,7,3)	π =□□ 3.142
CHR(<N>)	ASCII 码值为 N 对应的字符	CHR(65)，CHR(98)	A，b
ASC(<C>)	C 第一个字符的 ASCII 码值	ASC("bcd")，ASC("0")	98，46
CTOD(<C>)	C 型数据转换成 D 型数据	CTOD("^2002/10/12")	2002/10/12
CTOT(<C>)	C 型数据转换成 T 型数据	CTOT("11/7/02,13")	11/07/02 01:00:00 PM

（续）

函 数 名	功 能	例子与结果	
DTOC(D[,1])	D 型数据转换成 C 型数据	DTOC({^2002-11-27}), DTOC({^2002-11-27},1)	11/27/02，20021127
TTOC(T[,1])	T 型数据转换成 C 型数据	TTOC({^2002-11-27,8:23})	11/27/0208:23:00 AM

说明：

① VAL 函数转换字符时，仅转换符合数值常量格式的部分。

② STR 函数中的 N2 参数包括小数点和负号。如果 N3 参数过大，则首先保证整数部分，再考虑小数部分。

③ DTOC、TTOC 函数中的参数 1 用来强制要求转换结果为“yyyymmdd”形式。

5．测试函数

常用的测试函数，见表 2-9。

表 2-9 常用测试函数

函 数 名	功 能
BETWEEN(表达式 1, 表达式 2, 表达式 3)	判断表达式 1 的值是否大于等于表达式 2 的值并且小于等于表达式 3 的值
ISNULL(表达式)	判断表达式的运算结果是否等于 NULL
EMPTY(表达式)	判断表达式的运算结果是否为“空”
VARTYPE(表达式)	以一个大写字母的形式返回表达式的类型
EOF(工作区号 | 表别名)	测试指定表文件中的记录指针是否指向文件尾
BOF(工作区号 | 表别名)	测试指定表文件中的记录指针是否指向文件首
RECNO(工作区号 | 表别名)	返回指定表文件中当前记录的记录号
RECCOUNT(工作区号 | 表别名)	返回指定表文件中的记录个数
DELETED(工作区号 | 表别名)	测试指定表文件中当前记录是否有删除标记

2.5 习题 2

一、选择题

1．将内存变量定义为全局变量的 Visual FoxPro 命令是（　　）。

A．LOCAL　　B．PRIVATE　　C．PUBLIC　　D．GLOBAL

2．下列函数中函数值为字符型的是（　　）。

A．DATE()　　B．TIME()　　C．YEAR()　　D．DATETIME()

3．在下面的数据类型中默认值为.F.的是（　　）。

A．数值型　　B．字符型　　C．逻辑型　　D．日期型

4．设有下列赋值语句：

```
X = {^2003-10-01 08:00:00 AM}
Y = .F.
Z = 123.45
M = $123.45
N = '123.45'
```

依次执行上述命令后，内存变量X、Y、Z、M、N、Z的数据类型分别是（　　）。

A．D、L、N、Y、C　　B．D、L、N、M、C

C．T、L、N、M、C　　D．T、L、N、Y、C

5．下列日期型常量中，正确表示的是（　　）。

A．{"2003-01-01"}−10　　B．{^2003-01-01}

C．{2003-01-01}　　D．{[2003-01-01]}

6．下列表达式中，不正确表示的是（　　）。

A．{^2003-01-01 10:10:10 AM}−7　　B．{^2003-01-01} − DATE()

C．{^2003-01-01} + DATE()　　D．[^2003-01-01] + 1000

7．下列表达式值为逻辑真的是（　　）。

A．EMPTY(.NULL)　　B．LIKE('acd','ac?')

C．AT('a','123abc')　　D．EMPTY(SPACE(2))

8．设C = 5 < 6，VARTYPE(C)的值是（　　）。

A．L　　B．C　　C．N　　D．D

9．数学式子sin25°写成Visual FoxPro表达式是（　　）。

A．SIN25　　B．SIN(25)　　C．SIN(25°)　　D．SIN(25*PI()/180)

10．如果x是一个正实数，对x的第3位小数四舍五入的表达式是（　　）。

A．0.01 * INT(x + 0.005)　　B．0.01 * INT(100 * (x + 0.005))

C．0.01 * INT(100 * (x + 0.05))　　D．0.01 * INT(x + 0.05)

11．下列符号中（　　）不能作为Visual FoxPro中的变量名。

A．ABCDEFG　　B）P000000　　C．89TWDDFF　　D．xyz

12．下列符号中（　　）是Visual FoxPro中的合法变量名。

A．AB7　　B．7AB　　C．IF　　D．A[B]7

13．下列函数的值为数值的是（　　）。

A．BOF　　B．CTOD("01/02/03")

C．AT("计算机","全国计算机等级考试")　　D．SUBSTR(DTOC(DATE(),7))

14．同时给内存变量a1和a2赋值的正确命令是（　　）。

A．a1, a2 = 0　　B．a1 = 0, a2 = 0

C．STORE 0 TO a1, a2　　D．STORE 0, 0 TO a1, a2

15．下面函数中，函数值类型为字符型的是（　　）。

A．AT("abc", "xyz")　　B．VAL("123")

C．DATE()　　D．TIME()

16．下面语句的运行结果是（　　）。

```
STORE -5.8 TO x
? INT(x), CEILING(x), ROUND(x, 0)
```

A．-5-5-5　　B．-5-5-6　　C．-5-6-5　　D．-6-6-6

17．表达式AT("IS","THIS IS A BOOK")的运算结果是（　　）。

A．.T.　　B．3　　C．1　　D．出错

18．下列字符型常量的表示中错误的是（　　）。

A. [[品牌]]　　B. '5+3'　　C. '[x=y]'　　D. ["计算机"]

19. 函数 UPPER("1a2B")的结果是（　　）。

A. 1A2b　　B. 1a2B　　C. 1A2B　　D. 1a2b

20. 表达式 BETWEEN(AT("me","welcome"), 3, 5)的值是（　　）。

A. me　　B. com　　C. .T.　　D. .F.

21. 假设变量 a 的内容是“计算机软件工程师”，变量 b 的内容是“数据库管理员”，表达式的结果为“数据库工程师”的是（　　）。

A. left(b,6) – right(a,6)　　B. substr(b, 1,3) –substr(a, 6, 3)

C. A 和 B 都是　　D. A 和 B 都不是

22. 执行如下命令的输出结果是（　　）。

```
? 15%4, 15% -4
```

A. 3　–1　　B. 3　3　　C. 1　1　　D. 1　–1

23. 有如下的赋值语句：

```
a="你好"
b="大家"
```

结果为“大家好”的表达式是（　　）。

A. b+AT(a, 1)　　B. b+RIGHT(a, 1)

C. b+LEFT(a, 3, 4)　　D. b+RIGHT(a, 2)

24. 在下面的 Visual FoxPro 表达式中，运算结果为逻辑真的是（　　）。

A. EMPTY(, NULL)　　B. LIKE('xy?', 'xyz')

C. AT('xy', 'abcxyz')　　D. ISNULL(SPACE(0))

25. 在 Visual FoxPro 中，要想将日期型或日期时间型数据中的年份用 4 位数字显示，应当使用 SET CENTURY（　　）命令进行设置。

A. TO　　B. ON　　C. OFF　　D. FOR

二、填空题

1. LEFT("123456789",LEN("数据库"))的计算结果是__________。

2. 表达式 VAL(SUBS("奔腾 586",5,1)) * LEN("Visual FoxPro")的值是__________。

3. ROUND(123.4567,3)的值是__________。

4. $\sqrt{s(s-a)(s-b)(s-c)}$ 的 Visual FoxPro 表达式是__________。

5. Visual FoxPro 表达式 a / (b + c / (d + e / SQRT(f)))的数学表达式是__________。

6. 设 A = 7，B = 3，C = 4，则表达式 A%3 +B^3 / C 和 A / 2 * 3 / 2 的值分别是__________和__________。

7. 在没有特别声明的情况下，Visual FoxPro 程序中变量的作用域是__________。

第 3 章　Visual FoxPro 编程的工具

为了实现可视化编程的需要，Visual FoxPro 提供了一系列的可视化编程工具：表设计器、表单设计器、报表设计器、查询设计器等，本章重点介绍项目管理器与表单设计器。

3.1　项目管理器

使用 Visual FoxPro 时会创建很多文件，这些文件有着各种不同的格式，因此就需要专门的管理工具来提高工作效率。使用 Visual FoxPro 的主要工作界面——“项目管理器”，将 Visual FoxPro 的文件用图示与分类的方式，依文件的性质放置在不同的标签上，并针对不同类型的文件提供不同的操作选项。

3.1.1　创建和打开项目

项目管理器提供简易、可见的方式组织处理表、表单、数据库、报表、查询和其他文件，用于管理表和数据库或创建应用程序。最好把应用程序中的文件都组织到项目中，这样便于查找。程序开发人员可以用项目管理器把项目的多个文件组织成一个文件，生成一个.APP 文件或者.EXE 文件。其中，.APP 文件可以用 DO 命令来执行，可以用 Visual FoxPro 专业版编译成.EXE 文件。项目中的所有文件如.PRG、报表格式文件和标签格式文件，都能组合在一个文件中。如果表和索引不再修改、添加，也可以组合到里面。

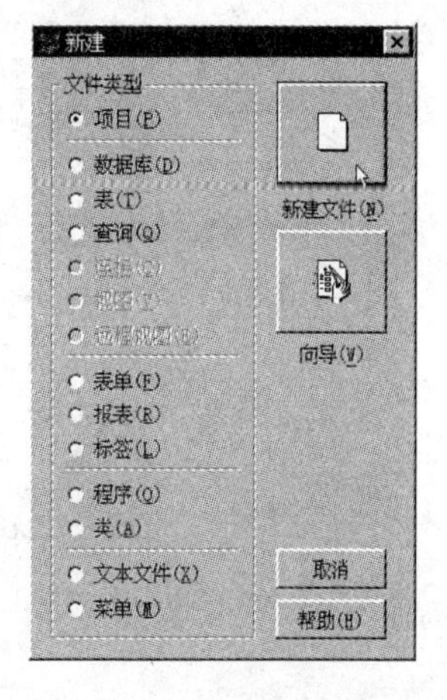

图 3-1 “新建”对话框

1．创建新项目

从“文件”菜单中选择“新建”命令，可以随时创建新项目。创建新项目的步骤如下。

① 从“文件”菜单中选择“新建”，或者单击常用工具栏上的“新建”按钮，则打开“新建”对话框，如图 3-1 所示。

选择“项目”，然后单击“新建文件”，此时将打开“创建”对话框。

② 在“创建”对话框中，输入新项目的名称，例如 xm1。在“保存在”下拉列表框中选择保存新项目的文件夹，例如 d:\vflx。

③ 单击“保存”按钮，如图 3-2 所示。

2．打开已有项目

从“文件”菜单中选择“打开”命令，可以随时打开新项目。打开已有项目的步骤如下。

① 从“文件”菜单中选择“打开”命令，或者单击常用工具栏上的“打开”按钮，则显示“打开”对话框，如图 3-3 所示。Visual FoxPro 当前默认的文件夹为 VFP，所以显示此文件夹下的内容。

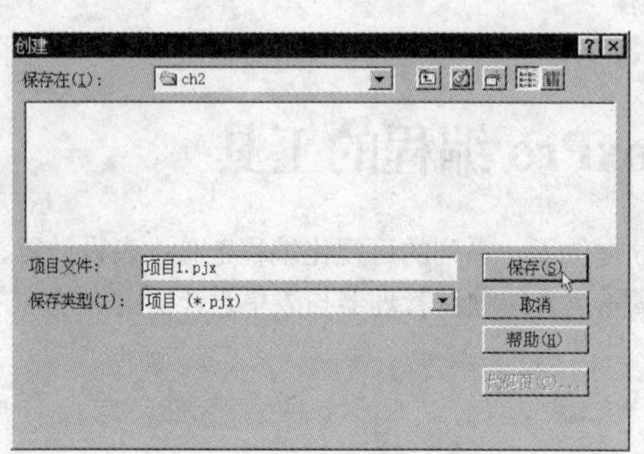

图 3-2 “创建”对话框

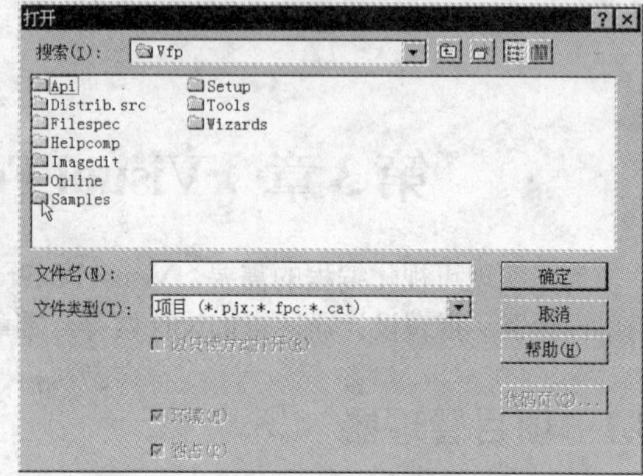

图 3-3 “打开”对话框

② 选择“文件类型”为“项目”。

③ 在“打开”对话框中，输入或选择已有项目的名称。

④ 打开项目文件后将显示项目管理器窗口，如图 3-4 所示，这时就可以用项目管理器来组织和管理项目中的文件了。

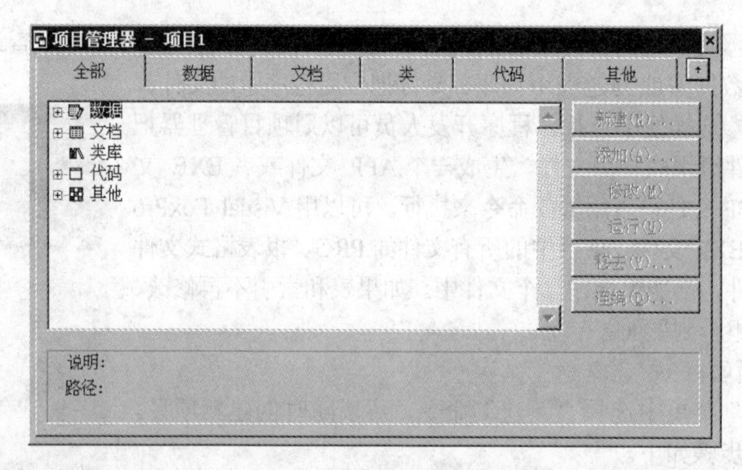

图 3-4 项目管理器窗口

3.1.2 项目管理器的操作

项目管理器提供了一个组织良好的分层结构视图。若要处理项目中某一特定类型的文件或对象，可选择相应的选项卡。在建立表和数据库，以及创建表单、查询、视图和报表时，所要处理的主要是“数据”和“文档”选项卡中的内容。

1. 查找数据文件

“数据”选项卡包含了一个项目中的所有数据：数据库、自由表、查询和视图。项目管理器中的“数据”选项卡如图 3-5 所示。

数据库是表的集合，一般通过公共字段彼此关联，数据库文件的扩展名为 DBC。自由表存储在以 DBF 为扩展名的文件中，它不是数据库的组成部分。查询是检查存储在表中的特定信息的一种结构化方法，利用“查询设计器”，可以设置查询的格式，该查询将按照输入的规则从表中提取记录，查询被保存为带.QPR 扩展名的文件。视图是特殊的查询，通过更改由查询返回的记录，可以用视图访问远程数据或更新数据源。视图只能存在于数据库中，它不是独立的文件。

2．查找表单和报表文件

“文档”选项卡中包含了处理数据时所用的全部文档：输入和查看数据所用的表单，以及打印表和查询结果所用的报表及标签。项目管理器中的“文档”选项卡如图 3-6 所示。

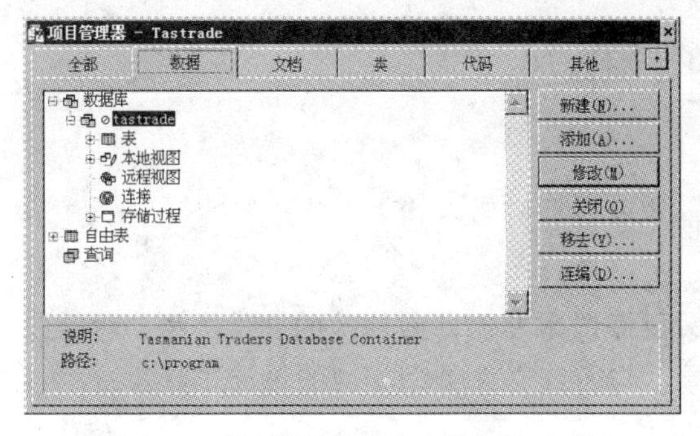

图 3-5　项目管理器中的“数据”选项卡

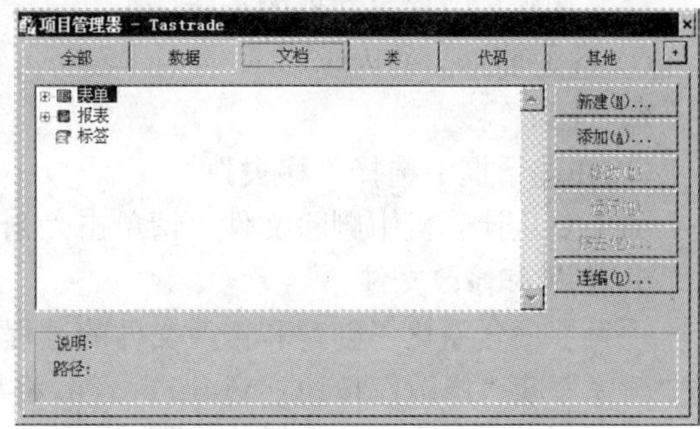

图 3-6　项目管理器中的“文档”选项卡

表单用于显示和编辑表的内容。报表是一种文件，它告诉 Visual FoxPro 如何设置查询来从表中提取结果，以及如何将它们打印出来。标签是打印在专用纸上的带有特殊格式的报表。

其余选项卡（如“类”“代码”及“其他”）主要用于为最终用户创建应用程序。

3．查看文件详细内容

项目管理器中的项是以类似于大纲的结构来组织的，可以将其展开或折叠，以便查看不同层次中的详细内容。大纲显示了项目中不同层次内的详细内容，如图 3-7 所示。

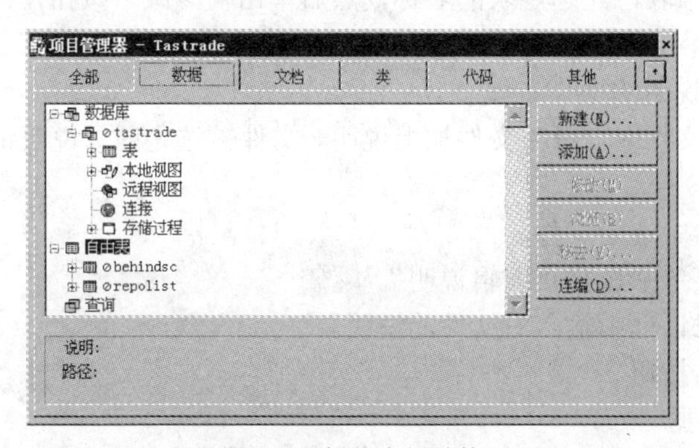

图 3-7　树状大纲结构

如果项目中具有一个以上某一类型的项，其类型符号旁边会出现一个“+”号。单击符号旁边的“+”号可以显示项目中该类型的项的名称，单击项名旁边的“+”号可以看到该项的组件。

例如，单击“自由表”符号旁边的“+”号，可以看到项目中自由表的名称；单击表名旁边的“+”号，可以看到表中的字段名和索引名。

若要折叠已展开的列表，可单击列表旁边的“-”号。

4．添加或移去文件

要想使用项目管理器，必须在其中添加已有的文件或者用它来创建新的文件。例如，如果想把一些已有的扩展名为.DBF 的表添加到项目中，只需在“数据”选项卡中选择“自由表”，然后用“添加”按钮把它们添加到项目中。

（1）在项目中加入文件的步骤

① 选择要添加项的类型。

② 选择“添加”。

③ 在“打开”对话框中，选择要添加的文件名，然后单击“确定”按钮。

（2）从项目中移去文件的步骤

① 选定要移去的内容。

② 选择“移去”。

③ 在提示框中选择“移去”。

如果要从计算机中删除文件，请单击“删除”按钮。

5．创建和修改文件

项目管理器简化了创建和修改文件的过程。只需选定要创建或修改的文件类型，然后选择“新建”或“修改”按钮，Visual FoxPro 将显示与所选文件类型相应的设计工具。

（1）创建项目中文件的操作步骤

① 选定要创建的文件类型。

② 单击“新建”按钮。

对于某些类型的文件，可以利用向导来创建。

（2）修改文件的操作步骤

① 选定一个已有的文件。

② 单击“修改”按钮。

例如，要修改一个表，先选定表的名称，然后单击“修改”按钮，该表便显示在“表设计器”中。

（3）为文件添加说明的操作步骤

创建或添加新的文件时，可为文件加上说明。文件被选定时，说明将显示在项目管理器的底部。

① 在项目管理器中选定文件。

② 从“项目”菜单中选择“编辑说明”。

③ 在“说明”对话框中输入对文件的说明。

④ 单击“确定”按钮。

6．查看表中的数据

从项目管理器中可以浏览项目中表的内容。浏览表的步骤如下。

① 选择“数据”选项卡。

② 选定一个表并单击“浏览”按钮。

7．项目间共享文件

通过与其他项目共享文件，用户可以重用在其他项目开发上的工作成果。此文件并未复制，项目只储存了对该文件的引用。文件可同时和不同的项目连接。在项目之间共享文件的操作步骤如下。

① 在 Visual FoxPro 中，打开要共享文件的两个项目。

② 在包含该文件的项目管理器中，选择该文件。

③ 拖动该文件到另一个的项目容器中。

3.1.3 定制项目管理器

可以定制可视工作区域，方法是改变项目管理器的外观或设置在项目管理器中双击运行的文件。

1．改变显示外观

项目管理器通常显示为一个独立的窗口。用户可以移动它的位置、改变其尺寸或者将它折叠起来只显示选项卡。

若要移动项目管理器：将鼠标指针指向标题栏，然后将项目管理器拖到屏幕上的其他位置。

若要改变项目管理器窗口的大小：将鼠标指针指向项目管理器窗口的顶端、底端、两边或角上，拖动鼠标即可扩大或缩小它的尺寸。

若要折叠项目管理器：单击右上角的上箭头。在折叠情况下只显示选项卡，如图 3-8 所示。

图 3-8 折叠项目管理器

用户可以很容易地将项目管理器还原为通常大小，单击右上角的下箭头即可。

2．拖开选项卡

折叠项目管理器后，可以拖开选项卡，该选项卡成为浮动状态，可根据需要重新安排它们的位置。若要拖开某一选项卡，其操作步骤如下。

① 折叠项目管理器。

② 选定一个选项卡，将它拖离项目管理器，如图 3-9 所示。

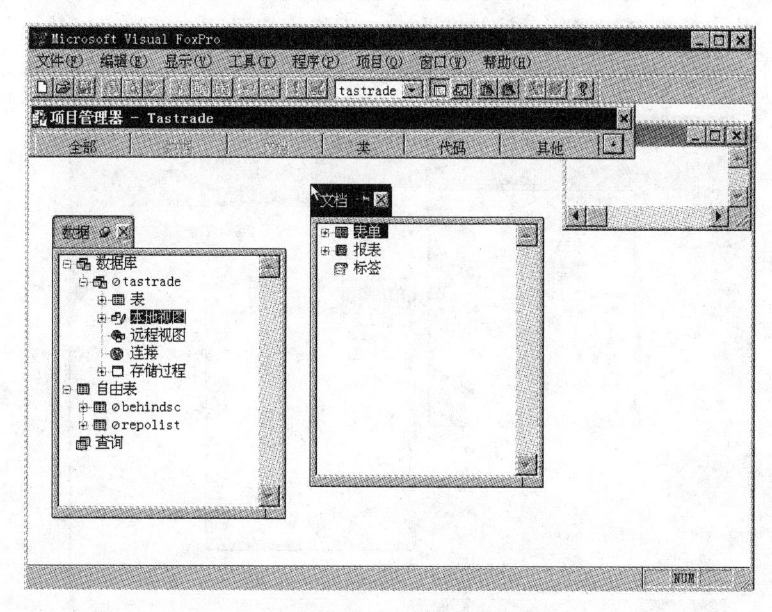

图 3-9 浮动选项卡

当选项卡处于浮动状态时，通过在选项卡中单击鼠标右键可以访问“项目”菜单中的选项，如图 3-10 所示。

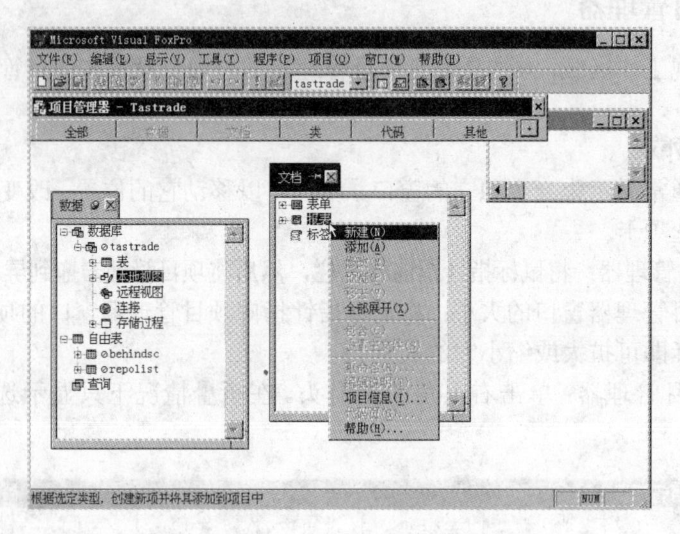

图 3-10　在浮动选项卡中单击鼠标右键

3．项目管理器中的选项卡

如果希望选项卡始终显示在屏幕的最表层，可以单击选项卡上的图钉图标，这样，该选项卡就会一直保留在其他 Visual FoxPro 窗口的上面。用户也可以使多个选项卡都处于“顶层显示”的状态。再次单击图钉图标可以取消选项卡的“顶层显示”设置。

若要还原选项卡：单击选项卡上的“关闭”按钮，或者将选项卡拖回到项目管理器。还可以停放项目管理器，使它像工具栏一样显示在 Visual FoxPro 主窗口的顶部。若要停放项目管理器：将项目管理器拖到 Visual FoxPro 主窗口的顶部。停放项目管理器后，它就变成窗口工具栏区域的一部分。项目管理器处于停放状态时，不能将其展开，但是可以单击每个选项卡来进行相应的操作。对于停放的项目管理器，同样可以从中拖开选项卡，如图 3-11 所示。

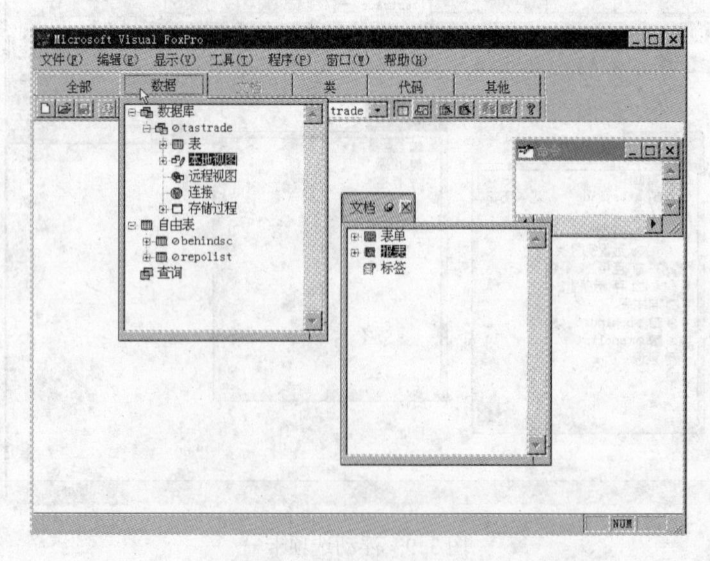

图 3-11　停放项目管理器

3.1.4 项目管理器中的命令按钮

项目管理器中右方包含几个命令按钮，这些按钮会根据选取不同选项卡的文件而改变，显示出可以使用的按键，无法使用的按钮显示灰色而无法选取。在使用这些命令之前，要先在左方选取需要的文件类型。项目管理器中的命令按钮如表 3-1 所示。

表 3-1 项目管理器中的命令按钮

按　钮	说　明
新文件	创建一个新文件或对象。此按钮与项目菜单的新文件命令作用相同。新文件或对象的类型与当前选定项的类型相同。从“文件”菜单中创建的文件不会自动包含在项目中。由“项目”菜单的“新文件”命令或项目管理器上的“新文件”按钮创建的文件自动包含在项目中
添加	把已有的文件添加到项目中。此按钮与“项目”菜单的添加文件命令作用相同
修改	在合适的设计器中打开选定项。此按钮与“项目”菜单的修改文件命令作用相同
浏览	在浏览窗口中打开一个表。此按钮与“项目”菜单的浏览文件命令作用相同，且仅当选定一个表时可用
关闭	关闭一个打开的数据库。此按钮与“项目”菜单的关闭文件命令作用相同，且仅当选定一个表时可用。如果选定的数据库已关闭，此按钮变为“打开”
打开	打开一个数据库。此按钮与“项目”菜单的打开文件命令作用相同，且仅当选定一个表时可用。如果选定的数据库已打开，此按钮变为“关闭”
移去	从项目中移去选定文件或对象。Visual FoxPro 会询问是仅从项目中移去此文件还是同时将其从磁盘中删除。此按钮与“项目”菜单的移去文件命令作用相同
连编	连编一个项目或应用程序，在专业版中，还可以连编一个可执行文件。此按钮与“项目”菜单的连编命令作用相同
预览	在打印预览方式下显示选定的报表或标签。当选定项目管理器中的一个报表或标签时可用。此按钮与“项目”菜单的预览文件命令作用相同
运行	执行选定的查询、表单或程序。当选定项目管理器中的一个查询、表单或程序时可用。此按钮与项目菜单的运行文件命令作用相同

3.2 设计器简介

利用项目管理器，可以快速访问 Visual FoxPro 的各种设计器，这些工具使得创建表、表单、数据库、查询和报表以管理数据变得轻而易举。

除了利用项目管理器，使用设计器的另一种方法就是利用“文件”菜单中的“新建”命令。表 3-2 说明了为完成不同的任务所使用的设计器。

表 3-2 VFP 中的设计器

设计器名称	功　能
表设计器	创建表和设置表中的索引
查询设计器	在本地表中运行查询
视图设计器	在远程数据源上运行查询；创建可更新的查询
表单设计器	创建表单以便在表中查看和编辑数据
报表设计器	建立用于显示和打印数据的报表
数据库设计器	建立数据库；在不同的表之间查看并创建关系
连接设计器	为远程视图创建连接

若要用设计器创建新文件，只需在项目管理器中选择待创建文件的类型，选择“新建”命令。

3.3　工具栏简介

每种设计器都有一个或多个工具栏，可以很方便地使用常用的功能或工具操作。例如，表单设计器就有分别用于控件、控件布局以及调色板的工具栏。

工作时，用户可以根据需要，在屏幕上放置多个工具栏。通过把工具栏停放在屏幕的上部、底部或两边，来定制工作环境。Visual FoxPro能够记住工具栏的位置，再次进入Visual FoxPro时，工具栏将位于关闭时所在的位置上。

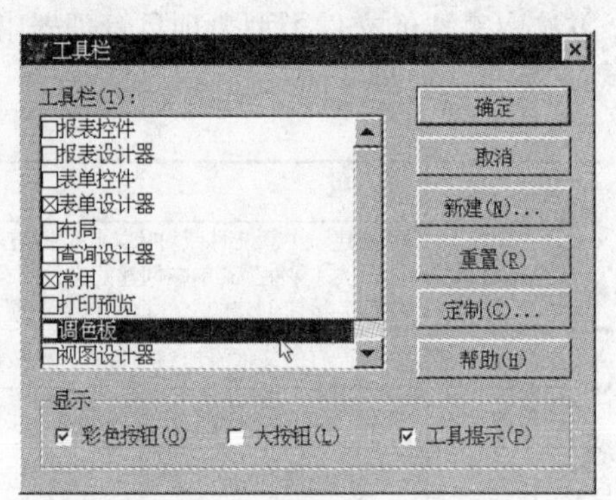

图 3-12　“工具栏”对话框

显示工具栏的方法是：

① 从“显示”菜单中选择“工具栏”。

② 在弹出的“工具栏”对话框（如图 3-12 所示）中，选择要使用的工具栏。

③ 单击“确定”按钮。

若要停放工具栏，可以将工具栏拖到屏幕的顶部、底部或两边，如图 3-13 所示。

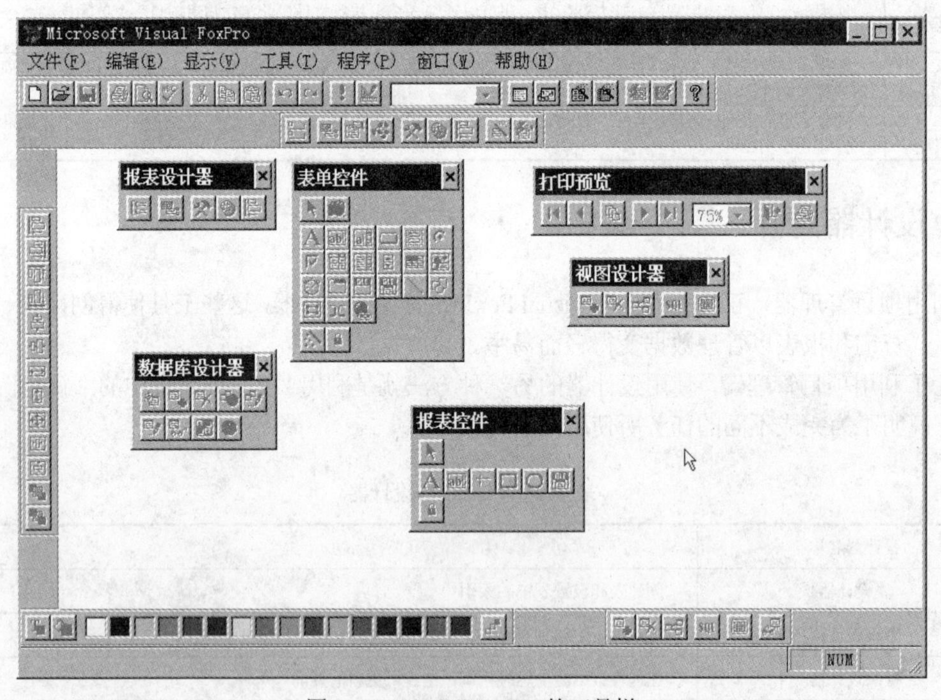

图 3-13　Visual FoxPro 的工具栏

3.4　向导简介

向导是交互式的程序，能帮助用户快速完成一般性的任务，例如，创建表单、设置报表格式和建立查询。通过在向导的一系列屏幕显示中回答问题或选择选项，可以让向导建立一个文件，或者根据选择完成一项任务。例如，选择“报表向导”后，可以选择待创建报表的类型。向导会询问要使用哪个表，并提供用于报表格式设置的选择。

各向导的具体用法在后面的章节中将作详细介绍。

1．启动向导

用项目管理器或“文件”菜单创建新项时，可以利用向导来完成这项工作。

启动向导的一般步骤：

① 在项目管理器中选定要创建文件的类型，然后选择“新建”。也可以从“文件”菜单中选择“新建”命令，然后选择待创建文件的类型。

② 选择“向导”。

利用“工具”菜单中的“向导”，可以直接访问大多数的向导。如果使用的 Visual FoxPro 向导中有来自数据库表中的数据，可以利用存储在数据库中的样式及字段映射，并将其反映到表单、表、标签、查询和报表中。

2．定位向导屏幕

启动向导后，要依次回答每一个屏幕所提出的问题。在准备好进行下一个屏幕的操作时，可选择“下一步”按钮。

如果操作中出现错误，或者原来的想法发生了变化，可选择“上一步”按钮来查看前一屏幕的内容，以便进行修改。单击“取消”按钮将退出向导而不会产生任何结果。如果在使用过程中遇到困难，可以按〈F1〉键取得帮助。

到达最后一屏时，如果准备退出向导，选择“完成”按钮。还可以选择“完成”按钮直接走到向导的最后一步，跳过中间所要输入的选项信息，而使用向导提供的默认值。

3．保存向导结果

根据所用向导的类型，每个向导的最后一屏都会要求提供一个标题，并给出保存、浏览、修改或打印结果的选项。

使用“预览”选项，可以在结束向导中的操作前查看向导的结果。如果需要做出不同的选择来改变结果，可返回到前边重新进行选择。对向导的结果满意后，则选择“完成”按钮。

4．修改用向导创建的项

创建好表、表单、查询或报表后，可以用相应的设计工具将其打开，并做进一步的修改。不能用向导重新打开一个用向导建立的文件，但是可以在退出向导之前，预览向导的结果并做适当的修改。

3.5 生成器简介

生成器是带有选项卡的对话框，用于简化对表单、复杂控件和参照完整性代码的创建和修改过程。每个生成器显示一系列选项卡，用于设置选中对象的属性。用户可使用生成器在数据库表之间生成控件、表单，设置控件格式和创建参照完整性。

Visual FoxPro 提供的生成器如表 3-3 所示。

表 3-3　Visual FoxPro 提供的生成器

生成器名称	功　能
组合框生成器	生成组合框
命令按钮组生成器	生成命令按钮组
编辑框生成器	生成编辑框
表单生成器	生成表单
表格生成器	生成表格
列表框生成器	生成列表框
选项按钮组生成器	生成选项按钮组
文本框生成器	生成文本框
自动格式生成器	格式化控件组
参照完整性生成器	在数据库表间创建参照完整性

若要生成一个控件，可以从“表单控件”工具栏中，选择“生成器锁定”按钮。每次向表单添加新控件，Visual FoxPro 显示一个适当的生成器。或者，从表单上选择控件，接着在快捷菜单中选择“生成器”命令。

若要使用“表单生成器”，可以从“表单”菜单中选择“快速表单”命令。

如果表单中已经有多个控件，可以使用“自动格式生成器”同时设置它们的格式。

若要对多个控件设置格式，可以在“表单设计器”中选择控件，然后从“表单设计器”工具栏中选择“自动格式”设置按钮。

显示生成器后，选择每个选项卡的选项再选定“确定”来注册该更改。

3.6　表单设计器

表单设计器是 Visual FoxPro 提供的一个功能非常强大的表单设计工具，它是一种可视化（Visual）工具，表单的全部设计工作都在表单设计器中完成。

3.6.1　打开表单设计器

无论是建立新表单还是修改已有的表单程序都要打开表单设计器，先从建立一个新表单开始入手。打开表单设计器有 4 种方法：

① 在“文件”菜单中选择“新建”命令或直接单击常用工具栏上的“新建”按钮，出现“新建”对话框，选中“表单”单选按钮并按“新建文件”按钮，如图 3-14 所示。

② 在命令窗口中使用 CREATE FORM 命令。

③ 在项目管理器中选择“文档”选项卡，用鼠标选中“表单”，再按“新建”按钮。

④ 在弹出的“新建表单”对话框中选择“新建表单”按钮，如图 3-15 所示。

以上任何一种方法都可以打开“表单设计器”，开始设计新表单。

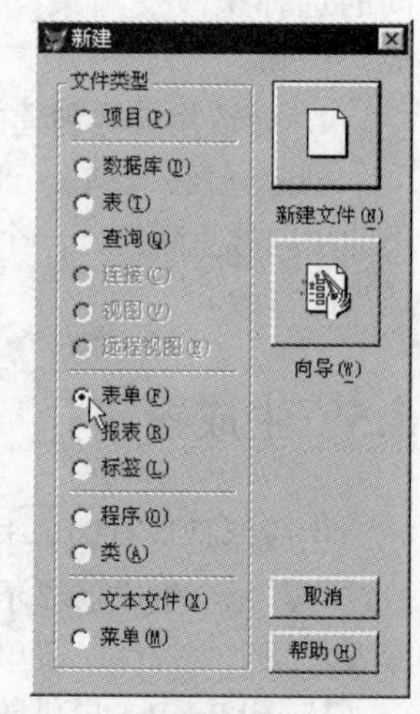

图 3-14　“新建”对话框

图 3-16 为进入表单设计器时的初始画面。

表单设计器中包含一个新创建的表单或是待修改的表单，可在其上添加和修改控件。表单可在表单设计器内移动或是改变其大小。

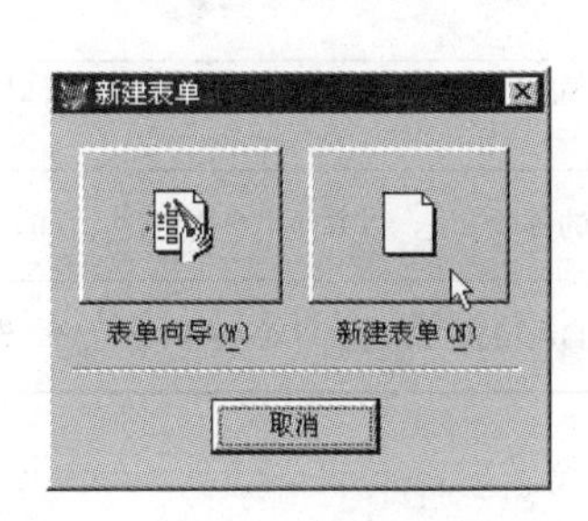

图 3-15　选择“新建表单”按钮

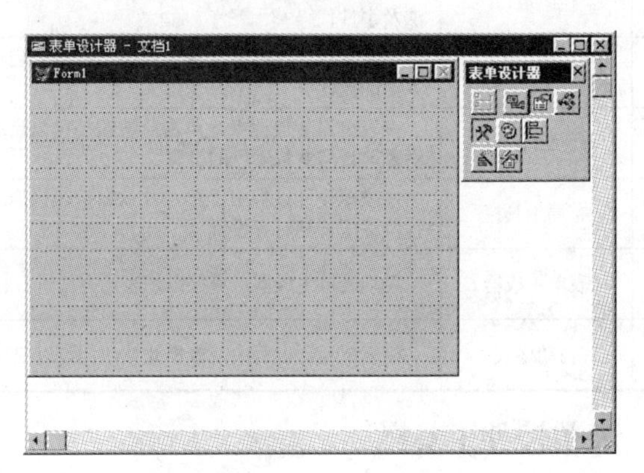

图 3-16　表单设计器窗口

3.6.2　表单设计器工具栏

如果用户的屏幕上没有出现“表单设计器”工具栏，可以将鼠标移到标准工具条上的任意位置，单击鼠标右键，从弹出的快捷菜单中选择“表单设计器”（如图 3-17 所示）即可得到表单设计器工具栏。

或者从“显示”菜单中选择“工具栏”（如图 3-18a），在“工具栏”对话框中选择“表单设计器”，然后单击“确定”按钮（如图 3-18b），也可得到表单设计器工具栏。

表单设计器工具栏中包括了设计表单时的所有工具。把鼠标指针移到工具栏的某按钮上，就会出现该工具按钮的名称，如图 3-19 所示。各个工具按钮的功能说明如表 3-4 所示。

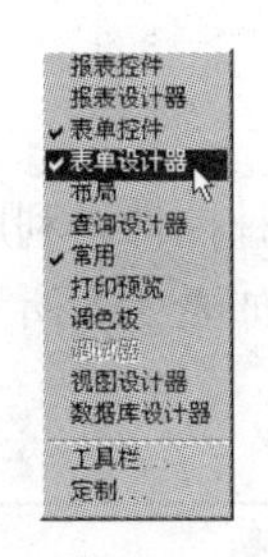

图 3-17　工具栏快捷菜单

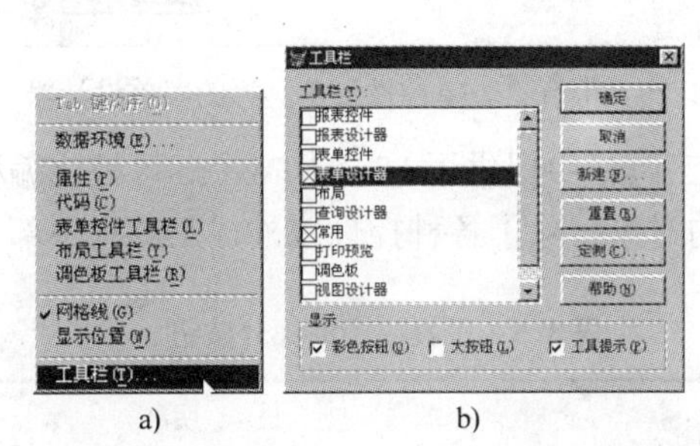

图 3-18　“显示”菜单与“工具栏”对话框

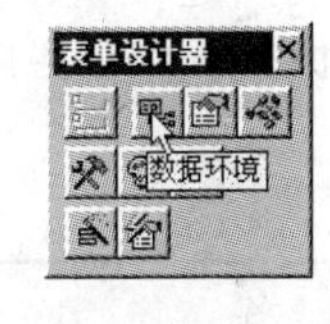

图 3-19　表单设计器工具栏

表 3-4　工具按钮

图标	名　称	说　明
	设置〈Tab〉键次序	在表单设计过程中，单击此按钮，可以显示当按动〈Tab〉键时，光标在表单的各控件上移动的顺序。用键盘上的〈Shift〉键加上鼠标左键可以重新设置光标移动的顺序
	数据环境	在表单设计过程中，单击此按钮，可以结合用户界面同时设计一个依附的数据环境
	属性窗口	在表单设计过程中，单击此按钮，可以启动或关闭属性窗口，以便在属性窗口中查看和修改各个控件的属性

（续）

图标	名　称	说　明
	代码窗口	在表单设计过程中，单击此按钮，可以启动或关闭代码窗口，以便在代码窗口中编辑各对象的方法及事件代码
	表单控件工具栏	在表单设计过程中，单击此按钮，可以启动或关闭表单控件工具栏，以便于利用各控件进行用户界面的设计
	调色板工具栏	在表单设计过程中，单击此按钮，可以启动或关闭调色板工具栏。利用调色板工具栏可以进行各对象前景与背景颜色的设置
	布局工具栏	在表单设计过程中，单击此按钮，可以启动或关闭布局工具栏。利用布局工具栏可以针对对象进行位置配置和对齐设置
	表单生成器	启动表单生成器，直接以填表的方式进行相关对象的各项设置，以方便用户快速建立表单
	自动格式	在表单设计过程中，单击此按钮，可以启动或关闭自动格式生成器，以对各控件进行格式设置

3.6.3　表单控件工具栏

单击“表单设计器”工具栏上的“表单控件工具栏”按钮，屏幕出现“表单控件”工具栏，可以把它拖放到适当的位置，如图 3-20 所示。

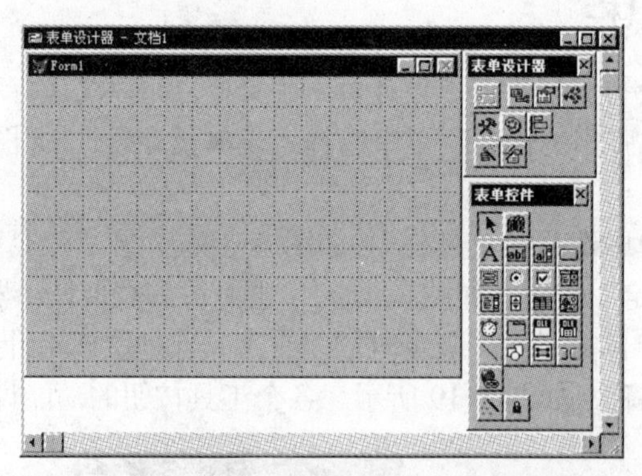

图 3-20　带有“表单控件”工具栏的表单设计器

如前所述，“表单控件”工具栏中提供了 Visual FoxPro 可视化编程的各种控件，利用这些控件可以创建出用户所需要的对象。除了各种控件以外，工具栏中部分按钮如表 3-5 所示。

表 3-5　工具栏中的部分按钮

图标	名　称	说　明
	选定对象	选定一个或多个对象，移动和改变控件的大小。在创建了一个对象之后，“选择对象”按钮被自动选定，除非按下了“按钮锁定”按钮
	查看类	单击可以激活，使用户可以选择显示一个已注册的类库。在选择一个类后，工具栏只显示选定类库中类的按钮
	生成器锁定	生成器锁定方式可以自动显示生成器，为添加到表单上的任何控件打开一个生成器
	按钮锁定	按钮锁定方式可以添加多个同种类型的控件，而无须多次按此控件的按钮

3.6.4　属性窗口

用户在设计时修改或设置属性，一般是在“属性窗口”中进行的。

单击鼠标右键，在弹出的快捷菜单中选取“属性”命令（如图 3-21 所示）或单击“表单设计器”工具栏中“属性窗口”按钮，可打开“属性”窗口，如图 3-22 所示。

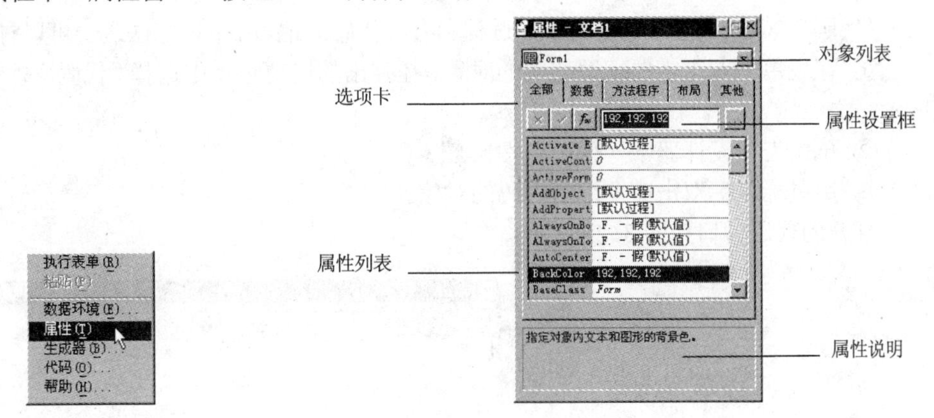

图 3-21　选取“属性”命令　　　　图 3-22　“属性”窗口

属性窗口包含选定对象（表单或控件）的属性、事件和方法列表，用户可在设计或编程时对这些属性值进行设置或更改。属性窗口从上到下依次包括如下。

①“对象”下拉列表框：标识当前选定的对象。单击右端的向下箭头，可看到包括当前表单（或表单集）及其所包含的全部对象的列表。可以从列表中选择要更改其属性的表单或对象。

②“选项卡”：按分类方式显示所选对象的属性、事件和方法，包括以下类别。

全部：显示全部属性、事件和方法。

数据：显示所选对象如何显示或怎样设置数据的属性。

方法程序：显示方法和事件。

布局：显示所有的布局属性。

其他：显示其他和用户自定义的属性。

③“属性设置框”：可以更改属性列表中选定的属性值。如果选定的属性具有预定义的设置值，则在右边出现一个向下箭头。如果属性设置需要指定一个文件名或一种颜色，则在右边出现三点按钮。单击“接受”按钮（√号）来确认对此属性的更改。单击“取消”按钮（×号）取消更改，恢复以前的值。有些属性（如背景色）显示一个三点按钮，允许从一个对话框中设置属性。单击“函数（*fx*）”按钮，可打开表达式生成器。属性可以设置为原义值或由函数或表达式返回的值。

④“属性列表”：这个包含两列的列表显示所有可在设计时更改的属性和它们的当前值。对于具有预定值的属性，在“属性列表”中双击属性名可以遍历所有可选项。对于具有两个预定值的属性，在“属性列表”中双击属性名可在两者间切换。选择任何属性并按〈F1〉键可得到此属性的帮助信息。对于以表达式作为设置的属性，它的前面具有等号（=）。只读的属性、事件和方法以斜体显示。

在“属性”窗口中以上各项之外处单击鼠标右键，将弹出快捷菜单，如图 3-23 所示。通过相应的选择可以改变“属性”窗口的外观。

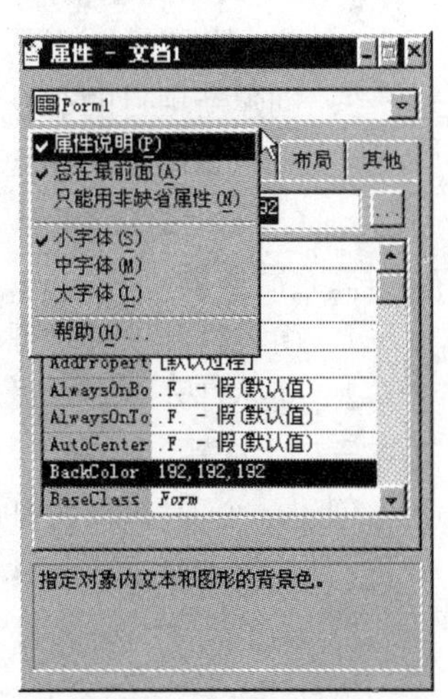

图 3-23　弹出式菜单

3.6.5 代码窗口

“代码”（Code）窗口是编写事件过程和方法代码的地方。下述方法之一可以打开代码窗口：

① 在表单中右击需要编写代码的对象，在弹出的快捷菜单中选择“代码”命令，如图 3-24 所示。

② 单击表单设计器中“代码”按钮。

③ 用鼠标左键双击需要编写代码的对象。

打开的代码窗口如图 3-25 所示。

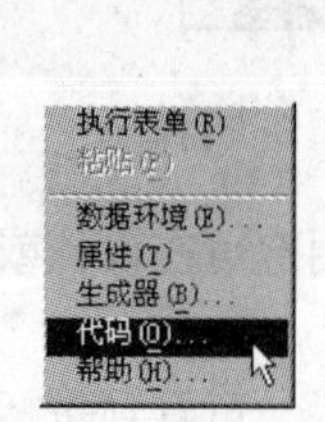

图 3-24 快捷菜单

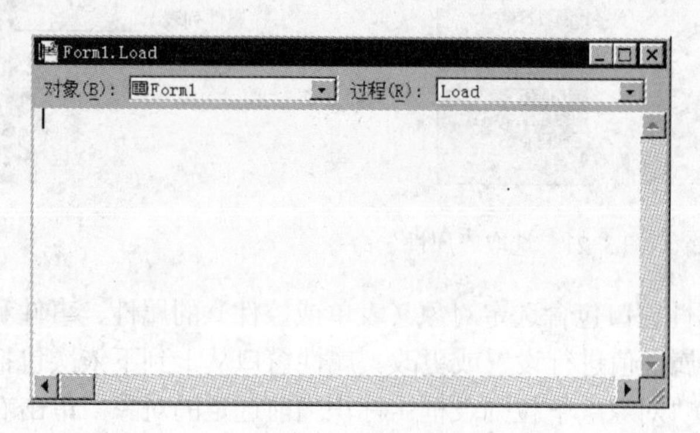

图 3-25 代码窗口

3.7 习题 3

一、选择题

1．在 Visual FoxPro 中，扩展名为 dbc 的文件是（　　）。

A．项目文件　　B．数据库文件　　C．表文件　　D．索引文件

2．“项目管理器”的“数据”选项卡用于显示和管理（　　）。

A．数据库和视图　　B．数据库、视图和自由表

C．数据库、视图、自由表和查询　　D．数据库、视图、自由表和表单

3．创建新项目的命令是（　　）。

A．CREATE NEW ITEM　　B．CREATE ITEM

C．CREATE NEW　　D．CREATE PROJECT

二、简答题

1．简述打开项目管理器的一般步骤。

2．简述打开“表单设计器”的方法。

三、上机题

创建一个项目“我的项目”，然后在其中新建一个表单“我的表单”，保存、运行并连编。

第 4 章　Visual FoxPro 的可视化编程

Visual FoxPro 采用面向对象、事件驱动的编程方法，程序员不再以“过程”为中心思考应用程序开发的结构，而是面向可视的“对象”考虑如何响应用户的动作。也就是说，只要建立若干“对象”以及相关的微小程序，这些微小程序可以由用户启动的事件来激发。

4.1　对象

对象（Object）在现实生活中是很常见的，如一个人是一个对象，一台个人计算机是一个对象。如果将一台个人计算机拆开来看便有显示器、机箱、软盘驱动器、硬盘、键盘、鼠标器等，每一个又都是一个对象，即个人计算机对象是由多个“子”对象组成的。此时，个人计算机又称为一个容器（Container）对象。在可视化编程中，对象是应用程序的基本元素，常见的对象有表单、文本框、列表框等。

4.1.1　对象的属性、事件与方法

从可视化编程的角度来看，对象是一个具有属性（数据）和方法（行为方式）的实体。一个对象建立以后，其操作就通过与该对象有关的属性、事件和方法来描述。

1．对象的属性

属性（Property）是指对象的一项描述内容，用来描述对象的一个特性，不同的对象有不同的属性，而每个对象又都由若干属性来描述。比如说，一个人（对象）有男女（性别属性）之分，还有高矮（身高属性）、胖瘦（体重属性）之分。在可视化编程中，常见的属性有标题（Caption）、名称（Name）、背景色（Backcolor）、字体大小（FontSize）、是否可见（Visible）等。通过修改或设置某些属性便能有效地控制对象的外观和操作。

属性值的设置或修改可以通过属性窗口来进行，也可以通过编程的方法在程序运行的时候来改变对象的属性。在程序中设置属性的一般格式是：

表单名.对象名.属性名 = 属性值

2．对象的方法

方法（Method）是对象可执行的操作，如表单的“关闭”和“隐藏”。方法是与对象相关联的过程，但又不同于一般的 Visual FoxPro 过程。方法程序紧密地和对象连接在一起，并且与一般 Visual FoxPro 过程的调用方式也有所不同。

与事件过程类似，Visual FoxPro 的方法属于对象的内部函数，只是方法用于完成某种特定的功能而不一定响应某一事件，如添加对象（AddObject）方法、绘制矩形（Box）方法、释放表单（Release）方法等。方法也被“封装”在对象中，不同的对象具有不同的内部方法。Visual FoxPro 提供了百余个内部方法供不同的对象调用。与事件过程不同的是，根据需要可由用户自行建立新方法。这里，表单对象的新方法可在编程时建立，一般对象的新方法需在定义类时建立。

3．对象的事件

事件（Event）是预先定义好的、通常是由用户触发的、可被对象识别的操作，如单击（Click）事件、双击（DblClick）事件、装入（Load）事件、移动鼠标（MouseMove）事件等。每个表单和控件都有一个事件集合，其中的事件都能被表单或控件检测，当对象的某些方面发生改变时就会触发事件。对象的事件是固定的，用户不能建立新的事件。为此，Visual FoxPro 提供了丰富的内部事件，这些事件足以应付 Windows 中的绝大部分操作需要。

事件过程（Event Procudure）是为处理特定事件而编写的一段程序。当事件由用户触发（如 Click）或由系统触发（如 Load）时，对象就会对该事件做出响应（Respond）。响应某个事件后所执行的程序代码就是事件过程。一个对象可以识别一个或多个事件，因此可以使用一个或多个事件过程对用户或系统的事件做出响应。

虽然一个对象可以拥有多个事件过程，但在程序中使用哪些事件过程，则由程序员根据程序的具体要求来确定。对于必须响应的事件需要编写该事件的事件过程，而对于不必理会的事件则不需要编写事件过程，只要交给 Visual FoxPro 的默认处理程序即可，例如命令按钮的 Click 事件是最重要的事件，而 MouseUp 事件则可有可无，全视设计人员的需要。

4．事件与方法的程序调用

事件过程由事件的激发而调用其代码，也可以在运行中由程序调用其代码，而方法的代码只能在运行中由程序调用。在程序中调用事件代码的格式是：

表单名.对象名.事件名

在程序中调用对象方法的格式为：

[[〈变量名〉]=]〈表单名〉.〈对象名〉.〈方法名〉()

4.1.2　控件与对象

Visual FoxPro 编程的最大特点，就是在可视的环境下以最快的速度和效率开发具有良好用户界面的应用程序，其实质就是利用 Visual FoxPro 所提供的图形构件快速构造应用程序的输入输出屏幕界面。控件（Control）是某种图形构件的统称，如“标签控件”“文本框控件”“列表框控件”等，利用控件创建对象则是构造应用程序界面的具体方法。

1．常用控件和内部对象

常用控件由 Visual FoxPro 的基类提供，共 21 个，每个控件用“表单控件”工具栏中的一个图形按钮表示，见表 4-1。

表 4-1　常用控件

图　标	名　称	说　明
	标签（Label）	创建一个标签对象，用于保存不希望用户改动的文本，如复选框上面或图形下面的标题
	文本框（Text Box）	创建用于单行数据输入的文本框对象，用户可以在其中输入或更改单行文本
	编辑框（Edit Box）	创建用于多行数据输入的编辑框对象，用户可以在其中输入或更改多行文本
	命令按钮（Command Button）	创建命令按钮对象，用于执行命令

（续）

图　标	名　称	说　明
	命令按钮组（Command Group）	创建命令按钮组对象，用于把相关的命令编成组
	选项按钮组（Option Group）	创建选项按钮组对象，用于显示多个选项，用户只能从中选择一项
	复选框（Check Box）	创建复选框对象，允许用户选择开关状态，或显示多个选项，用户可从中选择多于一项
	组合框（Combo Box）	创建组合框或下拉列表框对象，用户可以从列表项中选择一项或人工输入一个值
	列表框（List Box）	创建列表框对象，用于显示供用户选择的列表项。当列表项很多，不能同时显示时，列表可以滚动
	微调（Spinner）	创建微调对象，用于接受给定范围之内的数值输入
	表格（Grid）	创建表格对象，用于在电子表格样式的表格中显示数据
	图像（Image）	创建图像对象，在表单上显示图像
	计时器（Timer）	创建计时器对象，以设定的时间间隔捕捉计时器事件。此控件在运行时不可见
	页框（Page Frame）	创建页框对象，显示多个页面
	ActiveX（ActiveX Control）	创建 OLE 容器对象，向应用程序中添加 OLE 对象
	ActiveX 绑定型（ActiveX Bound Control）	创建 OLE 绑定型对象，可用于向应用程序中添加 OLE 对象。与 OLE 容器控件不同的是，OLE 绑定型控件绑定在一个通用字段上
	线条（Line）	创建线条对象，设计时用于在表单上画各种类型的线条
	形状（Shape）	创建形状对象，设计时用于在表单上画各种类型的形状。可以画矩形、圆角矩形、正方形、圆角正方形、椭圆或圆
	容器（Container）	创建容器对象，在容器中可以包含其他的控件
	分隔符（Separafor）	创建分隔符对象，在工具栏的控制间加上空格
	超级链接（Hyper Link）	使用“超级链接”可以跳转到 Internet 或 Intranet 的一个目标地址上

Visual FoxPro 还提供了一些内部对象，如表单对象、表单集对象、页对象和工具栏对象等。内部对象一般是可以直接使用的，但某些对象是要在建立某对象之后才能被使用。例如分隔符（Separafor）对象可以直接加入到一个工具栏（ToolBar）对象中当间隔，页（Page）对象只有在建立一个页框（PageFrame）对象之后才能使用，列（Column）对象和列表头（Header）对象都是在建立一个表格（Grid）对象之后才能被使用等。

2．表单对象

表单（Form）是应用程序的用户界面，也是进行程序设计的基础。各种图形、图像、数据等都是通过表单或表单中的对象显示出来的，因此表单是一个容器对象。在 FoxPro 的早期版本中表单被称为屏幕（Screen），在 Visual Basic 中则称为窗体。

（1）表单的结构

Visual FoxPro 的表单具有和 Windows 应用程序的窗口界面相同的结构特征。如图 4-1 所示，一个典型的表单有图标、标题、极小化按钮、极大化按钮、关闭按钮、移动栏、表单体及其周围的边框。其中除了表单体之外的所有特征都可以部分或全部从表单中删除。例如，可以创建一个如图 4-2 所示的没有标题的表单。

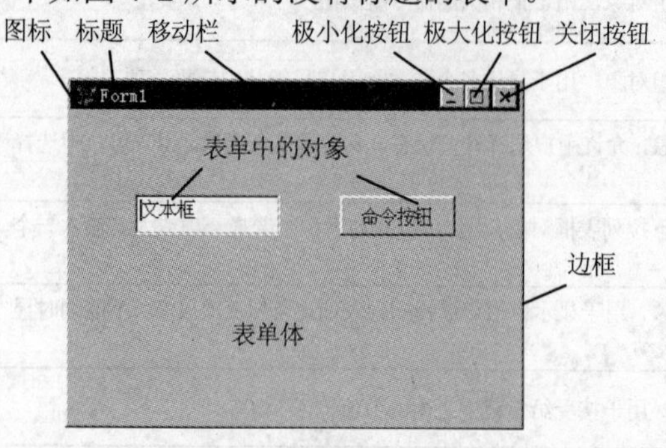

图 4-1　表单的结构

图 4-2　没有标题的表单

表单的移动栏用来将表单移放到屏幕的任何位置，如图 4-3 所示。表单的可调边框用来在设计或程序运行时调整表单的大小，如图 4-4 所示。

单击图标可以打开表单的控制菜单。如图 4-5 所示，控制菜单中的选项与标题栏中的相应按钮功能相同。

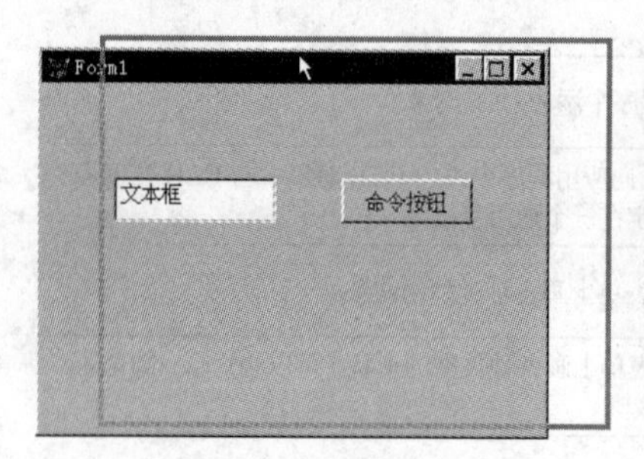

图 4-3　表单的移动

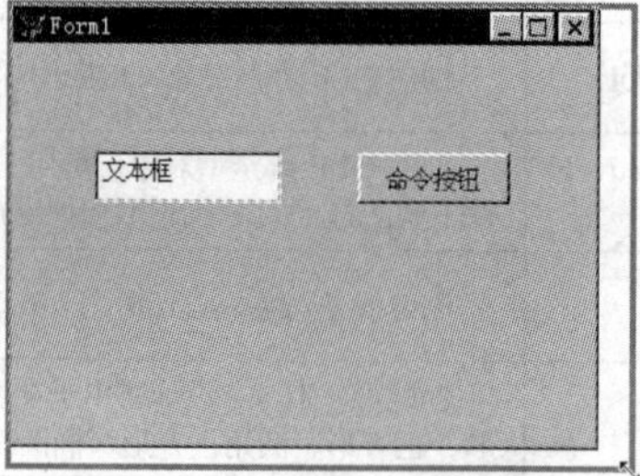

图 4-4　表单边框的拖拉

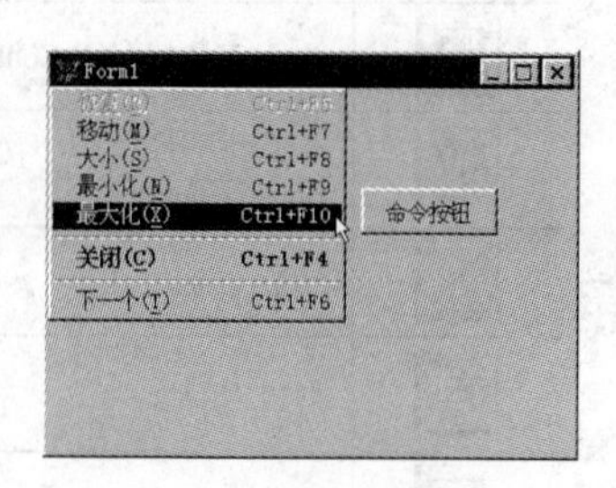

图 4-5　表单的控制菜单

表单体是表单的主体部分，用来容纳应用程序所必需的任何控件。本书下面所述在表单上绘制控件等操作，均指在表单体中的操作。

（2）表单的属性

表单的属性就是表单的结构特征，通过修改表单的属性可以改变表单的内在或外在的特征。常用的表单属性见表 4-2。

表 4-2　常用的表单属性

属　性　名	作　用
AutoCenter	用于控制表单初始化时是否总是位于 Visual FoxPro 窗口或其父表单的中央
BackColor	用于确定表单的背景颜色
BorderStyle	用于控制表单是否有边框：系统（可调）、单线、双线
Caption	表单的标题
Closable	用于控制表单的标题栏中的关闭按钮是否能用
ControlBox	用于控制表单的标题栏中是否有控制按钮
MaxButton	用于控制表单的标题栏中是否有极大化按钮

（续）

属 性 名	作 用
MinButton	用于控制表单的标题栏中是否有极小化按钮
Movable	用于控制表单是否可移动
TitleBar	用于控制表单是否有标题栏
WindowState	用于控制表单是极小化、极大化还是正常状态
WindowType	用于控制表单是模式表单还是无模式表单（默认），若表单是模式表单，则用户在访问 Windows 屏幕中其他任何对象前必须关闭该表单

（3）表单的事件与方法

就像属性那样，只有部分的表单事件与方法经常被使用，除非编写一个非常复杂的应用程序，很多事件与方法绝少被使用。用户可以在代码窗口的“过程”下拉列表框中看到所有表单事件与方法的列表，也可以在“属性”窗口的“方法程序”选项卡中看到所有表单事件与方法的列表，如图 4-6 所示。

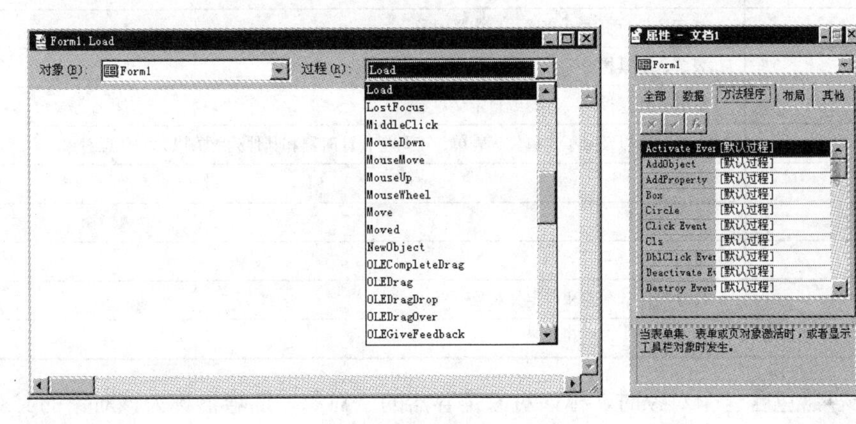

图 4-6 表单的事件与方法列表

下面只列举一些最常用的事件与方法。

常用的表单事件：

- Load 事件——当表单被装入内存时发生。
- Init 事件——当表单被初始化时发生。
- Activate 事件——当表单被激活时发生。

上述事件被激发的顺序为 Load、Init、Activate。

- Destroy 事件——当表单被释放时发生。
- Unload 事件——当表单被关闭时发生。

上述事件被激发的顺序为 Unload、Destroy。

- Resize 事件——当用户或程序去改变表单的大小时发生。

常用的表单方法：

- Hide 方法——隐藏表单。
- Show 方法——显示表单。
- Release 方法——释放表单。
- Refresh 方法——刷新表单。

说明：表单的 Show 方法相当于将表单的 Visible 属性设置为.T.，并使之成为活动对象；而表单的 Hide 方法相当于将表单的 Visible 属性设置为.F.，使之不可见。

3. 对象的引用

（1）对象的包容层次

Visual Foxpro 中的对象根据它们所基于的类的性质可分为两类：容器类对象和控件类对象。

容器类对象可以包含其他对象，例如表单集、表单、表格等。控件类对象只能包含在容器对象之中，而不能够包含其他对象，例如命令按钮、复选框等。表 4-3 列出了每种容器类对象所能包含的对象。

表 4-3 容器类对象所能包含的对象

容　器	能包含的对象
命令按钮组	命令按钮
容器	任意控件
自定义	任意控件、页框、容器、自定义对象
表单集	表单、工具栏
表单	页框、任意控件、容器或自定义对象
表格列	表头对象以及除了表单集、表单、工具栏、计时器和其他列对象以外的任意对象
表格	表格列
选项按钮组	选项按钮
页框	页面
页面	任意控件、容器和自定义对象
工具栏	任意控件、页框和容器

当一个容器包含一个对象时，称该对象是容器的子对象，而容器称为该对象的父对象。所以，容器对象可以作为其他对象的父对象。如一个表单作为容器，是放在其上的复选框的父对象。控件对象可以包含在容器中，但不能作为其他对象的父对象，如复选框就不能包含其他任何对象。

（2）对象的引用

作为应用程序的用户界面，表单上可以包含许多对象，而这些对象又可能具有互相包含的层次关系。若要引用一个对象，需要知道它相对于容器的层次关系。例如，要在表单集中处理一个表单的控件，则需要引用表单集、表单和控件。

在容器层次中引用对象恰似给 Visual FoxPro 提供这个对象地址。例如，当给一个外乡人讲述一幢房子的位置时，需要根据其距离远近，指明这幢房子所在的城市、街道，甚至这幢房子的门牌号码，否则将引起混淆。

① 绝对引用：通过提供对象的完整容器层次来引用对象称为绝对引用。图 4-7 表示了一种可能的容器嵌套方式。

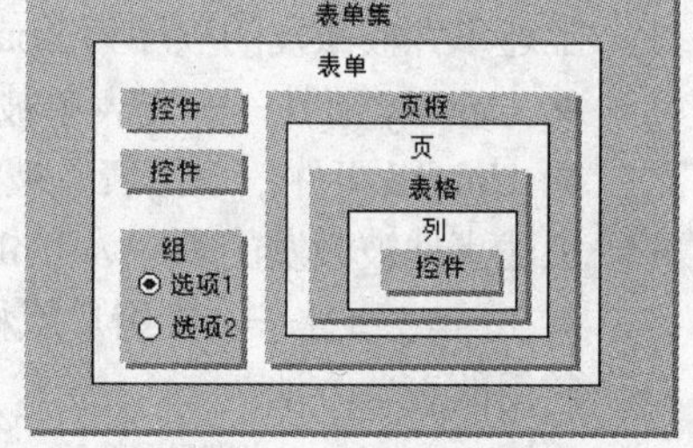

图 4-7 嵌套容器

若要使表列中的控件无效，需要提供以下地址：

```
Formset.Form.PageFrame.Page.Grid.Column.Control.Enabled = .F.
```

应用程序对象（_VFP）的 ActiveForm 属性允许在不知道表单名的情况下处理活动的表单。

例如，下列代码改变活动表单的背景颜色，而不考虑其所属的表单集。

```
_VFP.ActiveForm.BackColor = RGB(255,255,255)
```

类似地，ActiveControl 属性允许处理活动表单的活动控件。

```
Name1 = _VFP.ActiveForm.ActiveControl.Name
```

② 相对引用：在容器层次中引用对象时，可以通过快捷方式指明所要处理的对象，即所谓相对引用。例如：

```
THISFORMSET.Frm1.Cmd1.Caption = "关闭"
```

表示将本表单集的名为 Frm1 的表单中的 Cmd1 对象的标题（Caption）属性设为“关闭”。此引用可以出现在该表单集的任意表单中的任意对象的事件或方法程序代码中。

```
THISFORM.Cmd1.Caption = "关闭"
```

表示将本表单的名为 Cmd1 对象的标题（Caption）属性设为“关闭”。此引用可以出现在该 Cmd1 所在表单的任意对象的事件或方法程序代码中。

```
THIS.Caption = "关闭"
```

表示将本对象的标题（Caption）属性设为“关闭”。此引用可以出现在该对象事件或方法程序代码中。

```
THIS.Parent.BackColor = RGB(192,0,0)
```

表示将本对象的父对象的背景色设置为暗红色。此引用可以出现在该对象事件或方法程序代码中。

表 4-4 列出了一些属性和关键字，这些属性和关键字允许更方便地从对象层次中引用对象。注意，只能在方法程序或事件过程中使用 THIS、THISFORM 和 THISFORMSET。

表 4-4　引用对象的属性和关键字

属性或关键字	引　用
ActiveControl	当前活动表单中具有焦点的控件
ActiveForm	当前活动表单
ActivePage	当前活动表单中的活动页
Parent	该对象的直接容器
THIS	该对象
THISFORM	包含该对象的表单
THISFORMSET	包含该对象的表单集

4.2　Visual FoxPro 可视化编程的步骤

Visual FoxPro 可视化编程的一般步骤：

① 建立应用程序的用户界面，主要是建立表单，并在表单上安排应用程序所需的各种对象（由控件创建）。

② 设置各对象（表单及控件）的属性。

③ 编写方法及事件过程代码。

当然，也可以边建立对象，边设置属性和编写方法及事件过程代码。本章将通过建立一个最简单的表单来介绍可视化编程的基本步骤和表单设计器的使用。

4.2.1 添加控件

首先在表单上增加一个控件：

① 单击“表单控件”工具栏中的“命令”按钮。

② 将鼠标指向表单的右下部，按下鼠标左键并拖动鼠标的十字指针画出一个矩形框，松开左键即画出一个“命令”按钮，如图 4-8 所示。按钮上自动标有“Command1”，控件序号将自动增加。

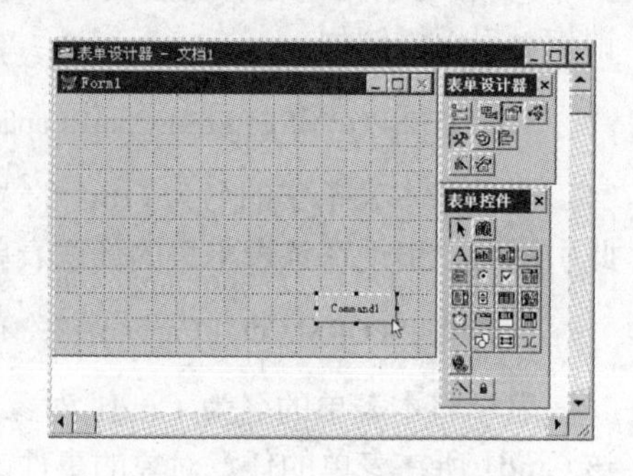

图 4-8 增加一个“命令”按钮

4.2.2 修改属性

在设计过程中对控件属性的设置和修改一般都在属性窗口中进行。其操作步骤为：

① 修改表单的属性。“对象”下拉列表框中显示的对象名是“Form1”。在“布局”选项卡中找到标题属性“Caption”，将其改为“我的表单”（原值为“Form1”），如图 4-9a 所示。在“其他”选项卡中找到表单名属性“Name”，将其改为“MyForm”（原值为“Form1”），如图 4-9b 所示。

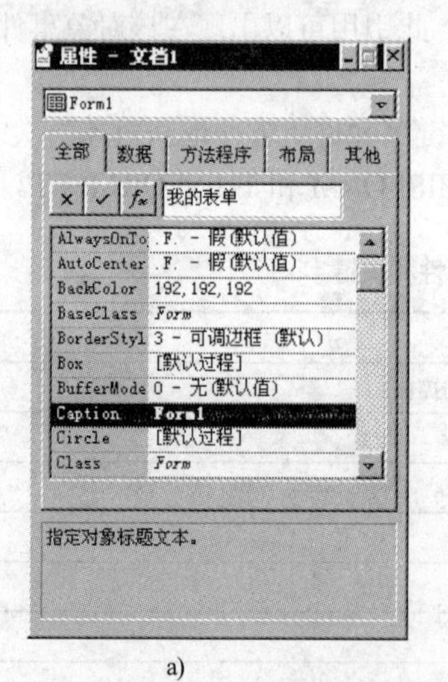

a)

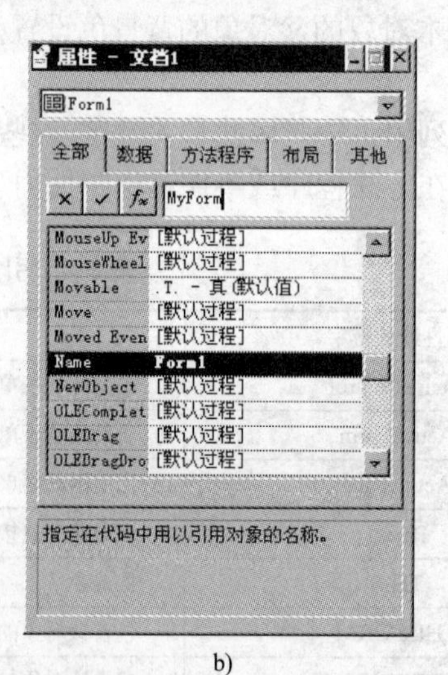

b)

图 4-9 修改表单“Form1”的属性

a) 修改标题属性 b) 修改表单各属性

② 修改命令按钮的属性。在表单上用鼠标单击命令按钮“Command1”或在“对象”下拉列表框中选择对象“Command1”，在“布局”选项卡中将其标题属性“Caption”改为“关闭”（原值为“Command1”），如图 4-10a 所示。在“其他”选项卡中将其名属性“Name”改为“CmdQ”（原值为“Command1”），如图 4-10b 所示。

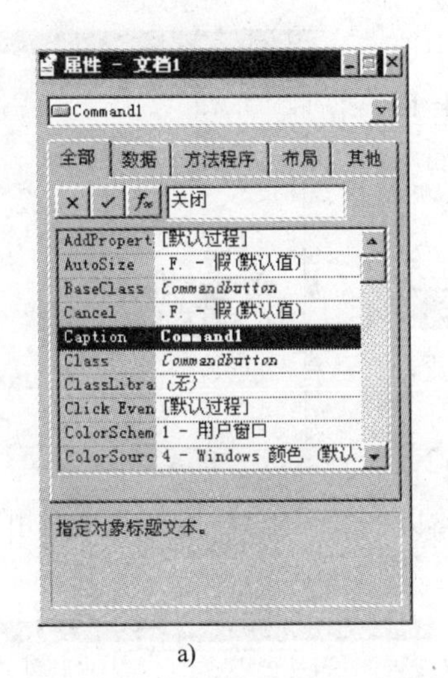

a)

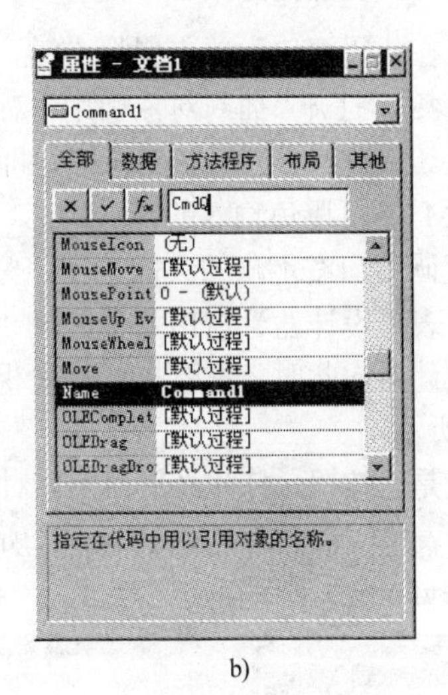

b)

图 4-10 修改命令按钮“Command1”的属性

a) 修改标题属性 b) 修改名属性

修改后的表单画面如图 4-11 所示。

4.2.3 编写代码

编写代码就是为对象编写事件过程或方法。首先打开代码窗口，窗口中的“对象”下拉列表框中列出当前表单及所包含的所有对象名：MyForm 和 CmdQ，如图 4-12 所示。其中 CmdQ 对象前的缩进表示对象的包容关系。“过程”下拉列表框中可以列出所选对象的所有方法及事件名。

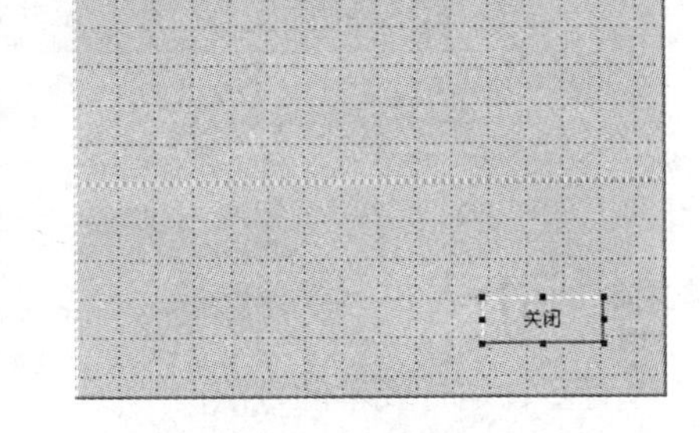

图 4-11 修改后的表单画面

在“对象”下拉列表框中选择“CmdQ”对象，在“过程”下拉列表框中选择“Click”，并在代码窗口输入以下代码，如图 4-13 所示。

```
RELEASE THISFORM
```

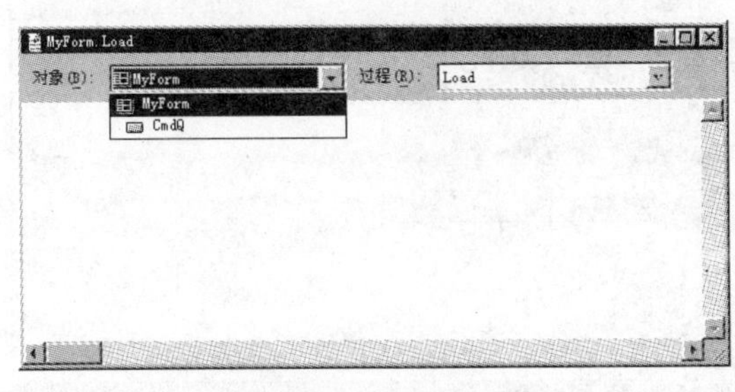

图 4-12 打开代码窗口

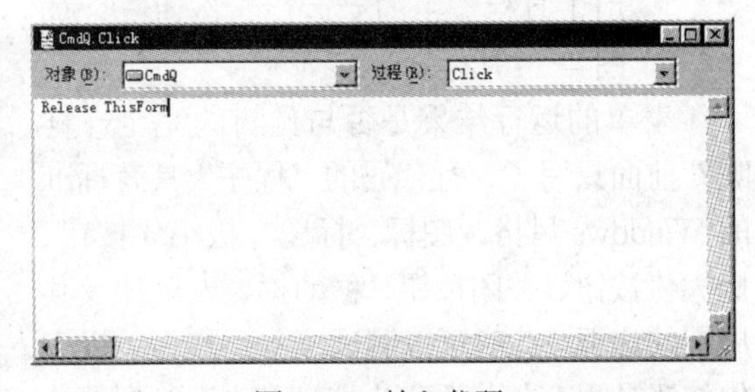

图 4-13 输入代码

其中，RELEASE 是 Visual FoxPro 命令，用来从内存中清除变量或引用的对象。上述代码表示，当单击（Click）命令按钮（CmdQ）时，清除该表单。

也可以调用 Visual FoxPro 预置的表单方法 Release 来清除表单：

```
THISFORM.Release()
```

说明：在代码窗口中单击鼠标右键，在快捷菜单中选择“对象列表”，打开“插入对象引用”对话框，如图 4-14 所示。选择其中对象，如“MyForm”，即可在代码中插入“THISFORM”，可避免输入的错误。

图 4-14 “插入对象引用”对话框

单击代码窗口右上角的关闭按钮，关闭代码窗口。然后，单击“表单设计器”窗口右上角的“关闭”按钮，关闭表单设计器，此时，系统提示是否保存所做的改变，如图 4-15 所示。

单击“是”按钮，打开“另存为”对话框，如图 4-16 所示。选择表单文件名为“MyForm”，所建立的表单将以表单文件 MyForm.scx 保存在磁盘上。

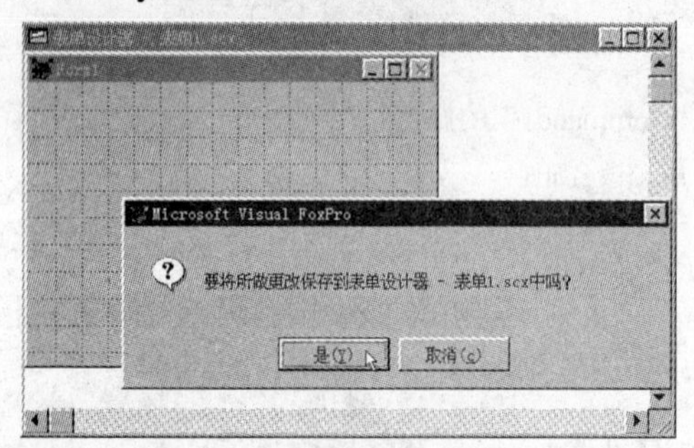

图 4-15 确认保存对话框

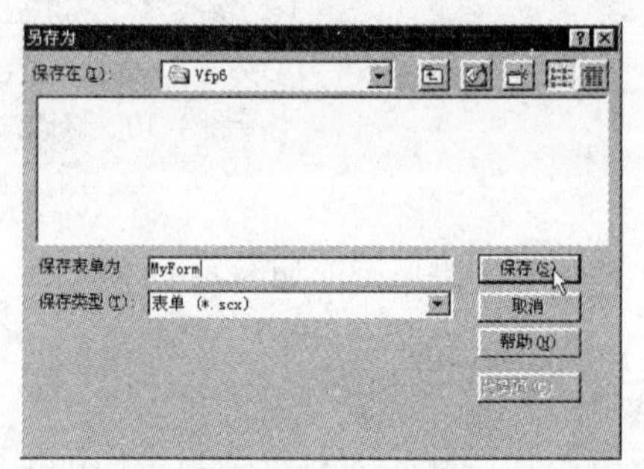

图 4-16 “另存为”对话框

4.2.4 运行表单

有多种运行表单的方法：

- 在“命令”窗口输入：DO FORM 〈表单名〉。
- 在程序代码中使用命令：DO FORM 〈表单名〉。
- 在未退出“表单设计器”时，单击“常用工具栏”中的“运行”按钮，如图 4-17 所示。

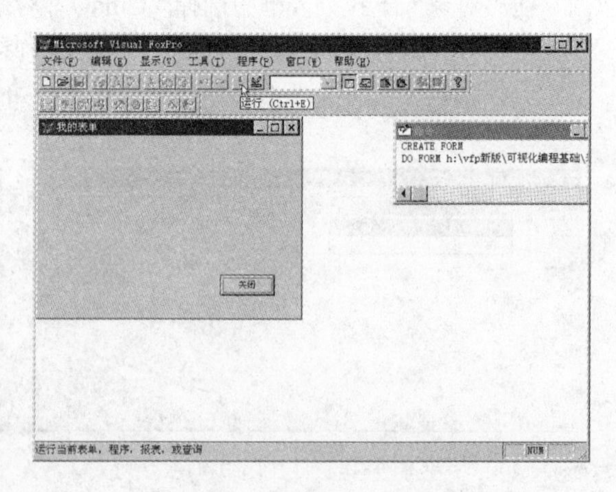

图 4-17 运行表单“MyForm”

表单的运行结果是否与预料的完全一样呢？前面只写了一行代码的“程序”具有标准的 Windows 风格：图标、标题、极小化按钮、极大化按钮、关闭按钮、移动栏、表单体及其周围的边框。此时可以测试极小化按钮、极大化按钮是否有效，还可以试着移动表单到屏幕的其他位置。最后用鼠标单击“关闭”按钮。如果是用上述第 3 种方式运行表单的，此时将返回“表单设计器”，否则返回 Visual FoxPro 主窗口。

4.2.5 修改表单

下面来修改刚创建的表单 MyForm，使之具有一个访问键〈Q〉，如图 4-18 所示，即当使用组合键〈Alt+Q〉时，可关闭表单。

修改一个表单有以下 3 种方法：

图 4-18　具有访问键的命令按钮

- 在“文件”菜单中选择“打开”项或直接单击常用工具栏上的“打开”按钮，在“打开”对话框的“文件类型”下拉列表框中选择“表单（*.scx）”项，然后在列出的表单文件中选择所要的表单名，如图 4-19 所示。
- 在“命令”窗口中使用命令：MODIFY FORM〈表单名〉。
- 在项目管理器中选择所要修改的表单名称，再按“修改”按钮，如图 4-20 所示。

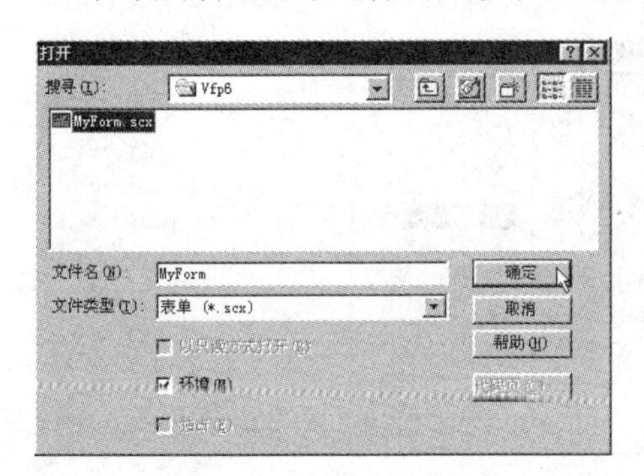

图 4-19　“打开”对话框

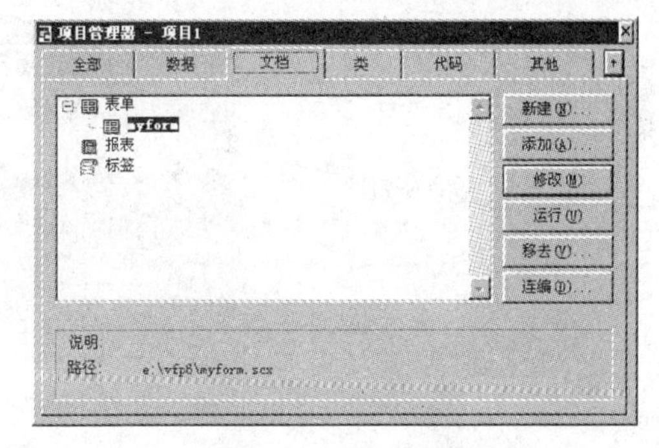

图 4-20　项目管理器

上述方法均可再次进入“表单设计器”。修改表单 MyForm 的步骤为：

① 若“属性”窗口处在关闭状态，则打开“属性”窗口。

② 在“对象”下拉列表框中选择对象“CmdQ”，在“布局”选项卡中选择“Caption”属性，将其值改为“\<Q 关闭”。其中“\<Q”表示设置访问键〈Q〉。

③ 在“布局”选项卡中选择“FontBold”（粗体字）属性，将其值改为“.T. – 真”。

④ 单击“常用工具栏”上的“运行”按钮，保存后运行表单，显示如图 4-18 所示的表单。按〈Alt+Q〉组合键将关闭表单，返回表单设计器。

4.3 控件的画法

在设计用户界面时，要在表单上利用 Visual FoxPro 提供的可视化控件画出各种所需要的对象。为了与在表单运行时由程序添加的对象相区别，可以把由控件创建的对象仍称为“控件”，而把由控件创建对象的过程称为“画控件”。下面详细介绍控件的画法。

4.3.1 在表单上画一个控件

在表单上画一个控件有两种方法：

- 第 1 种方法前面已作介绍，即单击“表单控件工具栏”中的某个图标，然后在表单适当位置拖动鼠标画出控件。

- 第 2 种方法是单击“表单控件工具栏”中的某个图标，然后在表单适当位置单击鼠标左键即可在表单的相应位置画出该控件。

与第 1 种方法不同的是，用第 2 种方法所画控件的大小是固定的。当然，任何方法画出的控件都可以用以下方法改变其大小和位置。

4.3.2 控件的缩放和移动

在前面画控件的过程中，刚画完的控件其边框上有 8 个黑色小方块，表明该控件是“活动”的，活动控件也称“当前控件”，如图 4-21 所示。当表单上有多个控件时，一般只有一个控件是活动的（除非进行了多重选定），对控件的所有操作都是针对活动控件进行的。所以，为了对一个不活动的控件进行指定的操作，必须将其变为活动控件。单击不活动控件（鼠标指向其内部单击）可使该控件成为活动控件，而单击活动控件的外部，则可使该控件变为不活动控件。

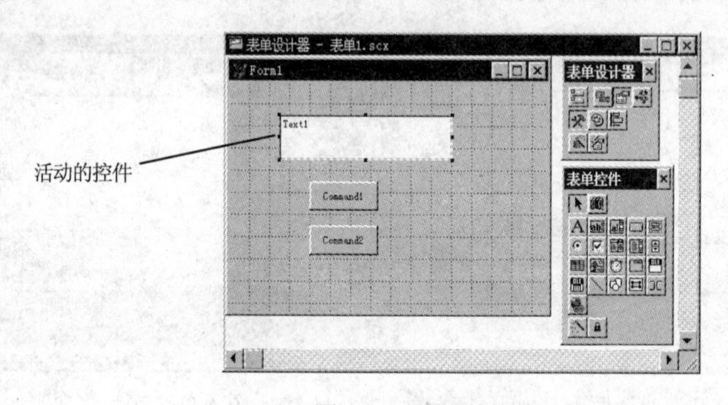

图 4-21　活动的控件

用鼠标拖拉活动控件边框上的小方块可以使控件在相应的方向放大与缩小。按下〈Shift〉键，用键盘上的左、右方向键（〈←〉、〈→〉）可以调整控件的宽度，用上、下方向键（〈↑〉、〈↓〉）可以调整控件的高度。

当控件为活动控件时，用键盘的方向键可以使控件向相应的方向移动。也可以将鼠标指向控件内部，拖动控件到表单的任何位置。

除了以上方法外，还可以通过修改某些属性来改变控件的大小与位置。有 4 种属性与表单及控件的大小与方向有关，即 Width、Height、Top 和 Left。其中（Left、Top）是表单或控件左上角的坐标，Width 是其宽度，Height 是其高度。坐标的原点在 Windows 窗口或表单的左上角，单位由 ScaleMode 属性确定。在属性窗口的“布局”选项卡中可以找到这些属性。

4.3.3 控件的复制与删除

用户可以对控件进行复制与删除的操作。先将所要操作的控件转变为活动控件，按〈Ctrl+C〉组合键可将该控件复制到 Windows 的剪贴板中，按〈Ctrl+V〉组合键可以在表单中得到该控件的复制品。对于活动控件，只须按〈Delete〉键即可删除该控件。

还可以通过“编辑”菜单中的相应命令，或常用工具栏上的相应按钮，对控件进行复制与删除的操作。最快的方法是直接用鼠标右击要操作的控件，打开快捷菜单，在快捷菜单中选取需要的命令。

4.3.4　在表单上画多个同类控件

若要在表单上画出多个同类的控件，可以利用“按钮锁定”功能。在表单控件工具栏中选择“按钮锁定”按钮，如图 4-22 所示。然后单击表单控件工具栏中的某个所需控件的图标，就可以在表单上连续画出控件（不必每画一个控件就单击一次控件图标），直到再用鼠标单击“按钮锁定”按钮而取消该功能。

4.3.5　布局工具栏

当表单上有多个控件时，可以使用“布局工具栏”对控件进行各种形式的对齐操作。在表单设计器工具栏中，单击“布局工具栏”按钮可打开“布局”工具栏，如图 4-23 所示。

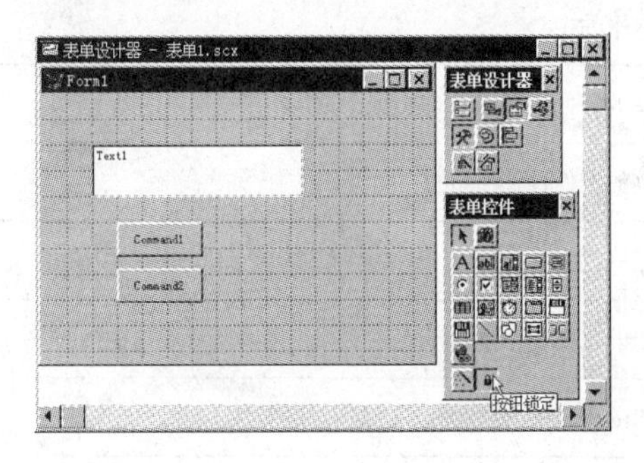

图 4-22　按钮锁定

图 4-23　“布局”工具栏

此时“布局”工具栏中的按钮全都处于不可用的状态，原因是没有选定的控件。

1．多重选定

使一组控件同时被选定称为多重选定。经多重选定的控件才可调整其相互之间的位置。

进行多重选定时，先按下〈Shift〉键，再用鼠标单击所要选择的控件。或者直接用鼠标在表单上拉出一个矩形框，凡是在此矩形框之内和相交的控件均被选定，如图 4-24 所示。

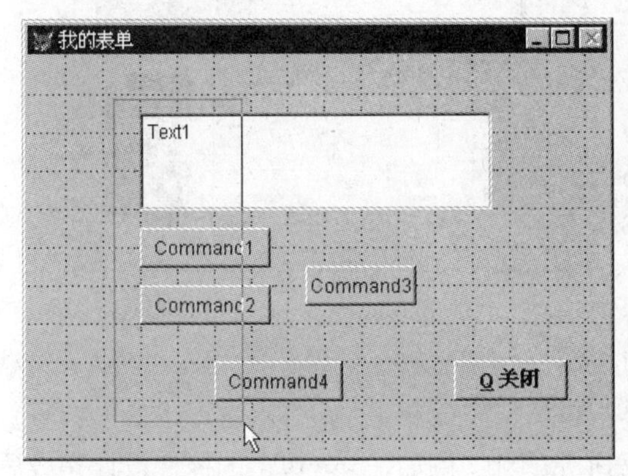

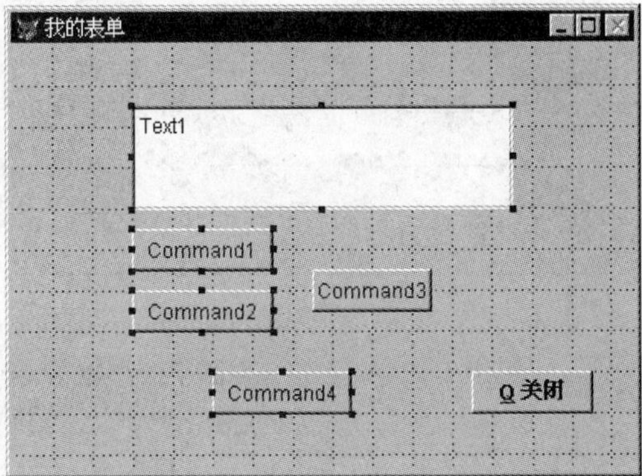

图 4-24　多重选定

2．布局按钮介绍

布局工具栏有 13 个工具按钮，见表 4-5。

表 4-5　布局工具栏工具按钮

图　标	名　称	说　明
	左边对齐	被选择的控件靠左边对齐
	右边对齐	被选择的控件靠右边对齐
	顶边对齐	被选择的控件靠顶端对齐
	底边对齐	被选择的控件靠底端对齐
	垂直居中对齐	被选择的控件按其垂直的中心对齐
	水平居中对齐	被选择的控件按其水平的中心对齐
	相同宽度	被选择的控件按最宽的控件设置相同的宽度
	相同高度	被选择的控件按最高的控件设置相同的高度
	相同大小	被选择的控件设置相同的大小
	水平居中	被选择的控件按表单的水平中心线对齐
	垂直居中	被选择的控件按表单的垂直中心线对齐
	置前显示	被选择的控件设置为前景显示
	置后显示	被选择的控件设置为背景显示

图 4-25a 所示为靠左边对齐的效果。图 4-25b 所示为控件置后显示的效果。

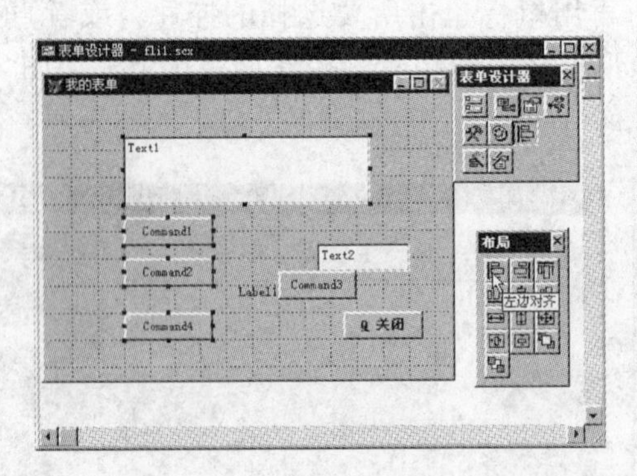

a)

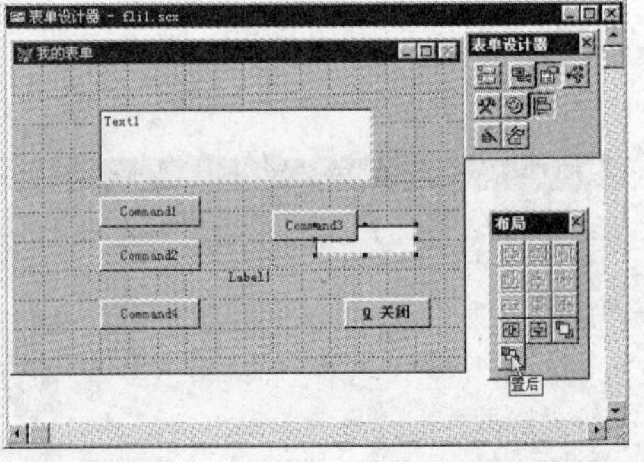

b)

图 4-25　靠左边对齐与控件置后显示
a) 左对齐效果　b) 置后显示效果

对控件的置前、置后操作在设计表单的时候非常有用。例如，当表单上的控件设计完成后，如果希望用“方框”（形状控件）将其分组，但是后画的形状控件将覆盖原有的控件，就可以按“置后”按钮将形状控件放置到原有控件的背后，如图 4-26 所示。

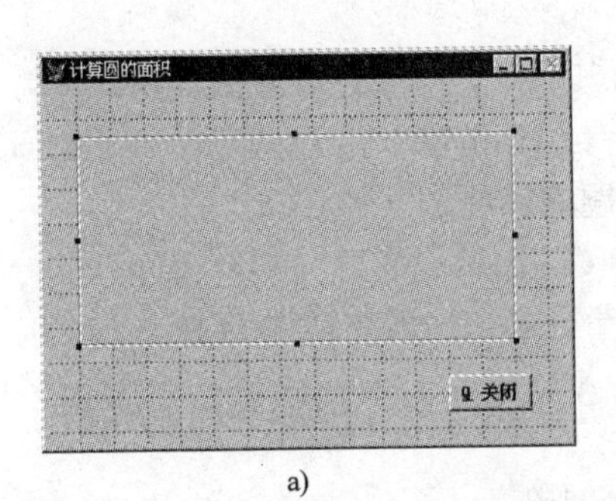

a)

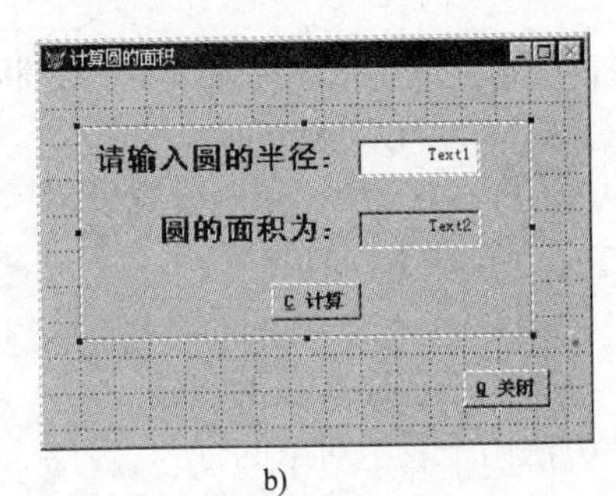

b)

图 4-26　将形状控件放置到原有控件的背后

a) 放置前　b) 放置后

4.4　习题 4

一、选择题

1. 在 Visual FoxPro 中，表单（Form）是指（　　）。

A. 数据库中各个表的清单　　B. 一个表中各个记录的清单

C. 数据库查询的列表　　D. 窗口界面

2. 能够将表单的 Visible 属性设置为“.T.”，并使之成为活动对象的方法是（　　）。

A. Hide　　B. Show　　C. Release　　D. SetFocus

3. 在 Visual FoxPro 中运行表单 MyForm.scx 的命令是（　　）。

A. DO MyForm　　B. RUN MyForm

C. DO FORM MyForm　　D. DO FROM MyForm

4. 在 Visual FoxPro 中，为了将表单从内存中释放（清除），可将表单中退出按钮的 Click 事件代码设置为（　　）。

A. THISFORM.Refresh　　B. THISFORM.Delete

C. THISFORM.Hide　　D. THISFORM.Release

5. 下列关于属性、方法和事件的叙述中错误的是（　　）。

A. 属性用于描述对象的状态，方法用于表示对象的行为

B. 基于同一个类产生的两个对象可以分别设置自己的属性值

C. 事件代码可以像方法一样被显式调用

D. 在新建一个表单时，可以添加新的属性、方法和事件

6. 释放当前表单的正确代码是（　　）。

A. ThisForm.Release　　B. ThisForm.Remove

C. Release.ThisForm　　D. Remove.ThisForm

7. 建立表单的命令是（　　）。

A. CREATE FORM　　B. CREATE TABLE

C. NEW FORM　　D. NEW LABLE

8. 在 Visual FoxPro 中运行表单的命令是（　　）。

A. DO FORM　　B. CREATE FORM

C. DO MENU　　D. MODIFY MENU

9．为了使表单在运行时居中显示，应该将其（　　）属性设置为逻辑真。

A．Caption　　B．Alignment　　C．Default　　D．AutoCenter

10．在 Visual FoxPro 中，用于设置表单标题的属性是（　　）。

A．Text　　B．Title　　C．Lable　　D．Caption

11．在 Visual FoxPro 中，下面关于属性、事件、方法叙述错误的是（　　）。

A．属性用于描述对象的状态

B．方法用于表示对象的行为

C．事件代码也可以像方法一样被显式调用

D．基于同一个类产生的两个对象的属性不能分别设置属于自己的属性值

二、填空题

1．现实世界中的每一个事物都是一个对象，对象所具有的固有特征称为________。

2．对象的________就是对象可以执行的动作或它的行为。

3．向表单中添加控件的方法是，选定表单控件工具栏中某一控件，然后再________即可。

4．如果想在表单上添加多个同类型的控件，则可在选定控件按钮后，单击________按钮，然后在表单的不同位置单击即可。

5．利用________工具栏中的按钮可以对选定的控件进行居中、对齐等多种操作。

第 5 章　顺序结构程序设计

顺序结构是程序设计中最简单、最常用的基本结构。在该结构中，各操作块（简称块，对应于程序中的“程序段”）按照出现的先后顺序依次执行。它是任何程序的主体基本结构，即使在选择结构或循环结构中，也常以顺序结构作为其子结构。

5.1　顺序结构程序的概念

Visual FoxPro 虽然采用事件驱动调用方式来调用相对划分得比较小的子过程，但是对于具体的过程本身，仍然要用到结构化程序的方法，用控制结构控制程序执行的流程。有些简单程序可以只用单向的顺序流程来编写，有些流程可以依靠运算符的优先级来控制，但为了处理复杂问题，就要通过选择和循环改变语句执行的顺序。结构化程序设计有 3 种基本结构：顺序结构、选择结构和循环结构。

如果没有使用控制流程语句，程序便从左至右、自顶向下地顺序执行这些语句，即顺序结构。顺序结构是一种线性结构，也是程序设计中最简单、最常用的基本结构。其特点是：在该结构中，各语句按照各自出现的先后顺序，依次逐块执行。一个程序通常可分为 3 个部分：输入、处理和输出。顺序结构用“结构化程序流程图”表示，如图 5-1 所示。

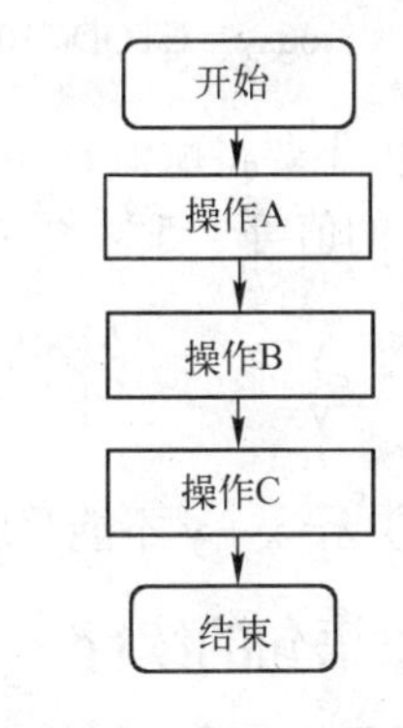

图 5-1　顺序结构流程图

5.2　基本语句

首先介绍几个命令语句，并由它们组成顺序结构。这些语句如赋值语句等都是最基本的语句，用于描述简单的动作，不具有控制程序的作用。

5.2.1　赋值语句

本书第 2 章介绍了内存变量及其命名方法，而在程序中若要使用（引用）变量，必须在使用（引用）之前为变量设定一个初值或改变它的现有值。

赋值语句可以将指定的值赋给内存变量或对象的某个属性，其一般格式为：

STORE 〈表达式〉 TO 〈名称列表〉

或

〈名称〉=〈表达式〉

说明：

① “名称”是内存变量名或属性名，“名称列表”是多个“名称”的列表，各名称之间用

逗号分隔。

② “表达式”可以是算术表达式、字符串表达式、日期表达式、关系表达式或逻辑表达式，首先计算表达式，然后再赋值。计算所得的表达式值将赋给变量或对象的属性。

③ STORE 语句可以给多个变量或属性赋值，“=”只能给一个变量或属性赋值。例如：

```
STORE   2 * 3 + 4   TO   x, y, z
THISFORM.Caption = "游戏"
```

④ 内存变量的类型由表达式的类型决定，而属性的类型则须与表达式的类型一致。

⑤ 若要对日期型内存变量赋值，如果表达式是日期型常量，必须用大括号“{ }”括起来并在前面加上一个符号“^”。如果表达式是字符串，则必须用转换函数将其转换为日期型。例如：

```
today = {^2000/10/01}
today = CTOD("10/01/2000")
```

⑥ 不要将赋值号（=）与数学中的等号混淆，a = 5 应读作“将数值 5 赋给变量 a”或“使变量 a 的值等于 5”，可以理解为：$a \Leftarrow 5$。所以，下面两个语句的作用是不同的：

```
x = y
y = x
```

⑦ z = x + y 不能写成 x + y = z，赋值号的左边只能是一个变量名，不能是表达式。

5.2.2 语句的续行

当一条语句很长时，在代码编辑窗口阅读程序很不方便，使用滚动条又比较麻烦。这时，就可以使用续行功能，用分号“;”将较长的语句分为两行或多行。例如：

```
THISFORM.Label1.Caption = "对于一个较长的标题，标签控件提供了两种属性：" + ;
                  "AutoSize 和 WordWrap 来改变控件尺寸以适应较长或较短的标题。"
```

注意，作为续行符的分号只能出现在行尾。

5.2.3 程序注释语句

为了提高程序的可读性，通常应在程序的适当位置加上一些注释。注释语句用来在程序中包含注释，Visual FoxPro 提供了行首和行尾两种注释语句。

1．行首注释

如果要在程序中注释行信息，可以使用行首注释语句，其语法格式为：

NOTE [〈注释内容〉]

或

*** [〈注释内容〉]**

说明：

①〈注释内容〉指要包括的任何注释文本。在 NOTE关键字与注释内容之间要加一个空格。

可以用一个星号（*）来代替 NOTE 关键字。

② 程序运行的时候，不执行以 NOTE 或*开头的行，如果要在下一行继续注释，可在本注释行尾加上一个分号（;），或直接按〈Enter〉键再另用一个注释语句。例如：

```
NOTE 可以将表达式的值;
      赋给多个属性
STORE "aaa" TO THIS.Label1.Caption,THIS.Label2.Caption
```

2．行尾注释

如果要在命令语句的尾部加注释信息，应该使用行尾注释语句，其语法格式为：

&& [〈注释内容〉]

例如：

```
STORE "aaa" TO THIS.Label1.Caption,THIS.Label2.Caption    && 可以将表达式的值;
                                                              赋给多个属性
```

说明：不能在命令语句行起续行作用的分号后面加入&&和注释。

5.2.4 程序暂停语句

WAIT 语句用来暂停程序的执行并显示提示信息，按任意键或单击鼠标后继续执行程序。其语法格式为：

WAIT [〈提示信息〉] [TO 〈内存变量〉] [WINDOW [AT 〈行,列〉]] [TIMEOUT n]

说明：

①〈提示信息〉是指定要显示的自定义信息。若省略，则显示默认的信息。

② TO〈内存变量〉将按下的键以字符形式保存到变量或数组元素中。若〈内存变量〉不存在，则创建一个。若按键是“不可打印”字符或单击鼠标，则内存变量中存储空字符串。

③ WINDOW [AT〈行,列〉]指定显示的信息窗口在屏幕上的位置。若省略 AT〈行,列〉则显示在屏幕的右上角。

④ TIMEOUT n 指定自动等待键盘或鼠标输入的秒数，必须放在语句的最后。

例如，下述代码将显示如图 5-2 所示的提示信息。

注意：　现在暂停
程序的执行10秒钟

图 5-2　程序暂停语句 WAIT

```
WAIT "注意:    现在暂停" + CHR(13) + "程序的执行 10 秒钟" WINDOWS AT 10,10 TIMEOUT 10
```

5.2.5 程序结束语句

在 Visual FoxPro 的早期版本中，终止命令程序的执行一般使用 CANCEL 语句。在 Visual FoxPro 中，CANCEL 语句不能终止表单的运行，要终止表单的运行可用 RELEASE 语句或 Release 方法。

RELEASE 语句的格式为：

RELEASE 〈THISFORM〉

Release 方法的格式为：

〈THISFORM | THISFORMSET〉 **Release**

RELEASE 语句或 Release 方法都将直接激发 Unload 事件而从内存中释放表单或表单集，不会激发 QueryUnload 事件。

5.3 输入与输出

一个程序如果没有输出操作就没有什么实用价值，而如果没有输入操作，则必然缺乏灵活性。Visual FoxPro 提供多种方法来实现信息的输入和输出，使用控件是最简单的方法。下面介绍的标签、文本框、编辑框等控件可以完成绝大多数 DOS 时代应用程序的功能设计。

5.3.1 使用标签

标签（Label）是 Visual FoxPro 中最常用的显示文本信息的工具，目前已经几乎完全取代了 Visual FoxPro 早期版本中的@…SAY 语句。

用户不能直接修改 Label 控件显示的文本信息，有些没有标题（Caption）属性的控件（如 TextBox 等）可以用 Label 控件来标识。Label 控件所显示的内容由 Caption 属性控制，该属性可以在设计时通过“属性”窗口设置或在运行时用代码赋值。

在缺省情况下，Caption 是 Label 控件中唯一的可见部分。如果把 BorderStyle 属性设置成 1（可以在设计时进行），那么Label控件就有了一个边框。还可以通过设置Label控件的BackColor、ForeColor 和 FontName 等属性，改变 Label 控件的外观。

对于一个较长的或在运行时可能变化的标题，Label 控件提供了两种属性——AutoSize 和 WordWrap——来改变控件尺寸，以适应较长或较短的标题。为使控件能够自动调整以适应内容，必须将 AutoSize 属性设置为.T.，这样控件可水平并垂直扩充以适应 Caption 属性中的内容。为使 Caption 属性中的内容自动换行，应将 WordWrap 属性设置为.T.。

【例 5-1】 使用标签处理单行和多行的信息输出，运行时通过代码来改变输出的内容，如图 5-3 所示。

设计步骤如下：

① 建立应用程序用户界面。选择“新建”表单，进入表单设计器，增加一个命令按钮 Command1、两个标签 Label1 和 Label2，如图 5-4a 所示。

② 设置对象属性。如表 5-1、图 5-4b 所示。

③ 编写程序代码。

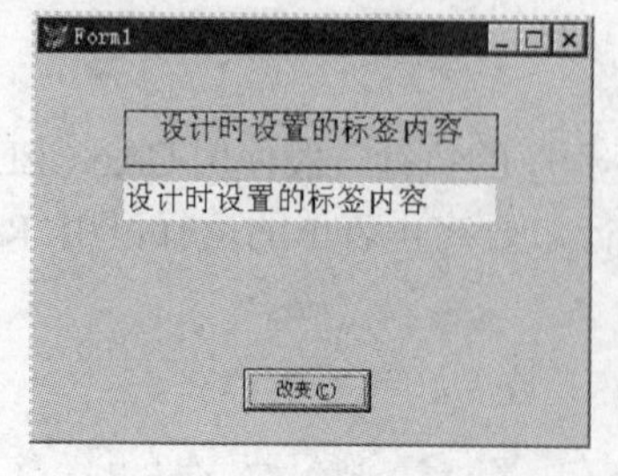

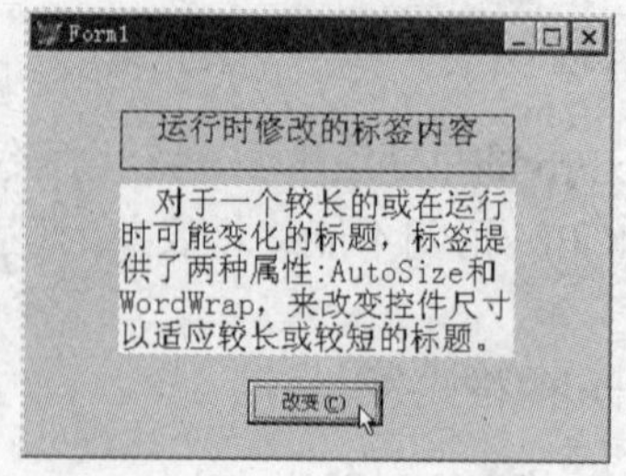

图 5-3 运行时改变标签的 Caption

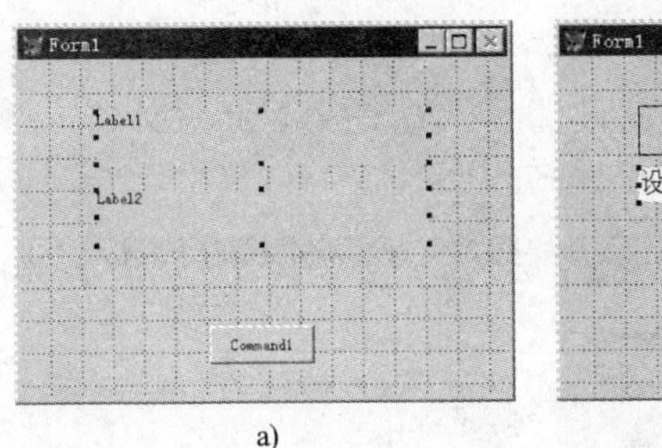

a)

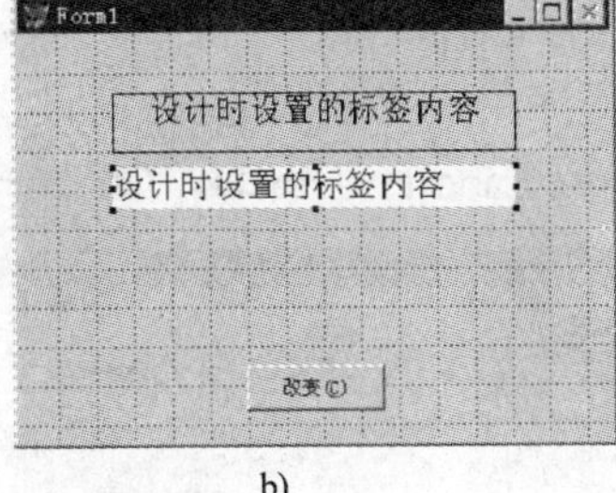

b)

图 5-4 建立界面与设置属性

a) 建立界面 b) 设置属性

编写命令按钮 Command1 的 Click 事件代码：

```
THISFORM.Label1.Caption="运行时修改的标签内容"
THISFORM.Label2.Caption="  对于一个较长的或在运行时可能变化的标题，标签提供了"+;
        "两种属性:AutoSize 和 WordWrap，以改变控件尺寸来适应较长或较短的标题。"
THISFORM.Label2.AutoSize=.T.
```

表 5-1 属性设置

对　象	属　性	属 性 值	说　明
Command1	Caption	改变（\<C）	按钮的标题
Label1	Caption	设计时设置的标签内容	标签的内容
	Alignment	2－ 中央	标签的内容居中显示
	FontSize	16	字体的大小
Label2	Caption	设计时设置的标签内容	标签的内容
	BorderStyle	1－ 固定单线	有边框的标签
	BackColor	白色	标签的背景改为白色
	FontSize	16	字体的大小
	WordWrap	.T.－真	内容自动换行

【例 5-2】 交换两个变量中的数据，如图 5-5 所示。

分析：将两个不同的变量设想为两个瓶子 A、B，其中分别装有不同颜色的液体，要交换瓶子中的液体可以这样来做：另取一个瓶子 C，先将瓶 A 中的液体倒入瓶 C 中，再将瓶 B 中的液体倒入 A 中，最后将瓶 C 中的液体倒入 B 中即可。根据分析画出流程图，如图 5-6 所示。

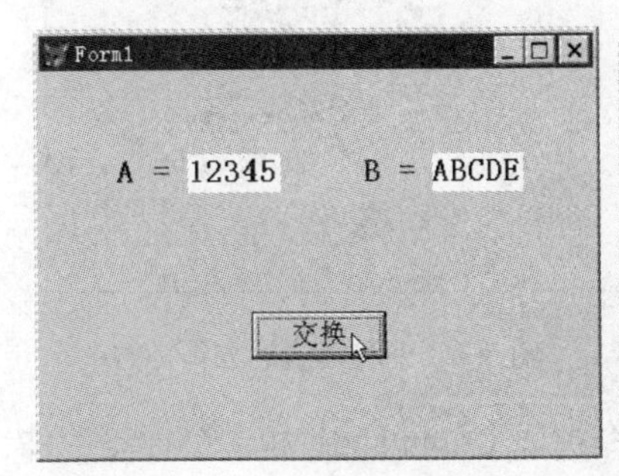

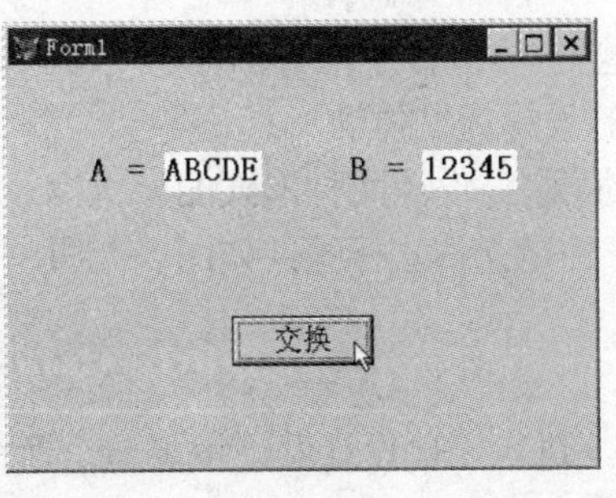

图 5-5 交换两个变量中的数据

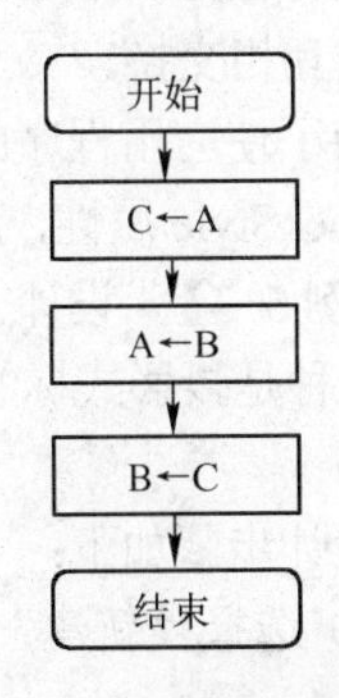

图 5-6 交换变量数据的流程图

设计步骤如下：

① 建立应用程序用户界面。选择“新建”表单，进入表单设计器，增加一个命令按钮 Command1、4 个标签 Label1～Label4，如图 5-7a 所示。

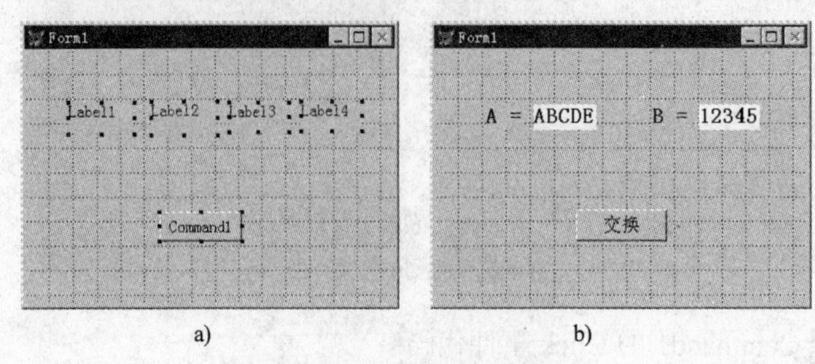

a)　　b)

图 5-7　建立界面与设置属性

a) 建立界面　b) 设置属性

② 设置对象属性，如表 5-2、图 5-7b 所示。

表 5-2　属性设置

对　　象	属　　性	属 性 值	说　　明
Label1	Caption	A =	标签的内容
Label3	Caption	B =	标签的内容
Label2	Caption	ABCDE	标签的内容
	BackColor	（白色）	标签的背景色
Label4	Caption	12345	标签的内容
	BackColor	（白色）	标签的背景色
Command1	Caption	交换	按钮的标题

③ 编写程序代码。

编写命令按钮 Command1 的 Click 事件代码如下：

```
t = THISFORM.Label2.Caption
THISFORM.Label2.Caption = THISFORM.Label4.Caption
THISFORM.Label4.Caption = t
```

运行程序，单击“交换”按钮，可以看到两个白框中的数据互相交换。

为了使应用程序的标题更加醒目，可以利用“背景类型”BackStyle 属性，将标签设计为立体的形式。

【例 5-3】 设计艺术的标签。设计两种形式的艺术标签：一种是投影式标签，一种是立体式标签，如图 5-8 所示。

图 5-8　两种形式的立体标签

设计步骤如下：

① 选择“新建”表单，进入表单设计器，增加一个命令按钮 Command1 和一个标签控件 Label1。

② 修改其属性，见表 5-3。

表 5-3　属性设置

对　　象	属　　性	属 性 值	说　　明
Command1	Caption	关闭	按钮的标题
Label1	Caption	艺术标签	标签的内容
	AutoSize	.T. – 真	自动适应大小
	FontSize	40	字体的大小
	BackStyle	0 – 透明	背景类型
	FontName	隶书	设置字体
	ForeColor	0,0,160	字体颜色为蓝色

选中 Label1 后，单击“编辑”菜单中的“复制”，再选择“编辑”菜单中的“粘贴”，将 Label1 复制一个副本 Label2。将 Label2 的前景色（ForeColor）属性改为：256,256,256（白色）。修改后如图 5-9a 所示。

适当调整两个标签的相对位置，并经多重选定后一起移至表单的中间，即可完成第 1 种形式艺术标签的设计。

再选中 Label2，另外复制 3 个副本 Label4（白色）、Label5（灰色）和 Label6（红色），如图 5-9b 所示，适当调整 3 个标签的相对位置，即可完成第 2 种形式艺术标签的设计。

③ 最后编写命令按钮 Command1 的 Click 事件代码如下，以便关闭表单退出程序：

```
THISFORM.Release
```

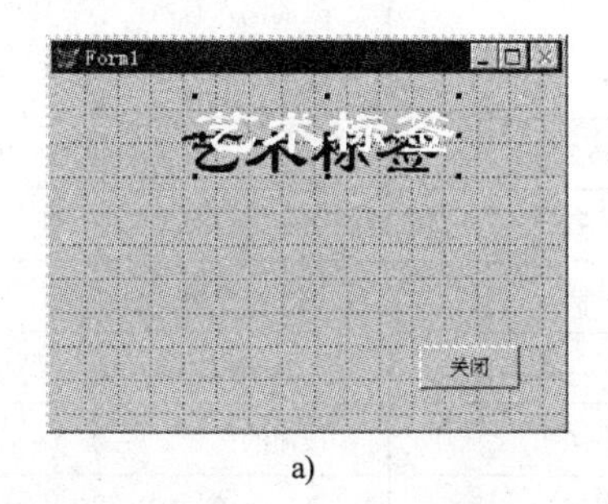

a)

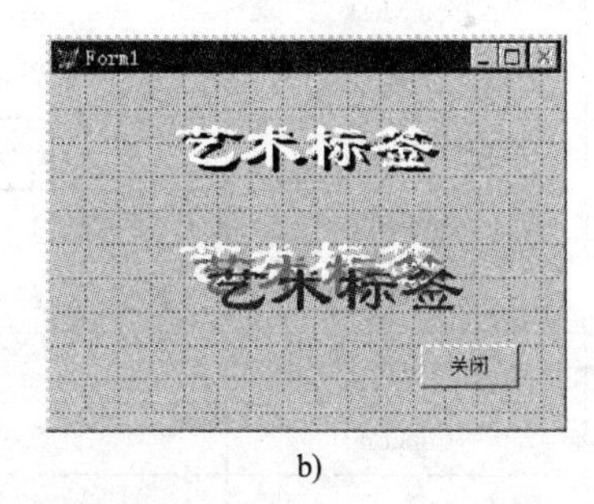

b)

图 5-9　设计立体标签

a) 投影式标签　b) 立体式标签

5.3.2　使用文本框

文本框（TextBox）是用来进行文本数据输入的，与 Visual FoxPro 早期版本的格式化输入语句 @…GET 相比，文本框具有更大的灵活性，它可以用来向程序输入各种不同类型的数据，也可以被用来作数据的输出。

文本框中显示的文本是受 Value 属性控制的。Value 属性可以用 3 种方式设置：设计时在“属性”窗口进行、运行时通过代码设置或在运行时由用户输入。通过读取 Value 属性的值可以在运行时检索文本框的当前内容。若要用文本框显示不希望用户更改的文本，可以把文本框的

ReadOnly 属性设为.T. – 真，或将文本框的 Enabled 属性设为.F. – 假。

【例 5-4】 利用文本框输入圆的半径，计算出圆的面积，如图 5-10 所示。

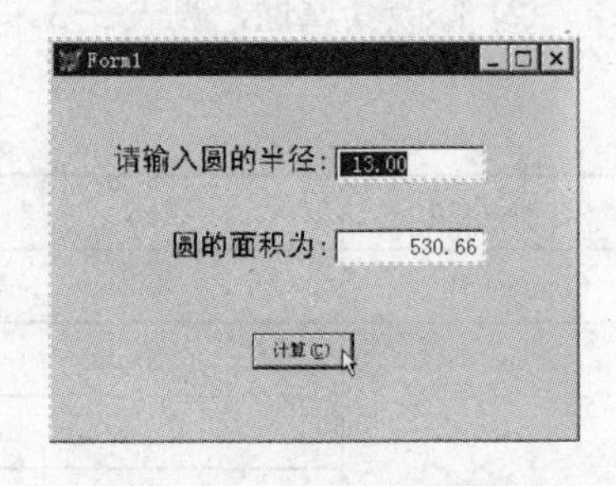

图 5-10 计算圆的面积

设计步骤如下：

① 建立应用程序用户界面。选择“新建”表单，进入表单设计器，增加两个文本框控件 Text1 和 Text2，两个标签控件 Label1 和 Label2，一个命令按钮控件 Command1。

② 设置对象属性。设置属性如表 5-4、图 5-11 所示。

表 5-4 属性设置

对　象	属　性	属 性 值	说　明
Label1	Caption	请输入圆的半径：	标签的内容
	AutoSize	.T. – 真	自动适应大小
	FontSize	16	字体的大小
	FontName	黑体	设置字体
Label2	Caption	圆的面积为：	标签的内容
	AutoSize	.T. – 真	自动适应大小
	FontSize	16	字体的大小
	FontName	黑体	设置字体
Text1	Alignment	0 – 左	文本对齐方式
	InputMask	999.99	只能输入有两位小数且小于 1000 的数值
	Value	0	文本初值为 0
Text2	DisabledBackColor	256,256,256	只读状态的文本框背景为白色
	ReadOnly	.T. – 真	文本内容只读
	TabSTop	.F. – 假	光标不停留
	Value	0	文本初值为 0
Command1	Caption	计算（\<C）	按钮的标题
	Defualt	.T. – 真	设为表单的默认按钮

③ 编写程序代码。

编写 Command1 的 Click 事件代码：

```
a = THISFORM.Text1.Value
THISFORM.Text2.Value = ROUND(a^2 * 3.14,2)
```

图 5-11 用文本框输入和输出

说明：

① 命令按钮 Command1 的 Default 属性改为.T.，表示用户可以利用〈Enter〉键模拟单击鼠标的动作。在程序运行的任何时候按〈Enter〉键，都将相当于用鼠标单击该命令按钮。

② 文本框的 InputMask 属性指定数据如何输入及如何显示，其值的设置见表 5-5。

表 5-5　**InputMask** 属性的设置值

设　置	描　述
9	可以输入数字和符号，比如可以输入一个负号（-）
#	可以输入数字、空格和字符
*	在值的左边显示星号
.	指定十进制小数点位置
,	十进制整数部分用逗号分隔

③ 文本框的 Text 属性与 Value 属性不同，总是为字符型，而且是只读的。

当文本框得到光标（焦点）时将激发 GotFocus 事件，当文本框中的文本被改动时，则会激发 InteractiveChange 事件。用户可以编写相应的事件代码，使程序的使用更加方便。

5.3.3　使用编辑框

1．编辑框

在 Visual FoxPro 中，文本框只能用来处理单行的文本数据，处理多行文本数据的工作要由编辑框（EditBox）控件来完成。

编辑框可以用来编辑字符类型的变量、数组元素、字段或备注字段，在编辑框中可以使用剪切、复制和粘贴等标准的编辑功能。

编辑框中的文本可以自动换行，在默认的情况下，ScrollBars 属性为 2 – 垂直，编辑框具有一个垂直方向的滚动条，可以用方向键、翻页键以及滚动条来浏览文本。如果把 ScrollBars 属性设为 0 – 无，那么编辑框就像一个多行的文本框，没有滚动条，但是仍然可以用方向键和翻页键来浏览文本，如图 5-12 所示。

在下面的例子中，给出一个简单的文本编辑器。本书将在以后的章节中逐渐增加其功能，逐渐完善之。

【例 5-5】　设计一个文本文件的编辑器，可以新建或打开文件，并能在编辑后保存该文件，如图 5-13、图 5-14 所示。

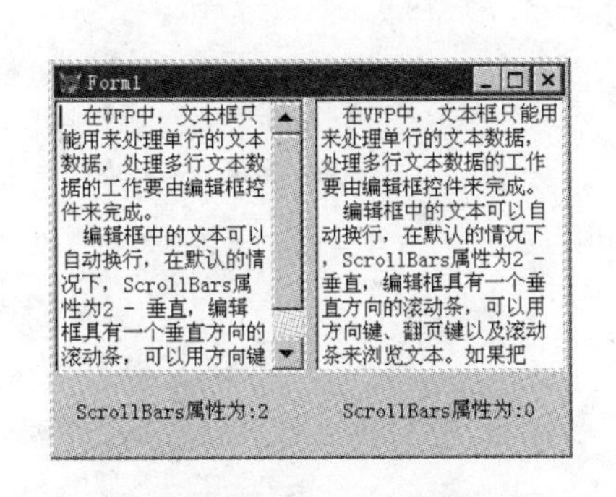

图 5-12　编辑框的垂直滚动条

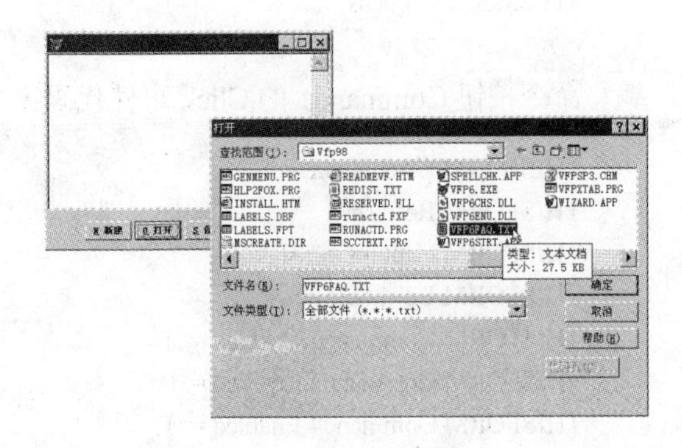

图 5-13　打开文件

设计步骤如下：

① 建立应用程序用户界面。选择“新建”表单，进入表单设计器，增加一个编辑框控件 Edit1 和 4 个命令按钮 Command1～Command4。

② 设置对象属性，如表 5-6 和图 5-15 所示。

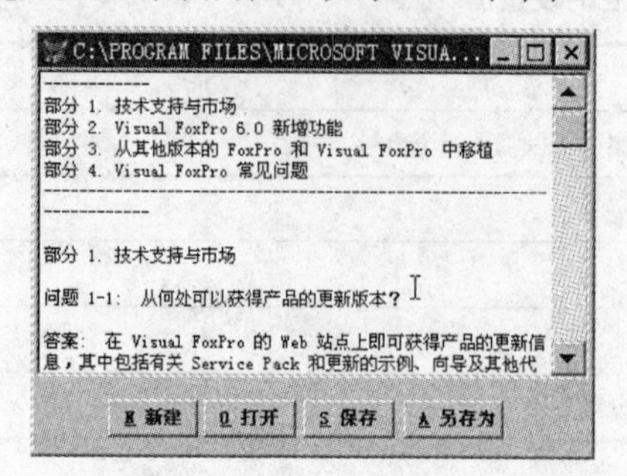

图 5-14　编辑文件

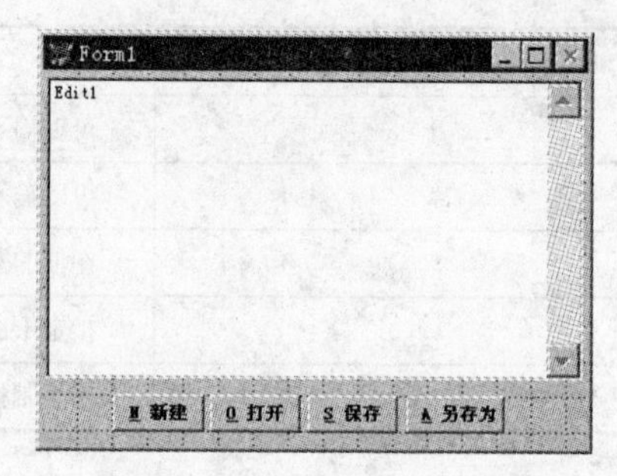

图 5-15　设计一个文本编辑器

表 5-6　属性设置

对　象	属　性	属 性 值	说　明
Command1	Caption	\<N 新建	按钮的标题
Command2	Caption	\<O 打开	按钮的标题
Command3	Caption	\<S 保存	按钮的标题
Command4	Caption	\<A 另存为	按钮的标题

③ 编写程序代码。

编写表单的 Activate 事件代码：

```
WITH THIS.Edit1
    .Top = 0
    .Left = 0
    .Width = THIS.Width
ENDWITH
SET EXACT ON
THIS.Caption = "未命名"
THIS.Edit1.SetFocus
```

编写命令按钮 Command1 的 Click 事件代码：

```
THISFORM.Edit1.Value = ""
THISFORM.Refresh
THISFORM.Caption = "未命名"
THISFORM.Edit1.SetFocus
THISFORM.Command2.Enabled = .T.
THISFORM.Command3.Enabled = .F.
THISFORM.Command4.Enabled = .T.
```

编写命令按钮 Command2 的 Click 事件代码：

```
cfile = GETFILE("")
nhandle = FOPEN(cfile)
nend = FSEEK(nhandle,0,2)
```

```
= FSEEK(nhandle,0,0)
THISFORM.Edit1.Value = FREAD(nhandle,nend)
THISFORM.Caption = cfile
= FCLOSE(nhandle)
THISFORM.Edit1.SetFocus
THISFORM.Refresh
THISFORM.Command3.Enabled = .T.
```

编写命令按钮 Command3 的 Click 事件代码：

```
cFile = THISFORM.Caption
nhandle = FOPEN(cfile,1)
= FWRITE(nhandle,THISFORM.Edit1.Value)
= FCLOSE(nhandle)
THISFORM.Refresh
THISFORM.Edit1.SetFocus
```

编写命令按钮 Command4 的 Click 事件代码：

```
cfile = PUTFILE("")
nhandle = FCREATE(cfile,0)
cc =FWRITE(nhandle,THISFORM.Edit1.Value)
= FCLOSE(nhandle)
THISFORM.Edit1.SetFocus
THISFORM.Refresh
THISFORM.Command3.Enabled = .T.
```

说明：

① 事件代码中的等号（=）作为空操作符使用。

② 代码中的GETFILE()、PUTFILE()、FOPEN()、FSEEK()、FCLOSE()、FREAD()、FWRITE()、FCREATE()等函数均为 Visual FoxPro 特有的低级文件操作函数。利用这些函数，用户可以方便地处理文本文件。

2．与文件操作有关的函数

上例的事件代码中用到的一些低级文件操作函数，其说明见表 5-7。

表 5-7　低级文件操作函数

函数名与格式	功　能
GETFILE([〈c1〉])	显示“打开”对话框，供用户选定一个文件并返回文件名。其中〈c1〉用于指定文件的扩展名，如图 5-16 所示
PUTFILE([〈c1〉])	显示“另存为”对话框，供用户指定一个文件名并返回文件名。其中〈c1〉用于指定文件的扩展名，如图 5-17 所示
FOPEN(〈文件名〉)	打开指定文件，返回文件句柄（控制号）
FCREATE(〈文件名〉)	建立一个新文件，返回文件句柄（控制号）
FCLOSE(〈文件句柄〉)	将文件缓冲区的内容写入文件句柄所指定的文件中，并关闭该文件
FREAD(〈文件句柄〉,〈字节数〉)	从文件句柄所指定的文件中读取指定字节数的字符数据
FWRITE(〈文件句柄〉,〈c 表达式〉)	把〈c 表达式〉表示的数据写入文件句柄所指定的文件中
FSEEK(〈文件句柄〉,〈移动字节数〉[,〈n〉])	在文件句柄所指定的打开的文件中移动文件指针，其中 n 表示移动的方式或方向：n = 0 为向文件首移动，n = 1 为相对位置移动，n = 2 为向文件尾移动

说明：GETFILE()函数将打开一个“打开”对话框，供选择文件，如图 5-16 所示。PUTFILE()函数将打开一个“另存为”对话框，供选择存储文件的文件夹及文件名，如图 5-17 所示。

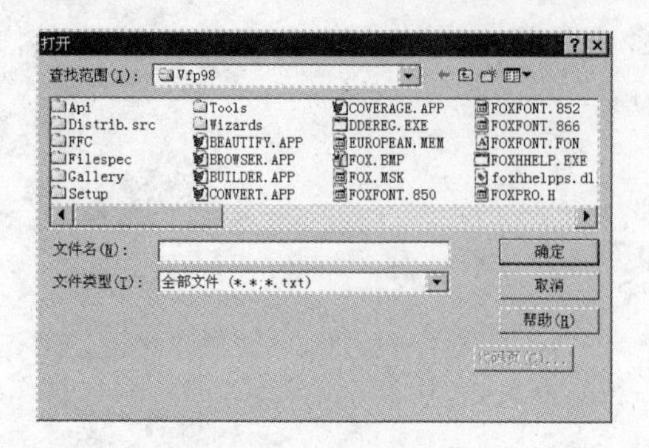

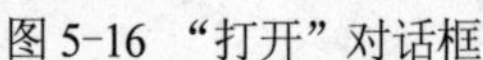
图 5-16 “打开”对话框

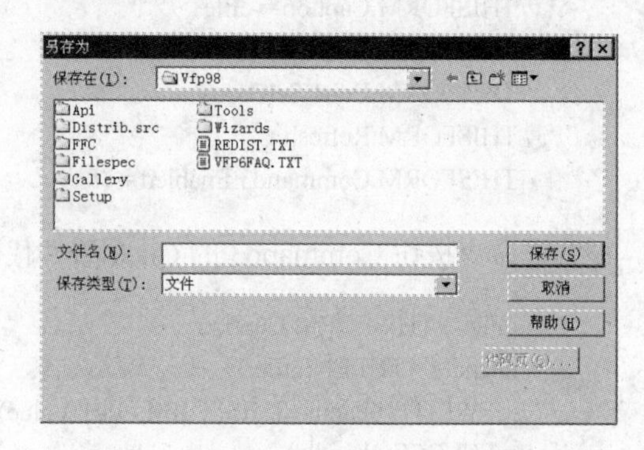

图 5-17 “另存为”对话框

5.3.4 使用焦点

焦点（Focus）就是光标，当对象具有“焦点”时才能响应用户的输入，因此也代表了对象接收用户鼠标单击或键盘输入的能力。在 Windows 环境中，在同一时间只有一个窗口、表单或控件具有这种能力。具有焦点的对象通常会以突出显示标题或标题栏来表示。

当文本框具有焦点时，用户输入的数据才会出现在文本框中。

仅当控件的 Visible 属性和 Enabled 属性被设置为真（.T.）时，控件才能接收焦点。某些控件不具有焦点，如标签、框架、计时器等。

当控件接收焦点时，会引发 GotFocus 事件，当控件失去焦点时，会引发 LostFocus 事件。

用户可以用 SetFocus 方法在代码中设置焦点。如在例 5-4 中，编写表单的 Activate 事件代码，可以在其中调用 SetFocus 方法，使得程序开始时光标（焦点）位于输入框 Text1 中：

```
THIS.Text1.SetFocus
```

另外，在“计算”按钮的 Click 事件代码中调用 SetFocus 方法，可以使光标重新回到输入框 Text1：

```
THISFORM.Text1.SetFocus
```

在程序运行的时候，用户可以用下列方法之一改变焦点：

- 用鼠标单击对象。
- 按〈Tab〉键或〈Shift+Tab〉组合键在当前表单的各对象之间巡回移动焦点。
- 按热键选择对象。

TabIndex 属性决定控件接收焦点的顺序，TabStop 属性决定焦点是否能够停在该控件上。

当在表单上画出第 1 个控件时，Visual FoxPro 分配给控件的 TabIndex 属性默认值为 0，第 2 个控件的 TabIndex 属性默认值为 1，第 3 个控件的 TabIndex 属性默认值为 2，…，依此类推。当用户在程序运行中按〈Tab〉键时，焦点将根据 TabIndex 属性值所指定的焦点移动顺序移动到下一个控件。通过改变控件的 TabIndex 属性值，可以改变默认的焦点移动顺序。

如果控件的 TabStop 属性设置为假-.F.，则在运行中按〈Tab〉键选择控件时，将跳过该控件，并按焦点移动顺序把焦点移到下一个控件上。

5.3.5　形状与容器控件

1．使用形状

形状（Shape）控件可以在表单中产生圆、椭圆以及圆角或方角的矩形。在本章中，只利用“形状”对程序的界面做一定的修饰。

【例 5-6】　利用“形状”控件修饰例 5-4 的表单，如图 5-18 所示。

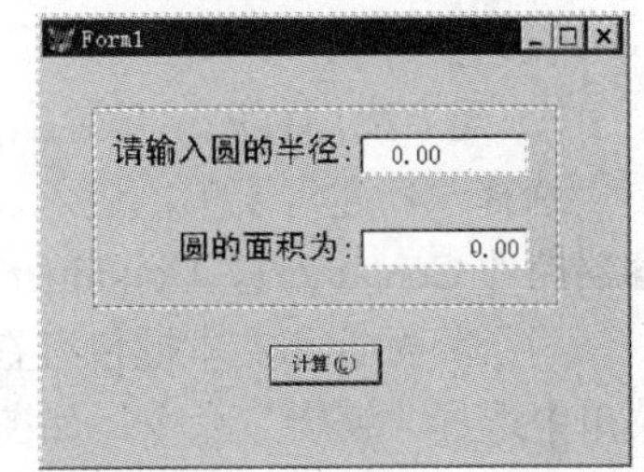

图 5-18　使用“形状”控件

在例 5-4 的基础上进行设计，步骤如下：

① 在例 5-4 的表单中画一个“形状”控件 Shape1，如图 5-19a 所示。

② 修改 Shape1 的 SpesialEffect 属性为 0 – 3 维，然后用鼠标单击“格式”菜单中的“置后”项，将其置于原有控件的后边，如图 5-19b 所示。适当调整各控件的位置，即完成对原有表单的修饰。

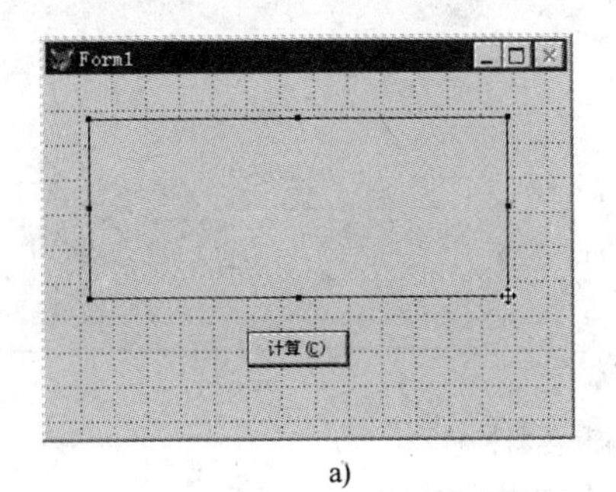

a)

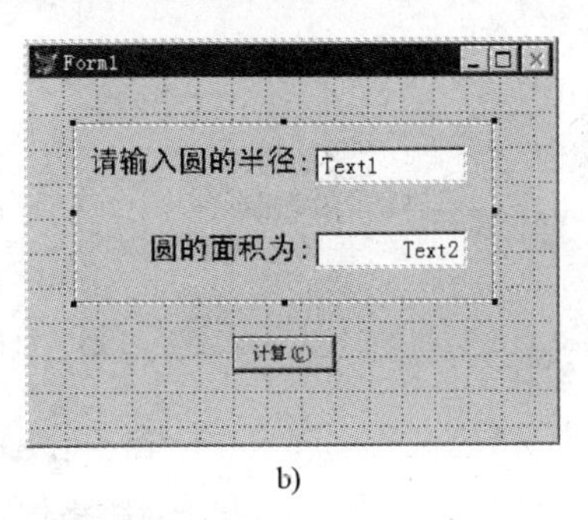

b)

图 5-19　增加一个“形状”

a) 加入“形状”控件　b) 将“形状”控件置后

2．使用容器控件

由于容器（Container）控件的封装性，而且外形更具有立体感，使得用户更加喜欢使用容器控件来对程序界面进行修饰。

所谓容器控件的封装性是指（像表单一样）可在容器（Container）控件上面加上一些其他控件。这些控件随容器的移动而移动，其 Top 和 Left 属性均相对于容器而言，与表单无关。

【例 5-7】　设计一个华氏温度和摄氏温度互相转换的程序，如图 5-20 所示。输入一个华氏温度可以得到相应的摄氏温度，而输入一个摄氏温度则可以得到其相应的华氏温度。

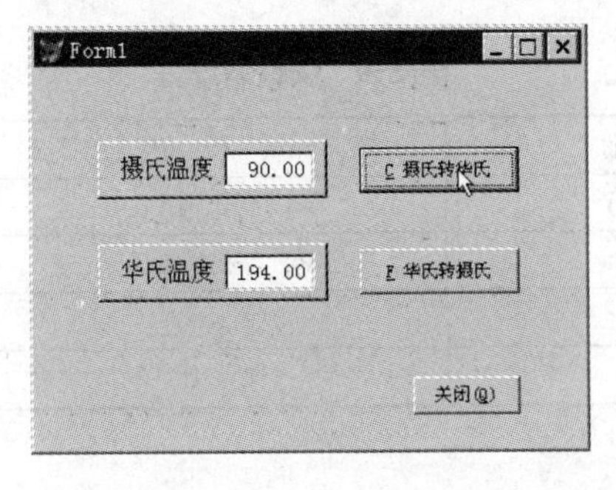

图 5-20　温度转换程序

通过查找资料可知摄氏温度与华氏温度的关系为:

华氏 = 摄氏 * 9/5 + 32

由此可得:

摄氏 = (华氏 - 32) * 5/9

设计步骤如下:

① 建立应用程序用户界面与设置对象属性。

选择“新建”表单，进入表单设计器，增加两个命令按钮 Command1、Command2 和两个容器控件 Container1、Container2，并把容器控件的 SpesialEffect 属性改为 0 - 凸起。

为了将标签和文本框包容在容器中，用鼠标右键单击容器控件 Container1，在弹出的快捷菜单中选择“编辑”命令，如图 5-21a 所示。

此时，Container1 控件的周围出现浅绿色的边界，表示可以编辑该容器了。在 Container1 控件中增加一个标签控件 Label1 和一个文本框控件 Text1，如图 5-21b 所示。

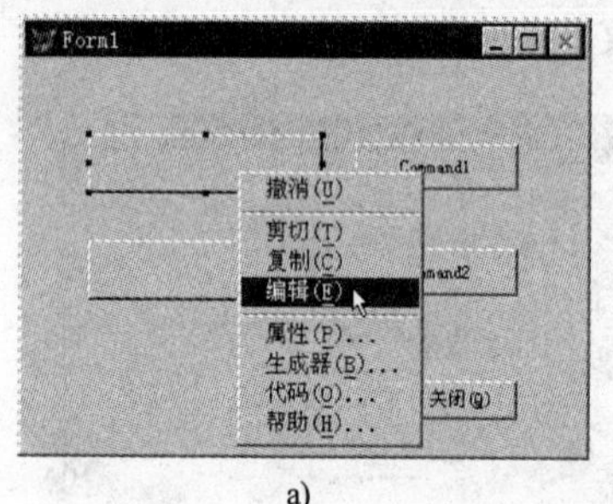

a)

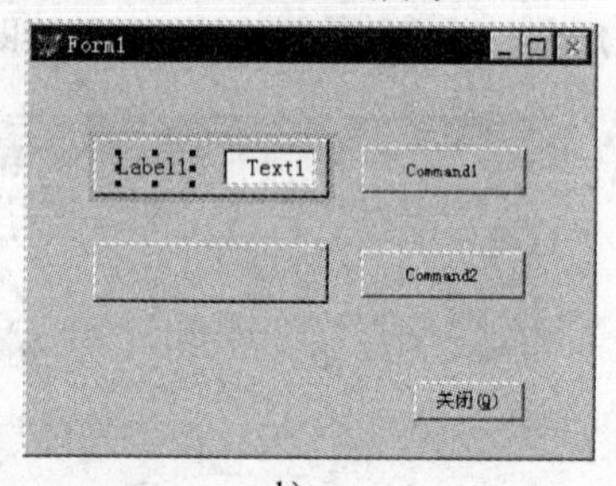

b)

图 5-21 编辑容器控件

a) 编辑容器控件 b) 在容器中增加控件

修改控件 Label1 和 Text1 属性的值，见表 5-8。

表 5-8 属性设置 1

对 象	属 性	属 性 值	说 明
Label1	Caption	摄氏温度	
	FontSize	12	字体大小
Text1	FontSize	12	字体大小

然后用同样的方法，设计 Container2 控件中的标签与文本。设置其他对象属性的值见表 5-9。

表 5-9 属性设置 2

对 象	属 性	属 性 值	说 明
Command1	Caption	\<C 摄氏转华氏	按钮的标题
Command2	Caption	\<F 华氏转摄氏	按钮的标题
Command3	Caption	关闭(\<Q)	按钮的标题
	Cancel	.T. - 真	设为表单的取消按钮

② 编写程序代码。

编写表单的 Activate 事件代码:

```
THIS.Container1.Text1.SetFocus
```

编写命令按钮 Command1 的 Click 事件代码：

```
c = THISFORM.Container1.Text1.Value
THISFORM.Container2.Text1.Value = c * ( 9 / 5 ) + 32
```

编写命令按钮 Command2 的 Click 事件代码：

```
f = THISFORM.Container2.Text1.Value
THISFORM.Container1.Text1.Value = (f – 32) * (5 / 9)
```

编写文本框 Text1 的事件代码：

GotFocus 事件代码：

```
THIS.SelStart = 0
THIS.SelLength = LEN(THIS.Text)
```

InteractiveChange 事件代码：

```
THISFORM.Container2.Text1.Value = ""
```

编写容器控件 Container2 中的文本框 Text1 的事件代码：

GotFocus 事件代码：

```
THIS.SelStart = 0
THIS.SelLength = LEN(THIS.Tcxt)
```

InteractiveChange 事件代码：

```
THISFORM.Container1.Text1.Value = ""
```

说明：

① 不仅是容器控件 Container，容器类的控件一般都应按照上面的步骤进行设计，即用鼠标右键单击控件，在弹出菜单中选择“编辑”命令后，进入控件中进行设计。当然也可以在“属性”窗口中直接选择相应的控件进行设计。

② 使用“表单向导”设计的“新奇式”表单，其中的各种部件都具有上述形式。

③ SelStart 属性指定或返回在文本区域中选择文本的起始点。SelLength 属性指定或返回在文本区域中选定的字符长度：

```
THIS.SelStart = 0
THIS.SelLength = LEN(THIS.Text)
```

其中的 LEN()函数则返回字符串表达式的长度。

5.3.6 使用对话框

对话框是用户与应用程序之间交换信息的最佳途径之一。使用对话框函数可以得到 Visual FoxPro 的内部对话框，这种方法具有操作简单及快速的特点。

MESSAGEBOX()函数在对话框中显示信息，等待用户单击按钮，并返回一个整数以表明用户单击了哪个按钮。其语法格式为：

[〈变量名〉] = MESSAGEBOX(〈信息内容〉[,〈对话框类型〉[,〈对话框标题〉]])

说明：

①〈信息内容〉为对话框中出现的文本。在〈信息内容〉中用硬回车符（CHR(13)）可以使文本换行。对话框的高度和宽度随着〈信息内容〉的增加而增加，最多可有1024个字符。

②〈对话框类型〉指定对话框中出现的按钮和图标，一般有3个参数，其取值和含义见表5-10、表5-11和表5-12。

表5-10　参数1 —— 出现按钮

值	说　明	值	说　明
0	确定按钮	3	是、否和取消按钮
1	确定和取消按钮	4	是和否按钮
2	终止、重试和忽略按钮	5	重试和取消按钮

表5-11　参数2 —— 图标类型

值	说　明	值	说　明
16	停止图标	32	问号（?）图标
48	感叹号（!）图标	64	信息图标

表5-12　参数3 —— 默认按钮

值	说　明	值	说　明
0	指定默认按钮为第1按钮	256	指定默认按钮为第2按钮
512	指定默认按钮为第3按钮		

上述3种参数值可以相加以达到所需要的样式。

① 如果省略了某些可选项，必须加入相应的逗号分隔符。

② 省略〈变量名〉，将忽略返回值。〈对话框标题〉指定对话框的标题。若缺省此项，系统给出默认的标题为“Microsoft Visual FoxPro”。

③ 下述代码将显示如图5-22所示的对话框。

```
msg = MESSAGEBOX ("请确认输入的数据是否正确!
", 3 + 48 + 0, "数据检查")
```

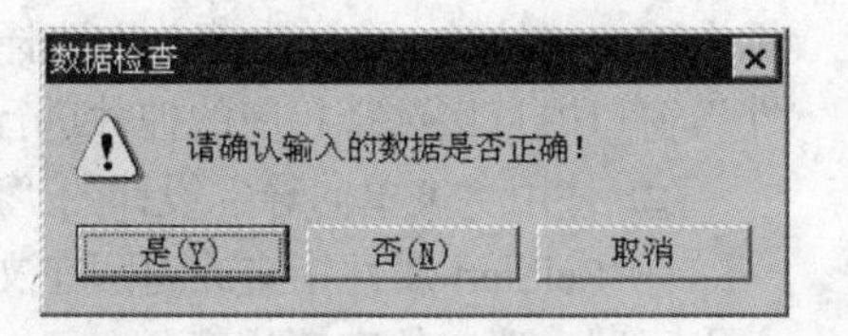

图5-22　信息对话框

④ MESSAGEBOX( )函数返回的值指明了在对话框中选择哪一个按钮，见表5-13。

表5-13　函数的返回值

返 回 值	选 定 按 钮	返 回 值	选 定 按 钮
1	确定	2	取消
3	终止	4	重试
5	忽略	6	是
7	否		

【例 5-8】 在例 5-4 中使用信息对话框来显示计算结果，如图 5-23 所示。只需修改表单界面如图 5-23 所示，并改写命令按钮的 Click 事件代码：

```
x = thisform.Text1.Value
a = "圆的面积为：" + ALLTRIM(STR(x^2 * 3.14))
= MESSAGEBOX(a,0,"计算圆面积")
thisform.Text1.SelStart = 0
thisform.Text1.SelLength = len(thisform.Text1.Text)
thisform.Text1.SetFocus
```

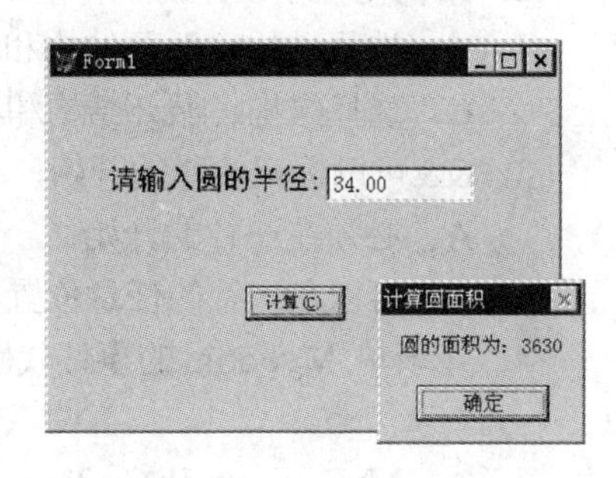

图 5-23 使用信息对话框

5.3.7 使用图像

图像（Image）控件允许在表单中添加图片（BMP 文件或 ICO 文件）。图像控件和其他控件一样，具有一整套的属性、事件和方法程序。因此，在运行时可以动态地更改它。用户可以用单击、双击和其他方式来交互使用图像。表 5-14 列出了图像控件的一些主要属性。

表 5-14 图像控件的主要属性

属　性	说　明
Picture	要显示的图片（BMP 文件或 ICO 文件）
BorderStyle	决定图像是否具有可见的边框
BackStyle	决定图像的背景是否透明
Stretch	如果 Stretch 设置为 0 - 剪裁，那么超出图像控件范围的那一部分图像将不显示；如果 Stretch 设置为 1 - 恒定比例，图像控件将保留图片的原有比例，并在图像控件中显示最大可能的图片；如果 Stretch 设置为 2 - 伸展，将图片调整到正好与图像控件的高度和宽度匹配

【例 5-9】 在例 5-8 中使用图像来修饰表单，如图 5-24 所示。

图 5-24 使用图像修饰表单

只需在例 5-8 的表单界面中添加图像，并适当调整其大小及位置。

5.4 习题 5

一、选择题

1．下列语句中，（　　）可以将变量 A、B 的值互换。

A. A = B　　　　　B. A = (A + B) / 2

　B = A　　　　　　B = (A – B) / 2

C. A = A + B　　　　D. A = C

　B = A – B　　　　　C = B

　A = A – B　　　　　B = A

2. 结构化程序设计的 3 种基本结构是（　　）。

A. 选择结构、循环结构和嵌套结构　　B. 顺序结构、选择结构和循环结构

C. 选择结构、循环结构和模块结构　　D. 顺序结构、递归结构和循环结构

3. &&可以标记注释的开始，&&的位置是（　　）。

A. 必须在一行的开始　　B. 必须在一行的结尾

C. 可以在一行的任意位置　　D. 必须在一行的中间

4. 在表单 MyForm 的事件代码中，改变表单中控件 cmd1 的 Caption 属性的正确命令是（　　）。

A. MyForm.cmd1.Caption = '最后一个'

B. THIS.cmd1.Caption = '最后一个'

C. THISFORM.Caption = '最后一个'

D. THISFORMSET.cmd1.Caption = '最后一个'

5. 在表单 MyForm 的一个控件的事件代码中，改变该表单的背景色为绿色的命令是（　　）。

A. MyForm.BackColor = RGB(0, 255, 0)

B. THIS.Parent.BackColor = RGB(0, 255, 0)

C. THISFORM.BackColor = RGB(0, 255, 0)

D. THIS.BackColor = RGB(0, 255, 0)

6. 以下赋值语句正确的是（　　）。

A. A1,A2,A3 = 0　　B. SET 10 TO A1,A2,A3

C. LOCAL 10 TO A1,A2,A3　　D. STORE 10 TO A1,A2,A3

7. 为了使命令按钮在界面运行时显示“运行”，需要设置该命令按钮的（　　）属性。

A. Text　　B. Title　　C. Display　　D. Caption

8. 假设表单中有一个文本框，现在通过属性窗口为其 Value 属性设置初值，下面输入项中类型不是数值型的是（　　）。

A. 0　　B. =0　　C. 1+2　　D. =1+2

二、填空题

1. 在表单 MyForm 中添加一个按钮 Command1，单击按钮会做出某种操作，程序员必须编写的事件过程名字是__________。

2. 在上题中，如果表单运行时单击 Command1 按钮，表单的底色改为蓝色，则该 Click 事件过程中的命令是__________。

3. 编辑框控件与文本框控件最大的区别是，在编辑框中可以输入和编辑________文本，而在文本框中只能输入和编辑________文本。

三、编程题

1. 向一个 RC 串联电路充电，电容上的电压为：

$$U = U_0 \times (1 - e^{-\frac{t}{RC}})$$

U_0 为直流电源的电压。求在 $t = 1\text{s}$ 时（$R = 500\text{k}\Omega$，$C = 10\mu\text{F}$ ）U / U_0 的值。

2．理解大小写转换函数。在文本框中输入文本串，按“大写”按钮，文本中的英文字母变为大写，按“小写”按钮，文本中的英文字母变为小写，如图 5-25 所示。

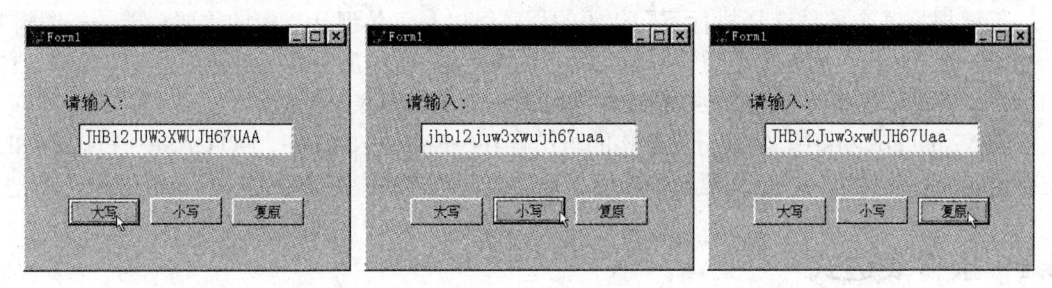

图 5-25　大小写转换

3．班上集体购买课外读物，在文本框中输入 3 种书的单价、购买数量，计算并输出所用的总金额。

4．在文本框中输入小时、分、秒，转换成共有多少秒，然后输出之。

5．在文本框中输入长、宽、高，求长方体的表面积并输出。

6．假设某储户到银行提取存款 x 元，试问银行出纳员应如何付款最佳（即各种面额钞票总张数最少）。

7．在上题中使用对话框函数 MESSAGEBOX()输出转换结果。

8．编写程序输出在指定范围内的 3 个随机数，范围在文本框中输入。

第 6 章　选择结构程序设计

能够根据某个条件选择执行不同代码的程序可以真正体现计算机的重要功能——逻辑判断功能。选择结构被用来实现逻辑判断功能，其特点是：根据所给定的条件为真（即条件成立）与否，而决定从各实际可能的不同分支中执行某一分支的相应操作。

在 Visual FoxPro 中，实现分支结构的语句有 IF…ELSE…ENDIF、DO CASE…ENDCASE。这些语句又称条件语句，条件语句的功能都是根据表达式的值有条件地执行一组语句。

6.1　条件表达式

在条件语句中作为判断依据的表达式称为条件表达式，条件表达式的取值为逻辑值：真（.T.、.t.）或假（.F.、.f.）。

根据“条件”的简单或复杂程度，条件表达式可以分为两类：关系表达式与逻辑表达式。

6.1.1　关系运算符与关系表达式

关系表达式是指用关系运算符将两个表达式连接起来的式子，例如 $a + b > 0$，关系运算符又称为比较运算符，用来对两个表达式的值进行比较，比较的结果是一个逻辑值（.T. 或 .F.），这个结果就是关系表达式的值。Visual FoxPro 提供的关系运算符有 8 种，见表 6-1。

表 6-1　关系运算符

运 算 符	名　称	例　子	说　明
<	小于	3 < 4	值为：.T.
<=	小于或等于	4 <= 3	值为：.F.
>	大于	0 > 1	值为：.F.
>=	大于或等于	"aa" >= "ab"	值为：.F.
=	等于		
<>、#、!=	不等于		
$	包含于	"Fox" $ "FoxPro"	值为：.T.
==	等同于		

说明：

① 关系运算符两侧值或表达式的类型应一致。

② 数学不等式 $a \leqslant x \leqslant b$，不能写成 a <= x <= b。

③ 字符型数据按其 ASCII 码值进行比较。在比较两个字符串时，首先比较两个字符串的第一个字符，其中 ASCII 码值较大的字符所在的字符串大。如果第一个字符相同，则比较第二个，…，依此类推。

④ == 表示“等同于”，用于精确匹配。例如，使用条件 UPPER(NAME) = "SMITH"进行查找，将找出 SMITHSON、SMITHERS 和 SMITH 的记录，而用==（等同于）可得到精确匹配

SMITH 的记录。

⑤ 关系运算符两边的表达式只能是数值型、字符串型、日期型，不能是逻辑型的表达式或值。

6.1.2 逻辑运算符与逻辑表达式

对于较为复杂的条件，必须使用逻辑表达式。逻辑表达式是指用逻辑运算符连接若干关系表达式或逻辑值而成的式子，如不等式 $a \leqslant x \leqslant b$ 可以表示为 a <= x AND x <= b。逻辑表达式的值也是一个逻辑值。Visual FoxPro 提供的逻辑运算符有 3 种，见表 6-2。

表 6-2 逻辑运算符

运 算 符	名 称	例 子	说 明
AND	与	(4 > 5) AND (3 < 4)	值为：.F.，两个表达式的值均为真，结果才为真，否则为假
OR	或	(4 > 5) OR (3 < 4)	值为：.T.，两个表达式中只要有一个值为真，结果就为真，只有两个表达式的值均为假，结果才为假
NOT	非	NOT (1 > 0)	值为：.F.，由真变假或由假变真，进行取“反”操作

逻辑运算符的运算规则见表 6-3。

表 6-3 逻辑运算规则

a	b	a AND b	a OR b	NOT a
.T.	.T.	.T.	.T.	.F.
.T.	.F.	.F.	.T.	.F.
.F.	.T.	.F.	.T.	.T.
.F.	.F.	.F.	.F.	.T.

说明：在早期的版本中，逻辑运算符的两边必须使用点号，如.AND.、.OR.和.NOT.，在 Visual FoxPro 中，两者可以通用。

6.1.3 运算符的优先顺序

在一个表达式中进行多种操作时，Visual FoxPro 会按一定的顺序进行求值，这个顺序称为运算符的优先顺序。运算符的优先顺序见表 6-4。

表 6-4 运算符的优先顺序

优 先 顺 序	运算符类型	运 算 符
1	算术运算符	^（指数运算）
2		–（负数）
3		*、/（乘法和除法）
4		%（求模运算）
5		+、–（加法和减法）
6	字符串运算符	+、–（字符串连接）
7	关系运算符	=、<>、<、>、<=、>=、$、==

（续）

优先顺序	运算符类型	运 算 符
8	逻辑运算符	NOT
9		AND
10		OR

说明：

① 同级运算按照它们从左到右出现的顺序进行计算。

② 可以用括号改变优先顺序，强令表达式的某些部分优先运行。

③ 括号内的运算总是优先于括号外的运算，在括号之内，运算符的优先顺序不变。

【例 6-1】 设变量 x = 3，y = -2，a = 6.5，b = –7.2，求下列表达式的值。

x + y > a + b AND NOT y < b

解：① 先作算术运算　　1 > –0.7 AND NOT y < b

② 再作关系运算　　.T.　AND NOT .F.

③ 作逻辑非运算　　.T.　AND　.T.

④ 最后得　　.T.

6.2 条件选择语句

Visual FoxPro 根据分支结构中条件的多少，提供了单条件选择结构语句 IF 和多条件选择结构语句 DO CASE 两种。

6.2.1 单条件选择语句 IF

1．单条件选择结构

单条件选择结构是最常用的双分支选择结构，其特点是所给定的选择条件（条件表达式）的值如果为真，则执行 a_1 块；如果为假，则执行 a_2 块。其一般形式如图 6-1 所示。

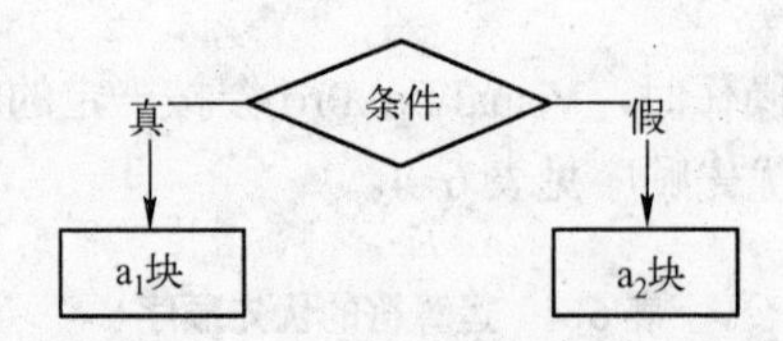

图 6-1　单条件选择结构的流程图

说明：

① 这里的 a_1 块或 a_2 块可以是空操作块（简称空块，也就是不作任何处理的操作块）。当然，如果 a_1、a_2 操作块同时为空块的话，就失去了选择的意义。

② 为了养成良好的程序设计风格和习惯，如果必须设立空分支，就应该把它设在选择条件为假的相应分支（即 a_2 块）中。

2．语法结构

实现单条件选择结构的语句是 IF 语句，其语法格式为：

```
IF 〈条件〉
   [〈语句组 1〉]
[ELSE
   [〈语句组 2〉]]
ENDIF
```

说明：

① IF、ELSE、ENDIF 必须各占一行。每一个 IF 都必须有一个 ENDIF 与之对应，即 IF 和 ENDIF 必须成对出现。ELSE 子句是可选的。

②〈条件〉可以是条件表达式或逻辑常量，根据〈条件〉的逻辑值进行判断。

③ 如果〈条件〉为真（.T.），就执行〈语句组 1〉。如果〈条件〉为假（.F.），若有 ELSE 子句，则程序会执行 ELSE 部分的〈语句组 2〉；若无 ELSE 子句，则程序会直接转到 ENDIF 之后的语句继续执行。

④〈语句组 1〉和〈语句组 2〉中还可以包含 IF 语句，称为 IF 语句的嵌套。要注意，每次嵌套中的 IF 语句必须与 ENDIF 成对出现。

【例 6-2】 设计一个验证口令的表单。输入口令时文本框中只显示相同个数的“*”号，如图 6-2 所示。

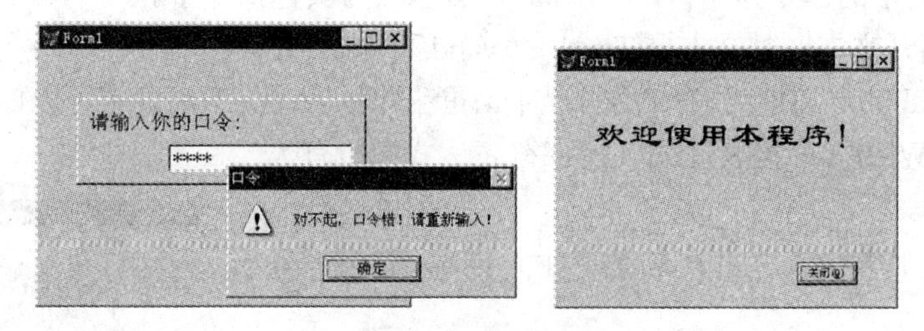

图 6-2　检查口令

设计步骤如下：

① 建立应用程序用户界面。选择“新建”表单，进入表单设计器，增加一个容器控件 Container1、一个标签控件 Label1 和一个命令按钮 Command1。选中容器控件 Container1，在其中增加一个标签 Label1 和一个文本框 Text1（参见第 5 章）。

② 设置对象属性，如表 6-5 和图 6-3 所示。

表 6-5　属性设置

对　象	属　性	属 性 值	说　明
Command1	Caption	关闭（\<Q）	按钮的标题
Label1	Caption		标签的内容
Container1.Text1	Alignment	0－左	文本对齐方式
	PasswordChar	*	只显示设定的符号：*
	Value		文本初值为空字符串
Container1.Label1	Caption	请输入你的口令：	容器控件中的标签

③ 编写程序代码。

编写关闭按钮 Command1 的 Click 事件代码：

```
THISFORM.Release
```

编写文本框 Text1 的 Valid 事件代码：

```
THISFORM.Command1.TabStop = .F.
a = LOWER(THIS.Value)
IF a== "abcd "
   THISFORM.Label1.Top = THIS.Parent.Top
   THISFORM.Label1.Caption="欢迎使用本程序！"
   THISFORM.Command1.TabStop = .T.
   THIS.Parent.Visible = .F.
ELSE
   MESSAGEBOX("对不起，口令错！请重新输入！",48,"口令")
   THIS.SelStart=0
   THIS.SelLength=LEN(RTRIM(THIS.Value))
ENDIF
```

图 6-3　建立界面与设置属性

说明：

① PasswordChar 属性可以使文本框在接受输入的字符时只显示设定的符号"*"，而不显示输入的内容。例中的口令为字符串"abcd"，可以改为其他口令字。

② 当光标离开文本框时文本框 Text1 的 Valid 事件发生。

③ 这里的 TabStop 属性为假-.F.表示光标不能停留，为真-.T.则表示可以停留。

④ 函数 LOWER（字符表达式）将字符表达式中所有大写字母转换成小写字母。

【例 6-3】　求函数值，如图 6-4 所示。输入 x，计算 y 的值，其中：

$$y=\begin{cases}4x & (x \geqslant 0)\\15-2x & (x<0)\end{cases}$$

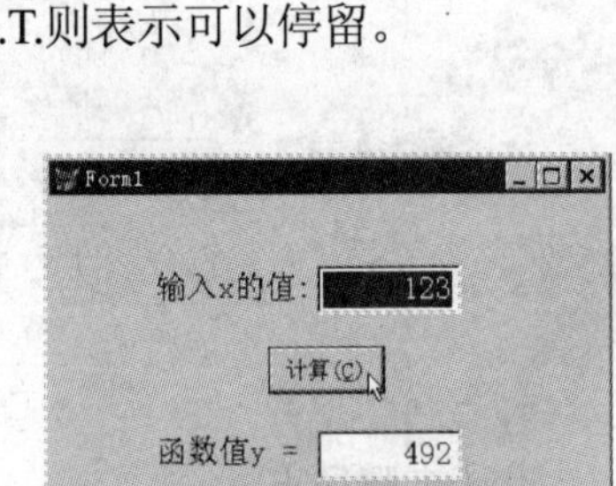

图 6-4　计算函数的值

分析：该题是数学中的一个分段函数，在选择条件时，既可以选择 $x \geqslant 0$ 作为条件，也可以选择 $x<0$ 作为条件。这里选 $x \geqslant 0$ 作为选择条件。这时，当 $x \geqslant 0$ 为真时，执行 $y=4x$；为假时，执行 $y=15-2x$。

根据以上分析，画出流程图，如图 6-5 所示。

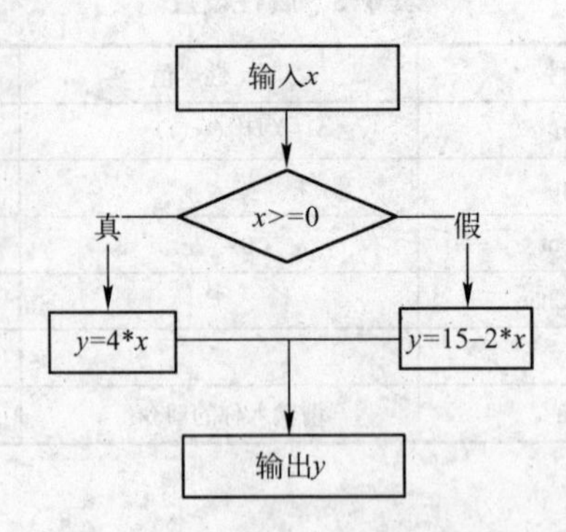

图 6-5　计算 y 值的流程图

设计步骤如下：

① 建立应用程序用户界面与设置对象属性。参照前面章节介绍的方法建立用户界面与设置对象属性，参见图 6-4。

② 编写程序代码。根据流程图，可以写出命令按钮 Command1 的 Click 事件代码为：

```
x = THISFORM.Text1.Value
IF x >= 0
   y = 4 * x
ELSE
   y = 15 – 2 * x
ENDIF
THISFORM.Text1.SelStart = 0
THISFORM.Text1.SelLength = LEN(THISFORM.Text1.Text)
THISFORM.Text1.SetFocus
THISFORM.Text2.Value = y
```

3．使用 IIF 函数

用户还可以使用 IIF 函数来实现一些比较简单的选择结构。IIF 函数的语法结构为：

IIF(〈条件〉,〈真部分〉,〈假部分〉)

说明：

①〈条件〉可以是条件表达式或逻辑常量，〈真部分〉是当条件为真时函数返回的值，可以是任何表达式，〈假部分〉是当条件为假时函数返回的值，也可以是任何表达式。

② 语句 y = IIF(〈条件〉,〈真部分〉,〈假部分〉)相当于：

```
IF 〈条件〉
   y = 〈真部分〉
ELSE
   y = 〈假部分〉
ENDIF
```

【例 6-4】 例 6-3 中命令按钮 Command1 的 Click 事件代码可以改为：

```
x = THISFORM.Text1.Value
y = IIF(x >= 0, 4 * x, 15 – 2 * x)
THISFORM.Text2.Value = y
THISFORM.Text1.SelStart = 0
THISFORM.Text1.SelLength = LEN(THISFORM.Text1.Text)
THISFORM.Text1.SetFocus
```

4．IF 语句的嵌套

如果在 IF 语句中操作块 a_1 块（语句组 1）或 a_2 块（语句组 2）本身又是一个 IF 语句，则称为 IF 语句的嵌套。

【例 6-5】 某百货公司为了促销，采用购物打折的优惠办法：每位顾客一次购物

① 在 1000 元以上者，按九五折优惠。

② 在 2000 元以上者，按九折优惠。

③ 在 3000 元以上者，按八五折优惠。

④ 在 5000 元以上者，按八折优惠。

编写程序，输入购物款数，计算并输出优惠价。

分析：设购物款数为 x 元，优惠价为 y 元，则计算优惠价的流程图如图 6-6 所示。

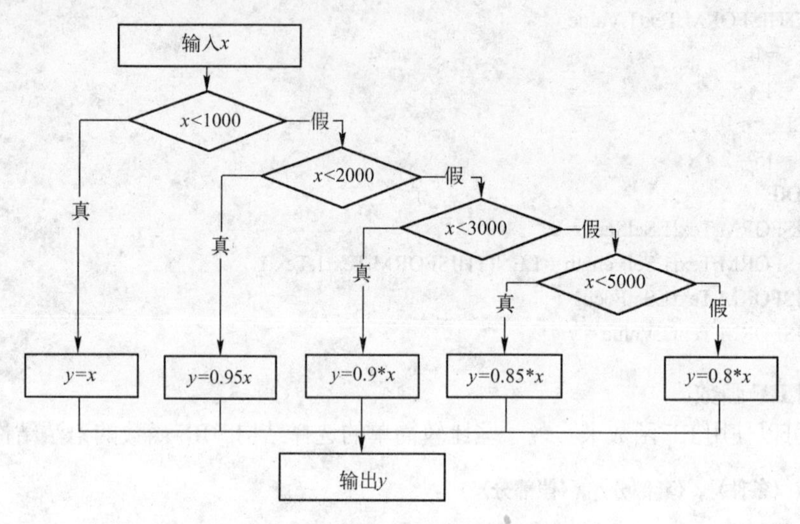

图 6-6　计算优惠价的流程图

设计步骤如下：

① 建立应用程序用户界面与设置对象属性。参照第 5 章的方法建立用户界面与设置对象属性，如图 6-7 所示。

② 编写程序代码。根据流程图，可以写出命令按钮 Command1 的 Click 事件代码为：

```
x = THISFORM.Text1.Value
IF x < 1000
   y = x
ELSE
   IF x < 2000
      y = 0.95 * x
   ELSE
      IF x < 3000
         y = 0.9 * x
      ELSE
         IF x < 5000
            y = 0.85 * x
         ELSE
            y = 0.08 * x
         ENDIF
      ENDIF
   ENDIF
ENDIF
THISFORM.Text2.Value = y
```

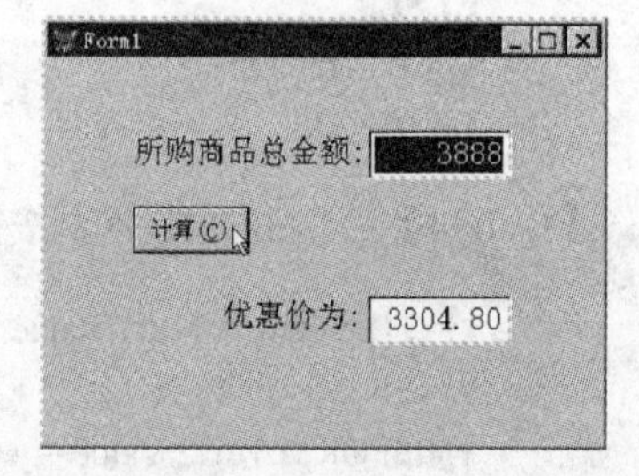

图 6-7　计算优惠价

```
THISFORM.Text1.SelStart = 0
THISFORM.Text1.SelLength = LEN(THISFORM.Text1.Text)
THISFORM.Text1.SetFocus
```

6.2.2　多分支条件选择语句 DO CASE

1．多分支条件选择结构

多分支选择结构的根本特点是从多个分支结构中选择第一个条件为真的路线作为执行路线。即所给定的选择条件 1 为真时，执行 a_1 块；如果为假则继续检查下一个条件。如果条件都不为真，就执行其他操作块（a_{n+1} 块），如果没有其他操作块，则不作任何操作就结束选择。如图 6-8 所示。

虽然使用嵌套的办法可以利用 IF 语句实现多分支选择，但是用 IF 语句编写的程序会比较长，程序的可读性会明显降低。为此，Visual FoxPro 提供了多分支条件选择语句来实现多分支选择结构。

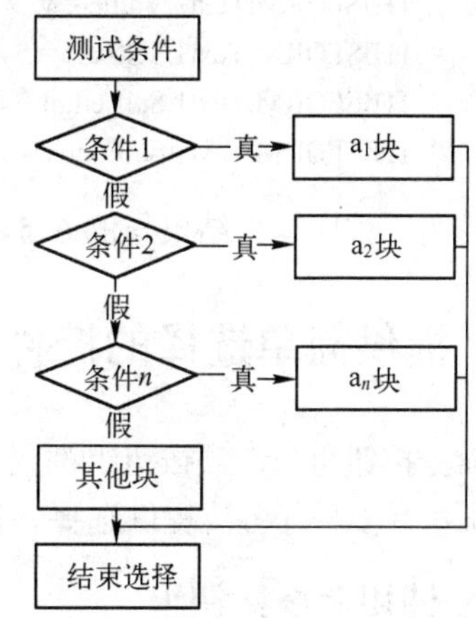

图 6-8　多条件多分支选择结构的流程图

2．多分支条件选择语句 DO CASE 语法结构

DO CASE 语句的语法格式为：

DO CASE
CASE 〈条件 1〉
[〈语句组 1〉]
[CASE 〈条件 2〉
[〈语句组 2〉]]
…
[OTHERWISE
[〈其他语句组〉]]
ENDCASE

说明：

① DO CASE、CASE、OTHERWISE 和 ENDCASE 必须各占一行。每个 DO CASE 必须有一个 ENDCASE 与之对应，即 DO CASE 和 ENDCASE 必须成对出现。

②〈条件 1〉可以是条件表达式或逻辑常量。

③ 在执行 DO CASE 语句时，依次判断各〈条件〉是否满足。若〈条件 1〉的值为真（.T.），就执行相应的〈语句组 1〉，直到遇到下一个 CASE、OTHERWISE 或 ENDCASE。

④ 相应的〈语句组 1〉执行后不再判断其他〈条件〉，直接转向 ENDCASE 后面的语句。因此，在一个 DO CASE 结构中，最多只能执行一个 CASE 子句。

⑤ 如果没有一个条件为真，就执行 OTHERWISE 后面的〈其他语句组〉，直到 ENDCASE。如果没有 OTHERWISE，则不作任何操作就转向 ENDCASE 后面的语句。

⑥ 语句列中可以嵌套各种控制结构的命令语句。

【例 6-6】　在例 6-5 中使用 DO CASE 语句来计算优惠价，只需将其中命令按钮 Command1 的 Click 事件代码改为：

```
x = THISFORM.Text1.Value
DO CASE
```

```
        CASE x < 1000
            y = x
        CASE x < 2000
            y = 0.95 * x
        CASE x < 3000
            y = 0.9 * x
        CASE x < 5000
            y = 0.85 * x
        OTHERWISE
            y = 0.08 * x
    ENDCASE
    THISFORM.Text2.Value = y
    THISFORM.Text1.SelStart = 0
    THISFORM.Text1.SelLength = LEN(THISFORM.Text1.Text)
    THISFORM.Text1.SetFocus
```

说明：程序运行结果与例 6-5 相同，但是代码却清晰多了。

6.3 提供简单选择的控件

命令按钮组与选项按钮组都属于容器类控件，它们分别包含一些命令按钮和选项按钮，可以用来执行多种任务或提供选择。复选框也是经常成组使用，以实现多项选择。

6.3.1 使用命令按钮组

如果表单上有多个命令按钮，可以考虑使用命令按钮组（Commandgroup）。使用命令按钮组可以使代码更为简洁，界面更加整齐。

1．命令按钮组

命令按钮组是一个容器对象，其中包含命令按钮，即它具有如图 6-9 所示的层次性。

命令按钮组中各命令按钮的用法和前面所述的单个命令按钮的用法一样。此外，还可以将代码加入到命令按钮组的 Click 事件代码中，让组中所有命令按钮的 Click 事件使用同一个过程代码。

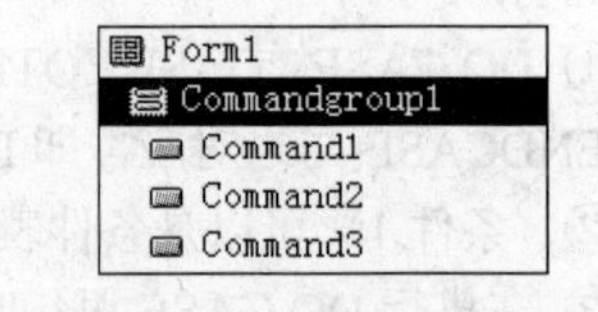

图 6-9　命令按钮组的层次性

命令按钮组的 ButtonCount 属性用来设置命令按钮组中按钮的个数，ButtonCount 属性的默认值为 2。命令按钮组的 Value 属性指示单击了哪个按钮。

【例 6-7】　设银行定期存款年利率为 1 年期 2.25%，2 年期 2.43%，3 年期 2.70%，5 年期 2.88%（不计复利）。今有本金 *x* 元，5 年以后使用，共有以下 6 种存法：

- 存一次 5 年期。
- 存一次 3 年期，一次 2 年期。
- 存一次 3 年期，两次 1 年期。
- 存两次 2 年期，一次 1 年期。
- 存一次 2 年期，三次 1 年期。

● 存五次 1 年期。

分别计算各种存法 5 年后到期时的本息合计，如图 6-10 所示。

分析：设 x_1、x_2、x_3、x_5 分别表示 1 年、2 年、3 年和 5 年定期储蓄的利息，a 表示本金，则定期的本息计算公式分别为：$(1+x_1)a$、$(1+2x_2)a$、$(1+3x_3)a$ 和 $(1+5x_5)a$。

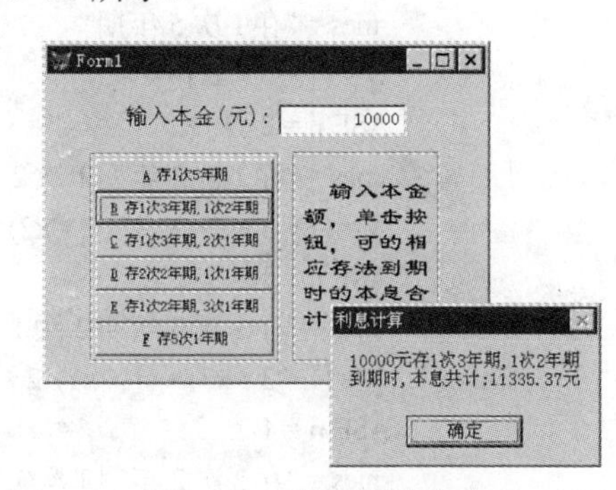

图 6-10　使用命令按钮组

设计步骤如下：

① 建立应用程序用户界面。选择“新建”表单，进入表单设计器，增加一个命令按钮组 Commandgroup1、一个文本框 Text1、一个形状控件 Shape1、两个标签控件 Label1 和 Label2。

将命令按钮组 Commandgroup1 的 ButtonCount 属性改为 6，将形状控件 Shape1 的 SpecialEffect 属性改为 0－3 维，如图 6-11a 所示。

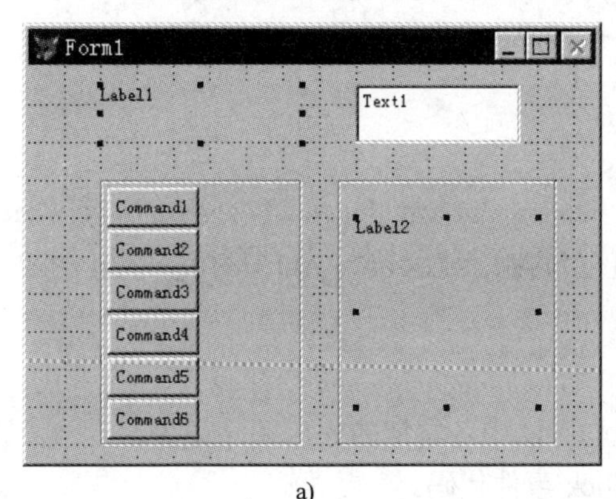

a)

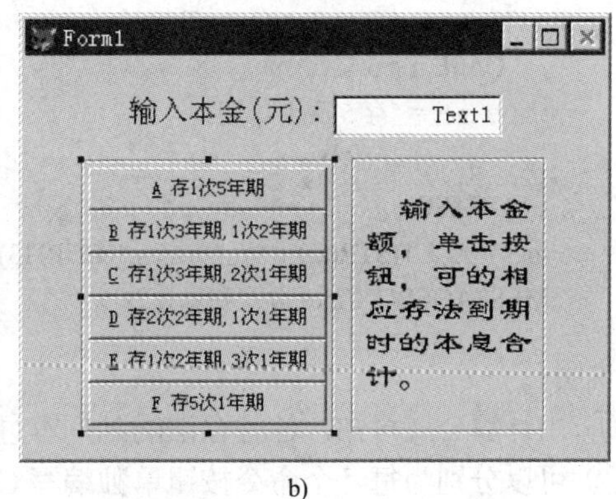

b)

图 6-11　建立界面与设置属性

② 设置对象属性。命令按钮组是个容器类控件，用鼠标右键单击命令按钮组 Commandgroup1，在弹出菜单中选择“编辑”项，容器 Commandgroup1 的周围出现浅绿色的边界，表示开始编辑该容器。此时，可以依次选择其中的命令按钮，设置其各项属性。

各控件属性的设置可以参照图 6-11b 和第 5 章的方法，如右边的标签控件 Label2 设置 AutoSize 和 WordWrap 都为.T.等。

③ 编写程序代码。

编写表单的 Activate 事件代码：

```
THIS.Text1.SetFocus
```

编写命令按钮组 Commandgroup1 的 Click 事件代码：

```
a = THISFORM.Text1.Value
x1 = 0.0225
x2 = 0.0243
x3 = 0.027
x5 = 0.0288
n = THIS.Value
```

```
DO CASE
    CASE n = 1
        mes = "存 1 次 5 年期"
        y = (1 + 5 * x5) * a
    CASE n = 2
        mes = "存 1 次 3 年期,1 次 2 年期"
        y = (1 + 3 * x3) * (1 + 2 * x2) * a
    CASE n = 3
        mes = "存 1 次 3 年期,2 次 1 年期"
        y = (1 + 3 * x3) * (1 + x1)^2 * a
    CASE n = 4
        mes = "存 2 次 2 年期,1 次 1 年期"
        y = (1 + 2 * x2)^2 * (1 + x1) * a
    CASE n = 5
        mes = "存 1 次 2 年期,3 次 1 年期"
        y = (1 + 2 * x2) * (1 + x2)^3 * a
    CASE n = 6
        mes = "存 5 次 1 年期"
        y = (1 + x1)^5 * a
ENDCASE
mes = ALLT(STR(a)) + "元" + mes + CHR(13) + "到期时,本息共计:" + ALLT(STR(y,12,2)) + "元"
MESSAGEBOX(mes, 0 , "利息计算")
```

说明：

① 由计算公式可知，各种存法的到期本息与存法中各定期的先后顺序无关。

② 可以分别为每一个命令按钮单独编写 Click 事件代码。

③ 如果为按钮组中的某个按钮的 Click 事件编写了代码，当选择这个按钮时，程序将优先执行该代码而不是命令组的 Click 事件代码。

2．按钮组生成器

使用按钮组生成器可以方便用户设计命令按钮组。在上面的例子中可以使用“按钮组生成器”来设置命令按钮组的各项属性。

用鼠标右击命令按钮组控件 CommandGroup1，在弹出菜单中选择“生成器”命令，如图 6-12 所示，打开“命令组生成器”对话框。

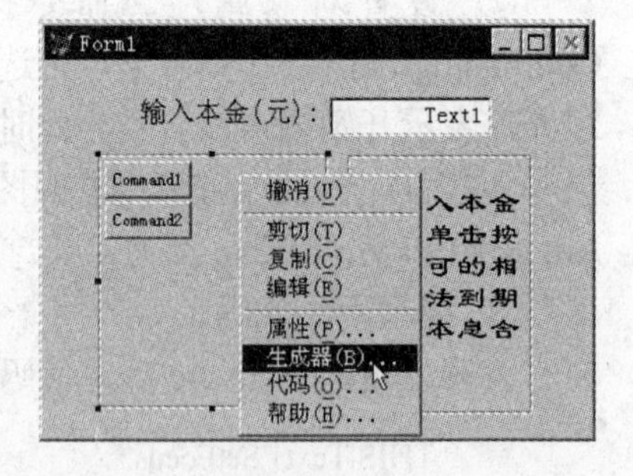

图 6-12　选择“生成器”命令

在“命令组生成器”对话框的“1.按钮”选项卡中，修改“按钮的数目”为 6，这相当于在属性窗口修改 ButtonCount 属性为 6。然后依次修改按钮的“标题”（Caption 属性），如图 6-13a 所示。如果要设计图文并茂的按钮，可以在“图形”栏中填入图形文件的路径与名称，或单击“图形”栏右边的“...”按钮，查找所需要的图形文件。

在“2.布局”选项卡中可以指定命令按钮组的排列方式，如水平或垂直、有无边框等。将“按钮间隔”微调器的值调整为 0，除去各命令按钮间的间隔，如图 6-13b 所示。最后按“确定”按钮退出命令组生成器。

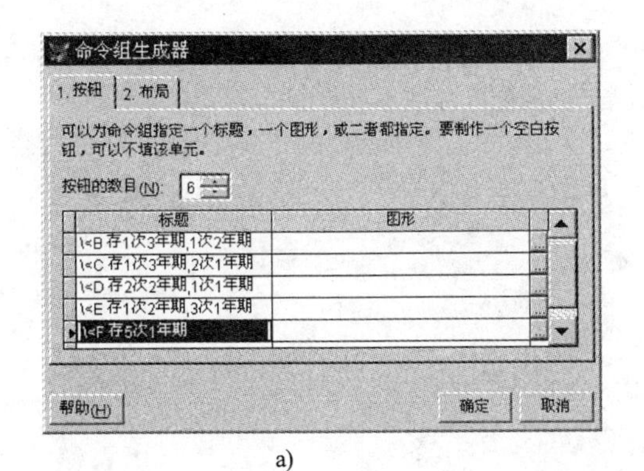

a)

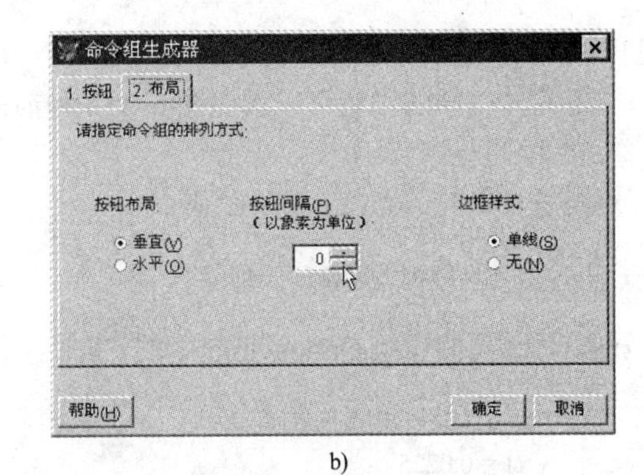

b)

图 6-13　命令按钮组生成器

a) “1.按钮”选项卡　b) “2.布局”选项卡

6.3.2　使用选项按钮组

选项按钮组是一组相互排斥的选项按钮（或称为单选按钮）。在选项按钮组中只能单击一个选项，即选项按钮组只允许用户从选择清单中选择一个选项。

当最初创建一个选项按钮组时，系统仅提供两个选项按钮，要增加更多的选项按钮可以改变按钮数（ButtonCount）属性。

选项按钮组的 Value 属性指示了单击选项按钮的序号。

由于选项按钮组是一个容器类控件，在设计时，右击选项按钮组，并从弹出菜单中选择“编辑”命令。此时，选项按钮组的周围出现浅绿色边界，即可对选项按钮组内的选项按钮进行编辑了。当然，设计选项按钮组最方便的办法是利用“生成器”。

1．选项组与选项组生成器

【例 6-8】　利用选项按钮组控制例 6-7 中存款利息的计算，如图 6-14 所示。

设计步骤如下：

① 建立应用程序用户界面。选择“新建”表单，进入表单设计器，增加一个选项按钮组控件 OptionGroup1、一个文本框 Text1、一个形状控件 Shape1 和三个标签控件 Label1～Label3。

将选项按钮组控件 OptionGroup1 的 ButtonCount 属性改为 6，将形状控件 Shape1 的 SpecialEffevt 属性改为 0 – 3 维，如图 6-15a 所示。

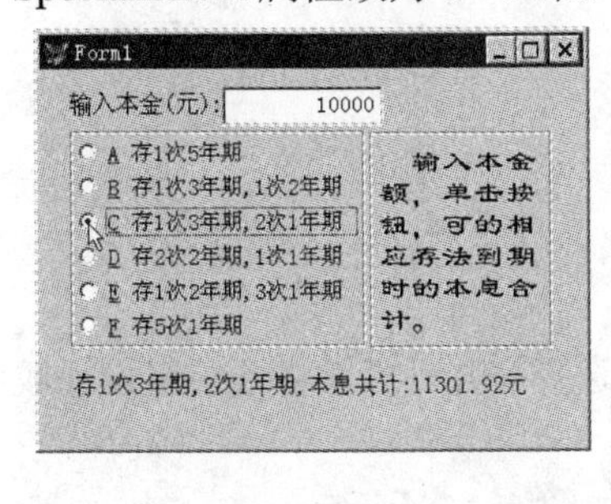

图 6-14　利用选项组计算存款利息

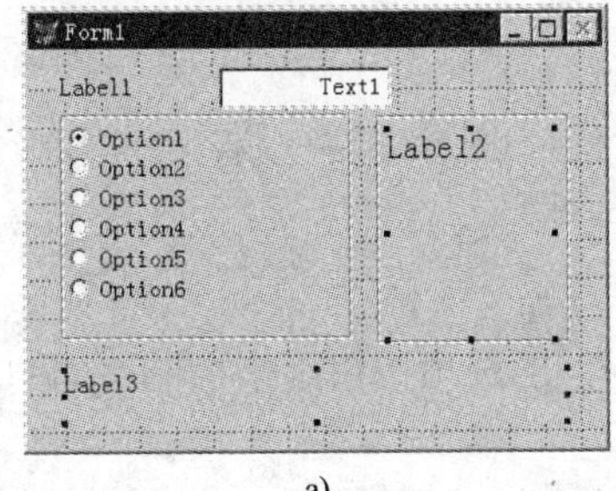

a)

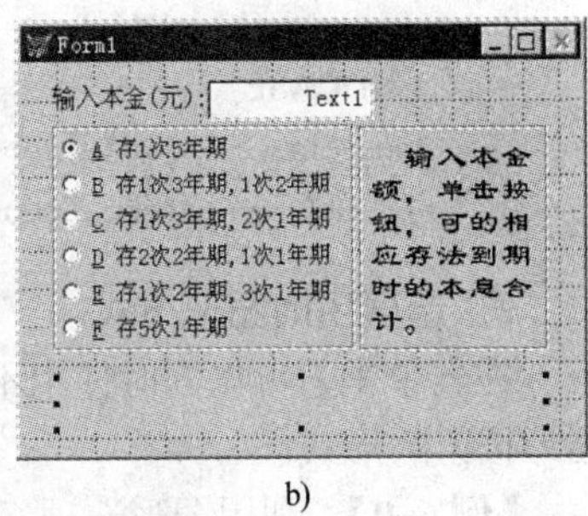

b)

图 6-15　建立界面与设置属性

② 设置对象属性。右击选项按钮组 OptionGroup1，在弹出菜单中选择“编辑”命令，选项按钮组 OptionGroup1 的周围出现浅绿色的边界，表示开始编辑该容器。此时，可以依次选择

其中的选项按钮，设置其各项属性。

各控件属性的设置可以参照图 6-15b 和前面章节介绍的方法。

③ 编写程序代码。

编写表单的 Activate 事件代码：

```
THIS.Text1.SetFocus
```

编写选项按钮组 OptionGroup1 的 Click 事件代码：

```
a = THISFORM.Text1.Value
x1 = 0.0225
x2 = 0.0243
x3 = 0.027
x5 = 0.0288
n = THIS.Value
DO CASE
   CASE n = 1
      mes = "存 1 次 5 年期"
      y = (1 + 5 * x5) * a
   CASE n = 2
      mes = "存 1 次 3 年期,1 次 2 年期"
      y = (1 + 3 * x3) * (1 + 2 * x2) * a
   CASE n = 3
      mes = "存 1 次 3 年期,2 次 1 年期"
      y = (1 + 3 * x3) * (1 + x1)^2 * a
   CASE n = 4
      mes = "存 2 次 2 年期,1 次 1 年期"
      y = (1 + 2 * x2)^2 * (1 + x1) * a
   CASE n = 5
      mes = "存 1 次 2 年期,3 次 1 年期"
      y = (1 + 2 * x2) * (1 + x2)^3 * a
   CASE n = 6
      mes = "存 5 次 1 年期"
      y = (1 + x1)^5 * a
ENDCASE
mes = mes + ",本息共计:"+ALLT(STR(y,12,2))+"元"
THISFORM.Label3.Caption = mes
```

2．选项组的图形方式

在表单中，可以同时使用不同的选项按钮组来控制不同的选择，并且可以将选项组设计成图形按钮的形式。

【例 6-9】 利用图形选项组控制文本的对齐方式与字体，如图 6-16 所示。

设计步骤如下：

① 建立应用程序用户界面。选择“新建”表单，进入表单设计器，增加一个文本框控件 Text1、三个标签控件 Label1～Label3 和两个选项按钮组 OptionGroup1、OptionGroup2。

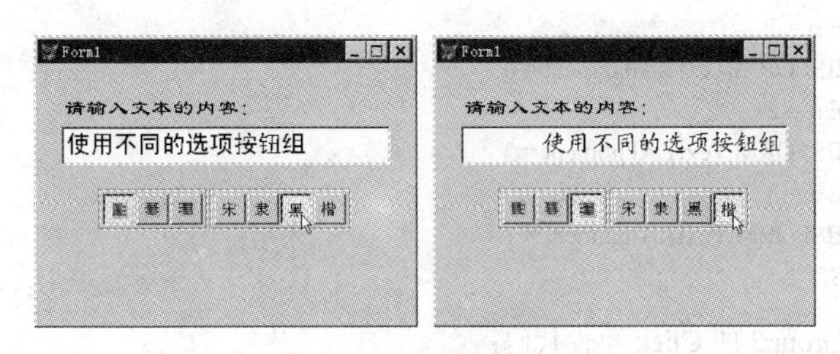

图 6-16　图形按钮的选项组

② 设置对象属性。下面只介绍选项组属性的设置：

用鼠标右键单击选项组 OptionGroup1，在弹出菜单中选择“编辑”项，OptionGroup1 的四周出现浅绿色边界，开始对选项组（容器）OptionGroup1 中的按钮进行编辑。

修改按钮数目（ButtonCount）属性为 3，依次选中 3 个按钮 Option1～Option3，将其标题（Cpation）属性改为（空），自动大小（AutoSize）属性改为.F. – 假，并调整其大小及位置，如图 6-17a 所示；图片（Picture）属性通过浏览按钮“…”进行查找，并分别改为：

```
\program files\microsoft visual studio\common\graphics\bitmaps\tlbr_w95\lft.bmp
\program files\microsoft visual studio\common\graphics\bitmaps\tlbr_w95\ctr.bmp
\program files\microsoft visual studio\common\graphics\bitmaps\tlbr_w95\rt.bmp
```

与之相仿，可以将选项组 OptionGroup2 改为图形方式，将其标题（Cpation）属性分别设为宋、隶、黑、楷，无须设置图片（Picture）属性，如图 6-17b 所示。

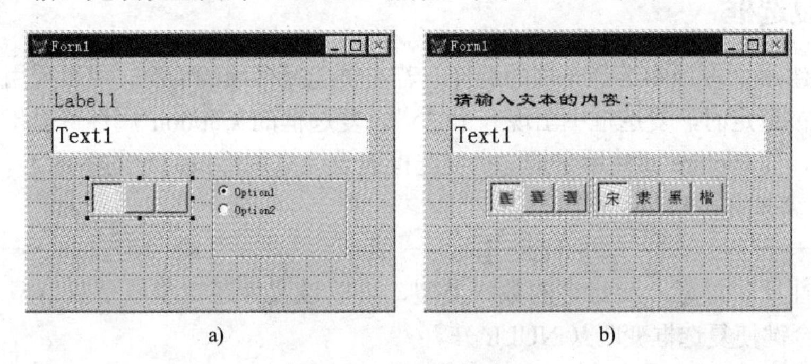

图 6-17　修改按钮布局

a) 建立按钮　b) 修改按钮属性

说明：也可以使用“选项组生成器”对话框来设置选项组的属性。

③ 编写程序代码。

编写表单的 Activate 事件代码：

```
THIS.Text1.SetFocus
```

编写 OptionGroup1 的 Click 事件代码：

```
n = THIS.Value
DO CASE
```

```
    CASE n = 1
      THISFORM.Text1.Alignment = 0
    CASE n = 2
      THISFORM.Text1.Alignment = 2
    CASE n = 3
      THISFORM.Text1.Alignment = 1
ENDCASE
```

编写 OptionGroup2 的 Click 事件代码：

```
n = THIS.Value
DO CASE
    CASE n = 1
      THISFORM.Text1.FontName = "宋体"
    CASE n = 2
      THISFORM.Text1.FontName = "隶书"
    CASE n = 3
      THISFORM.Text1.FontName = "黑体"
    CASE n = 4
      THISFORM.Text1.FontName = "楷体_GB2312"
ENDCASE
```

说明：当选项按钮较多时，选项组所占空间也较大，为解决这一矛盾，可以在应用中使用下一章介绍的下拉列表框控件。

6.3.3 使用复选框

选项按钮组属于多项中选择一项的选择，若需要选择多项的情况，可以采用多个复选框控件。当复选框被选定时，复选框中出现一个“√”。复选框的 Caption 属性可以指定出现在复选框旁边的文本，而 Picture 属性用来指定当复选框被设计成图形按钮时的图像。

复选框的状态由其 Value 属性决定：

0 或 .F. —— 假　　1 或 .T. —— 真　　2 或 .NULL. —— 暗

Value 属性反映最近一次指定的数据类型，可以设置为逻辑型或是数值型。用户可以按〈Ctrl+O〉组合键使复选框变暗（.NULL.）。

1. 使用复选框

单个的复选框是让用户在两个选项之间进行选择，如是或否、真或假。这与两个按钮的选项组相似，只是形式上要简单一些，操作更方便一些。

一般情况下，复选框总是成组出现，用户可以从中选择一个或多个选项。

【例 6-10】 利用复选框来控制输入或输出文本的字体风格，如图 6-18 所示。

图 6-18　控制字体风格

设计步骤如下：

① 选择“新建”表单，进入表单设计器，增加一个形状控件 Shape1、一个文本框控件 Text1、一个标签控件 Label1 以及

三个复选框控件 Check1～Check3。

② 设置对象属性，见表 6-6。

表 6-6　属性设置

对　象	属　性	属 性 值	说　明
Shape1	SpecialEffect	0－3 维	边框的风格
Label1	Caption	请输入文本内容:	标签的内容
	AutoSize	.T.－真	自动适应内容的大小
	FontName	隶书	字体名称
	FontSize	16	字体的大小
Text1	FontSize	18	字体的大小
Check1	Caption	粗体	标题的内容
	AutoSize	.T.－真	自动适应标题内容的大小
Check2	Caption	斜体	标题的内容
	AutoSize	.T.－真	自动适应标题内容的大小
Check3	Caption	下画线	标题的内容
	AutoSize	.T.－真	自动适应标题内容的大小

③ 编写事件代码。

编写表单的 Activate 事件代码：

```
THIS.Text1.SetFocus
```

编写复选框控件 Check1 的 Click 事件代码：

```
THISFORM.Text1.FontBold = THIS.Value
```

编写复选框控件 Check2 的 Click 事件代码：

```
THISFORM.Text1.FontItalic = THIS.Value
```

编写复选框控件 Check3 的 Click 事件代码：

```
THISFORM.Text1.FontUnderLine = THIS.Value
```

说明：

① 可以分别选择粗体、斜体和下画线修饰，也可以选择其中的两项或三项。

② FontItalic 为斜体字属性，FontBold 为粗体字属性，FontUnderLine 为下画线修饰属性。

2．复选框的图形按钮方式

与选项按钮相同，复选框也支持图形按钮方式。只须将复选框的 Style 属性改为 1－图形，然后分别设置 Picture、DownPicture 和 DisabelPicture 属性为所需要的图像，这样就可以把复选框设计成图文并茂的图形按钮形式了。其中：Picture 为正常状态时按钮的图像；DownPicture 为按钮按下时的图像；DisabelPicture 为按钮不可用时的图像。

【例 6-11】　图形按钮形式的复选框，如图 6-19 所示。单击锁定按钮关闭其他复选框，单击修改按钮则开放其他复选框。

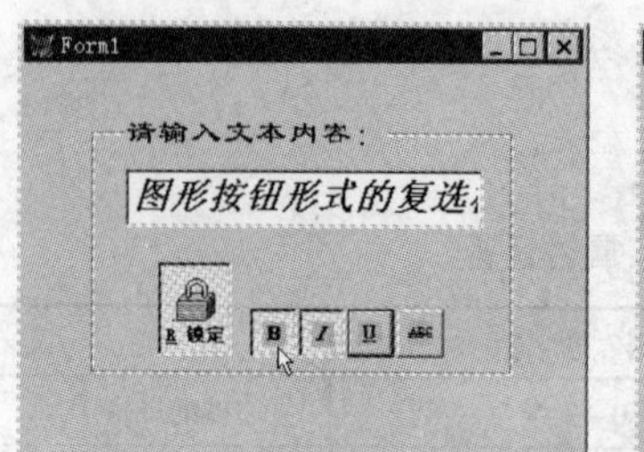

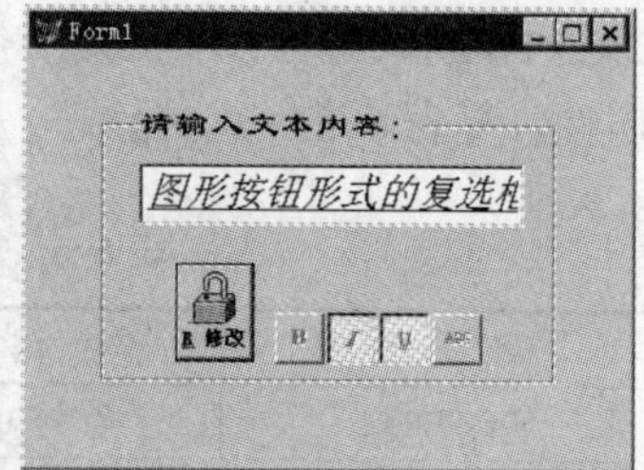

图 6-19　使用图形按钮形式的复选框

设计步骤如下：

① 选择“新建”表单，进入表单设计器，首先增加一个形状控件 Shape1，然后在其上增加一个文本框控件 Text1、一个标签控件 Label1 以及五个复选框控件 Check1～Check5，如图 6-20 所示。

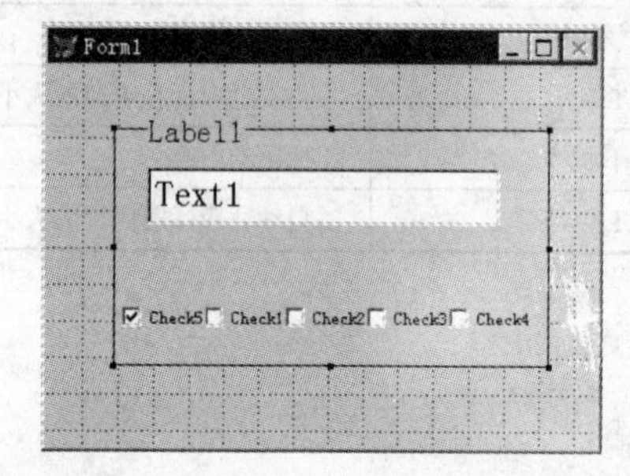

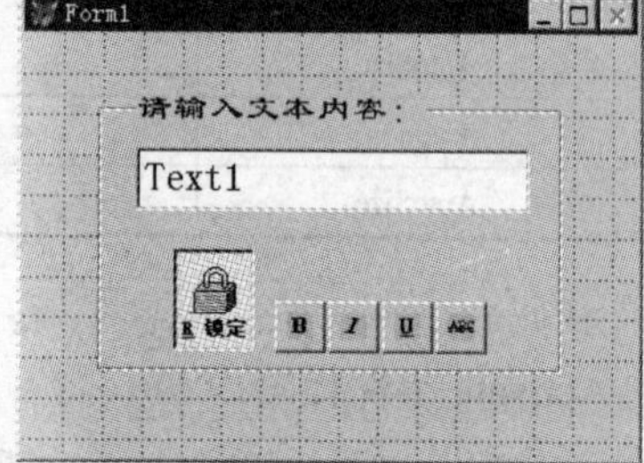

图 6-20　设计按钮形式的复选框

② 修改控件属性，见表 6-7。

表 6-7　属性设置

对　象	属　性	属 性 值	说　明
Check1～Check4	Caption	（无）	标题的内容
	AutoSize	.T. – 真	自动适应标题内容的大小
	Style	1 – 图形	风格
Check5	Caption	\<R 锁定	标题的内容
	AutoSize	.T. – 真	自动适应标题内容的大小
	Style	1 – 图形	风格
	Value	.T.	选中状态

其中复选框控件 Check1～Check5 的 Picture 属性分别为：

\program files\microsoft visual studio\common\graphics\bitmaps\tlbr_w95\bld.bmp
\program files\microsoft visual studio\common\graphics\bitmaps\tlbr_w95\itl.bmp
\program files\microsoft visual studio\common\graphics\bitmaps\tlbr_w95\undrln.bmp
\program files\microsoft visual studio\common\graphics\bitmaps\tlbr_w95\strikthr.bmp
\program files\microsoft visual studio\common\graphics\icons\misc\secur02a.ico

复选框控件 Check5 的 DownPicture 属性改为：

```
\program files\microsoft visual studio\common\graphics\icons\misc\secur02b.ico
```

说明：Picture 属性与 DownPicture 属性设置是单击属性设置框右边的三点按钮，屏幕显示“打开”对话框。选择文件类型为图标，并在系统目录 Visual FoxPro 的下级子目录中找到图标文件 Secur02a.ico 和 Secur02b.ico，如图 6-21 所示，分别赋予 Picture 和 DownPicture 属性。

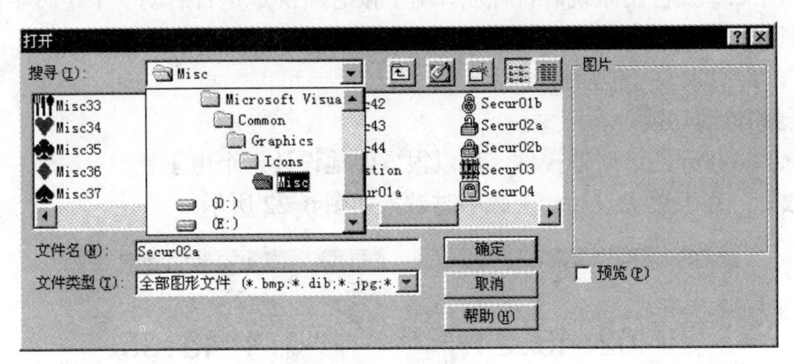

图 6-21　找到图标文件

单击“确定”按钮后，复选框按钮上出现该图标，适当调整按钮的大小，可得到所需要的图文并茂的复选框按钮。

③ 编写事件代码。

编写复选框控件 Check1 的 Click 事件代码：

```
THISFORM.Text1.FontBold = THIS.Value
```

编写复选框控件 Check2 的 Click 事件代码：

```
THISFORM.Text1.FontItalic = THIS.Value
```

编写复选框控件 Check3 的 Click 事件代码：

```
THISFORM.Text1.FontUnderLine = THIS.Value
```

编写复选框控件 Check4 的 Click 事件代码：

```
THISFORM.Text1.FontStrikethru = THIS.Value
```

编写复选框控件 Check5 的 Click 事件代码：

```
THISFORM.SetAll("Enabeld",THIS.Value,"CheckBox")
THIS.Enabeld=.T.
THIS.Caption=IIF(THIS.Value=1,"\<R 锁定","\<R 修改")
```

说明：

① SetAll()方法可以在容器对象中给所有或一部分控件同时设置属性。代码：

```
THISFORM.SetAll("Enabeld",THIS.Value,"CheckBox")
```

表示将所有复选框（CheckBox）的 Enabeld 属性设置为本复选框的值（THIS.Value）。

② 可以设计仅有文字或仅有图形的复选框按钮。

6.4 计时器与微调器

6.4.1 使用计时器

计时器（Timer）控件由系统时钟控制，用于按时间决定是否启动一个定时事件，可以在指定的时间间隔执行操作和检查数值。计时器控件在设计时显示为一个小时钟图标，而在运行表单时则不可见，常用来做一些后台处理。

1．计时器的计时功能

利用 Visual FoxPro 的计时器控件，可以很方便地设计一个电子表。

【例 6-12】 在表单上设计一个数字时钟，如图 6-22 所示。

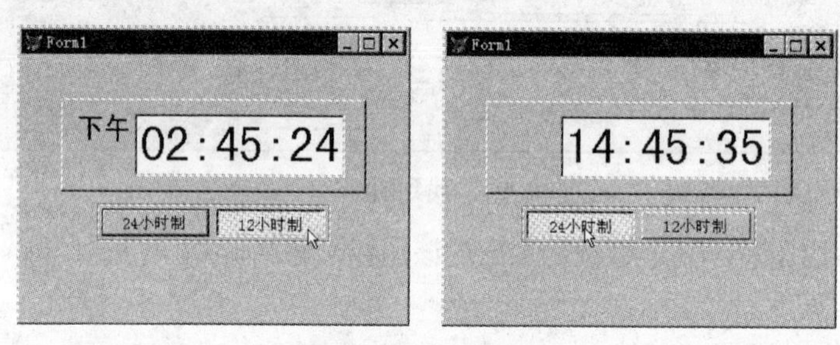

图 6-22 数字时钟

设计步骤如下：

① 建立应用程序用户界面。选择“新建”表单，进入表单设计器，增加一个容器控件 Container1 和一个选项按钮组 OptionGroup1。将容器控件的 SpecialEffect 属性改为：0 – 凸起，右击容器控件，在弹出菜单中选择“编辑”命令，开始对“容器”进行设计。在容器中增加一个文本框 Text1、一个标签 Label1 和一个计时器控件 Timer1。

其中，计时器控件 Timer1 可以放在容器中的任何位置。

② 设置属性，见表 6-8。

表 6-8 属性设置

对 象	属 性	属 性 值	说 明
Timer	Interval	1000	
Label1	Caption	上午	标题的内容
	AutoSize	.T. – 真	自动适应标题内容的大小
	FontBold	.T. – 真	粗体
	FontName	黑体	字体名
Text1	Alignment	1 – 右	
	Value	00:00:00	
	FontSize	36	
	Enabled	.F. – 假	
	DisabledBackColOR	255, 255, 255	
	DisabledFOReColOR	0, 0, 0	

（续）

对　象	属　性	属 性 值	说　明
OptionGroup1	Value	2	选中的按钮
	AutoSize	.T. – 真	自动适应按钮的大小
Option1	Caption	24 小时制	
	Style	1 – 图形	风格
Option2	Caption	12 小时制	
	Style	1 – 图形	风格

③ 编写程序代码。

编写表单的 Activate 事件代码：

```
SET HOURS TO 12
```

编写选项按钮组 OptionGroup1 的 InteractiveChange 事件代码：

```
IF THIS.Value=2
  SET HOURS TO 12
  THISFORM.Container1.Label1.Visible=.T.
ELSE
  SET HOURS TO 24
  THISFORM.Container1.Label1.Visible=.F.
ENDIF
```

编写计时器控件 Timer1 的 Timer 事件代码：

```
IF HOUR(DATETIME())>=12
  THISFORM.Container1.Label1.Caption='下午'
ELSE
  THISFORM.Container1.Label1.Caption='上午'
ENDIF
THISFORM.Container1.Text1.Value=SUBSTR(TTOC(DATETIME()),10,8)
```

说明：

① 计时器的 Interval 属性指定两个计时器事件之间的毫秒数。这里设定为 1000（= 1s），计时器将每秒（近似等间隔）激发一次 Timer 事件。

② 在选项按钮组 OptionGroup1 的事件代码中，利用分支结构来判断、改变时间运行的格式以及标签 Label1 的显示与否。

③ 计时器 Timer1 的 Timer 事件代码：THIS.Parent.Label1

表示对该对象的父容器中的标签控件 Label1 的调用，这是一种对象的相对引用格式。也可以改为：

```
THISFORM.Container1.Label1
```

④ DATETIME()是日期时间函数，返回系统当前的日期与时间。

⑤ HOUR(日期时间表达式)函数返回日期时间表达式中的小时数。

⑥ TTOC(日期时间表达式)函数是类型转换函数，将日期时间表达式转换成“YY:MM:DD HH:MM:SS”格式的字符串。

⑦ SET HOURS TO 为设置时间格式命令。SET HOURS TO 12 表示将 DATETIME()函数的时间格式改为 12 小时制，TIME()函数不受此设置的影响。

2．计时器的动感控制

利用计时器还可以实现简单的动画，下面介绍利用计时器实现的动感控制。

【例 6-13】 设计一个电子游动标题板，标题“使用 VFP 设计动画”在表单的黄色区域（容器中）自右至左地反复移动。单击“暂停”按钮，标题停止移动，按钮变成“继续”。单击“继续”按钮，标题继续移动，按钮又变回“暂停”，如图 6-23 所示。

设计步骤如下：

① 建立应用程序用户界面。选择“新建”表单，进入表单设计器，增加一个命令按钮 Command1 和一个容器控件 Container1。右击容器控件，在弹出的快捷菜单中选择“编辑”命令，出现蓝色边框，开始对其进行设计。在容器中增加一个标签 Label1 和一个计时器控件 Timer1。其中计时器控件 Timer1 可以放在容器中的任何位置。

② 设置对象属性，如图 6-24 和表 6-9 所示。

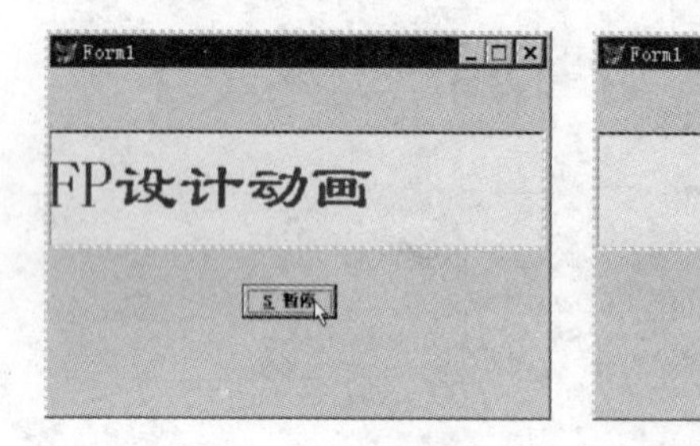

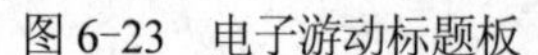

图 6-23 电子游动标题板

图 6-24 设计界面与设置属性

表 6-9 属性设置

对　象	属　性	属 性 值	说　明
Command1	Caption	\<S 开始	
Container1	BackColOR	255, 255, 0	容器的背景颜色为黄色
	SpecialEffect	1 – 凹下	效果
Timer	Interval	100	
	Enabled	.F. – 假	可用性
Label1	Caption	使用 VFP 设计动画	标题的内容
	AutoSize	.T. – 真	自动适应标题内容的大小
	FontBold	.T. – 真	粗体
	FontName	隶书	字体名
	FontSize	36	字体大小
	BackStyle	0 – 透明	标签的背景类型
	FOReColOR	255, 0, 0	标签的字体颜色为红色

③ 编写程序代码。

编写命令按钮 Command1（开始/暂停）的 Click 事件代码：

```
IF THIS.Caption = "\<S  暂停"
   THIS.Caption = "\<S  继续"
   THISFORM.Container1.Timer1.Enabled = .F.
ELSE
   THIS.Caption = "\<S  暂停"
   THISFORM.Container1.Timer1.Enabled = .T.
ENDIF
```

编写计时器控件 Timer1 的 Timer 事件代码：

```
IF THIS.Parent.Label1.Left + THIS.Parent.Label1.Width > 0
   THIS.Parent.Label1.Left = THIS.Parent.Label1.Left – 3
ELSE
   THIS.Parent.Label1.Left = THIS.Parent.Width
ENDIF
```

说明：

① THIS.Parent.Label1 属于相对引用，指计时器对象的父对象容器 Container1 中的标签对象 Label1。

② “IF THIS.Parent.Label1.Left + THIS.Parent.Label1.Width > 0”是判断对象 Label1 的左上角 Left 位置加上其宽度是否大于零。若大于零时，则重新定义其左上角的位置：THIS.Parent.Label1.Left = THIS.Parent.Label1.Left – 3，即向左移动 3。否则（等于零），即整个 Label1 已经移出容器的左端，定义 Label1 左上角的位置为容器的最右端（重新出现）：THIS.Parent.Label1.Left = THIS.Parent.Width。

6.4.2 使用微调器

微调器（Spinner）控件可以在一定范围内控制数据的变化。除了能够用鼠标单击控件右边向上和向下的箭头来增加和减少数字以外，还能像编辑框那样直接输入数值数据。

微调器的 KeyboardHighValue 属性和 KeyboardLowValue 属性用来控制用户通过键盘输入的值，SpinnerHighValue 属性和 SpinnerLowValue 属性用来控制用户通过鼠标单击箭头获得的值。Increment 属性用来设定数值增加或减少的量，要颠倒箭头的功能（向上箭头减少，向下箭头增加）可以把 Increment 设为负数。

图 6-25　增加一个 Spinner1

【例 6-14】　使用微调器改变例 6-13 中标题板的移动速度。

设计步骤同例 6-13。此外，增加一个微调器控件 Spinner1、一个标签和一个形状，如图 6-25 所示。

修改 Spinner1 的属性，见表 6-10。

表 6-10 Spinner1 的属性设置

对　象	属　性	属 性 值	说　明
Spinner1	KeyboardHighValue	9	允许输入的最大值
	KeyboardLowValue	1	允许输入的最小值
	Spinnerhigh	9.00	单击箭头按钮的最大值
	Spinnerlow	1.00	单击箭头按钮的最小值
	Value	1	当前值

编写 Spinner1 的 InteractiveChange 事件代码：

```
THISFORM.Container1.Timer1.Interval = 100 - 10 * THIS.Value
```

说明：

① 当 Spinner1 的值发生改变时，InteractiveChange 事件发生。程序运行时，无论是用鼠标单击箭头或是用键盘改变数值，都将影响流动字幕的速度。

② 微调器控件的值一般为数值型，也可以使用微调器控件和文本框来微调多种类型的数值。例如，如果想让用户微调一定范围的日期，可以调整微调器控件的大小，使它只显示按钮，同时在微调器按钮旁边放置一个文本框，设置文本框的 Value 属性为日期，在微调器控件的 UpClick 和 DownClick 事件中增加改变日期的代码。

6.5 键盘事件

在 Visual FoxPro 中使用键盘事件（KeyPress）来响应各种按键操作。通过编写键盘事件的代码，可以响应和处理大多数的按键操作、解释并处理 ASCII 字符。

6.5.1 KeyPress 事件

当用户按下并松开某个键时，KeyPress 事件发生。其语法格式为：

```
LPARAMETERS nKeyCode, nShiftAltCtrl
```

说明：

① nKeyCode 是一个数值，一般表示被按下字符键的 ASCII 码。特殊键和组合键的编码见表 6-11。

表 6-11 特殊键和组合键的编码

键　名	单　键	Shift	Ctrl	Alt
Ins	22	22	146	162
Del	7	7	147	163
Home	1	55	29	151
End	6	49	23	159
PgUp	18	57	31	153
PgDn	3	51	30	161
上箭头	5	56	141	152

（续）

键　名	单　键	Shift	Ctrl	Alt
下箭头	24	50	145	160
左箭头	19	52	26	155
右箭头	4	54	2	157
Esc	27	–/27	–/27	–/1
Enter	13	13	10	-/166
BackSpace	127	127	127	14
Tab	9			
SpaceBar	32	32	32/–	57

② nShiftAltCtrl 参数表示按下的组合键（Shift、Ctrl 和 Alt）。表 6-12 列出了单独的组合键在 nShiftAltCtrl 中返回的值。

表 6-12　组合键的编码

键　名	值
Shift	1
Ctrl	2
Alt	4

③ 具有焦点的对象才能接收该事件。

④ 任何与 Alt 键的组合键，不发生 KeyPress 事件。

6.5.2　响应键盘事件

【例 6-15】　自动判断按键的程序。按下〈Enter〉键立刻开始计算面积，如图 6-26 所示。修改例 5-6，删去窗体中的命令按钮及其事件代码，并增加事件代码如下：

编写文本框 Text1 的按键（KeyPress）事件代码：

```
LPARAMETERS nKeyCode, nShiftAltCtrl
  if nkeycode=13
    a = thisform.Text1.Value
    thisform.Text2.Value = a^2 * 3.14
    thisform.Text1.SelStart = 0
    thisform.Text1.SelLength = len(thisform.Text1.Text)
    thisform.Text1.SetFocus
  endif
```

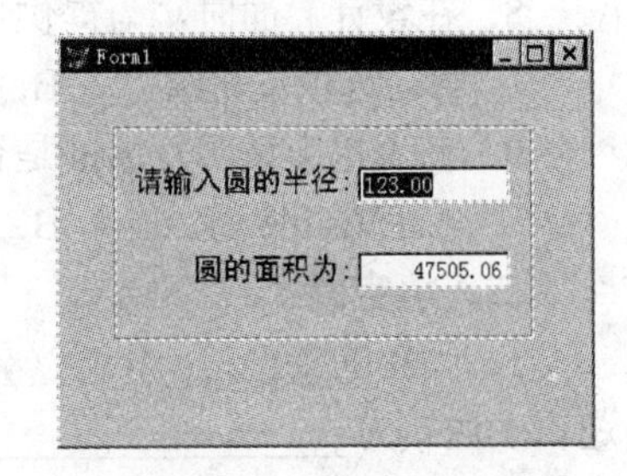

图 6-26　自动判断按键

其中，第一行代码是原有的，无须重复输入。

6.6　习题 6

一、选择题

1. 在 SET EXACT OFF 时，结果为真的表达式是（　　）。

A．"BCD" $ "ABCD" .AND. "ABCD" = "AB"

B．"BCD" $ "ABCD" .AND. "ABCD" $ "AB"

C．"ABCD" $ "AB" .AND. "ABCD" == "AB"

D．"ABCD" $ "AB" .AND. "ABCD" = "AB"

2．设变量 x 中的值为 15，变量 y 中的值为 21，则表达式(x = y) .OR. (x < y)的值为（　　）。

A．.T.　　B．.F.　　C．1　　D．0

3．“x 是小于 100 的非负数”，用 Visual FoxPro 表达式表示正确的是（　　）。

A．0 ≤ x ＜ 100　　B．0 <= x < 100

C．0 <= x AND x < 100　　D．0 <= x OR x < 100

4．连续执行以下命令：

```
SET EXACT OFF
X = "A"
Y = IIF("A" = X, X-"BCD", X + "BCD")
```

此时，变量 Y 中的值为（　　）。

A．"A"　　B．"BCD"　　C．"ABCD"　　D．"A BCD"

5．为了在表单运行时能够输入密码，应该使用（　　）控件。

A．文本框　　B．组合框　　C．标签　　D．复选框

6．假设某个表单中有一个复选框（CheckBox1）和一个命令按钮 Command1，如果要在 Command1 的 Click 事件代码中取得复选框的值，以判断该复选框是否被用户选择，正确的表达式是（　　）。

A．This.CheckBox1.Value　　B．ThisForm.CheckBox1.Value

C．This.CheckBox1.Selectrd　　D．ThisForm.CheckBox1.Selectrd

7．在一个空的表单中添加一个选项按钮组控件，该控件可能的默认名称是（　　）。

A．Optiongrouup1　　B．Check1

C．Spinner1　　D．List1

8．在设计界面时，为提供多选功能，通常使用的控件是（　　）。

A．选项按钮组　　B．一组复选框　　C．编辑框　　D．命令按钮组

9．在表单上说明复选框是否可用的属性是（　　）。

A．Visible　　B．Value　　C．Enabled　　D．Alignment

二、填空题

1．闰年的条件是：年号（year）能被 4 整除，但不能被 100 整除；或者能被 400 整除。其逻辑表达式为________________。

2．一元二次方程 $ax^2 + bx + c = 0$ 有实根的条件为：$a \neq 0$，并且 $b^2 - 4ac \geq 0$。其逻辑表达式为________________。

3．征兵的条件是：男性（sex）年龄（age）为 18～20 岁，身高（size）在 1.65m 以上；或者女性（sex）年龄（age）为 16～18 岁，身高（size）在 1.60 m 以上。其逻辑表达式为________________。

4．表达式 2 * 4 >= 9 的值为________。

5．表达式"BCDX" < "BCE"的值为________。

6．表达式"12345" <> "12345" + "AB"的值为____________。

7．表达式 8 <> 5 OR NOT 10 > 12 + 3 的值为____________。

8．表达式 2^3 > 3 AND 5 < 10 的值为____________。

9．命题“n 是 m 的倍数”用逻辑表达式表示为____________。

10．命题“n 是小于正整数 k 的偶数”用逻辑表达式表示为____________。

11．命题“| x | ≥ | y | 或 x < y”用逻辑表达式表示为____________。

12．命题“x，y 其中有一个小于 z”用逻辑表达式表示为____________。

13．命题“x，y 都小于 z”用逻辑表达式表示为____________。

三、编程题

1．输入 3 个不同的数，将它们从大到小排序。

2．任给 3 个实数，求其中间数（即其值大小居中者）。

3．输入一个整数，判断它是否能同时被 3、5、7 整除。

4．键盘输入 a、b、c 的值，判断它们能否构成三角形的 3 个边。如果能构成一个三角形，则计算三角形的面积。

5．输入一个数字（0～6），用中英文显示星期几。

6．若基本工资大于等于 600 元，增加工资 20%；若小于 600 元、大于等于 400 元，则增加工资 15%；若小于 400 元则增加工资 10%。请根据用户输入的基本工资，计算出增加后的工资。

7．输入圆的半径 r，利用选项按钮，选择运算：计算面积、计算周长等。

8．设计一个计时器，能够设置倒计时的时间，并进行倒计时。

9．使用命令按钮组设计简易计算器程序，如图 6-27 所示（可用鼠标逐个移动命令按钮组中的各个按钮，将其拖到合适位置）。

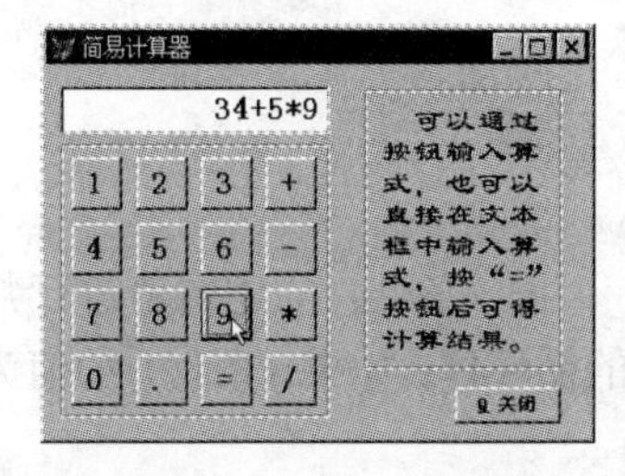

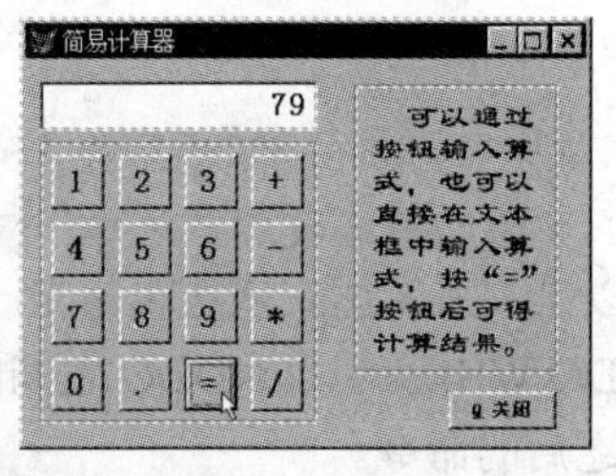

图 6-27 简易计算器

第 7 章　循环结构程序设计

程序设计中的循环结构（简称循环）是指在程序中从某处开始有规律地反复执行某一操作块（或程序块）的现象。被重复执行的该操作块（或程序块）称为循环体，循环体的执行与否及次数多少视循环类型与条件而定。当然，无论何种类型的循环结构，其共同的特点是必须确保循环体的重复执行能被终止（即非无限循环）。

7.1　循环结构语句

Visual FoxPro 中提供了当型、步长型和表扫描型 3 种循环语句：DO WHILE…ENDDO（当型循环）、FOR…ENDFOR（步长型循环）、SCAN…ENDSCAN（表扫描型循环）。

7.1.1　当型循环命令 DO WHILE

想要在某一条件满足时执行循环，可以使用当型循环（DO WHILE）结构。当型循环的流程图如图 7-1 所示。

当型循环的语法格式为：

```
DO WHILE 〈条件〉
  [〈语句组〉]
  [EXIT]
  [LOOP]
ENDDO
```

说明：

①〈条件〉可以是关系表达式或逻辑常量。根据〈条件〉的逻辑值进行判断，如果〈条件〉的值为.T.，则执行 DO WHILE 和 ENDDO 之间的循环体；如果〈条件〉的值为.F.，则结束循环，转去执行 ENDDO 之后的命令。

每执行一遍循环体，程序自动返回到 DO WHILE 语句，判断一次〈条件〉。

②〈语句组〉是指定〈条件〉为真时执行的那组 Visual FoxPro 语句或命令，即循环体。

③ EXIT 是无条件结束循环命令，使程序跳出 DO WHILE…ENDDO 循环，转去执行 ENDDO 后的第一条命令。EXIT 只能在循环结构中使用，但是可以放在 DO WHILE…ENDDO 中的任何地方。

④ LOOP 将控制直接转回到 DO WHILE 语句，而不执行 LOOP 和 ENDDO 之间的命令。因此 LOOP 称为无条件循环命令，只能在循环结构中使用，可以放在 DO WHILE…ENDDO 中的任何地方。

⑤ DO WHILE 和 ENDDO 必须各占一行。每一个 DO WHILE 都必须有一个 ENDDO 与其对应，即 DO WHILE 和 ENDDO 必须成对出现。

【例 7-1】　计算阶乘的程序，运行界面如图 7-2 所示。非负整数 n 的阶乘定义如下：

$$n! = \begin{cases} 1 & n = 0 \\ 1 \times 2 \times \cdots \times n & n > 0 \end{cases}$$

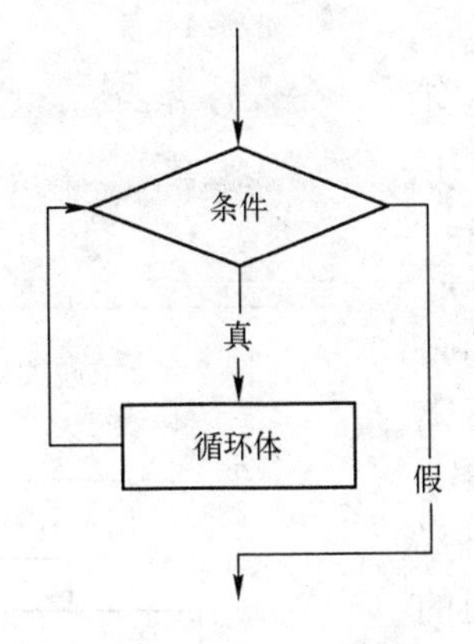

图 7-1　当型循环的流程图

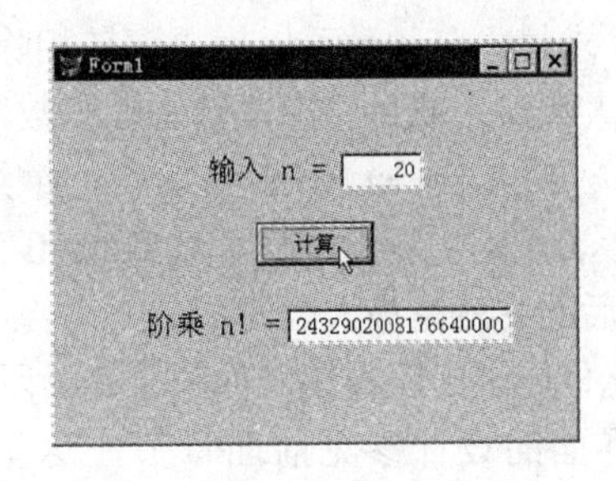

图 7-2　求阶乘 $n!$

分析：求阶乘 $n!$可以采用累乘的方法，用变量 t 来存放累乘的积（初值为 1），用变量 i 来存放乘数，i 从 1 开始到 n 为止。根据分析画出流程图，如图 7-3 所示。

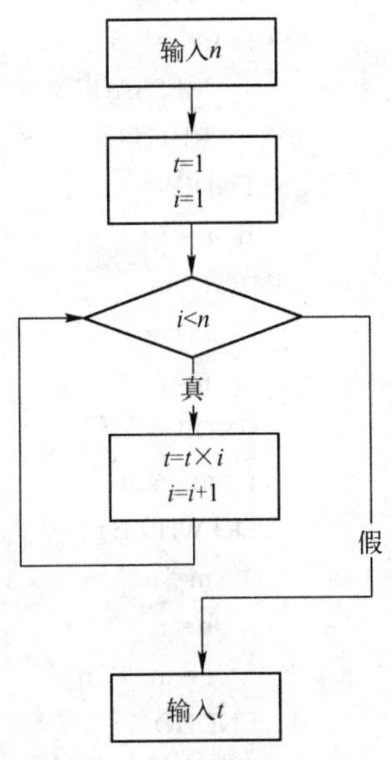

图 7-3　累乘流程图

根据流程图可写出命令按钮的 Click 事件代码如下，表单界面的设计参见前面章节。

```
n = THISFORM.Text1.Value
t = 1
i = 1
DO WHILE i <= n
    t = t * i
    i = i + 1
ENDDO
THISFORM.Text2.Value = t
```

另外，为了防止数据溢出，限制输入的整数不超过 20。为此，编写文本框 Text1 的 Valid 事件代码如下：

```
a = THIS.Value
IF a < 0 OR a > 20
    MESSAGEBOX("请输入不超过 20 的非负整数!")
    THIS.GotFocus
    RETURN 0
ELSE
    RETURN .T.
ENDIF
```

GotFocus 事件代码：

```
THIS.SelStart=0
THIS.SelLength=LEN(THIS.Text)
```

说明：当控件失去光标（焦点）时 Valid 事件发生，代码 RETURN 0 使控件不失去光标。

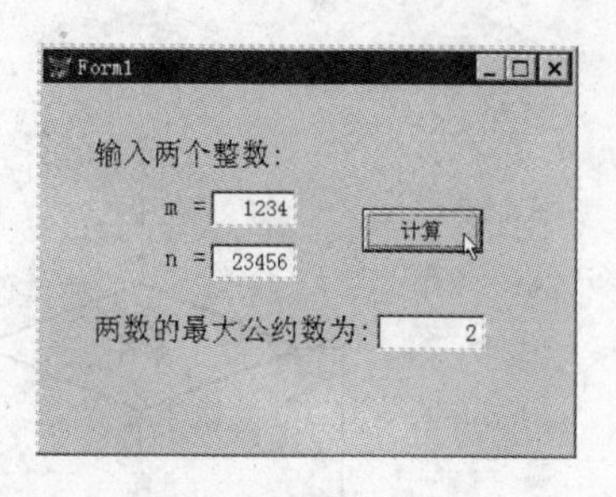

图 7-4　求最大公约数

【例 7-2】　输入两个正整数，求它们的最大公约数。如图 7-4 所示。

分析：求最大公约数可以用“辗转相除法”，方法如下：

① 以大数 m 作被除数，小数 n 作除数，相除后余数为 r。

② 若 $r \neq 0$，则 $m \leftarrow n$，$n \leftarrow r$，继续相除得到新的 r。若仍有 $r \neq 0$，则重复此过程，直到 $r=0$ 为止。

③ 最后的 n 就是最大公约数。

根据此分析画出流程图，如图 7-5 所示。

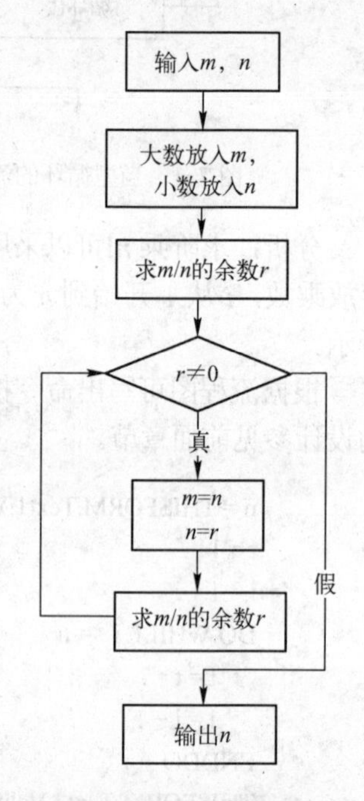

图 7-5　辗转相除法流程图

表单界面的设计参见前面章节，这里给出命令按钮的 Click 事件代码：

```
m = THISFORM.Text1.Value
n = THISFORM.Text2.Value
IF n * m = 0
    MESSAGEBOX("两数都不能为 0!")
    RETURN
ENDIF
IF m < n
    t = m
    m = n
    n = t
ENDIF
r = m % n
DO WHILE r != 0
    m = n
    n = r
    r = m % n
ENDDO
THISFORM.Text3.Value = n
```

【例 7-3】　输入一个正整数，利用当型循环判断其是否为素数。

分析：所谓“素数”是指除了 1 和该数本身，不能被任何整数整除的数。判断一个自然数 n（$n\geqslant 3$）是否为素数，只要依次用 2～$\sqrt{n}$ 作除数去除 n，若 n 不能被其中任何一个数整除，则 n 即为素数，如图 7-6 所示。

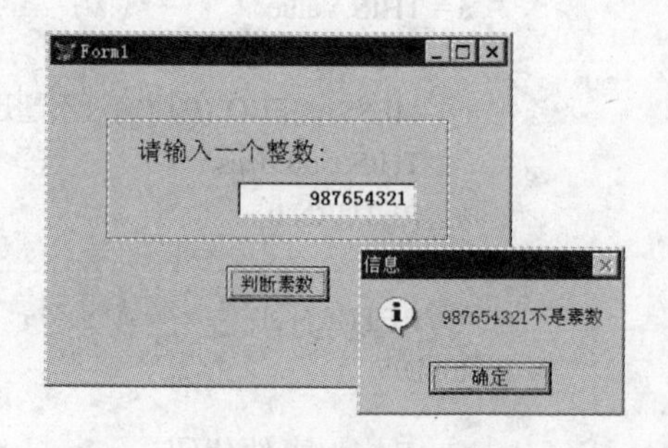

图 7-6　判断素数

根据上述分析画出流程图，如图 7-7 所示。

表单界面的设计参见前面章节，这里给出命令按钮的 Click 事件代码：

```
n = THISFORM.Text1.Value
s = 0                                   && 假设该数是素数
i = 2
DO WHILE    i <= SQRT(n) AND s = 0
    IF n  %  i = 0                      && 整除
        s = 1                           && 不是素数
    ELSE
        i = i + 1                       && 产生下一个除数
    ENDIF
ENDDO
IF s = 0
    a = '是一个素数'
ELSE
    a = '不是素数'
ENDIF
= MESSAGEBOX(ALLT(STR(n)) + a, 64 + 0 + 0, "信息")
THISFORM.Text1.SetFocus
```

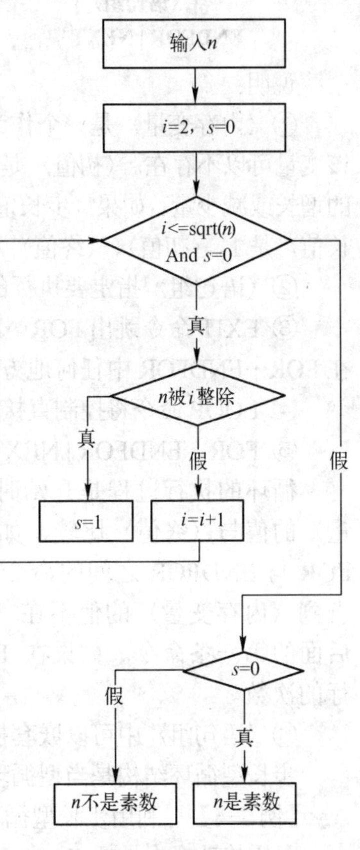

图 7-7　判断素数的流程图

编写 Text1 的 GotFocus 事件代码，使文本框得到焦点后，文本立即被选中：

```
THIS.SelStart = 0
THIS.SelLength = LEN(STR(THIS.Value))
```

说明：

当型循环结构的特点是当所给定循环条件为真时，就反复执行循环体；当该条件为假时，则终止执行循环体，而去执行其后继命令。显然，若它的循环初始条件已是假时，则并不执行其循环体，故它的循环体执行次数最少可为零。

使用当型循环结构可以事先并不清楚循环的次数，但应知道什么时候结束循环的执行。

为使程序最终能退出 DO WHILE 命令引起的循环，在没有使用 EXIT 命令的情况下，每次程序的循环过程中必须修改程序给出的循环条件，否则程序将永远退不出循环，这种情况称作无限循环或死循环。在程序中要避免出现无限循环。

7.1.2　步长型循环命令 FOR

若事先知道循环次数，则可以使用步长型循环（FOR…ENDFOR）结构。步长型循环可以根据给定的次数重复执行循环体。其语法格式为：

```
FOR 〈内存变量〉=〈初值〉 TO 〈终值〉 [STEP 〈步长值〉]
    [〈语句组〉]
    [LOOP]
    [EXIT]
```

```
    [〈语句组〉]
ENDFOR | NEXT
```

说明：

①〈内存变量〉是一个作为计数器的内存变量或数组元素，在 FOR…ENDFOR 执行之前该变量可以不存在。〈初值〉是计数器的初值,〈终值〉是计数器的终值,〈步长值〉是计数器值的增长或减少量。如果〈步长值〉是负数，则计数器被减小。如果省略 STEP 子句，则默认〈步长值〉是 1。〈初值〉、〈终值〉和〈步长值〉均为数值型表达式。

②〈语句组〉指定要执行的一个或多个命令。

③ EXIT 命令跳出 FOR…ENDFOR 循环，转去执行 ENDFOR 后面的命令。可把 EXIT 放在 FOR…ENDFOR 中任何地方。

④ LOOP 命令将控制直接转回到 FOR 子句，而不执行 LOOP 和 ENDFOR 之间的命令。

⑤ FOR、ENDFOR | NEXT 必须各占一行。FOR 和 ENDFOR | NEXT 必须成对出现。

循环的执行过程是开始时首先把〈初值〉、〈终值〉和〈步长值〉读入，然后〈内存变量〉的值与〈终值〉比较，如果〈内存变量〉的值在〈初值〉与〈终值〉范围内，则执行 FOR 与 ENDFOR 之间的命令，然后〈内存变量〉按〈步长值〉增加或减小，重新比较，直到〈内存变量〉的值不在〈初值〉与〈终值〉范围内，结束循环，转去执行 ENDFOR 后面的第一条命令。如果在 FOR…ENDFOR 之间改变〈内存变量〉的值，将影响循环执行的次数。

⑥〈语句组〉中可以嵌套控制结构的命令语句（IF、DO CASE、DO WHILE、FOR 等）。

步长型循环结构是当型循环结构衍生出来的一种特殊变型。

【例 7-4】 利用步长型循环判断素数的程序。

只需修改命令按钮 Command1 的 Click 事件代码：

```
n = THISFORM.Text1.Value
s = 0
i = 2
FOR i = 2 TO SQRT(n)
  IF n % i = 0
    s = 1
    EXIT
  ENDIF
ENDFOR
IF s = 0
  a = '是一个素数'
ELSE
  a = '不是素数'
ENDIF
= MESSAGEBOX(ALLT(STR(n)) + a, 64 + 0 + 0, "信息")
THISFORM.Text1.SetFocus
```

程序的运行结果同例 7-3 完全相同。

【例 7-5】 求 1! + 2! + 3! + … + 20!的值。

分析：采用循环嵌套的方法，流程图如图 7-8 所示。

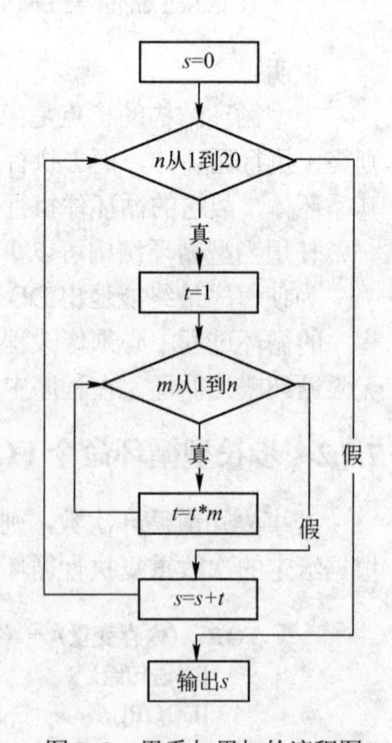

图 7-8 累乘与累加的流程图

编写命令按钮 Command1 的 Click 事件代码为：

```
s = 0
FOR n = 1 TO 20
    t = 1
    FOR m = 1 TO n
        t = t * m
    ENDFOR
    s = s + t
ENDFOR
THISFORM.Text1.Value = s
```

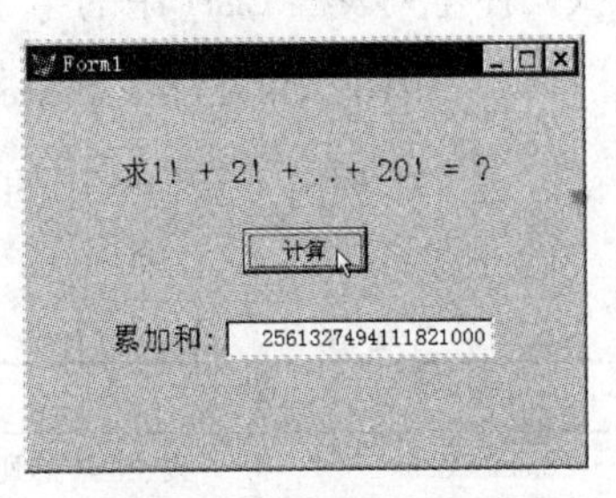

图 7-9 求和运行结果

运行结果如图 7-9 所示。

说明：

① 在使用循环嵌套时要注意内外循环不能交叉：

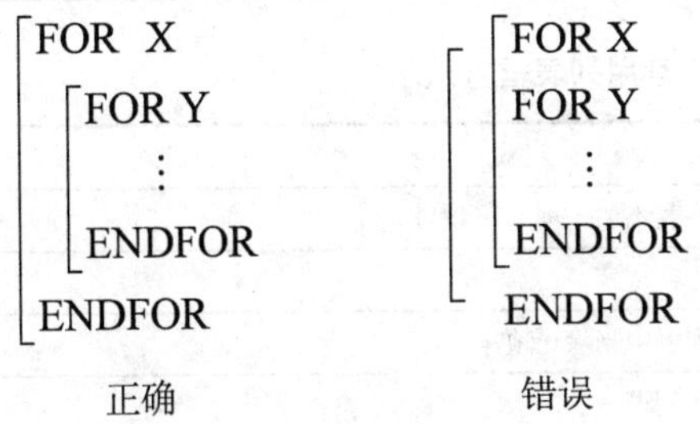

② 内外循环的循环变量不能同名。

③ 上例可以不使用双重循环，请自行分析如图 7-10 所示的流程图，并写出代码。

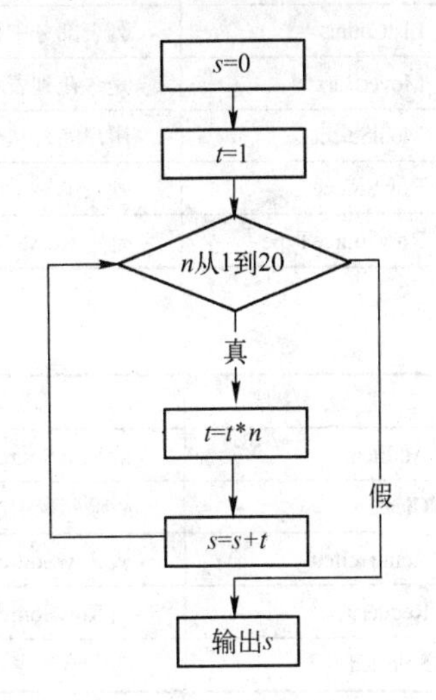

图 7-10 使用单循环的流程图

7.2 列表框与组合框控件

列表框（ListBox）和组合框（ComboBox）为用户提供了包含一些选项和信息的可滚动列表。在列表框中，任何时候都能看到多个项；而在组合框中，平时只能看到一个项，用鼠标单击向下按钮可以看到多项的列表。

7.2.1 使用列表框

列表框显示一个项目列表，用户可以从中选择一项或多项，但不能直接编辑列表框中的数据。当列表框不能同时显示所有项目时，它将自动添加滚动条，使用户可以上下或左右滚动列表框，以查阅所有选项。

1．列表框的属性与方法

列表框的 List 属性是用来设置或返回列表中选项的，使用 List 属性可以得到列表中的任何选项。例如要显示列表框 List1 中第 3 项的值，用 List1.List(3)即可达到目的。

使用列表框的 Value 属性，可以得到列表中当前选项的值；使用 ListCount 属性可以得到列表框中的选项个数；使用 ListIndex 属性，可以得到当前选项的索引号，如果没有选项被选中，该属性为 0；使用 Selected 属性，可以在程序运行时使用代码来选定列表中的选项。例如下面代码使得列表框 List1 中的第 3 条选项被选中：

```
THISFORM.List1.Selected(3) = .T.
```

表 7-1 列出了其他常用的列表框属性，表 7-2 则列出了常用的列表框方法。

表 7-1　常用列表框属性

属　性	说　明
ColumnCount	列表框中的列数
ControlSource	用户从列表中选择的值保存在何处
ListCount	列表部分中数据项的数目
MoverBars	是否在列表项左侧显示移动按钮栏，这样有助于用户更方便地重新安排列表中各项的顺序
MultiSelect	用户能否从列表中一次选择一个以上的项
RowSource	列表中显示的值的来源
RowSourceType	确定 RowSource 是下列哪种类型：一个值、表、SQL 语句、查询、数组、文件列表或字段列表

表 7-2　常用列表框方法

方 法 程 序	说　明
AddItem	给 RowSourceType 属性为 0 的列表添加一项
Clear	清除列表中的各项
RemoveItem	从 RowSourceType 属性为 0 的列表中删除一项
Requery	当 RowSource 中的值改变时更新列表
Selected	选中该列表项

【例 7-6】　求从 2000 年到 2100 年之间的所有闰年。

分析：设 *n* 为年份数，若 *n* 同时满足如下两个条件则 *n* 为闰年：

① *n* 能被 4 整除。

② *n* 不能被 100 整除，或者 *n* 能被 400 整除。

据此画出求闰年的流程图，如图 7-11 所示。

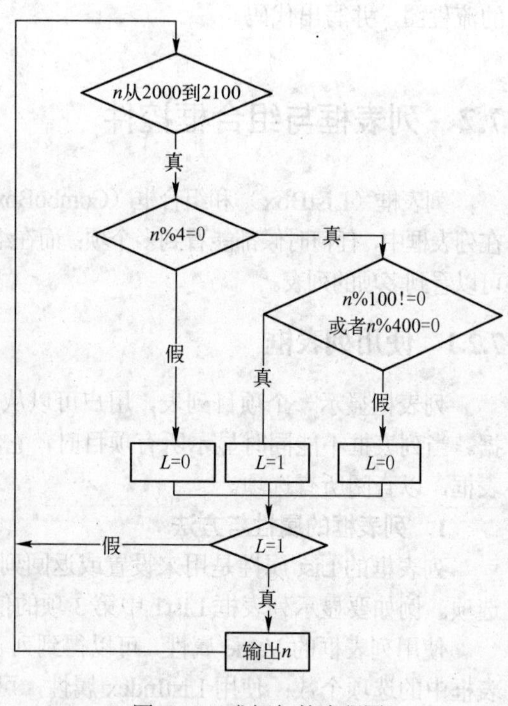

图 7-11　求闰年的流程图

设计步骤如下：

① 选择“新建”表单，进入表单设计器，首先增加一个形状控件 Shape1，然后在其中画上一个列表框控件 List1、一个标签控件 Label1 和一个命令按钮 Command1。List1 的属性使用默认的设置，只需修改字体的大小属性，其他控件的属性设置如图 7-12 所示。

② 编写命令按钮 Command1 的 Click 事件代码：

```
THISFORM.List1.Clear
FOR n = 2000 TO 2100
```

```
    IF n % 4 = 0
        IF n % 100 != 0 OR n % 400 = 0
            L = 1
        ELSE
            L = 0
        ENDIF
    ELSE
        L = 0
    ENDIF
    IF L = 1
        THISFORM.List1.AddItem(ALLT(STR(n)))
    ENDIF
ENDFOR
```

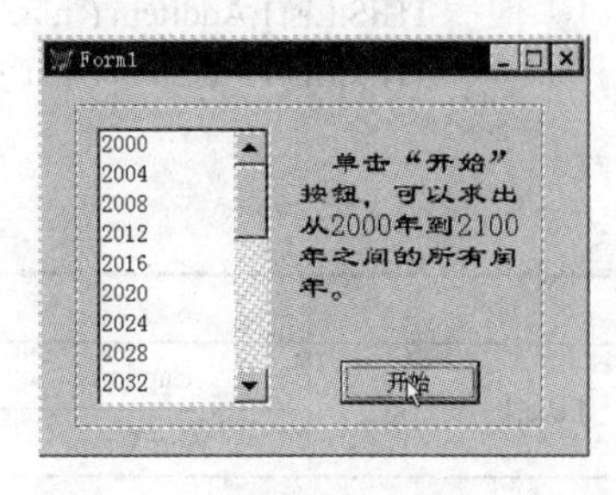

图 7-12　求闰年

【例 7-7】　利用循环结构和列表框控件，设计一个"选项移动"表单。

所谓"选项移动"表单是指由两个列表框和 4 个命令按钮所构成的界面，在 Windows 程序中常见到此类窗口，如图 7-13 所示。

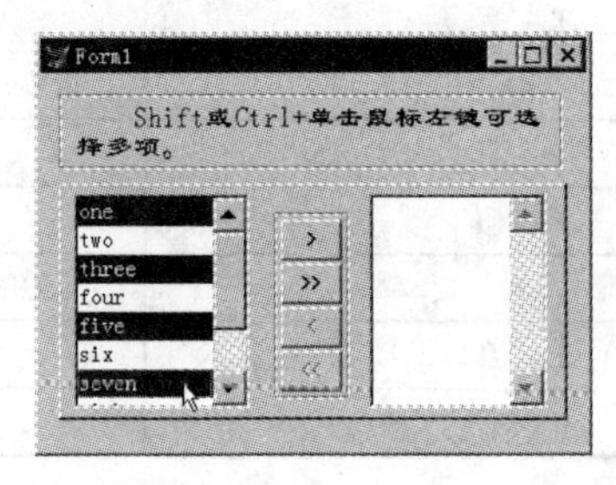

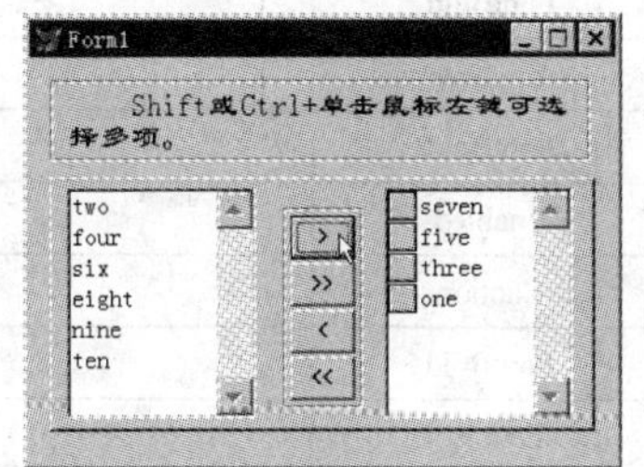

图 7-13　"选项移动"表单

设计步骤如下：

① 选择"新建"表单，进入表单设计器。首先增加一个容器控件 Container1、一个形状控件 Shape1 和一个标签 Label1。修改容器控件的 SpecialEffect 属性为 0 – 凸起，形状控件的 SpecialEffect 属性为 0 – 3 维。然后，右击容器控件，在弹出菜单中选择"编辑"命令，进入容器的编辑状态（参见第 4、5 章）。在容器中增加两个列表框控件 List1、List2 和一个命令按钮组 CommandGroup1，并将按钮组的按钮个数属性 ButtonCount 改为 4，如图 7-13 所示。

② 设置对象属性，见表 7-3。

③ 编写事件代码。

编写容器控件 Container1 的 Init 事件代码：

```
THIS.List1.AddItem ("one")
THIS.List1.AddItem ("two")
THIS.List1.AddItem ("three")
THIS.List1.AddItem ("four")
THIS.List1.AddItem ("five")
THIS.List1.AddItem ("six")
THIS.List1.AddItem ("seven")
THIS.List1.AddItem ("eight")
```

```
THIS.List1.AddItem ("nine")
THIS.List1.AddItem ("ten")
```

表 7-3　属性设置

对　象	属　性	属 性 值	说　明
Label1	Caption	Shift 或 Ctrl +单击鼠标左键可选择多项	标签的内容
	WordWrap	.T. – 真	
Container1:			
List1	Multiselect	.T. – 真	可以选择多项
List2	Multiselect	.T. – 真	可以选择多项
	MoverBars	.T. – 真	可移动
Container1. CommandGroup1:			
Command1	Caption	>	标签的内容
	FontBold	.T. – 真	
Command2	Caption	>>	标签的内容
	FontBold	.T. – 真	
Command3	Caption	<	标签的内容
	FontBold	.T. – 真	
	Enabled	.F. – 假	
Command4	Caption	<<	标签的内容
	FontBold	.T. – 真	
	Enabled	.F. – 假	

编写容器控件中命令按钮组 CommandGroup1 的 Click 事件代码：

```
DO CASE
  CASE THIS.Value = 1                                      && 单击“>”按钮
    I = 0
    DO WHILE I <= THIS.Parent.List1.ListCount              && 反复循环选取
      IF THIS.Parent.List1.Selected(i)
        THIS.Parent.List2.Additem (THIS.Parent.list1.List(i))
        THIS.Parent.List1.RemoveItem(i)
      ELSE
        I = I + 1
      ENDIF
    ENDDO
  CASE THIS.Value = 2                                      && 单击“>>”按钮
     DO WHILE THIS.Parent.List1.ListCount > 0
       THIS.Parent.List2.AddItem(THIS.Parent.List1.List(1))
       THIS.Parent.List1.RemoveItem(1)
     ENDDO
  CASE THIS.Value = 3
    I = 0
    DO WHILE I <= THIS.Parent.List2.ListCount
```

```
            IF THIS.Parent.List2.Selected(i)
                THIS.Parent.List1.Additem (THIS.Parent.List2.List(i))
                THIS.Parent.List2.RemoveItem(i)
            ELSE
               I = I + 1
            ENDIF
         ENDDO
      CASE THIS.Value = 4
         DO WHILE THIS.Parent.List2.ListCount > 0
            THIS.Parent.List1.AddItem(THIS.Parent.List2.List(1))
            THIS.Parent.List2.RemoveItem(1)
         ENDDO
   ENDCASE
   IF THIS.Parent.List2.ListCount > 0
      THIS.Command3.Enabled =.T.
      THIS.Command4.Enabled =.T.
   ELSE
      THIS.Command3.Enabled =.F.
      THIS.Command4.Enabled =.F.
   ENDIF
   IF THIS.Parent.List1.ListCount = 0
      THIS.Command1.Enabled =.F.
      THIS.Command2.Enabled =.F.
   ELSE
      THIS.Command1.Enabled =.T.
      THIS.Command2.Enabled =.T.
   ENDIF
   THISFORM.Refresh
```

说明：

① 本例演示了如何将数据项从一个列表框移到另一个列表框。用户可以选定一个或多个数据项并使用适当的命令按钮在列表之间移动数据项。

② 为了能从列表中添加和移去数据项，列表的 RowSourceType 必须设置成 0 – 无。

③ 当列表框 List1 中没有选项时，改变命令按钮的 Enabled 属性，使 Commad1 和 Command2 同时关闭，当列表框 List2 中没有选项时，则关闭 Commad3 和 Command4。

④ MoverBars 属性设置为真（.T.）时，允许用户拖动列表中数据项左边的按钮到新的位置来重新排序数据项。

⑤ Sorted 属性设置为真（.T.）时，将按照字典顺序显示列表项。不过，仅在列表的 RowSourceType 属性设置成 0（无）或 1（值）时，Sorted 属性才有效。

2．显示文件目录

利用列表框可以设计显示文件目录的程序，并且可以在目录列表中方便地选定文件，如图 7-14 所示。

【例 7-8】 显示文件目录的列表框程序。在列表框中选定文件后，用鼠标单击“打开选定文件”按钮可打开该文件进行查看或编辑。

设计步骤如下：

① 选择“新建”表单，进入表单设计器。增加一个列表框控件 List1、一个命令按钮 Command1、两个形状 Shape1 和 Shape2、两个标签 Label1 和 Label2 以及一个文本框 Text1，如图 7-14 所示。

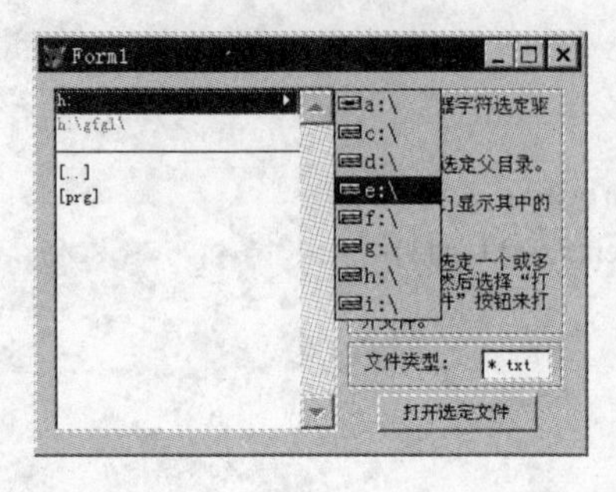

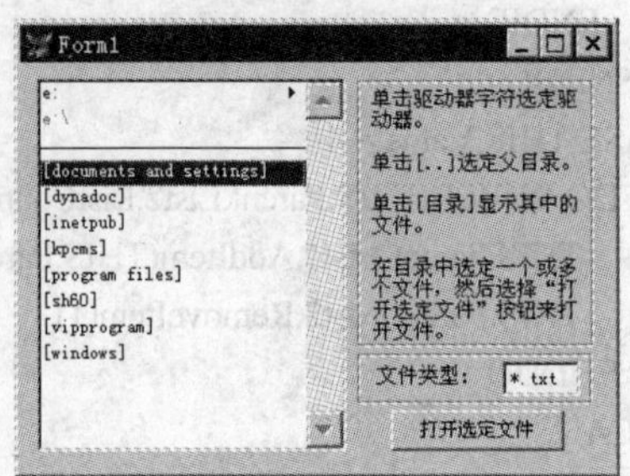

图 7-14　文件目录列表

② 设置 List1 和 Text1 的属性，见表 7-4，其他控件的属性设置参见前面章节。

表 7-4　属性设置

对　象	属　性	属 性 值
Text1	Value	*.txt
List1	RowSourceType	7 – 文件
	RowSource	*.txt

③ 编写事件代码。

编写表单的 Activate 事件代码：

```
THISFORM.List1.SetFocus
```

编写文本框 Text1 的 Valid 事件代码：

```
THISFORM.List1.RowSource = ALLTRIM(THIS.Value)
THISFORM.List1.Requery
```

编写“打开选定文件”按钮 Command1 的 Click 事件代码：

```
a = THISFORM.List1.ListIndex
MODIFY FILE (THISFORM.List1.List(2)+THISFORM.List1.List(a))
```

运行表单，在列表框中选定文件，按“打开选定文件”按钮，即可打开一个包含指定文本文件的编辑器，如图 7-15 所示。

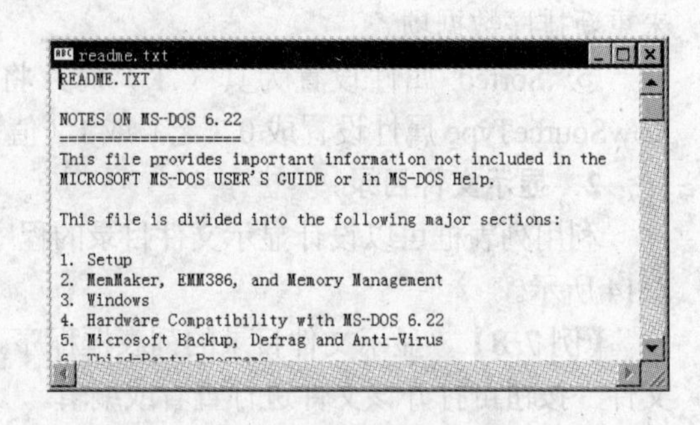

图 7-15　打开指定文件

说明：

① “a = THISFORM.List1.ListIndex”表示将 List1 中光标所在项的序号赋予变量 a。

其后的 THIS.List(a)表示在列表框 List1 中选定的项。

② 当 RowSourceType 属性设置为“7 – 文件”时：

- List1.List(1)代表驱动器。
- List1.List(2)代表路径。
- List1.List(3)是一个分隔行。
- List1.List(4)是“[..]”，单击它则返回到父目录。

③ 文本框 Text1 的 Valid 事件代码中调用了列表框的 Requery 方法，用于保证列表框中包含的数据都是最新的。这样，每当在文本框中改变“文件类型”后，列表框中都将列出相应的文件目录。

④ 命令按钮 Command1 的 Click 事件代码中的 MODIFY FILE 命令用于打开编辑窗口，使用户可以编辑或修改选定的文件。

3．在列表框中显示多列

修改列表框的 ColumnCount 属性、ColumnWidths 属性可以在列表框中显示多列选项。

【例 7-9】 简易数学用表。显示整数 1～100 的平方、平方根、自然对数和 e 指数，如图 7-16 所示。

设计步骤如下：

① 设计程序界面与设置对象属性。

选择“新建”表单，进入表单设计器。增加一个列表框控件 List1、一个命令按钮 Command1 和 4 个标签 Label1～Label4，如图 7-16 所示。

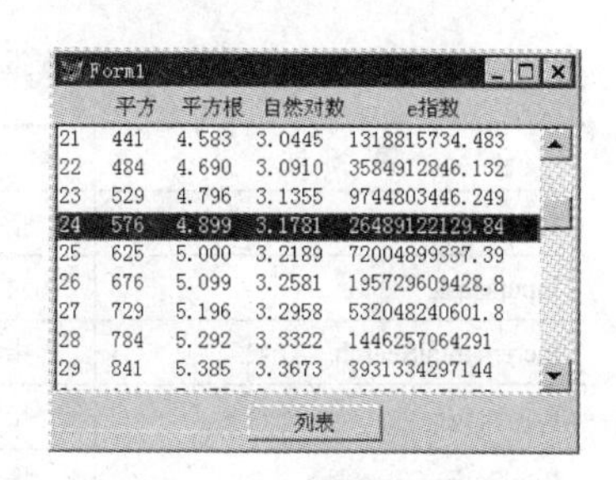

图 7-16 简易数学用表

设置 List1 的属性见表 7-5，其他控件的属性设置参见前面章节。

表 7-5 属性设置

对 象	属 性	属 性 值	说 明
List1	ColumnCount	5	列对象的数目
	ColumnLines	.F. – 假	列间的分割线
	ColumnWidths	35,45,55,65,110	各列的宽度

② 编写 Command1 的 Click 事件代码：

```
FOR n = 1 TO 100
   s = ALLT(STR(n))
   THISFORM.List1.AddlistItem(s,n,1)
   s = ALLT(STR(n^2))
   THISFORM.List1.AddlistItem(s,n,2)
   s = ALLT(STR(sqrt(n),10,3))
   THISFORM.List1.AddlistItem(s,n,3)
   s = ALLT(STR(LOG(n),10,4))
   THISFORM.List1.AddlistItem(s,n,4)
   s = ALLT(STR(EXP(n),14,4))
   THISFORM.List1.AddlistItem(s,n,5)
ENDFOR
```

说明：添加列表项方法 AddlistItem(s,n,1)的第 3 个参数表示列表项添加到列表中的列数。

7.2.2 使用组合框

有两种形式的组合框，即下拉组合框和下拉列表框，通过更改控件的 Style 属性可选择所需要的形式。

下拉列表框（即 Style 属性为 2 的组合框控件）和列表框一样，为用户提供了包含一些选项和信息的可滚动列表。在列表框中，任何时候都能看到多个项；而在下拉列表中，只能看到一个项，用户可单击向下按钮来显示可滚动的下拉列表框。

下拉组合框（即 Style 属性默认为 0 的组合框控件）则兼有列表框和文本框的功能。用户可以单击下拉组合框上的按钮查看选择项的列表，也可以直接在按钮旁边的框中直接输入一个新项。

表 7-6 列出了在设计组合框时经常使用的属性。

表 7-6　组合框的常用属性

属　性	说　明
ControlSource	指定用于保存用户选择或输入值的表字段
InputMask	对于下拉组合框，指定允许键入的数值类型
IncrementalSearch	指定在用户键入每一个字母时，控件是否和列表中的项匹配
RowSource	指定组合框中项的来源
RowSourceType	指定组合框中数据源类型
Style	指定组合框是下拉组合框还是下拉列表

1．下拉列表框

如果想节省表单上的空间，并且希望强调当前选定的项，可以使用下拉列表框。

【例 7-10】　在文本框输入数据，按〈Enter〉键添加到列表框中，在列表框中选定项目，右击选项可以移去选定项，如图 7-17 所示。

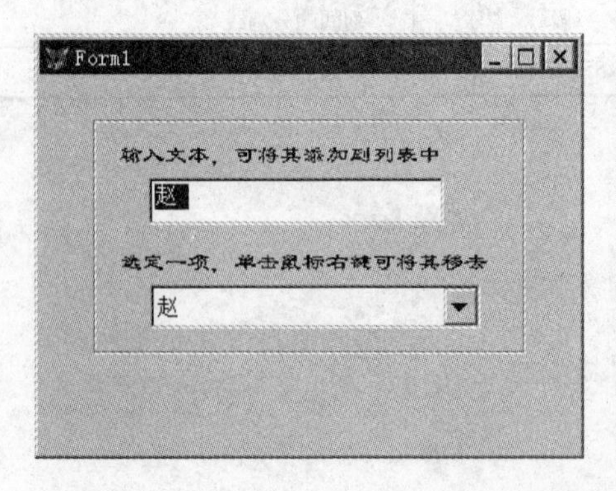

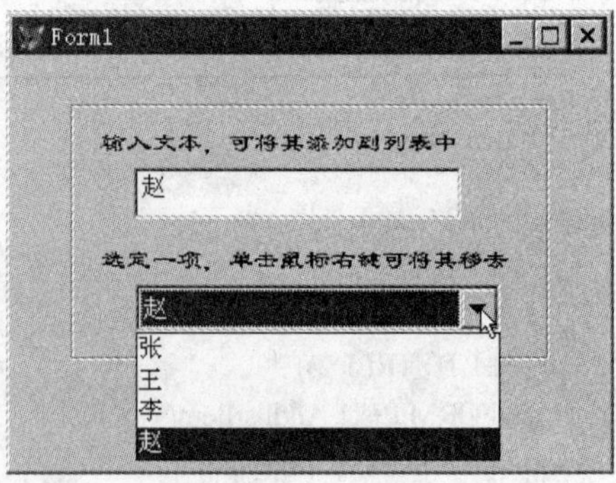

图 7-17　添加或移去文本

设计步骤如下：

① 选择"新建"表单，进入表单设计器。首先增加一个形状 Shape1，然后在其中增加一个文本框 Text1、一个组合框 Combo1 以及两个标签 Label1 和 Label2。

② 设置 Combo1 的 Style 属性为 2 – 下拉列表框，其他控件的属性设置参见前面章节。

③ 编写代码。

编写表单的 Activate 事件代码：

```
PUBLIC a
a = 1
THIS.Text1.SetFocus
```

编写 Text1 的事件代码：

KeyPress 事件：

```
LPARAMETERS nKeyCode, nShIFtAltCtrl
IF nKeyCode = 13
  IF !EMPTY(THIS.Value)
    THISFORM.Combo1.AddItem (THIS.Value)
    THISFORM.Combo1.DisplayValue = THIS.Value
  ENDIF
  THIS.SelStart = 0
  THIS.SelLength = LEN(RTRIM(THIS.Text))
  a = 0
ENDIF
```

Valid 事件：

```
IF a = 1
  RETURN .T.
ELSE
  a = 1
  RETURN 0
ENDIF
```

编写 Combo1 的 RightClick 事件代码：

```
IF THIS.ListIndex > 0
  THISFORM.Text1.Value = THIS.List(THIS.ListIndex)
  THIS.RemoveItem (THIS.ListIndex)
  THIS.Value = 1
ENDIF
```

说明：

① 在文本框中输入数据后按〈Enter〉键，即可将数据添加到下拉列表框中。在下拉列表框中选中数据，然后右击所选项，即可将数据移回文本框。

② Text1 的事件代码中“THISFORM.Combo1.AddItem (THIS.Value)”表示将文本框 Text1 中的内容添加进组合框 Combo1 中。

③ Combo1 的事件代码中“THIS.RemoveItem (THIS.ListIndex)”表示将组合框中的选项移走。

④ 当控件失去光标时 Valid 事件发生，若 Valid 事件返回.T.，则控件失去光标；若 Valid 事件返回 0，则控件不失去光标。

⑤ 在文本框中按〈Enter〉键时，全局变量 a = 0，Valid 事件返回 0，光标不移出文本框。

在 Valid 事件代码中可令全局变量 a = 1，以便按〈Tab〉键时光标可以移出。

2．下拉组合框

下拉组合框看起来像是在标准的文本框右边加了一个下拉箭头，用鼠标单击该箭头就在文本框下打开一个列表。用户从中选择一个选项，该选项就会进入文本框。

下拉组合框能实现上述表单中的文本框和下拉列表框的组合功能，既允许用户输入数据又可以从列表中选择数据。

【例 7-11】 在上例中使用下拉组合框来代替文本框和列表框，实现同样的功能：输入数据，按〈Enter〉键后可添加到列表中；在列表中选定项目，右击可移去选定项，如图 7-18 所示。

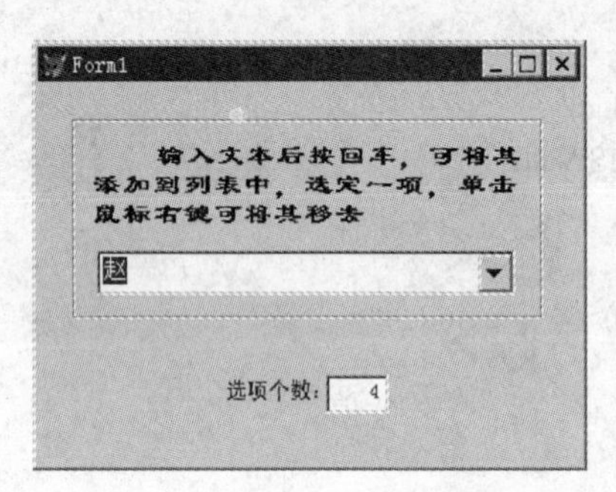

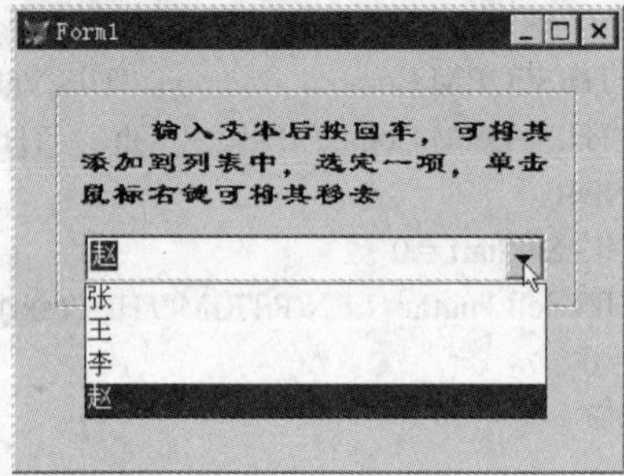

图 7-18　下拉组合框

设计步骤如下：

① 表单界面的设计与控件属性的设置如图 7-18 所示。

② 编写代码。

编写 Combo1 的事件代码：

KeyPress 事件：

```
LPARAMETERS nKeyCode, nShiftAltCtrl
IF nKeyCode = 13
   IF !EMPTY(THIS. DisplayValue)
      THIS.AddItem (THIS.DisplayValue)
      THISFORM.Text1.Value = THIS.ListCount
   ENDIF
   THIS.SelStart = 0
   THIS.SelLength = LEN(ALLT(THIS.Text))
   THIS.Tag = "N"
ENDIF
```

RightClick 事件：

```
IF THIS.ListCount > 0
   THIS.RemoveItem (THIS.ListIndex)
   THIS.Value = 1
   THISFORM.Text1.Value = THIS.ListCount
ENDIF
```

Valid 事件：

```
IF THIS.Tag = "Y"
   RETURN .T.
ELSE
   THIS.Tag = "Y"
   RETURN 0
ENDIF
```

说明：

① 在组合框中输入数据后按〈Enter〉键，即可将数据添加到下拉列表框中，下边的文本框开始计数。在下拉列表框中选中数据，然后右击所选项，即可将数据移出组合框，同时计数减一。

② 控件的 Tag 属性可存放程序所需要的字符型数据，这里用来代替上例中的全局变量 a。

【例 7-12】 “简易抽奖机”，在组合框中输入号码。按下“开始”按钮后，组合框中将不停变换随机得到的号码。单击“停止”按钮，号码停止变动，并得到中奖的号码，如图 7-19 所示。

图 7-19　简易抽奖机

设计步骤如下：

① 表单界面的设计与控件属性的设置如图 7-19 所示。在窗体中增加一个计时器控件 Timer1，并将其 Interval 属性改为 50，Enabled 属性改为 False。

② 编写代码。

编写 Combo1 的事件代码：

KeyPress 事件：

```
LPARAMETERS nKeyCode, nShiftAltCtrl
DO CASE
  CASE nKeyCode = 13
    IF !EMPTY(THIS.DisplayValue)
      THIS.AddItem (THIS.DisplayValue)
      THISFORM.Text1.Value = THIS.ListCount
    ENDIF
    THIS.SelStart = 0
    THIS.SelLength = LEN(ALLT(THIS.Text))
```

```
        THIS.Tag = "N"
    CASE nKeyCode = 27                          && 按〈Esc〉键后可以移去选项
        IF THIS.ListCount > 0
            THIS.RemoveItem (THIS.ListIndex)
            THIS.Value = 1
            THISFORM.Text1.Value = THIS.ListCount
        ENDIF
ENDCASE
```

Valid 事件：

```
IF THIS.Tag = "Y"
    RETURN .T.
ELSE
    THIS.Tag = "Y"
    RETURN 0
ENDIF
```

编写命令按钮 Command1 的 Click 事件代码：

```
THISFORM.Timer1.Enabled = .NOT.(THISFORM.Timer1.Enabled)
a = "   按“停止”按钮，可得中奖号码"
b = "   中奖号码是：" + THISFORM.Combo1.Text
IF THISFORM.Timer1.Enabled
    THIS.Caption = "停止（\<S）"
    THISFORM.Label1.Caption = a
ELSE
    THIS.Caption = "开始（\<S）"
    THISFORM.Label1.Caption = b
ENDIF
```

编写计时器控件 Timer1 的 Timer 事件代码，使之可以随机地抽取中奖号：

```
n = THISFORM.Text1.Value
a = INT(RAND() * n) + 1
THISFORM.Combo1.ListIndex = a
```

7.3 页框

为了扩展应用程序的用户界面，常常使用带页框架（PageFrame）的表单。页框架是一个可包含多个页面（Page）的容器控件，其中的页面又可包含各种控件。当有多个数据屏幕需要显示时，页框架很有用处，它使用户可以往前或往后“翻页”而开发者无需编写另外的程序。

页框架刚被创建时，只有两个页面，PageCount 属性用来设置页面数。

和使用其他容器控件一样，在向正在设计的页面中添加控件之前，必须先选择页框，并从右键快捷菜单中选择“编辑”命令，或在“属性”窗口的“对象”下拉列表中选择该容器。这样，才能激活这个容器（具有宽边）。

在添加控件前，如果没有将页框作为容器激活，控件将添加到表单中而不是页面中，即使看上去好像是在页面中。

7.3.1 带选项卡的表单

使用页框和页面，可创建带选项卡的表单或对话框，如在“选项”对话框中所见那样。

【例 7-13】 在表单中设计一个带选项卡的页框架，其中有 3 个页面，分别放上一些不同的控件。

设计步骤如下：

① 选择“新建”表单，进入表单设计器。首先增加一个页框架控件 PageFrame1，并修改其 PageCount 属性为 3，页框架上出现 3 个页面。

右击页框架控件，在弹出的快捷菜单中选择“编辑”命令，激活页框架。开始编辑第一页，将 Page1 的 Caption 属性改为“欢迎”；然后在 Page1 上增加一个标签 Label1 和一个形状控件，修改其属性，如图 7-20 所示。

② 用鼠标单击 Page2，或在属性对话框中选择 PageFrame1 的 Page2 对象，开始编辑第二页。将 Page2 的 Caption 属性改为“日期”；然后在 Page2 上增加一个文本框 Text1、一个标签 Label1 和一个形状控件，并修改属性，如表 7-7、图 7-21 所示。

表 7-7　属性设置

对　象	属　性	属 性 值	说　明
Text1	Alignment	2 – 中间	文本居中
	Value	=DATE()	使用日期函数
	DateFormat	14 – 汉语	设置日期格式
Label1	Caption	今天是:	

③ 用鼠标单击 Page3，或在属性对话框中选择 PageFrame1 的 Page3 对象，开始编辑第三页。将 Page3 的 Caption 属性改为“时间”；然后，在 Page3 上增加一个文本框 Text1、一个形状控件 Shape1、一个计时器 Timer1 和两个标签控件 Label1、Label2，并修改其属性，如图 7-22 所示（参见例 6-12）；设置 Timer1 的 Interval 属性为 1000。

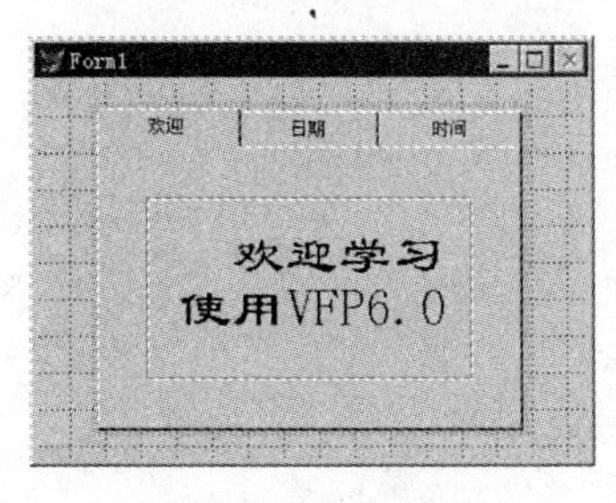

图 7-20　编辑第一页

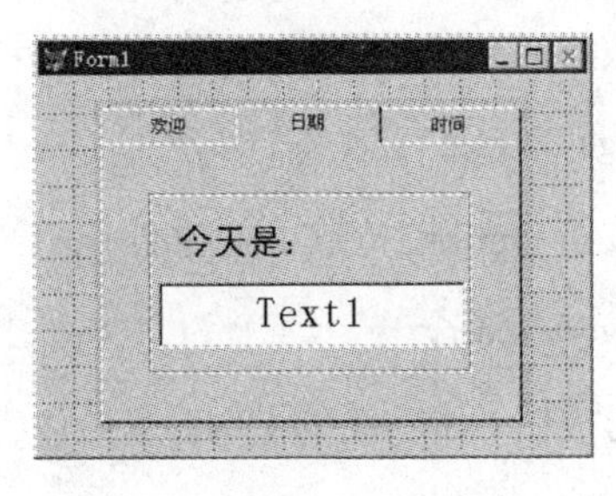

图 7-21　编辑第二页

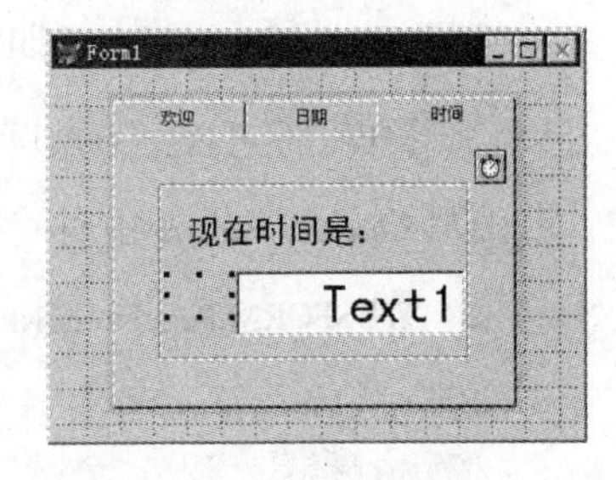

图 7-22　编辑第三页

④ 编写事件代码。

编写第三页中 Timer1 的 Timer 事件代码：

```
IF HOUR(DATETIME()) >= 12
```

```
        THIS.Parent.Label1.Caption = '下午'
    ELSE
        THIS.Parent.Label1.Caption = '上午'
    ENDIF
    IF HOUR(DATETIME()) > 12
        hh = HOUR(DATETIME()) – 12
    ELSE
        hh = HOUR(DATETIME())
    ENDIF
    THIS.Parent.Text1.Value = STR(hh) + SUBSTR(TIME(),3)
```

7.3.2 不带选项卡的页框架

用户可以设计类似于“向导”那样的，用选项组或按钮组来控制页面选择的表单。

【例 7-14】 将例 7-13 中的页框架改为不带选项卡的形式，使用选项按钮组控制页面的选择，如图 7-23 所示。

设计步骤如下（在例 7-13 的基础上进行修改，只给出修改的部分）。

① 选择“打开”表单文件，进入表单设计器，修改页框架控件 PageFrame1 的 Tabs 属性为.F. –假，页框架改为不带选项卡的形式。然后，增加一个“选项按钮组”控件 OptionGroup1，并修改其各项属性。

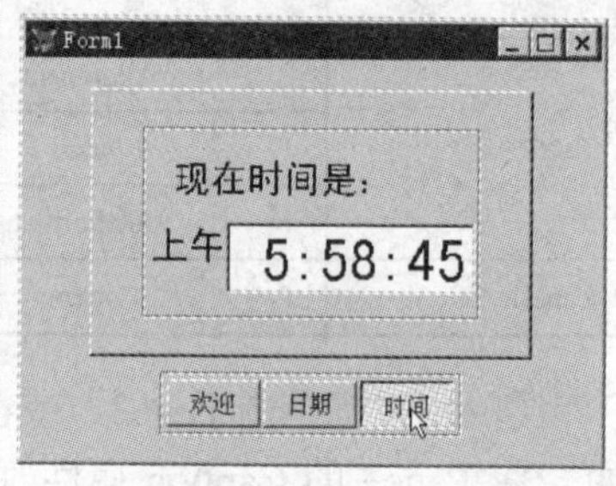

图 7-23　不带选项卡的页框架

② 编写事件代码。

编写 OptionGroup1 中日期按钮 Option1 的 Click 事件代码：

```
THISFORM.PageFrame1.Page1.Zorder
```

编写 OptionGroup1 中时间按钮 Option2 的 Click 事件代码：

```
THISFORM.PageFrame1.Page2.Zorder
```

编写 OptionGroup1 中计算器按钮 Option3 的 Click 事件代码：

```
THISFORM.PageFrame1.Page3.Zorder
```

说明：在按钮 Option1 的 Click 事件代码中 THISFORM.PageFrame1.Page1.Zorder 表示第一页被放置在最前面。

【例 7-15】 在例 7-14 中使用命令按钮组控制页面的选择，如图 7-24 所示。

图 7-24　使用命令按钮组控制页面选择

设计步骤如下（在例 7-14 的基础上进行修改）：

① 选择“打开”表单文件，进入表单设计器，删去选项按钮组控件 OptionGroup1，增加一个“命令按钮组”控件 CommandGroup1，并修改其属性。其中，命令按钮组中的按钮 Command1 和 Command2 的 Enabled 属性改为.F. – 假，如图 7-24 所示。

② 编写命令按钮组 CommandGroup1 的 Click 事件代码：

```
n = THIS.Value
k = THISFORM.PageFrame1.ActivePage
DO CASE
   CASE n=1
      THISFORM.PageFrame1.Pages(1).Zorder
   CASE n=2
      THISFORM.PageFrame1.Pages(k-1).Zorder
   CASE n=3
      THISFORM.PageFrame1.Pages(k+1).Zorder
   CASE n=4
      THISFORM.PageFrame1.Pages(3).Zorder
ENDCASE
k = THISFORM.PageFrame1.ActivePage
THIS.Command1.Enabled = IIF(k = 1, .F., .T.)
THIS.Command2.Enabled = IIF(k = 1, .F., .T.)
THIS.Command3.Enabled = IIF(k = 3, .F., .T.)
THIS.Command4.Enabled = IIF(k = 3, .F., .T.)
```

说明：

① ActivePage 属性表示被激活页（当前页）的页号。

② Pages()表示页框架 PageFrame1 中的页对象数组。

7.4　习题 7

一、选择题

1．在 DO WHILE…ENDDO 循环结构中，LOOP 命令的作用是（　　）。

A．退出循环，返回程序开始处

B．转移到 DO WHILE 语句行，开始下一个判断和循环

C．终止循环，将控制转移到本循环结构的 ENDDO 后面的第一条语句继续执行

D．终止程序执行

2. 在下面的 DO 循环中，循环的总次数为（　　）。

```
x = 10
y = 15
DO WHILE y >= x
   y = y – 1
ENDDO
```

A. 15　　　B. 10　　　C. 6　　　D. 5

3. 下面关于列表框与组合框的叙述中，正确的是（　　）。

A. 列表框和组合框都可以设置成多重选择

B. 列表框可以设置成多重选择，而组合框不能

C. 组合框可以设置成多重选择，而列表框不能

D. 列表框和组合框都不能设置成多重选择

4. 在 DO WHILE…ENDDO 循环结构中 LOOP 语句的作用是（　　）。

A. 退出循环，返回到程序开始处

B. 终止循环，将控制转移到本循环结构 END…DO 后面的第一条语句继续执行

C. 该语句在 DO WHILE…ENDDO 循环结构中不起任何作用

D. 转移到 DO WHILE 语句行，开始下一次判断和循环

5. 下面程序的运行结果是（　　）。

```
SET TALK OFF
PRIVATE x
LOCAL y
STORE 10 TO x, y
DO proc
?x, y
RETURN
PROCEDURE proc
   x=x+100
RETURN
```

A. 10　10　　　B. 110　10　　　C. 10　110　　　D. 110　210

二、编程题

1. 在编辑框（或列表框）中输出 101～500 之间的所有奇数，并计算这些奇数之和。

2. 输入有效数字的位数，利用下述公式计算圆周率 π 的近似值。

$$\pi = 2\times\frac{2}{\sqrt{2}}\times\frac{2}{\sqrt{2+\sqrt{2}}}\times\frac{2}{\sqrt{2+\sqrt{2+\sqrt{2}}}}\cdots$$

3. 在编辑框（或列表框）中输出 100～1000 之间能被 37 整除的数。

4. 输入初始值，输出 50 个能被 37 整除的数。

5. 设计程序，求 $s = 1 + (1 + 2) + (1 + 2 + 3) + \cdots + (1 + 2 + 3 + \cdots + n)$的值。

6. 设 $s = 1\times2\times3\times\cdots\times n$，求 s 不大于 400000 时最大的 n。

7. 同构数是会出现在它的平方的右边的数，如 5×5=25，6×6=36 中的 5、6。编程找出 1～

1000 之间的全部“同构数”。

8．“完备数”是指一个数恰好等于它的因子之和，如 6 的因子为 1、2、3，而 $6 = 1 + 2 + 3$，因而 6 就是完备数。编制程序，找出 1～1000 之间的全部“完备数”。

9．编制程序，求出所有小于或等于 100 的自然数对。自然数对是指两个自然数的和与差都是平方数，如 8 与 17 的和 $8 + 17 = 25$ 与其差 $17 - 8 = 9$ 都是平方数，则 8 和 17 称自然数对。

10．输出“九九”乘法表，格式如图 7-25 所示。

11．求下述数列的前 n 项之和：$\frac{2}{1}$，$\frac{3}{2}$，$\frac{5}{3}$，$\frac{8}{5}$，$\frac{13}{8}$，…

12．验证“哥德巴赫猜想”：任何大于 6 的偶数均可以表示为两个素数之和。

13．小学生做加减法的算术练习程序。计算机连续地随机给出两位数的加减法算术题，要求学生回答，答对的打“√”，答错的打“×”。将做过的题目存放在列表框中备查，并随时给出答题的正确率（如图 7-26 所示）。

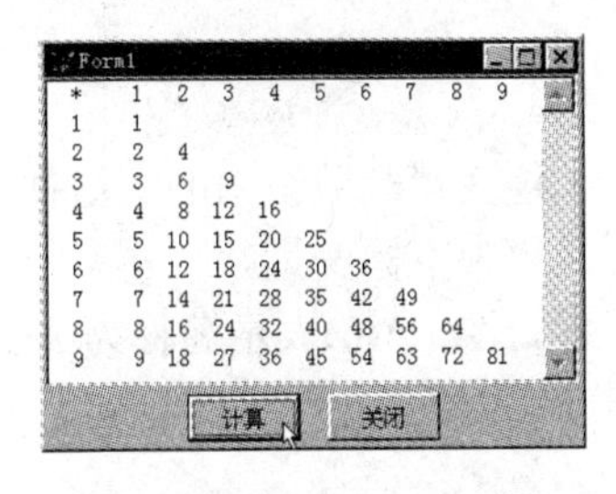

图 7-25 “九九”乘法表

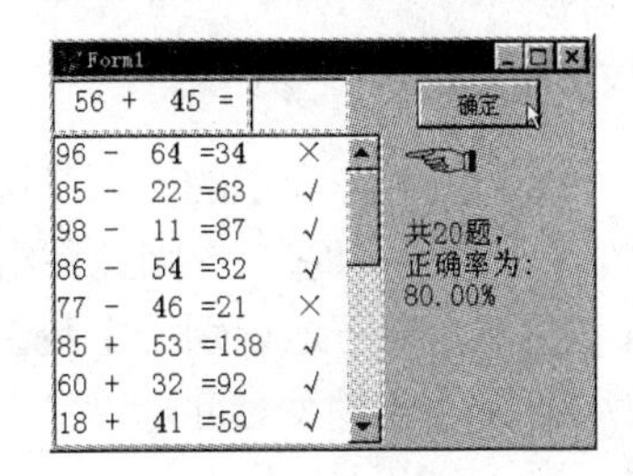

图 7-26 算术练习

14．我国古代数学家张丘建在“算经”里提出一个世界数学史上有名的百鸡问题：鸡翁一，值钱五，鸡母一，值钱三，鸡雏三，值钱一，百钱买百鸡，问鸡翁、母、雏各几何？

第 8 章　数　组

在许多场合，使用数组可以缩短和简化程序，因为可以利用下标设计一个循环，高效地处理多种情况。

8.1　数组的概念

在程序设计中，为了处理方便，把若干变量按有序的形式组织起来的，这些按序排列的变量的集合称为数组。

8.1.1　数组与数组元素

数组是用一个统一的名称表示的、顺序排列的一组变量。数组中的变量称为数组元素，用数字（下标或称索引）来标识它们，因此数组元素又称为下标变量。

可以用数组名及下标唯一地识别一个数组的元素，比如 A(5)表示名称为 A 的数组中顺序号（下标）为 5 的那个数组元素（变量）。

在使用数组时要注意以下几点：

① 数组的命名与简单变量的命名规则相同。

② 下标必须用括号括起来，不能把数组元素 A(5)写成 A5，后者是简单变量。

③ 下标可以是常数、变量或表达式，还可以是下标变量（数组元素）。如 B(A(4))，若 A(4) = 6，则 B(A(4)) 就是 B(6)。

④ 下标必须是整数，否则将被自动取整（舍去小数部分）。如 N(2.6)将被视为 N(2)。

8.1.2　数组的维数

如果一个数组的元素只有一个下标，则称这个数组为一维数组。例如，数组 S 有 30 个元素：S(1)、S(2)、S(3)、…、S(30)，依次保存 30 个学生的一门功课的成绩，则 S 为一维数组。一维数组中的各个元素又称为单下标变量，其下标又称为索引（Index）。

如果有 30 个学生，每个学生有 5 门功课的成绩，见表 8-1。

表 8-1　学生成绩表

姓　名	语　文	数　学	外　语	物　理	化　学
学生 1	85	60	55	78	88
学生 2	69	74	80	76	79
学生 3	77	86	72	80	95
…	…	…	…	…	…
学生 30	88	90	75	88	82

这些成绩可以用有两个下标的数组来表示，如第 i 个学生第 j 门课的成绩可以用 S(i, j)表示。

其中 i 表示学生号，称为行下标（i = 1, 2, …, 30）；j 表示课程号，称为列下标（j = 1, 2, 3, 4, 5）。有两个下标的数组称为二维数组，其中的数组元素称为双下标变量。

在 Visual FoxPro 中允许定义一维和二维数组。Visual FoxPro 对数组的大小和数据类型不作任何限制，同一数组中的数组元素可以具有不同的数据类型，对数组大小的唯一限制是可用内存空间的大小。

8.2 使用数组

使用数组意味着首先要对数组进行定义，其次对数组进行赋值，然后是对数组中数据的处理与使用。

8.2.1 数组的定义

1．数组的声明

数组在使用前必须先声明。声明的语法格式为：

{DIMENSION | DECLEAR} 〈数组名〉(〈行数〉[,〈列数〉])

如 DIMENSION A(6,3) 表示创建一个名为 A、具有 6 行 3 列的私有数组，只能在命令所在的过程及其所调用的过程中使用。

说明：

① 全局数组在整个 Visual FoxPro 工作期中可以被任何程序访问，声明全局数组的格式为：

PUBLIC 〈数组名〉(〈行数〉[,〈列数〉])

② 局部数组只能在创建它们的过程或函数中使用和更改，不能被高层或低层的程序访问，声明局部数组的格式为：

LOCAL 〈数组名〉(〈行数〉[,〈列数〉])

2．数组的赋值

数组在声明之后，每个元素被默认赋予.F.值。

可以单独为某一个数组元素赋值。如：

```
A(1, 2)= 11
```

或

```
STORE 11 TO A(1, 2)
```

都是将数值 11 赋予 A 数组的第一行第二列元素。

也可以用一个命令为一个数组的所有元素赋相同的值。如：

```
A = 13
```

或

```
STORE 13 TO A
```

都是将数值 13 赋予 A 数组的每一个元素。

【例 8-1】 随机产生 14 个两位整数，找出其最大值、最小值和平均值。

分析：问题可以分为两部分，一个是产生 14 个随机整数，一个是对这 14 个整数求最大值、最小值以及平均值。为此，需要使用数组。

根据以上分析画出流程图如图 8-1 和图 8-2 所示。

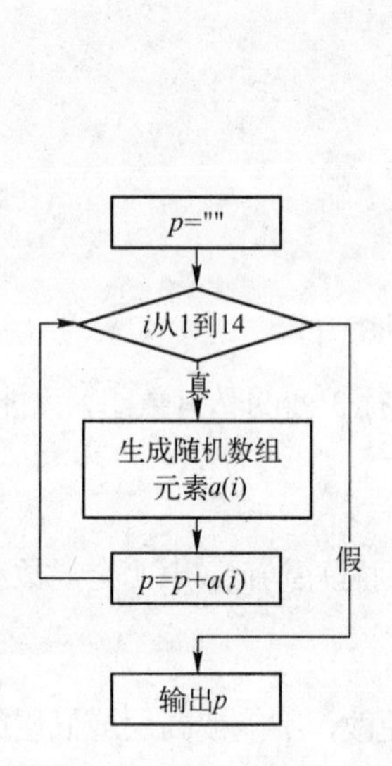

图 8-1　生成随机整数流程图

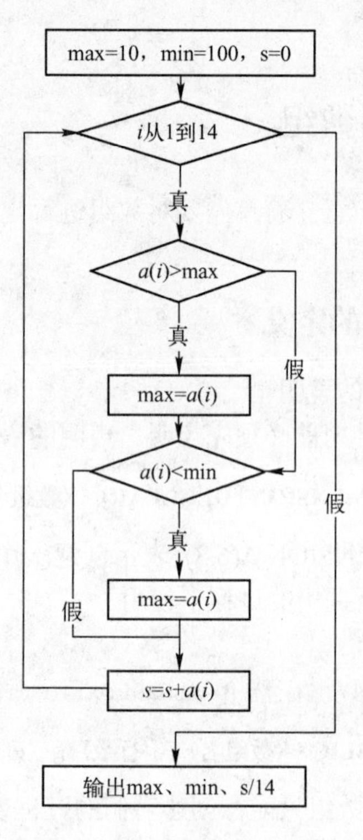

图 8-2　求最大、最小、平均值流程图

设计步骤如下：

① 选择“新建”表单，进入表单设计器。首先增加 5 个标签 Label1～Label5 和 3 个命令按钮 Command1～Command3，并修改各个控件的属性，如图 8-3 所示。

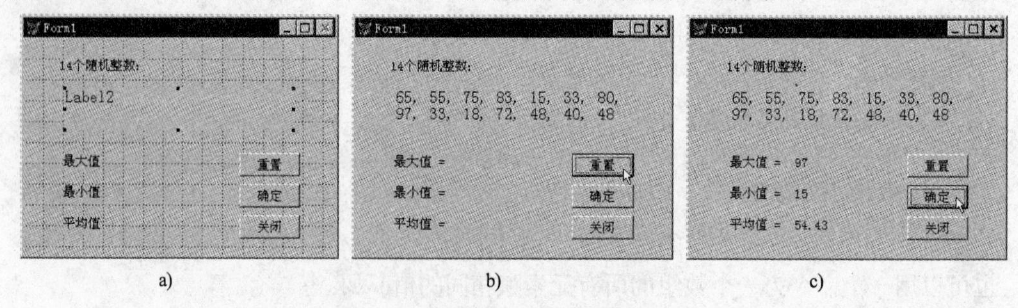

图 8-3　求最大值、最小值和平均值

a) 增加控件　b) 修改属性　c) 运行结果

② 编写代码。

随机整数的生成由表单的 Activate 事件代码完成：

```
PUBLIC a(14)                    && 因为要在不同的过程中使用数组，故声明为 PUBLIC
```

```
p = ""
FOR i = 1 TO 14
   a(i) = INT(RAND() * 90) + 10
   p = p + STR(a(i),3) + ","
ENDFOR
THISFORM.Label2.Caption = ALLT(LEFT(p, LEN(p) – 1))
THISFORM.Label3.Caption="最大值 = "
THISFORM.Label4.Caption="最小值 = "
THISFORM.Label5.Caption="平均值 = "
```

求最大值、最小值以及平均值由“确定”按钮 Command2 的 Click 事件代码完成：

```
min = 100
max = 10
s = 0
FOR i = 1 TO 14
   IF a(i) > max
      max = a(i)
   ENDIF
   IF a(i) < min
      min = a(i)
   ENDIF
   s = s + a(i)
Next
THISFORM.Label3.Caption = "最大值 = " + STR(max,3)
THISFORM.Label4.Caption = "最小值 = " + STR(min,3)
THISFORM.Label5.Caption = "平均值 = " + STR(s / 14,6,2)
```

“重置”按钮 Command1 的 Click 事件代码：

```
THISFORM.Activate
```

最后是“关闭”按钮 Command3 的 Click 事件代码：

```
RELEASE THISFORM
```

说明：

① 在“重置”按钮的 Click 事件代码中，通过调用表单的 Activate 事件代码来重新产生随机数。

② 如果要求产生的随机整数互不相同，应改写表单的 Activate 事件代码：

```
PUBLIC a(14)
p = ""
FOR i = 1 TO 14
   yes = 1
   DO WHILE yes = 1
      x = INT(RAND() * 90) + 10          && 变量 x 用来存放刚产生的随机整数
      yes = 0                            && 变量 yes 用来作为标志
      FOR j = 1 TO i – 1
```

```
        IF x = a(j)
          yes = 1                                    && 如与前面的元素相同，则返回到 Do 循环
          EXIT
        ENDIF
      ENDFOR
    ENDDO
    a(i) = x
    p = p + STR(a(i),3) + ","
  ENDFOR
  THISFORM.Label2.Caption = ALLT(LEFT(p, LEN(p) – 1))
  THISFORM.Label3.Caption = "最大值 = "
  THISFORM.Label4.Caption = "最小值 = "
  THISFORM.Label5.Caption = "平均值 = "
```

这里，如果 x 与已放入数组中的某个随机整数相重，则 yes 为 1，否则为 0。当 yes 为 0 时将退出第二层循环 FOR…ENDFOR，并把随机数放入数组之中，即 a(i) = x。

8.2.2 数组的使用

1．重新定义数组的维数

重新执行 DIMENSION 命令可以改变数组的维数和大小。数组的大小可以增加或减少，一维数组可以转换为二维数组，二维数组可以缩小为一维数组。

如果数组中元素的数目增加了，就将原数组中所有元素的内容复制到重新调整过的数组中，增加的数组元素初始化为假（.F.）。

2．数组变量的释放

使用 RELEASE 命令可以从内存中释放变量和数组。其语法格式为：

RELEASE {〈变量列表〉|〈数组名列表〉}

其中各变量或数组名用逗号分隔。

【例 8-2】 斐波那契（Fibonacci）数列问题。

Fibonacci 数列问题起源于一个古典的有关兔子繁殖的问题：假设在第 1 个月时有一对小兔子，第 2 个月时成为大兔子，第 3 个月时成为老兔子，并生出一对小兔子（一对老，一对小）。第 4 个月时老兔子又生出一对小兔子，上个月的小兔子变成大兔子（一对老，一对大，一对小）。第 5 个月时上个月的大兔子成为老兔子，上个月的小兔子变成大兔子，两对老兔子生出两对小兔子（两对老，一对中，两对小）…

这样，各月的兔子对数为 1，1，2，3，5，8，…

这就是 Fibonacci 数列。其中第 n 项的计算公式为：$\mathrm{Fib}(n) = \mathrm{Fib}(n–1) + \mathrm{Fib}(n–2)$。

分析：使用数组使得问题的解决非常简单，根据计算公式，很容易画出流程图，如图 8-4 所示。

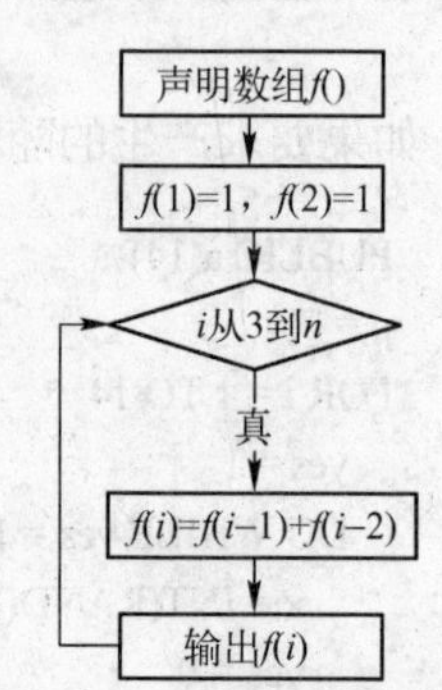

图 8-4 Fibonacci 数列问题流程图

设计步骤如下：

① 选择“新建”表单，进入表单设计器。增加一个标签 Label1 一个微调器控件 Spinner1 和一个列表框 List1，如图 8-5a 所示。

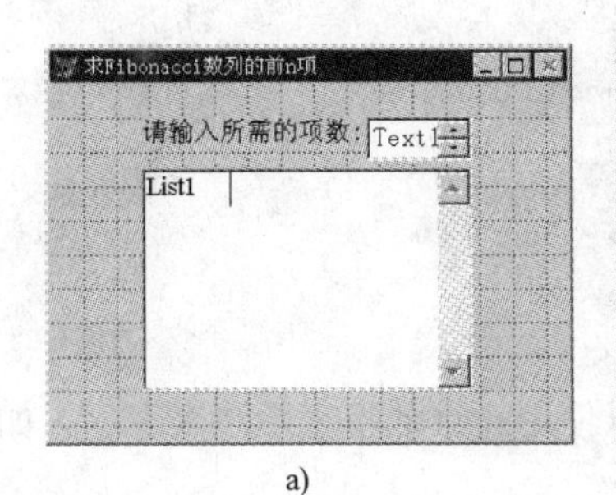

a)

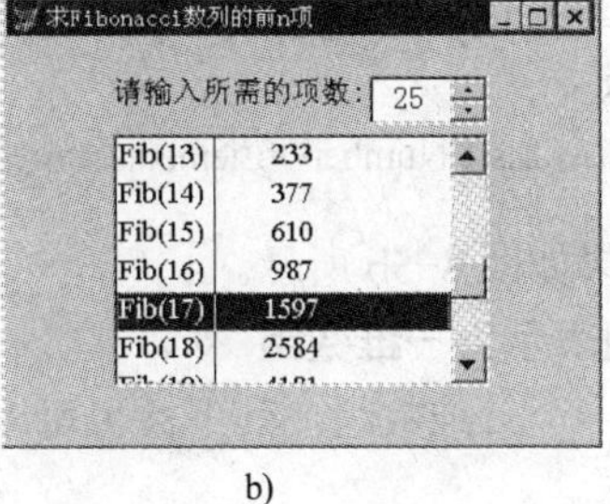

b)

图 8-5 求 Fibonacci 数列

a) 建立界面 b) 运行结果

设置各对象的属性，见图 8-5 和表 8-2。

表 8-2 属性设置

对　象	属　性	属 性 值
Form1	Caption	求 Fibonacci 数列的前 n 项
Label1	Caption	请输入所需的项数:
Spinner1	KeyBoardHighValue	50
	KeyBoardLowValue	2
	SpinnerHighValue	50.00
	SpinnerLowValue	2.00
	Value	1
List1	ColumnCount	2
	ColumnWidths	60, 160
	RowSource	F
	RowSourceType	5 – 数组

② 编写代码。

首先在表单的 Load 事件代码中声明全局数组 F()：

```
PUBLIC F(1,2)
F(1,1) = "Fib(1)"
F(1,2) = 1
```

在表单的 UnLoad 事件代码中释放全局数组 F()：

```
RELEASE F
```

在微调器控件 Spinner1 的 InteractiveChange 事件代码中改变数组的大小：

```
n = THIS.Value
DIME F(n,2)
F(2,1) = "Fib(2)"
F(2,2) = 1
FOR I = 3 TO n
   F(i,1) = "Fib(" + ALLT(STR(i)) + ")"
```

```
    F(i,2) = F(i–1,2) + F(i–2,2)
ENDFOR
THISFORM.List1.NumberOfElements = n
```

表单运行结果如图 8-5b 所示。

3．二维数组表示为一维数组

假如建立了一个二维数组，其下标也可以使用一维数组表示法来表示。如：

```
DIMENSION A(6,3)
FOR I=1 TO 18
    A(I) = I
ENDFOR
```

这样可使代码更为简单。下面的公式可将二维数组表示法转换成一维数组表示法：

序号(一维数组)=(行数 – 1)*数组列数 + 列数

使用 AELEMENT( )函数也能取得一维数组表示法的元素位置，即：

序号(一维数组)= AELEMENT(数组名，行数，列数)

【例 8-3】 设有一个 5×5 的方阵，其中元素是随机生成的小于 100 的整数。求出：

① 主对角线上元素之和。

② 方阵中最大的元素，如图 8-6 所示。

分析：方阵中的元素可以用一个二维的数组表示。赋值时转换成一维数组，计算时则利用二维数组的性质。

设计步骤如下：

① 程序界面的建立与各控件属性的设置，如图 8-6 所示，其中列表框的属性设置见表 8-3。

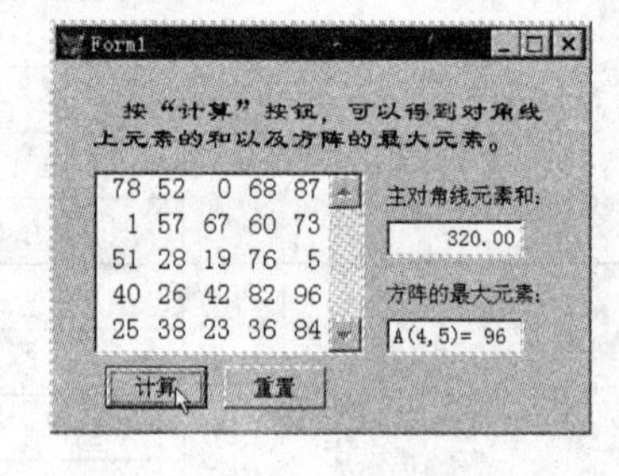

图 8-6 计算矩阵

表 8-3 属性设置

对　象	属　性	属 性 值
List1	ColumnCount	5
	ColumnWidths	30, 30, 30, 30, 30
	ColumnLines	.F. – 假
	RowSource	a
	RowSourceType	5 – 数组

② 编写代码。

首先在表单的 Load 事件代码中声明数组：

```
PUBLIC a(5,5)
```

方阵的生成由表单的 Activate 事件代码完成：

```
FOR I = 1 TO 25
    yes = 1
```

```
    DO WHILE yes = 1
      x = INT(RAND() * 100)
      yes = 0
      FOR j = 1 TO I – 1
        IF x = VAL(a(j))
          yes = 1                              && 如与前面的元素相同，则返回到 DO 循环
          EXIT
        ENDIF
      ENDFOR
    ENDDO
    a(i) = STR(x,3)
  ENDFOR
  THISFORM.List1.NumberOfElements = 5
  THISFORM.Text1.Value = ""
  THISFORM.Text2.Value = ""
```

在表单的 UnLoad 事件代码中释放全局变量数组 a()：

```
RELEASE a
```

计算功能由“计算”按钮 Command1 的 Click 事件代码完成：

```
s=0
FOR i=1 TO 5
  s = s + VAL(a(I,i))
ENDFOR
THISFORM.Text1.Value = s
max = 0
FOR I = 1 TO 5
  FOR j = 1 TO 5
    IF max < VAL(a(I,j))
      max = VAL(a(I,j))
      p = i
      q = j
    ENDIF
  ENDFOR
ENDFOR
THISFORM.Text2.Value = "A(" + STR(p,1) + "," + STR(q,1) + ")=" + STR(max,3)
```

编写“重置”按钮 Command2 的 Click 事件代码：

```
THISFORM.Activate
```

8.2.3 数组数据的处理

1．处理数组元素的函数

数组提供了一种将数据快速排序的方法。如果数据保存在数组中，就可以很方便地对其进

行检索、排序或其他各种操作。用户可以使用如下函数来处理数组元素：

- 数组元素的排序——ASORT()。
- 数组元素的删除——ADEL()。
- 数组元素的个数——ALEN()。
- 数组元素的搜索——ASCAN()。
- 数组元素的插入——AINS()。

【例 8-4】 由计算机随机生成 10 个互不相同的数，然后将这些数按由小到大的顺序显示出来，如图 8-7 所示。

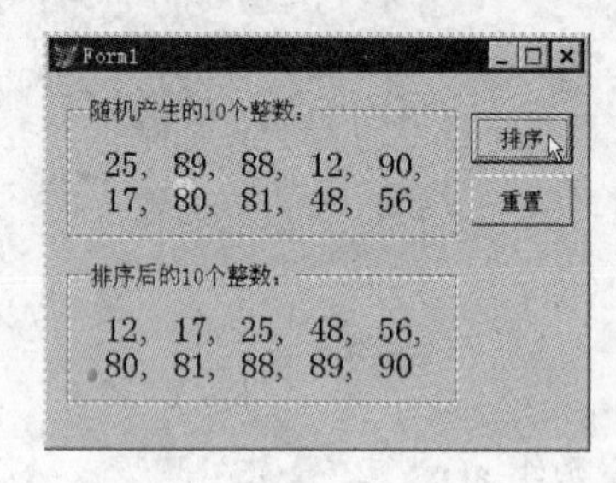

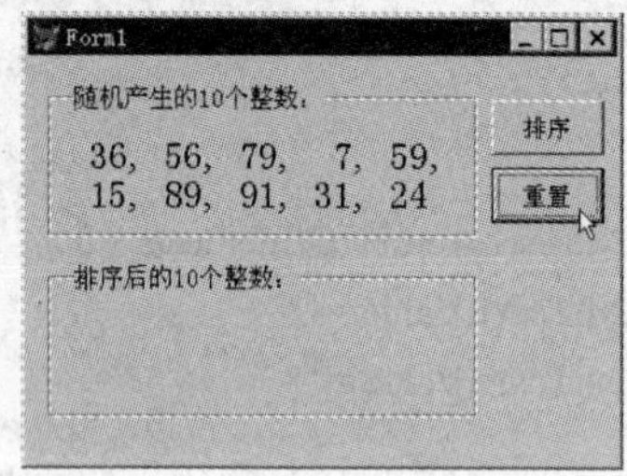

图 8-7 排序问题

分析：这是一个排序问题，使用排序函数可以轻而易举地对数组元素进行排序。

设计步骤如下：

① 程序界面的建立与各控件属性的设置如图 8-7 所示。

② 编写代码。

首先在表单的 Load 事件代码中声明数组：

```
PUBLIC a(10)
```

随机整数的生成由表单的 Activate 事件代码完成：

```
p=""
FOR I = 1 TO 10
  yes = 1
  DO WHILE yes = 1
    x = INT(RAND() * 100)
    yes = 0
    FOR j = 1 TO I – 1
      IF x = VAL(a(j))
        yes = 1                      && 如与前面的元素相同，则返回到 DO 循环
        EXIT
      ENDIF
    ENDFOR
  ENDDO
  a(i) = STR(x,2)
  p = p + a(i) + ", "
ENDFOR
THISFORM.Label2.Caption = LEFT(p,LEN(p) –2)
THISFORM.Label4.Caption = ""
```

编写“排序”按钮 Command1 的 Click 事件代码：

```
ASORT(a)
p=""
FOR I = 1 TO 10
   p = p + a(i) + ", "
ENDFOR
THISFORM.Label4.Caption = LEFT(p,LEN(p) –2)
```

编写“重置”按钮 Command2 的 Click 事件代码：

```
THISFORM.Activate
```

2．与数据表记录进行数据交换的命令

用于数组与数据表记录之间进行数据交换的命令有：

- SCATTER——将数据从当前记录复制到数组中去。
- GATHER——用来自数组的数据替换当前表中的数据。
- COPY TO ARRAY——从当前表向一个数组复制数据。
- APPEND FROM ARRAY——用来自数组的数据给当前表追加新记录。

8.2.4 程序举例

【例 8-5】 使用数组来作为组合框的数据源。

设计步骤如下：

① 选择“新建”表单，进入表单设计器。增加一个组合框 Combo1、一个文本框 Text1、一个复选框 Check、两个标签和两个形状控件。

② 设置对象属性，见表 8-4，其他控件的属性设置如图 8-8 所示。

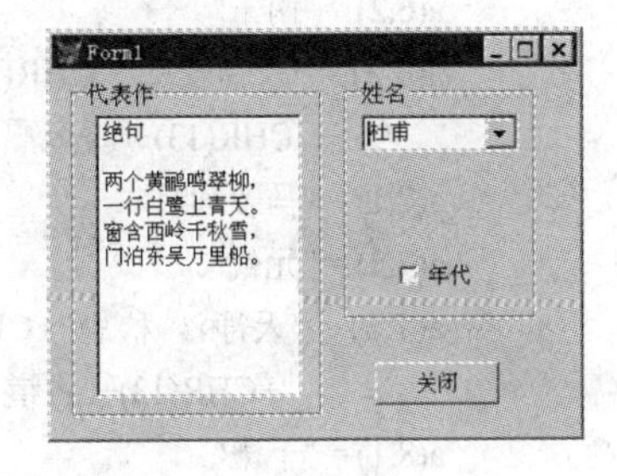

图 8-8 在组合框中使用数组

表 8-4 属性设置

对 象	属 性	属 性 值
Combo1	RowSource	a
	RowSourceType	5 - 数组
Check1	Caption	年代

③ 编写事件代码。

编写表单的事件代码：

Load 事件：

```
PUBLIC a(9,3)
a(1,1) = "曹植"
a(1,2) = "三国"
a(1,3) = "七步诗"+CHR(13)+CHR(13)+"煮豆燃豆萁，"+CHR(13)+"豆在釜中泣："+CHR(13)+"‘本
        是同根生，"+CHR(13)+"相煎何太急！’"
```

```
a(2,1) = "李白"
a(2,2) = "唐代"
a(2,3) = "望庐山瀑布"+CHR(13)+CHR(13)+"日照香炉生紫烟，"+CHR(13)+"遥看瀑布挂前川。
        "+CHR(13)+"飞流直下三千尺，"+CHR(13)+"疑是银河落九天。"
a(3,1) = "杜甫"
a(3,2) = "唐代"
a(3,3) = "绝句"+CHR(13)+CHR(13)+"两个黄鹂鸣翠柳，"+CHR(13)+"一行白鹭上青天。"+CHR(13)+"
        窗含西岭千秋雪，"+CHR(13)+"门泊东吴万里船。"
a(4,1) = "苏轼"
a(4,2) = "宋代"
a(4,3) = "题西林壁"+CHR(13)+CHR(13)+"横看成岭侧成峰，"+CHR(13)+"远近高低各不同。
        "+CHR(13)+"不识庐山真面目，"+CHR(13)+"只缘身在此山中。"
a(5,1) = "李清照"
a(5,2) = "宋代"
a(5,3) = "绝句"+CHR(13)+CHR(13)+"生当作人杰，"+CHR(13)+"死亦为鬼雄。"+CHR(13)+"至今思
        项羽，"+CHR(13)+"不肯过江东。"
a(6,1) = "林升"
a(6,2) = "南宋"
a(6,3) = "题临安邸"+CHR(13)+CHR(13)+"山外青山楼外楼，"+CHR(13)+"西湖歌舞几时休?"+
        CHR(13)+"暖风熏得游人醉，"+CHR(13)+"直把杭州当汴州。"
a(7,1) = "马致远"
a(7,2) = "元代"
a(7,3) = "天净沙-秋思"+CHR(13)+CHR(13)+"枯藤老树昏鸦，"+CHR(13)+"小桥流水人家，
        "+CHR(13)+"古道西风瘦马。"+CHR(13)+"夕阳西下，"+CHR(13)+"断肠人在天涯。"
a(8,1) = "于谦"
a(8,2) = "明代"
a(8,3) = "石灰咏"+CHR(13)+CHR(13)+"千锤万凿出深山，"+CHR(13)+"烈火焚烧若等闲。
        "+CHR(13)+"粉身碎骨浑不怕，"+CHR(13)+"要留清白在人间。"
a(9,1) = "郑燮"
a(9,2) = "清代"
a(9,3) = "竹石"+CHR(13)+CHR(13)+"咬定青山不放松，"+CHR(13)+"立根原在破岩中。"+CHR(13)+"
        千磨万击还坚劲，"+CHR(13)+"任尔东西南北风。"
```

Activate 事件：

```
THISFORM.Combo1.Value = 1
THISFORM.Text1.Value = a(1,3)
```

Destroy 事件：

```
RELEASE a
```

编写 Combo1 的 InteractiveChange 事件代码：

```
s = ASCAN(a,THIS.DisplayValue)
THISFORM.Text1.Value = a(s+2)
```

```
THISFORM.Refresh
```

编写 Check1 的 Click 事件代码：

```
THISFORM.Combo1.ColumnCount = IIF(THIS.Value=0,1,2)
```

编写 Command1 的 Click 事件代码：

```
THISFORM.Release
```

说明：当复选框 Check1 被选中时，组合框 Combo1 的列数 ColumnCount 属性为 2，如图 8-9 所示。

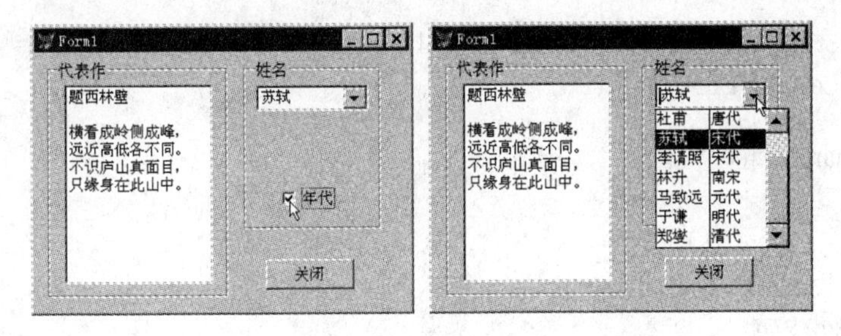

图 8-9　改变组合框中列对象的数目

8.3　对象数组

对象数组是指引用对象的数组，即数组中保存的是对象。使用对象数组来引用对象可以有助于编写通用代码，对于一些本来不能成组操作的控件尤为有用。

8.3.1　对象的引用与释放

创建对象的引用不等于复制对象。引用比添加对象占用更少的内存，而且代码总比对象要短，可以很容易地在过程之间传递。

将对象赋值给变量，就可以在代码中引用对象。将变量赋值为 0，即可释放对象的引用。

【例 8-6】 在例 5-7 中使用对象变量。

在例 5-7 的基础上改写代码。

编写表单的 Init 事件代码：

```
PUBLIC txt1,txt2
txt1 = THIS.Container1.Text1
txt2 = THIS.Container2.Text1
```

改写表单的 Activate 事件代码：

```
txt1.SetFocus
```

编写表单的 Destroy 事件代码：

```
txt1 = 0
txt2 = 0
```

```
RELEASE txt1, txt2
```

编写 Command1 的 Click 事件代码：

```
txt2.Value=txt1.Value * ( 9 / 5 ) + 32
```

编写 Command2 的 Click 事件代码：

```
txt1.Value = (txt2.Value – 32) * (5 / 9)
```

编写文本框 Text1 的事件代码：

GotFocus 事件代码：

```
THIS.SelStart = 0
THIS.SelLength = LEN(THIS.Text)
```

InteractiveChange 事件代码：

```
txt2.Value = ""
```

编写文本框 Text2 的事件代码：

GotFocus 事件代码：

```
THIS.SelStart = 0
THIS.SelLength = LEN(THIS.Text)
```

InteractiveChange 事件代码：

```
txt1.Value = ""
```

说明：千万不要忘记编写表单的 Destroy 事件代码，否则将不能正常退出程序（可在命令窗口使用 RELEASE ALL 命令）。

8.3.2 运行时创建对象

使用 AddObject 方法可以在程序的运行过程中向容器添加对象，其语法格式为：

〈容器对象名〉. AddObject(〈对象名〉,〈类名〉)

其中，〈容器对象名〉是接受对象的容器名，〈对象名〉是新创建的对象名称，〈类名〉是新创建对象所在的类名。

当用 AddObject 方法向容器中添加对象时，对象的 Visible 属性被设置为假（.F.），如果需要显示该对象，就要在代码中将其设为.T.。

对于同类的多个对象，使用数组来引用将使代码更加清晰。在下面的例子中，程序运行时创建一组对象，通过调用数组来引用对象。

【例 8-7】 用“筛法”找出 1～100 的全部素数。

“筛法”求素数表是由希腊著名数学家 Eratost henes 提出来的，其方法：在纸上写出 1～*n* 的全部整数，如图 8-10 所示，然后逐一判断它们是否是素数，找出一个非素数就把它挖掉（筛掉），最后剩下的就是素数。具体做法是：

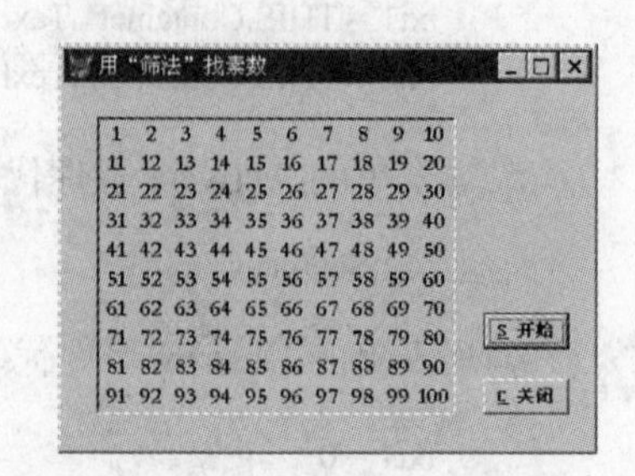

图 8-10 1～100 的全部整数

① 先将 1 挖掉。

② 用 2 去除它后面的每个数，把能被 2 整除的数挖掉，即把 2 的倍数挖掉，如图 8-11 所示。

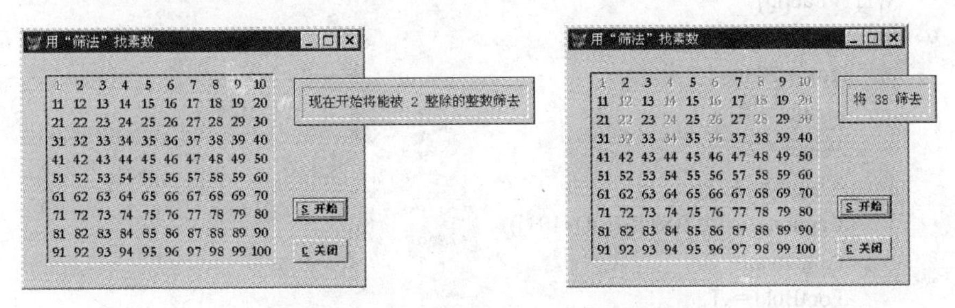

图 8-11　用 2 作除数并将 2 的倍数挖掉

③ 用 3 去除它后面的每个数，把 3 的倍数挖掉。

④ 分别用 4，5，…各数作为除数去除这些数后面的各数（4 已被挖掉，不必再用 4 当除数，只需用未被挖掉的数作除数即可）。这个过程一直进行到除数为 $\sqrt{n}$ 为止（如果 $\sqrt{n}$ 不是整数就取其整数部分），剩下的就全是素数了，如图 8-12 所示。

设计步骤如下：

① 选择“新建”表单，进入表单设计器。增加一个容器控件 Container1 和两个命令按钮 Command1、Command2，设置各控件的属性如图 8-13 所示。

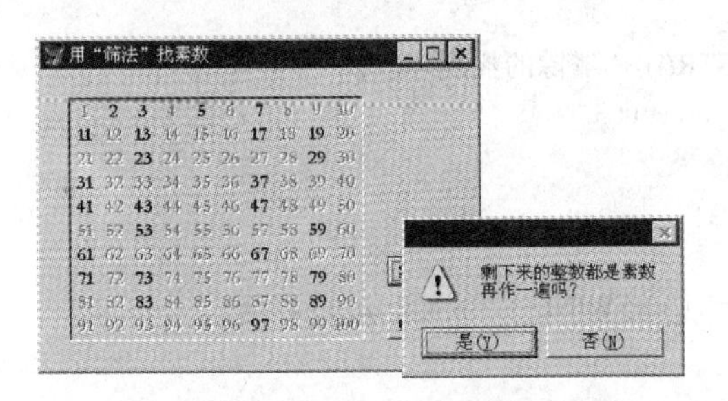

图 8-12　剩下的全是素数

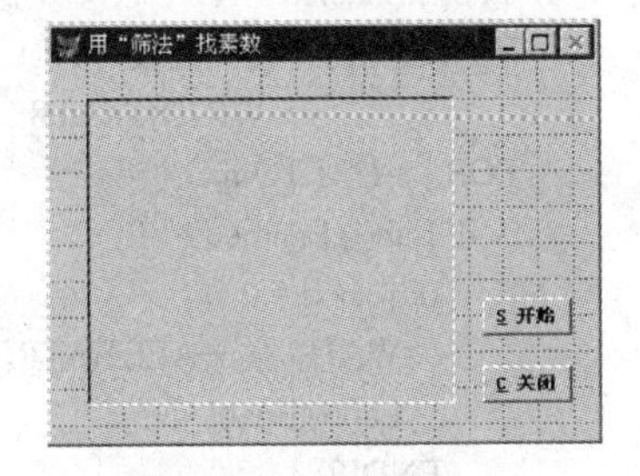

图 8-13　建立用户界面

其中 Container1 的 SpecialEffect 属性改为 1 – 凹下，记下其高度和宽度：Height = 204、Width = 254。高度减去 4（预留的边框）后分为 10 份，宽度减去 4 后分为 10 份。容器中将容纳 100 个小“标签”，每个标签的大小为 20×25。

② 编写程序代码。

编写表单的 Destroy 事件代码：

```
Lab = 0
```

编写容器 Container1 的 Init 事件代码：

```
PUBLIC Lab[10,10]
FOR I = 1 TO 100
  k = ALLT(STR(i))
  THIS.AddObject('Lab&k','Label')
  Lab[i] = THIS.Lab&k
```

```
ENDFOR
FOR i = 1 TO 10
   FOR j = 1 TO 10
      WITH Lab[i,j]
            .Left = 25*(j–1)+2
            .Top = 20*(i–1)+2
            .Height = 20
            .Width = 25
            .Visible = .T.
            .Caption = ALLT(STR((i–1)*10+j))
            .Alignment = 2
            .FontBold = .T.
            .FontName = 'garamond'
      ENDWITH
   ENDFOR
ENDFOR
```

编写“开始”按钮 Command1 的 Click 事件代码：

```
n = 100
Lab(1).Enabled = .F.
FOR i = 2 TO SQRT(n)
   IF Lab(i).Enabled = .T.
      WAIT '现在开始将能被 '+ALLT(STR(i))+' 整除的整数筛去' ;
                     WINDOW at 8,50   timeout 3
      FOR j = i + 1 TO n
         IF Lab(j).Enabled = .T.
            IF j % i = 0
               WAIT '将 '+ALLT(STR(j))+' 筛去' WINDOW at 8,50 timeout 0.3
               Lab(j).Enabled = .F.
            ENDIF
         ENDIF
      ENDFOR
   ENDIF
ENDFOR
a = MESSAGEBOX('剩下来的整数都是素数'+CHR(13)+'再作一遍吗？',4+48,'')
IF a = 6
   FOR i = 1 TO 100
      Lab(i).Enabled = .T.
   ENDFOR
ENDIF
```

编写“关闭”按钮 Command2 的 Click 事件代码：

```
RELEASE THISFORM
```

说明：

① 容器 Container1 的 Init 事件代码中，反复调用了增加对象 AddObject()方法。

```
THIS.AddObject('Lab&k','Label')
```

使得在表单对容器对象初始化时，就在容器中创建了 100 个标签对象。这里，Label 是标签控件的类名。

② Lab[i] = THIS.Lab&k 是将对象赋予数组元素。

③ Lab(1).Enabled 是对标签对象属性的引用。

④ 代码：

```
FOR i=1 TO 100
   Lab(i).Enabled=.T.
ENDFOR
```

是对标签对象属性的赋值。注意，不能一次将值赋给整个数组的属性，下面的命令将发生错误：

```
Lab.Enabled = .T.
```

但是仍然可以一次将值赋给整个数组：

```
Lab = 0
```

此时，数组中存放的不再是对象，而是数值 0。

⑤ 容器 Container1 的 Init 事件代码中的：

```
WITH 〈对象名〉
  [.〈属性〉=〈值〉]
ENDWITH
```

是对对象多个属性赋值的命令。WITH…ENDWITH 命令提供了一种简便的、指定单个对象的多个属性的方法。

【例 8-8】 奇数阶的幻方阵，如图 8-14 所示。

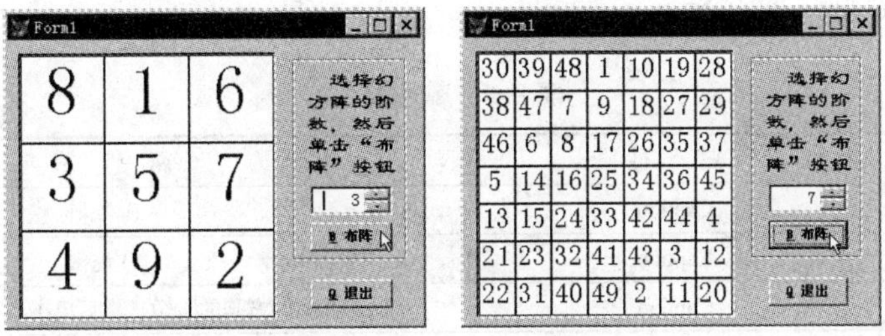

图 8-14　3 阶与 7 阶的幻方阵

如果整数方阵的每行各数之和、每列各数之和以及两个对角线上各数之和全都相等，则称之为幻方阵。此时，每行（每列或对角线）各数之和为 $\frac{1}{2}n(n^2+1)$，称为幻方阵常数。由自然数 1～n^2 构成的 n（n 为≥3 的奇数）阶幻方阵是最简单的一种。

如图 8-14 所示是 3 阶与 7 阶的幻方阵，观察这两个方阵中各数的分布情况，可归纳出以下规律：

① 数 1 放在第一行的正中一列。

② 从数 2 起每数所在的行数比前一数所在的行数减 1，所在的列数比前一数所在的列数加 1。若行数超出下界（即 $i=0$）则改为上界（令 $i=n$），若列数超出上界（即 $j=n+1$）则改为下界（令 $j=1$）。若某数为 n 的倍数，则其后之数所在位置为列数不变，行数加 1。

据此分析，画出流程图如图 8-15 所示。

设计步骤如下：

① 选择“新建”表单，进入表单设计器。首先增加一个容器控件 Container1、一个微调器 Spinner1、一个标签 Label1、一个形状 Shape1 和两个命令按钮 Command1～Command2，如图 8-16 所示。

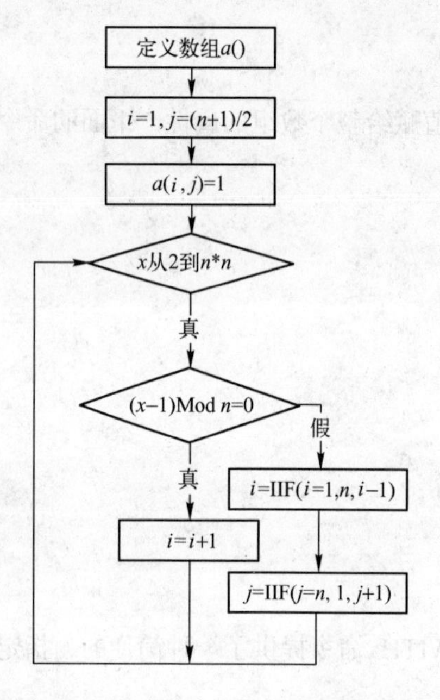

图 8-15　幻方阵中排放各数的流程图

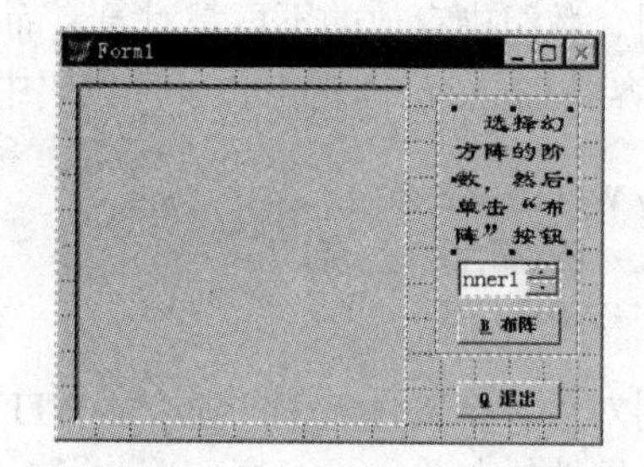

图 8-16　建立用户界面

② 设置对象属性，见表 8-5。

表 8-5　属性设置

对　　象	属　　性	属 性 值
Command1	Caption	\<B 布阵
Command2	Caption	\<Q 退出
Label1	Caption	选择幻方阵的阶数，然后单击“布阵”按钮
Container1	SpecialEffect	1 – 凹下
Spinner1	KeyBoardHighValue	11
	KeyBoardLowValue	3
	SpinnerHighValue	11.00
	SpinnerLowValue	3.00
	Value	3

③ 编写程序代码。

首先在表单的 Load 事件代码中定义全局变量 n 用来存放所选择的幻方阵的阶数，定义全局变量数组 Lab[1,1]用来存放显示幻方阵各个元素的标签组：

```
PUBLIC Lab(1,1), n
```

当然不能忘记在表单的 Destroy 事件代码中释放全局变量及数组：

```
Lab = 0
RELEASE Lab, n
```

在表单的 Activate 事件代码中调用“布阵”按钮的 Click 事件代码：

```
THISFORM.Command1.Click
```

编写容器 Container1 的 Init 事件代码：

```
n = THISFORM.Spinner1.Value
dd = 230/n
dd = INT(dd+.5)
DIME Lab[n,n]
FOR i = 1 TO n*n
    k = ALLT(STR(i))
    THIS.AddObject('label&k','Label')
    lab[i] = THIS.Label&k
ENDFOR
FOR i = 1 TO n
  FOR j = 1 TO n
    WITH lab[i,j]
        .Left = dd*(j–1)+2
        .Top = dd*(i–1)+2
        .Height = dd
        .Width = dd
        .Visible = .T.
        .Caption = ""
        .BackColor = RGB(255,255,255)
        .ForeColor = RGB(0,0,255)
        .Alignment = 2
        .BorderStyle = 1
        .FontSize = dd*.6
    ENDWITH
  ENDFOR
ENDFOR
THIS.Height = dd * n + 4
THIS.Width = dd * n + 4
```

编写“布阵”按钮 Command1 的 Click 事件代码：

```
DIME a(n,n)
STORE 0 TO a
i = 1
j = (n+1)/2
```

```
    a(i,j) = 1
    lab[i,j].Caption=ALLT(STR(1))
    FOR x=2 TO n*n
        IF a(i,j)%n = 0
            i = i +1
        ELSE
            i = IIF(i=1,n,i–1)
            j = IIF(j=n,1,j+1)
        ENDIF
        a(i,j) = x
        lab[i,j].Caption = ALLT(STR(x))
    ENDFOR
```

编写 Spinner1 的 InteractiveChange 事件代码：

```
FOR i = 1 TO n * n
   a1 = ALLT(STR(i))
   THISFORM.Container1.RemoveObject('label&a1')
ENDFOR
n = THIS.Value
THISFORM.Container1.Init
```

编写“退出”按钮 Command2 的 Click 事件代码：

```
THISFORM.Release
```

8.4 习题 8

一、选择题

1．下列关于 Visual FoxPro 数组的叙述中，错误的是（　　）。

A．用 DIMENSION 命令和 DECLARE 命令都可以定义数组

B．Visual FoxPro 只支持一维数组和二维数组

C．一个数组中各个数组元素必须是同一种数据类型

D．新定义数组的各个数组元素初值为.F.

2．使用命令 DECLARE mm(2, 3)定义的数组，包含的数组元素的个数为（　　）。

A．2　　B．3　　C．5　　D．6

3．在 Visual FoxPro 中，要使用数组（　　）。

A．必须先定义　　B．必须先赋值

C．赋值前必须定义　　D．有时可以不必先定义

二、填空题

1．数组的最小下标是________，数组元素的初值为__________。

2．执行语句 DIMENSION M(3), N(2,3)后，数组 M 和 N 的元素个数分别为____和____。

3．执行语句 DIMENSION N(4, 5)后，元素 N(3, 4)的一维数组表示为__________。

三、编程题

1．某数组有 10 个元素，值由计算机随机产生。要求将前 5 个元素与后 5 个元素对换，即第 1 个元素与第 10 个元素互换，第 2 个元素与第 9 个元素互换，…，第 5 个元素与第 6 个元素互换。输出数组对换后各元素的值。

2．编写程序，建立并输出一个 10×10 的矩阵，该矩阵两条对角线元素为 1，其余元素均为 0。

3．有一个 8×6 的矩阵，各元素的值由计算机随机产生，求全部元素的平均值，并输出高于平均值的元素以及它们的行、列号。

4．矩阵转置。即将矩阵行、列互换：

$$\begin{bmatrix} 2 & 3 & 4 & 5 \\ 6 & 7 & 8 & 9 \\ 1 & 2 & 3 & 4 \\ 5 & 6 & 7 & 8 \\ 1 & 2 & 3 & 4 \\ 5 & 6 & 7 & 8 \end{bmatrix} \xrightarrow{\text{转置}} \begin{bmatrix} 2 & 6 & 1 & 5 & 1 & 5 \\ 3 & 7 & 2 & 6 & 2 & 6 \\ 4 & 8 & 3 & 7 & 3 & 7 \\ 5 & 9 & 4 & 8 & 4 & 8 \end{bmatrix}$$

5．求方阵的两个对角线元素之和。

6．找出二维数组 $n \times m$ 中的“鞍点”。所谓鞍点是指它在本行中值最大，在本列中值最小。输出鞍点的行、列号。有可能在一个数组中找不到鞍点，如无鞍点则输出“无”。

7．矩阵的加法运算。两个相同阶数的矩阵 $\boldsymbol{A}$ 和 $\boldsymbol{B}$ 相加，就是将相应位置上的元素相加后放到同阶矩阵 $\boldsymbol{C}$ 的相应位置。

$$\begin{bmatrix} 12 & 24 & 7 \\ 23 & 4 & 34 \\ 1 & 51 & 32 \\ 34 & 3 & 13 \end{bmatrix} + \begin{bmatrix} 2 & 41 & 25 \\ 43 & 24 & 3 \\ 81 & 1 & 12 \\ 4 & 43 & 37 \end{bmatrix} = \begin{bmatrix} 14 & 65 & 32 \\ 66 & 28 & 37 \\ 82 & 52 & 44 \\ 38 & 46 & 50 \end{bmatrix}$$

8．矩阵的乘法运算。设 $\boldsymbol{A} = (a_{ij})$ 为 $n \times k$ 矩阵，$\boldsymbol{B} = (b_{ij})$ 为 $k \times m$ 矩阵，则有 $\boldsymbol{C} = \boldsymbol{AB}$ 为 $n \times m$ 矩阵，$\boldsymbol{C}$ 中元素：

$$c_{ij} = \sum_{t}^{k} a_{it} b_{tj} \qquad \begin{pmatrix} i = 1,2,\cdots,n \\ j = 1,2,\cdots,m \end{pmatrix}$$

9．设某班共 10 名学生，为了评定某门课程的奖学金，按规定超过全班平均成绩 10%者发给一等奖，超过全班成绩 5%者发给二等奖。试编制程序，输出应获奖学金的学生名单（包括姓名、学号、成绩、奖学金等级）。

10．为上题增加一个命令按钮，统计一个班学生 0～9、10～19、20～29、…、90～99 及 100 各分数段的人数。

11．利用随机函数，模拟投币结果。设共投币 100 次，求“两个正面”“两个反面”和“一正一反”3 种情况各出现多少次。

12．设计一个“通讯录”程序。当用户在下拉列表框中选择某一人名后，在“电话号码”文本框中显示出对应的电话号码。当用户选择或取消“单位”和“住址”复选框后，将打开或关闭“工作单位”或“家庭住址”文本框，如图 8-17 所示。

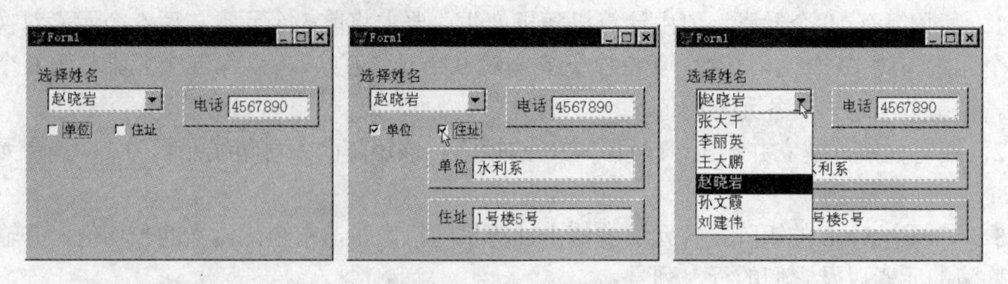

图 8-17 “通讯录”程序

13．某校召开运动会。有 10 人参加男子 100 米短跑决赛，运动员号码和成绩见表 8-6，试设计程序按成绩排名次。

表 8-6 运动员号码和成绩

运动员号码	成 绩	运动员号码	成 绩
011 号	12.4 s	476 号	14.9 s
095 号	12.9 s	201 号	13.2 s
233 号	13.8 s	171 号	11.9 s
246 号	14.1 s	101 号	13.1 s
008 号	12.6 s	138 号	15.1 s

14．在上题中利用数组的排序函数 ASORT()进行排序。

15．编写竞赛用评分程序：去掉一个最高分，去掉一个最低分，选手的得分最后为余下分数的平均分。如图 8-18 所示。

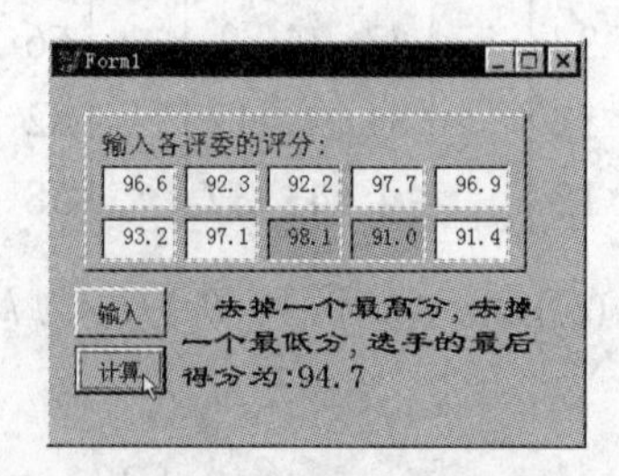

图 8-18 竞赛用评分程序

第9章　自定义属性与方法

如果说内存变量是自由数据元素，那么属性就是与某对象相联系的数据元素。属性的作用域是整个对象（如表单）存在的时期。由于属性的使用需要严格的引用格式（对象.属性），使得属性使用起来在某种程度上比传统的 xBASE 变量作用域（全局、局部、公有、私有）更加安全。在某些场合，可以使用属性来代替使用变量。

而方法则是 Visual FoxPro 中的一个新式的程序组装方式——限制在一个对象中的子程序。

9.1　自定义属性

Visual FoxPro 允许用户像定义变量一样自定义各种类型的属性。当然在可视化编程中，自定义属性只能依附于表单对象，对于由控件创建的对象，无法增加新的属性。

9.1.1　添加自定义属性

按照以下步骤，可以在表单中添加一个自定义的属性 Sec：

① 进入表单设计器，单击系统主菜单中的“表单”命令，在下拉菜单中选择“新建属性”命令，如图 9-1 所示，打开“新建属性”对话框。

② 在“名称（Name）”栏中填入自定义属性的名称 Sec，然后在“说明”栏中填入该属性的简单说明“记录初始秒数”，如图 9-2a 所示。说明内容不是必须的，只是为了阅读方便。

③ 单击“添加”按钮后再单击“关闭”按钮，退出“新建属性”对话框。此时，在属性窗口的“其他”选项卡中可以看见新建的属性及其说明，新定义属性的类型为逻辑型，值为.F.，这里可以将它改为其他类型，如数值型值 0，如图 9-2b 所示。

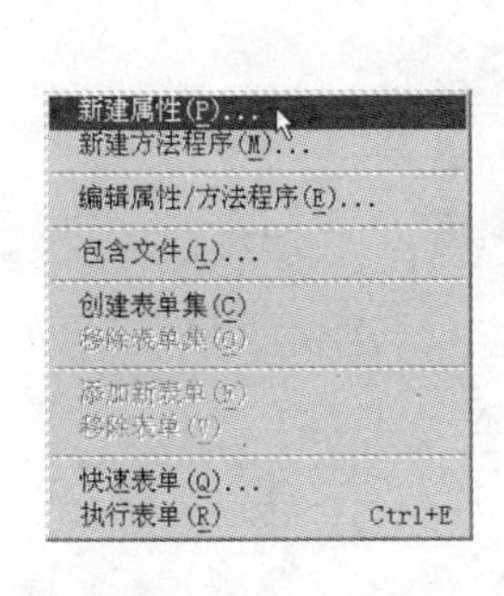

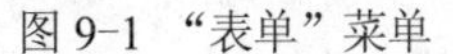
图 9-1 “表单”菜单

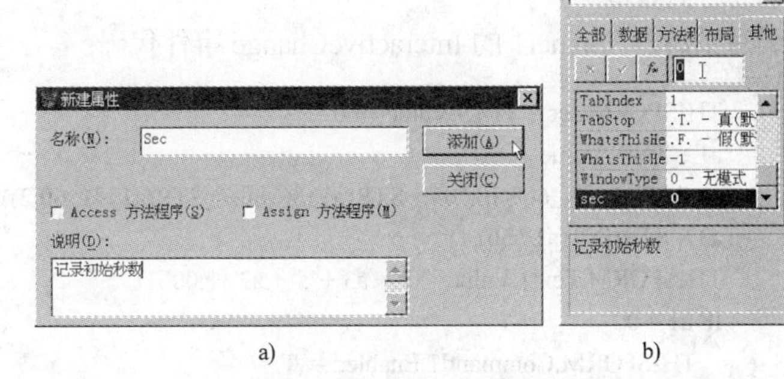

图 9-2　添加自定义属性

a) 建立界面　b) 设置属性

【例 9-1】 设计一个计时器，能够设置倒计时的时间，并进行倒计时。

设计步骤如下：

① 添加自定义属性。选择“新建”表单，进入表单设计器。首先在表单中添加一个自定

义属性 Sec，用以记录“秒表”的初始时间。

② 建立应用程序用户界面与设置属性。在表单中增加一个命令按钮 Command1、一个文本框 Text1、一个微调器 Spinner1 和一个计时器控件 Timer1，如图 9-3a 所示。

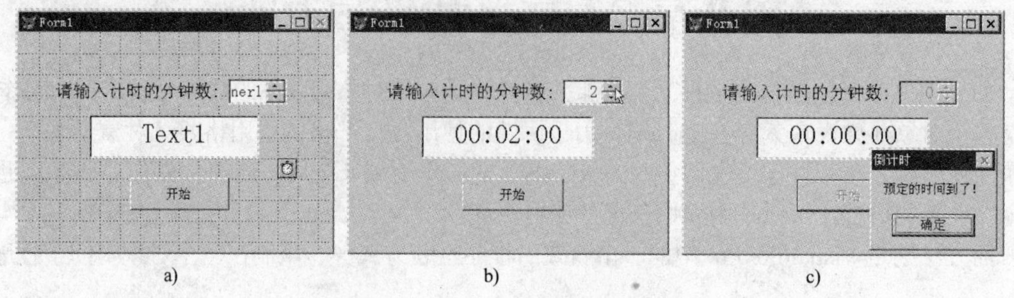

图 9-3 倒计时器的设计与使用

a) 建立界面 b) 运行程序 c) 运行结束

其中，计时器控件 Timer1 可以放在表单的任何位置。

属性设置参见表 9-1。

表 9-1 属性设置

对 象	属 性	属 性 值
Command1	Caption	开始
Timer1	Interval	1000
	Enabled	.F.-假
Spinner1	KeyBoardHighValue	120
	KeyBoardLowValue	0
	SpinnerHighValue	120
	SpinnerLowValue	0
	Value	0

③ 编写代码。

编写微调器 Spinner1 的 InteractiveChange 事件代码：

```
THISFORM.sec = THIS.Value * 60
a1 = THIS.Value
a2 = IIF(a1 % 60 <10,"0" + STR(a1 % 60,1),STR(a1 % 60,2))
a3 = STR(INT(a1 / 60),1)
THISFORM.Text1.Value="0" + a3 +":" + a2 +":00"
IF a1 > 0
  THISFORM.Command1.Enabled = .T.
ELSE
  THISFORM.Command1.Enabled = .F.
ENDIF
```

编写命令按钮 Command1 的 Click 事件代码：

```
THISFORM.Timer1.Enabled=.T.
THISFORM.Spinner1.Enabled=.F.
THIS.Enabled=.F.
```

编写计时器 Timer1 的 Timer 事件代码：

```
THISFORM.sec=THISFORM.sec–1
a0 = THISFORM.sec                              && 秒数
IF a0 > –1
  a1 = INT(a0 / 60)                            && 分钟数
  a2 = INT(a1 / 60)                            && 小时数
  b0 = IIF(a0 % 60 <10,"0" + STR(a0 % 60,1),STR(a0 % 60,2))
  b1 = IIF(a1 % 60 <10,"0" + STR(a1 % 60,1),STR(a1 % 60,2))
  b2 = IIF(a2 % 60 <10,"0" + STR(a2 % 60,1),STR(a2 % 60,2))
  THISFORM.Text1.Value = ALLT(b2 +":" + b1 + ":" + b0)
  THISFORM.Spinner1.Value = a1
ELSE
  THIS.Enabled=.F.
  MESSAGEBOX("预定的时间到了！",0,"倒计时")
  THISFORM.Spinner1.Enabled=.T.
ENDIF
```

运行程序，设置时间后单击“开始”按钮，开始倒计时，时间到时将弹出对话框，如图 9-3b、图 9-3c 所示。

9.1.2 数组属性

数组属性是一组具有不同下标的同名属性，可以在任何使用数组的地方使用数组属性。但要注意，如同属性是一种依附于表单的特殊变量，数组属性是一种依附于表单的数组。要使用数组属性，必须先在表单中定义数组属性。

数组属性的定义和设置与自定义属性的设置相仿，也要打开“新建属性”对话框。在“名称”栏中输入数组属性的名称以及括号括起来的数组大小，如图 9-4 所示。

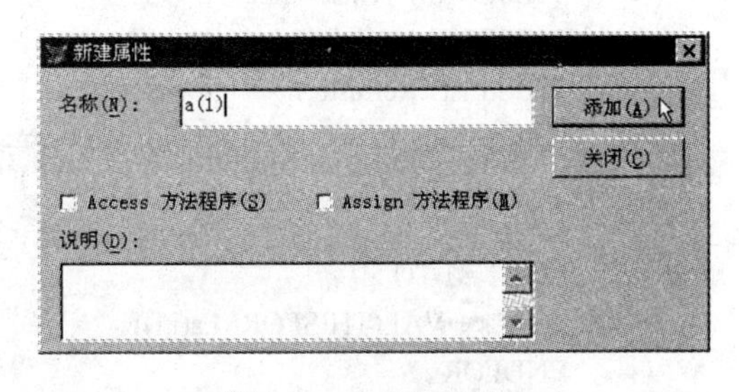

图 9-4　定义数组属性

如果能够事先确定数组的维数和大小，就在括号中输入其值，否则可以先随意指定一个，然后在代码中用 DIMENSION 命令重新定义。

【例 9-2】 在例8-3中使用数组属性来存放方阵的元素，求出主对角线上元素之和以及方阵的最大元素。

设计步骤如下：

① 添加自定义属性。选择“新建”表单，进入表单设计器。首先在表单中添加一个自定义的数组属性 A(5,5)。

② 建立应用程序用户界面与设置属性与例 8-3 基本相同，其中列表框 List1 的属性设置参见表 9-2。

表 9-2 属性设置

对 象	属 性	属 性 值
List1	ColumnCount	5
	ColumnLines	.F. – 假
	ColumnWidths	30,30,30,30,30
	RowSource	THISFORM.a
Row	RowSourceType	5 – 数组

③ 修改代码。

清除表单的 Load、UnLoad 事件代码，并修改表单的 Activate 事件代码：

```
FOR i = 1 TO 25
  yes = 1
  DO WHILE yes = 1
    x = INT(RAND() * 100)
    yes = 0
    FOR j = 1 TO i – 1
      IF x = VAL(THIS.a(j))
        yes = 1                          && 如与前面的元素相同，则返回到 DO 循环
        EXIT
      ENDIF
    ENDFOR
  ENDDO
  THIS.a(i) = STR(x,3)
ENDFOR
THISFORM.Text1.Value = ""
THISFORM.Text2.Value = ""
THIS.List1.Refresh
```

修改“计算”按钮 Command1 的 Click 事件代码：

```
s = 0
FOR i = 1 TO 5
  s = s + VAL(THISFORM.a(i,i))
ENDFOR
THISFORM.Text1.Value = s
max = 0
FOR i = 1 TO 5
  FOR j = 1 TO 5
    IF max < VAL(THISFORM.a(i,j))
      max = VAL(THISFORM.a(i,j))
      p = i
      q = j
    ENDIF
  ENDFOR
ENDFOR
THISFORM.Text2.Value = "A(" + STR(p,1) + "," + STR(q,1) + ")=" + STR(max,3)
```

Command2 的 Click 事件代码不变。

数组属性的使用兼有数组与属性的特点，不仅能够存放普通的数据还能够引用对象。下面在表单中使用数组属性来引用微调器对象。

【例 9-3】 使用微调器控制色彩，还可以返回色彩的 RGB 值，如图 9-5a 所示。

设计步骤如下：

① 添加自定义属性。选择“新建”表单，进入表单设计器。在表单中添加一个自定义的数组属性 Spi(3)，用来存放微调器对象。

② 建立应用程序用户界面。选择新建表单，进入表单设计器。首先增加一个命令按钮 Command1、一个形状控件 Shape1 和一个容器控件 Container1，并在 Shape1 上覆盖一个标签控件 Label1。然后右击容器控件，在弹出的快捷菜单中选择“编辑”命令，进入容器控件的编辑状态（四周出现浅绿色边界）。在容器中增加两个文本框 Text1、Text2 和 3 个微调器 Spinner1、Spinner2、Spinner3，如图 9-5b 所示。

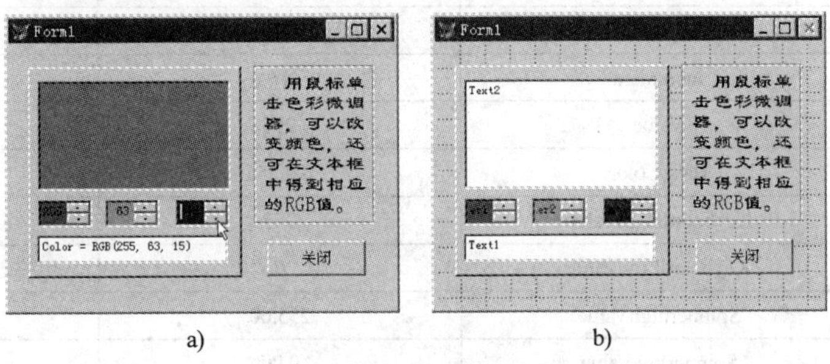

图 9-5 调色盘及其设计

a) 运行界面 b) 建立界面

③ 设置对象属性，属性值见表 9-3。

表 9-3 属性设置

对　象	属　性	属 性 值	说　明
Label1	Caption	用鼠标单击色彩微调器，可以改变颜色，还可在文本框中得到相应的 RGB 值	
	WordWrap	.T. – 真	折行
Shape1	SpecialEffect	0 – 3 维	
Container1	SpecialEffect	0 – 凸起	

按照以下步骤对容器中的控件设置属性：右击控件 Container1，在弹出的快捷菜单中选择“编辑”命令。容器的四周出现淡绿色边界，可以逐一选定其中的控件，并在属性窗口设置其属性，属性值见表 9-4。

表 9-4 Container1 中各控件的属性设置

对　象	属　性	属 性 值	说　明
Text1	Enabled	.F. – 假	
	DisabledBackColor	255,255,255	
	DisabledForeColor	0,0,0	

（续）

对　象	属　性	属 性 值	说　明
Spanner1	BackColor	255,0,0	红
	KeyboardHighValue	255	
	KeyboardLowValue	0	
	SpinnerhighValue	255.00	
	SpinnerlowValue	0.00	
	Increment	16	
	Value	255	
Spanner2	BackColor	0,255,0	绿
	KeyboardHighValue	255	
	KeyboardLowValue	0	
	SpinnerhighValue	255.00	
	SpinnerlowValue	0.00	
	Increment	16	
	Value	255	
Spanner3	BackColor	0,0,255	蓝
	KeyboardHighValue	255	
	KeyboardLowValue	0	
Spanner3	SpinnerhighValue	255.00	
	SpinnerlowValue	0.00	
	Increment	16	
	Value	255	

④ 编写程序代码。

编写表单的 Init 事件代码，建立属性数组对对象变量的引用：

```
THIS.spi(1) = THIS.Container1.Spinner1
THIS.spi(2) = THIS.Container1.Spinner2
THIS.spi(3) = THIS.Container1.Spinner3
```

编写微调器控件 Spanner1 的 InteractiveChange 事件代码：

```
r = THISFORM.spi(1).Value
g = THISFORM.spi(2).Value
b = THISFORM.spi(3).Value
THIS.Parent.Text2.BackColor = RGB(r,g,b)
THIS.Parent.Text1.Value = "Color = RGB("+STR(r,3)+","+STR(g,3)+","+STR(b,3)+")"
```

编写微调器控件 Spanner2 的 InteractiveChange 事件代码：

```
r = THISFORM.spi(1).Value
g = THISFORM.spi(2).Value
b = THISFORM.spi(3).Value
THIS.Parent.Text2.BackColor = RGB(r,g,b)
```

```
THIS.Parent.Text1.Value = "Color = RGB("+STR(r,3)+","+STR(g,3)+","+STR(b,3)+")"
```

编写微调器控件 Spanner3 的 InteractiveChange 事件代码：

```
r = THISFORM.spi(1).Value
g = THISFORM.spi(2).Value
b = THISFORM.spi(3).Value
THIS.Parent.Text2.BackColor = RGB(r,g,b)
THIS.Parent.Text1.Value = "Color = RGB("+STR(r,3)+","+STR(g,3)+","+STR(b,3)+")"
```

说明：RGB 函数的 3 个参数依次代表红、绿、蓝的色彩浓度，其变化范围是 0～255。

9.2 自定义方法

Visual FoxPro 还允许用户像定义子程序那样自定义各种形式的方法。在可视化编程中，自定义方法也只能依附于表单对象，对于由控件创建的对象，无法定义新的方法。

9.2.1 自定义方法的概念

1．子程序

在设计程序时，常常将重复使用的程序设计成能够完成一定功能的、可供其他程序使用（调用）的独立程序段。这种程序段称为子程序，它独立存在，但可以被多次调用，调用的程序称为主程序。不但重复执行的程序段可以作为子程序独立出去，即使只执行一次的程序段也可以把它写成子程序，并把程序应该完成的主要功能都分配给各子程序去完成，这样主程序可以写得比较短。

既然子程序只是一个相对独立的程序段，那么就可以仍然用顺序、选择和循环这 3 种基本结构去构造它。子程序的输入输出一般表现为主程序与子程序间的数据传递。

2．过程、函数与方法

Visual FoxPro 子程序的结构分为过程、函数与方法 3 类。一般来说，过程与函数的区别在于函数返回一个值而过程不返回值，而方法则是 Visual FoxPro 中的一个新式的程序组装方式——限制在一个对象中的子程序。在可视化编程中，使用最多的是“方法”。

“方法”可以像过程那样以传值或传址的方式传递参数，也可以像函数那样返回值，集中了过程和函数的所有功能与优点。与过程、函数的不同在于，方法总是和一个对象密切相联，即仅当对象存在并且可见时方法才能被访问。

Visual FoxPro 的方法分为两类：内部方法和用户自定义方法。内部方法是 Visual FoxPro 预制的子程序，可供用户直接调用或修改后使用，如前面章节中所使用过的 Release、SetAll、SetFocus 等方法。Visual FoxPro 提供了数十种内部方法，并且允许用户使用自定义的方法。用户自定义方法其实就是用户为某种需要所编写的子程序。

3．自定义方法的建立与调用

自定义方法的建立分为两步：方法的定义和编写方法代码。而自定义方法的调用则要指明调用的路径。

方法的命名遵循 Visual FoxPro 中名称的使用原则。另外还要注意，方法名不要与变量、数组名称相同，尽量取有意义的名称。

下面就以例 9-3 为例来说明自定义方法的建立与调用。

【例 9-4】 在例 9-3 中使用自定义方法来统一处理微调器的操作。

在例 9-3 的基础上进行修改，具体步骤如下：

① 添加新方法。进入表单设计器，单击系统主菜单中的“表单”菜单，在下拉菜单中选择“新方法程序”命令，打开“新建方法程序”对话框，如图 9-6 所示。

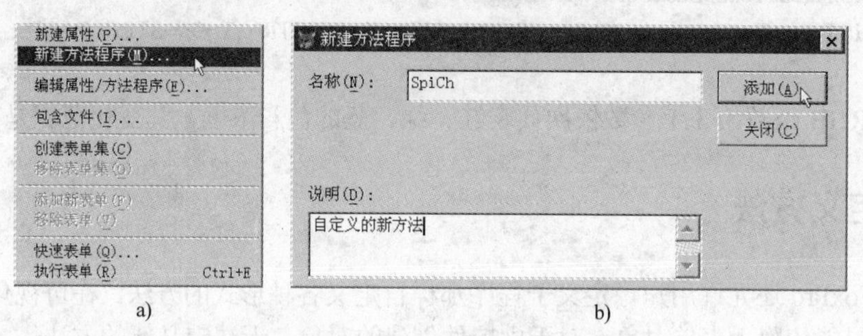

图 9-6 “新建方法程序”对话框

a) 选择菜单 b) 设置属性

在“名称”栏中填入自定义方法的名称 SpiCh，然后在“说明”栏中填入新方法的简单说明“自定义的新方法”，如图 9-6b 所示。说明内容不是必须的，只是为了阅读程序方便。

单击“添加”按钮后再单击“关闭”按钮，退出“新建方法程序”对话框。此时，在属性窗口的“方法程序”选项卡中可以看见新建的方法及其说明，如图 9-7 所示。

② 编写自定义方法的代码。编写自定义方法的代码与编写表单的事件过程代码一样，可以双击属性窗口的新方法项 SpiCh，或直接打开“代码”窗口，在“过程”下拉列表中选择新方法 SpiCh，即可开始编写新方法的代码，如图 9-8 所示。

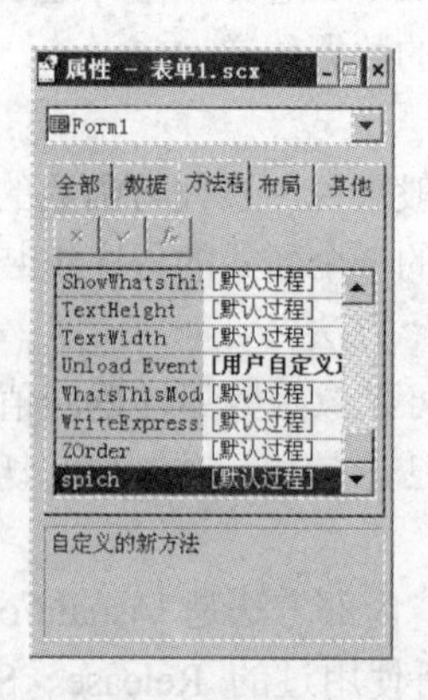

图 9-7 自定义的新方法

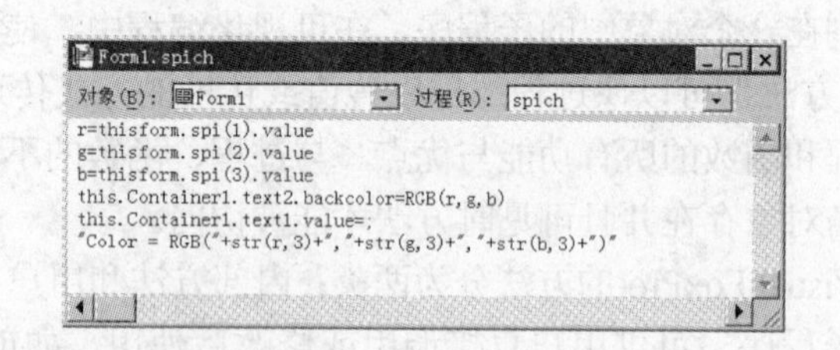

图 9-8 编写自定义方法的代码

```
r = THISFORM.spi(1).Value
g = THISFORM.spi(2).Value
b = THISFORM.spi(3).Value
THIS.Container1.Text2.BackColor = RGB(r,g,b)
THIS.Container1.Text1.Value = "Color = RGB("+STR(r,3)+","+STR(g,3)+","+STR(b,3)+")"
```

③ 自定义方法的调用。自定义方法的调用与表单的内部方法的调用一样，可以在事件过程或其他的方法代码中调用。

修改微调器控件 Spanner1 的 Interactive Change 事件代码：

```
THISFORM.spich
```

修改微调器控件 Spanner2 的 Interactive Change 事件代码：

```
THISFORM.spich
```

修改微调器控件 Spanner3 的 InteractiveChange 事件代码：

```
THISFORM.spich
```

表单的运行结果与例 9-3 完全相同。

9.2.2 参数的传递与方法的返回值

方法可以接收主程序传递的参数，也可以不接收参数（如上例），可以有返回的值（如函数），也可以没有返回的值（如过程）。

1．参数的传递

若想使方法能够接收参数，只需在方法代码的开始增加命令行：

PARAMETERS 〈形参表〉

或

LPARAMETERS 〈形参表〉

调用时使用括号将实参括起来：

对象名.方法名(〈实参表〉)

说明：

① LPARAMETERS 命令与 PARAMETERS 命令的区别在于：以 PARAMETERS 命令所接收的参数变量属于 PRIVATE（专用）性质，而以 LPARAMETERS 命令所接收的参数变量属于 LOCAL（局部）性质。

② 〈实参表〉中实际参数的个数最多不能超过 27 个。

③ 若〈形参表〉中形参的个数多于实际参数的个数，则多余的形参变量的值为.F.；若实际参数的个数多于〈形参表〉中形参的个数，则出现“程序错误”提示：必须指定额外参数，如图 9-9 所示。

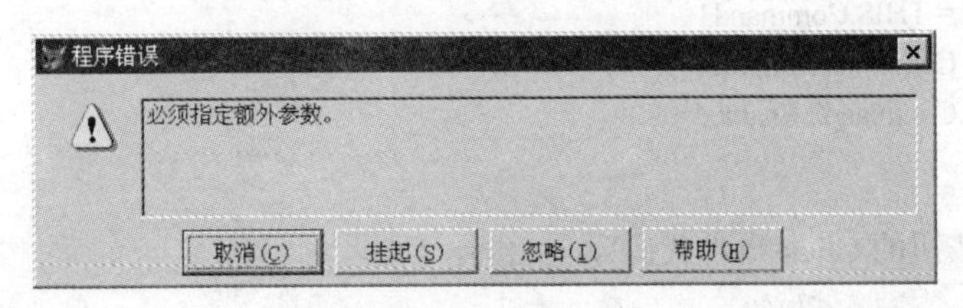

图 9-9 必须指定额外参数

④ 在调用方法时，无论指定或不指定实际参数，方法名后都可以带一对括号。

⑤〈实参表〉中的实际参数可以是任何类型的变量、函数、数组、表达式，甚至是对象。

【例 9-5】 在一个窗口中包含 3 个命令按钮，当用户单击其中一个时，要求其他个别按钮不能使用。

分析：本例可以分别建立 3 个按钮的单击事件过程，也可以建立一个方法来统一处理 3 个命令按钮的单击事件。假设：单击“Command1”按钮使“Command2”按钮不可用；单击“Command2”按钮使“Command1”按钮不可用；单击“Command3”按钮使得“Command1”按钮和“Command2”按钮都可用。

设计步骤如下：

应用程序用户界面的建立与对象属性的设置如图 9-10 所示，下面介绍代码的编写。

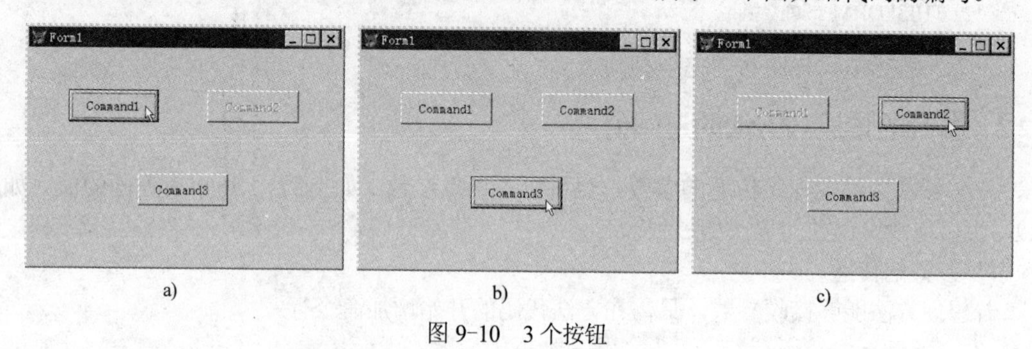

图 9-10　3 个按钮

a) 单击“Command1”按钮后　b) 单击“Command3”按钮后　c) 单击“Command2”按钮后

① 添加新方法。

进入表单设计器，单击系统主菜单中的“表单”菜单，在下拉菜单中选择“新方法程序”命令，打开“新建方法程序”对话框。

在“名称”栏中填入自定义方法的名称 CmdClk，单击“添加”按钮后再单击“关闭”按钮，退出“新建方法程序”对话框。此时，在属性窗口的“方法程序”选项卡中可以看见新建的方法。

② 编写自定义方法 CmdClk 的代码：

```
LPARAMETERS x
DO CASE
  CASE x = THIS.Command1
    THIS.Command2.Enabled=.F.
  CASE x = THIS.Command2
    THIS.Command1.Enabled=.F.
  CASE x = THIS.Command3
    THIS.Command1.Enabled=.T.
    THIS.Command2.Enabled=.T.
ENDCASE
```

③ 3 个命令按钮的 Click 事件代码完全相同：

```
THISFORM.cmdclk(THIS)
```

说明：要注意在不同代码中 THIS 所代表的对象不同。

2．参数传递的方式

参数传递的方式分为传址方式和传值方式。

传址方式是指主程序将实际参数在内存中的地址传给被调用的方法，由形式参数接收，而形式参数也使用该地址。即实际参数与形式参数使用相同的内存地址，形式参数的内容一经改变，实际参数的内容也将跟着改变。

传值方式是指主程序将实际参数的一个备份传给被调用的方法，这个备份可以被方法改变，但在主程序中变量的原值不会改变。

传址或传值方式对于数组的影响较大，如果采用传值方式则只能传递数组的第一个元素的内容，其他元素无法传递。如果采用传址方式，则将整个数组的地址传给了被调用的方法，形式参数会自动变成一个与实际参数同样大小的数组。

在默认的情况下，Visual FoxPro 在调用方法时采用传值方式。如果要改变参数的传递方式，可以采用以下两种方法：

① 使用 SET UDFPARMS TO VALUE|REFERENCE 命令来强制改变参数的传递方式。

② 使用@符号来强制 Visual FoxPro 使用传址的参数传递方式。

下面的例子使用两种不同的参数传递方式，得到不同的结果。

【例 9-6】 编写求最大公约数的自定义方法，输入的两个整数按值传递，求出的最大公约数按地址传递。

设计步骤如下：

应用程序用户界面的建立与对象属性的设置参见图 9-11。下面介绍代码的编写。

① 首先添加自定义方法 Hcf。

② 编写自定义方法 Hcf 的代码：

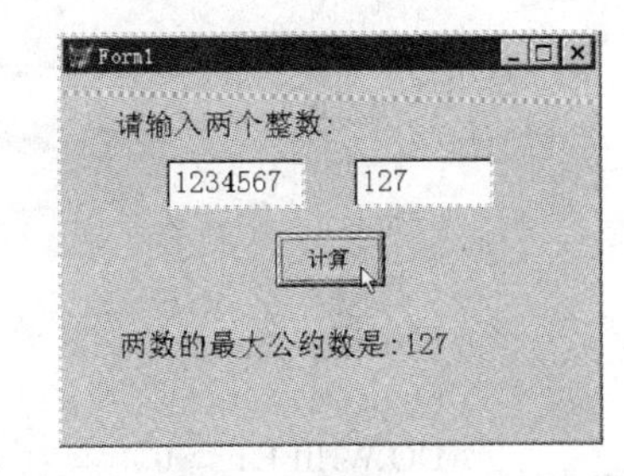

图 9-11　求最大公约数

```
PARAMETERS m, n, Z
IF m < n
   t = m
   m = n
   n = t
ENDIF
r = m  %  n
DO WHILE r <> 0
   m = n
   n = r
   r = m  %  n
ENDDO
Z = n                                        && 将求出的最大公约数赋值给变量 Z
```

③ 编写“计算”按钮的 Click 事件代码，调用自定义方法 Hcf：

```
x=VAL(THISFORM.Text1.Value)
y=VAL(THISFORM.Text2.Value)
a=0
IF x*y<>0
   THISFORM.hcf(x,y,@a)                      && 变量 a 按传址方式传递
```

```
    THISFORM.Label2.Caption = "两数的最大公约数是:"+ALLT(STR(a))
ENDIF
```

3．方法的返回值

若想使方法能够返回一个值，只需在方法代码的结束处增加命令行：

RETURN [〈表达式〉]

如果没有设置〈表达式〉，Visual FoxPro 将自动返回.T.。

当代码执行到 RETURN 命令，就会立即返回到主程序中。

在主程序中可用以下形式调用方法：

① 在表达式中调用方法，如 k = PI()*THISFORM.Demo(r)。

② 在赋值语句中调用方法，如 k = THISFORM.Demo(r)。

③ 以等号命令调用方法，如 = THISFORM.Demo(r)。

注：以等号命令调用方法将舍弃返回值。

【例 9-7】 改写例 9-6 中的自定义方法，使其能够返回值。然后通过在表达式中调用方法，得到 3 个整数的最大公约数。

设计步骤如下：

应用程序用户界面的建立与对象属性的设置参见图 9-12，下面介绍代码的编写。

① 首先添加自定义方法 Hcf。

② 编写自定义方法 Hcf 的代码：

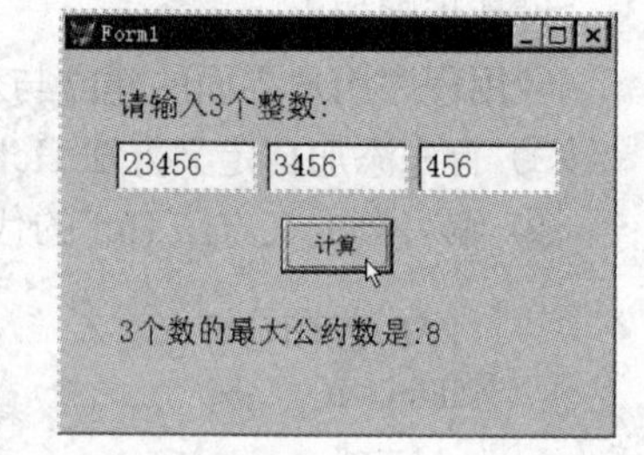

图 9-12　求最大公约数

```
PARAMETERS m, n
IF m < n
    t = m
    m = n
    n = t
ENDIF
r = m % n
DO WHILE r <> 0
    m = n
    n = r
    r = m % n
ENDDO
RETURN n                                    && 将求出的最大公约数返回
```

③ 编写“计算”按钮的 Click 事件代码，调用自定义方法 Hcf：

```
x = VAL(THISFORM.Text1.Value)
y = VAL(THISFORM.Text2.Value)
z = VAL(THISFORM.Text3.Value)
IF x*y*z <> 0
    a = THISFORM.hcf(x,y)
    b = THISFORM.hcf(a,z)
    THISFORM.Label2.Caption = "3 个数的最大公约数是:"+ALLT(STR(b))
ENDIF
```

【例 9-8】 验证哥德巴赫猜想：一个不小于 6 的偶数可以分解为 2 个奇素数之和。

设计一个程序，输入一个不小于 6 的偶数，然后由计算机将其分解为两个奇素数之和，如图 9-13 所示。

设计步骤如下：

应用程序用户界面的建立与对象属性的设置参见图 9-13，下面介绍代码的编写。

首先在表单中增加一个判断素数的自定义方法 Prime()，其代码为：

```
LPARAMETERS m
f = .T.
IF m > 3
   FOR I = 3 TO SQRT(m)
      IF m  %  I = 0
         f = .F.
         EXIT
      ENDIF
   ENDFOR
ENDIF
RETURN f
```

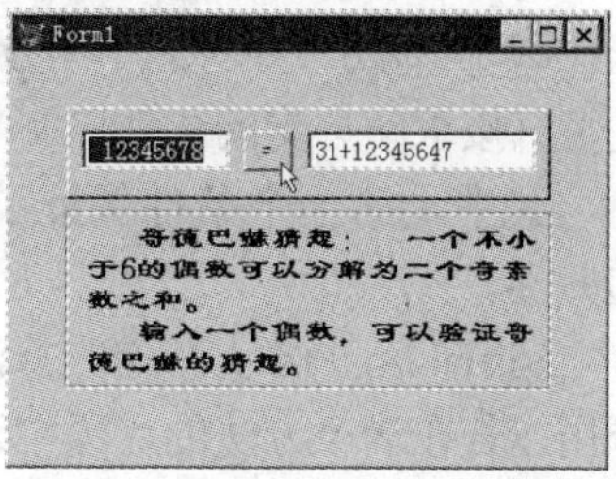

图 9-13　验证哥德巴赫猜想

编写命令按钮“=”的 Click 事件代码：

```
n = THIS.Parent.Text1.Value
IF n  %  2 != 0 OR n < 6
   MESSAGEBOX('必须输入大于 6 的偶数，请重新输入！',64)
ELSE
   FOR x = 3 TO n / 2 STEP 2
      IF THISFORM.prime(x)
         y = n – x
         IF THISFORM.prime(y)
            THIS.Parent.Text2.Value = ALLT(STR(x)) + '+' + ALLT(STR(y))
            EXIT
         ENDIF
      ENDIF
   ENDFOR
ENDIF
THIS.Parent.Text1.SetFocus
```

编写表单的 Activate 事件代码：

```
THIS.Container1.Text1.SetFocus
```

编写文本框 Text1 的 InteractiveChange 事件代码：

```
THIS.Parent.Text2.Value=''
```

9.2.3　方法的递归调用

递归函数论是现代数学的一个重要分支，数学上常常采用递归的办法来定义一些概念，例如，自然数 N 的阶乘定义为：

$$N! = \begin{cases} 1 & N = 0 \\ N \times (N-1)! & N > 0 \end{cases}$$

上述阶乘的定义就是递归定义。

递归在算法描述中有着不可替代的作用。很多看似十分复杂的问题，使用递归算法来描述显得非常简洁与清晰。一个问题要采用递归的算法来解决，必须能够做到：

① 该问题必须是根据给定的参数分支求解，其中一支能够直接求解。

② 其他分支的求解转化为原问题的求解，但求解时的参数改变。参数的变化最终能够满足可直接求解分支的条件。

其中，第一个条件保证了递归算法的可行性，即可终止性；第二个条件表明了算法的递归性。

Visual FoxPro 支持递归算法。在方法代码中直接或间接调用该方法本身，称为方法的递归调用。若在一个方法的代码中调用其自身，则称为直接递归；若在甲方法中调用了乙方法，而乙方法中又调用了甲方法，则称为间接递归。

【例 9-9】 利用递归调用计算 $n!$。

分析：使用递归算法求阶乘的流程图如图 9-14 所示。

表单的设计以及对象属性的设置参见图 9-15，下面给出程序代码。

编写求阶乘的递归方法 fact 的代码：

```
LPARAMETERS n
IF n > 0
   f = n * THIS.fact(n – 1)
ELSE
   f = 1
ENDIF
RETURN f
```

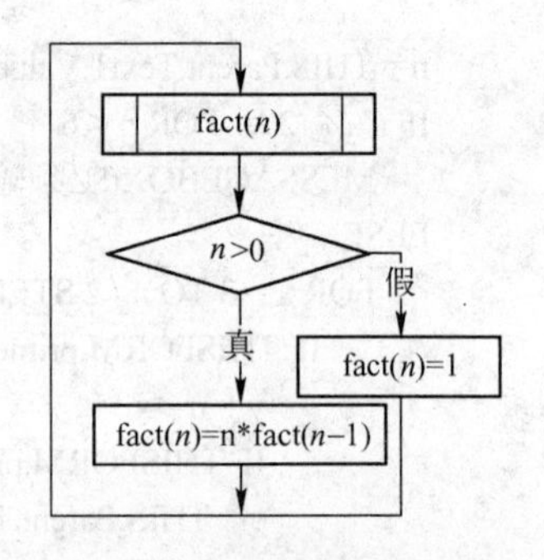

图 9-14　递归算法求阶乘的示意流程图

编写文本框的按键（KeyPress）事件代码：

```
LPARAMETERS nKeyCode, nShiftAltCtrl
IF nKeyCode = 13
   m = VAL(THISFORM.Text1.Value)
   IF m < 0 OR m > 20
      MESSAGEBOX("非法数据！")
   ELSE
      THISFORM.Text2.Value = THISFORM.fact(m)
   ENDIF
   THISFORM.Text1.SetFocus
ENDIF
```

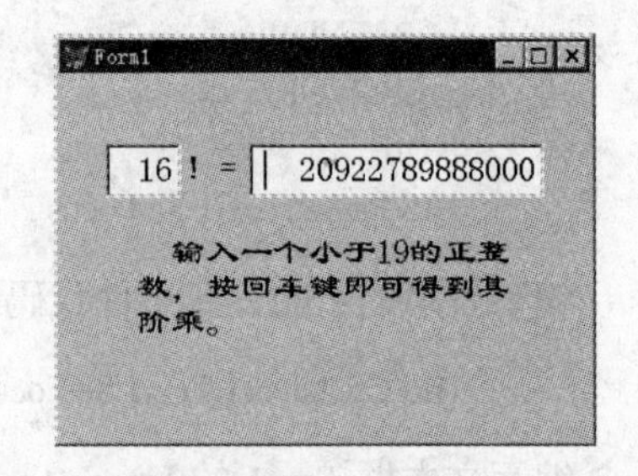

图 9-15　求阶乘

说明：当 $n>0$ 时，在方法 fact 中调用 fact 方法，参数为 $n-1$，这种操作一直持续到 $n=1$ 为止。

例如，当 $n=5$ 时，求 fact(5)的值变为求 5×fact(4)；求 fact(4)的值又变为求 4×fact(3)，…，当 $n=0$ 时，fact 的值为 1，递归结束，其结果为 5×4×3×2×1。如果把第一次调用方法 fact

叫做 0 级调用，以后每调用一次级别增加 1，过程参数 *n* 减 1，则递归调用的过程如下：

递归级别	执行操作
0	fact(5)
1	fact(4)
2	fact(3)
3	fact(2)
4	fact(1)
4	返回 1 fact(1)
3	返回 2　fact(2)
2	返回 6　fact(3)
1	返回 24　fact(4)
0	返回 120　fact(5)

说明：利用递归算法能简单有效地解决一些特殊问题，但是由于递归调用过程比较频繁，所以执行效率很低，在选择递归算法时要慎重。

9.3　习题 9

一、选择题

1．在 Visual FoxPro 中，如果希望一个内存变量只限于在本过程中使用，说明这种内存变量的命令是（　　）。

A．PRIVATE　　B．PUBLIC

C．LOCAL　　D．在程序中直接使用的内存变量（不加上述声明）

2．在 Visual FoxPro 中，下面关于自定义方法（或过程）调用的叙述正确的是（　　）。

A．实参与形参的数量必须相等

B．当实参的数量多于形参的数量时，多余的实参被忽略

C．当形参的数量多于实参的数量时，多余的形参取.F.

D．上面 B 和 C 都对

3．设表单 MyForm 中自定义方法 k1 的代码如下：

```
PARAMETERS x, y
y = x*x+15
RETURN y
```

表单 MyForm 中命令按钮 Command1 的 Click 事件代码如下：

```
fs = 0
a = THISFORM.k1(5, fs)
```

运行表单，单击 Command1 后，变量 a 中的值为（　　）。

A．40　　B．5　　C．0　　D．15

4．设表单 MyForm 中自定义方法 k2 的代码如下：

```
PARAMETERS x, y
n=1
n=n+1
```

```
y=1
DO WHILE n<x
   y=y*n
   n=n+1
ENDDO
RETURN y
```

表单 MyForm 中命令按钮 Command1 的 Click 事件代码如下：

```
a = 0
b = THISFORM.k2(5, a)
```

运行表单，单击 Command1 后，变量 b 中的值为（　　）。

A．0　　B．24　　C．18　　D．14

二、选择题

1．修改例 6-2 中的口令验证程序，利用自定义属性存储口令次数，并限制口令的输入次数。

2．计时器（秒表）可以在运动场上测试短跑项目的成绩，可以记录考试所用的时间等。设计一个计时器。按“开始”按钮，开始计时，按钮变为“暂停”。再按，停止计时，显示时间读数。任何时候按“重置”按钮，时间读数都将重置为 0。

3．使用数组属性编写例 8-2，计算并显示 Fibonacci 数列。

4．使用自定义数组与属性，求任意多个数中的最大数。

5．使用传址方式传递参数，编写判断素数的自定义方法，验证哥德巴赫猜想：一个不小于 6 的偶数可以表示为两个素数之和（参见例 9-8）。

6．求两个数 n 和 m 的最大公约数和最小公倍数。

7．使用 SECONDS()函数设计用来暂停指定时间（秒）的自定义方法。

简单的不精确延时，可以用 FOR…ENDFOR 循环来实现，如果要实现比较精确的时间延时，可以采用计时器控件，但要增加额外的“开支”，较为理想的方法是使用 SECONDS()函数。

SECONDS()函数返回从午夜开始到现在经过的毫秒数。把开始暂停的时刻加上需要延时的时间（Start + PauseTime）作为循环结束的条件，当现在的时刻 SECONDS()超过这个时间时，结束循环。

8. 编写分数化简程序，其中调用求最大公约数的自定义方法，如图 9-16 所示。

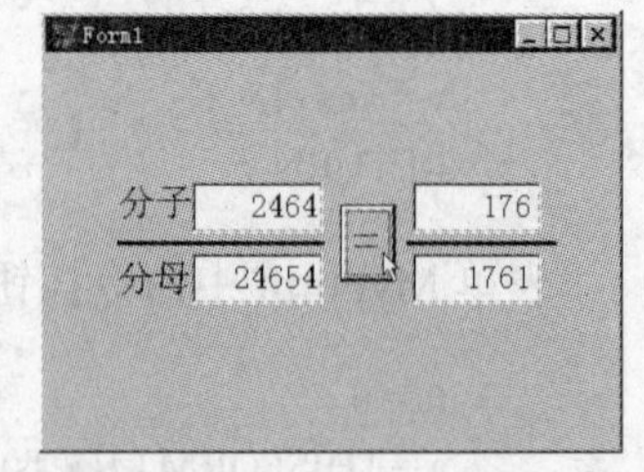

图 9-16　分数化简

9．Hanoi 塔问题：传说印度教的主神梵天创造世界时，在印度北部佛教胜地贝拿勒斯圣庙里，安放了一块黄铜板，板上插着 3 根针，在其中一根针上自下而上放着由大到小的 64 个金盘，这就是所谓的梵塔（Hanoi）。梵天要僧侣们坚定不移地按下面规则把 64 个盘子移到另一根针上：

① 一次只能移一个盘子。

② 盘子只许在 3 根针上存放。

③ 永远不许大盘压小盘。

请编制程序实现盘子的移动。

第10章 设计菜单

使用菜单可以有效地组织应用程序的各项功能，使用户更加方便、迅速地使用应用程序。

10.1 使用“菜单设计器”

“菜单设计器”是 Visual FoxPro 提供的又一个可视化编程工具。使用“菜单设计器”可以添加新的菜单选项到系统菜单中——定制已有的系统菜单，也可以创建一个全新的自定义菜单，以代替已有的系统菜单。

无论是定制已有系统菜单，还是开发一个全新的自定义菜单，创建一个完整的菜单系统都需要以下步骤：

① 规划系统。确定需要哪些菜单、出现在界面的何处以及哪几个菜单要有子菜单等。

② 创建菜单和子菜单。

③ 为菜单系统指定任务。指定菜单所要执行的任务，例如显示表单或对话框等。另外，如果需要，还可以包含初始化代码和清理代码。

④ 选择“预览”按钮预览整个菜单系统。

⑤ 从“菜单”菜单上选择“生成”命令，生成菜单程序。

⑥ 运行生成的程序，测试菜单系统。

10.1.1 规划菜单系统

应用程序的实用性在一定程度上取决于菜单系统的质量。在设计菜单系统时，应考虑下列准则。

① 按照用户所要执行的任务组织系统，而不要按应用程序的层次组织系统。只要查看菜单和菜单项，用户就应该可以对应用程序的组织方法有一个感性认识。因此，要设计好这些菜单和菜单项，程序员必须清楚用户思考问题的方法和完成任务的方法。

② 给每个菜单一个有意义的菜单标题。按照估计的菜单项使用频率、逻辑顺序或字母顺序组织菜单项。如果不能预计频率，也无法确定逻辑顺序，则可以按字母顺序组织菜单项。当菜单中包含有 8 个以上的菜单项时，按字母顺序特别有效。太多的菜单项需要用户花费一定的时间才能浏览一遍，而按字母顺序排列则便于查看菜单项。

③ 在菜单项的逻辑组之间放置分隔线。

④ 将菜单上菜单项的数目限制在一个屏幕之内。如果菜单项的数目超过了一屏，则应为其中的一些菜单项创建子菜单。

⑤ 为菜单和菜单项设置访问键或键盘快捷键。例如，〈Alt+F〉组合键可以作为“文件”菜单的访问键。

⑥ 使用能够准确描述菜单项的文字。描述菜单项时，应使用日常用语，而不要使用计算机术语。

⑦ 对于英文菜单，可以在菜单项中混合使用大小写字母。只有强调时才全部使用大写字母。

10.1.2 “菜单设计器”简介

选择主菜单“文件”中的“新建”项，打开“新建”对话框，单击该对话框底部的“菜单”按钮，再单击“新文件”按钮，打开“新建菜单”对话框。单击“菜单”按钮，打开“菜单设计器”。

“菜单设计器”包含如下部分。

① 菜单名称——在菜单系统中指定的菜单标题和菜单项。可为菜单中的各选项定义一个访问键和快捷键。当菜单项名称是英文词汇时，若选首字母是热键，在该选项的名字前加上“\<”，如“\<Edit”。若要另选热键，则要在选项名后加“(\<字母)”，如“编辑(\<E)”。

一旦在“菜单名称”栏中输入了任何内容，“菜单名称”栏左边将出现一个上下双箭头按钮——移动控件，利用“移动控件”可以可视化地调整菜单项之间的顺序。

在“菜单名称”栏中填入菜单项名，可看到出现的结果等选项。

② 结果——指定用户在选择菜单标题或菜单项时将执行的动作。例如，可执行一个命令、打开一个子菜单或运行一个过程。

单击“结果”下拉列表，有 4 个选择，如图 10-1 所示。

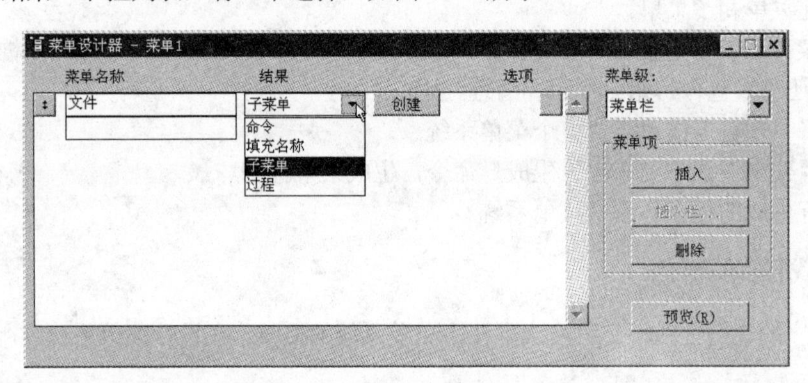

图 10-1 菜单设计器

对添加的菜单项有 4 种处理方式，其说明见表 10-1。

表 10-1 4 种菜单选项

选 项	功 能
子菜单	选择此项，右边出现“创建”按钮，单击“创建”按钮可生成一个子菜单。一旦建立了子菜单，“创建”按钮就变为“编辑”按钮，用它修改已经定义的子菜单。这是最常用的方式，当用户选择主菜单上的某一选项时，就会出现下拉菜单，这个下拉菜单就是用“创建”定义的，因此，系统将“子菜单”作为默认选择
命令	选择此项，右边出现一个文字框，要在文字框中输入一条命令，当在菜单中选择此项时，就会执行这个命令。如“结束”选项，在结果中选定命令，在文字框中输入 QUIT 命令
填充名称	选择此项，在右边显示一个文字框，要在文字框中输入一个用户自己定义的或者系统的菜单项名。在子菜单中，“填充名称”选项由“菜单项 #”代替，在这个选项中，既可以指定用户自己定义的项号，也可以是系统菜单的菜单项的名字
过程	选择此项，则在右边出现一个“创建”按钮，单击此按钮打开一个编辑窗口，可以编辑菜单过程代码

说明：在编辑窗口中输入一个过程文件，当选择该菜单选项时系统就会自动运行这个过程

文件。由于在生成程序时系统会自动生成这个过程名，所以不需要再用PROCEDURE命令给这个过程命名。一旦生成了过程文件，“创建”按钮就变为“编辑”按钮。

③ 选项——单击“选项”按钮显示“提示选项”对话框，如图10-2所示。

在“提示选项”对话框中可以定义键盘快捷键、确定废止菜单或菜单项的条件。当选定菜单或菜单项时，在状态栏中包含相应信息，指定菜单标题的名称以及在OLE可视编辑期间控制菜单标题位置。对话框中的选项见表10-2。

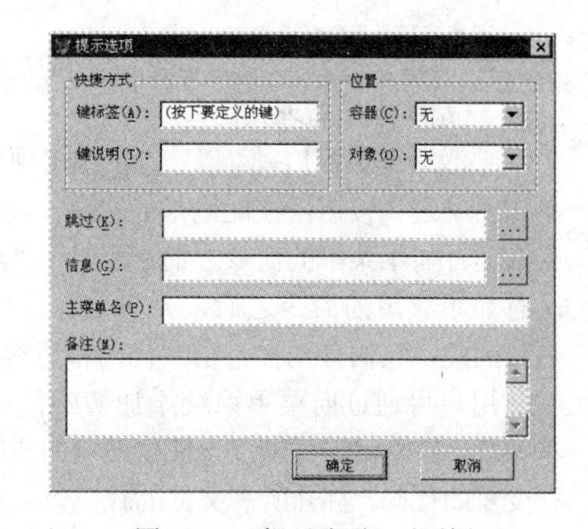

图10-2 “提示选项”对话框

表10-2 “提示选项”对话框中的选项

选　项	功　能
快捷方式	显示键定义对话框，可在其中定义快捷键。在“键标签”框中按下一组合键，例如同时按下〈Ctrl〉键和〈C〉键，“键标签”框中就会显示刚才按下的组合键，如〈Ctrl+C〉组合键。同时在“键说明”框中重复“键标签”框中的内容，用户可以修改，例如更改为^C。但要注意，〈Ctrl+J〉组合键是无效的快捷键
位置	显示菜单位置对话框，可在其中指定当用户在应用程序中编辑一个OLE对象时菜单标题的位置
跳过	显示“表达式生成器”。在“表达式生成器”的“跳过”框中，输入表达式来确定菜单或菜单项是否可用，当表达式值为.F.时，该菜单选项不可用
信息	显示“表达式生成器”。在“表达式生成器”的“信息”框中，可以输入用于说明菜单选择的信息，说明信息将出现在状态栏中
主菜单名	显示主菜单名对话框，可在其中指定可选的菜单标题。此选项仅在“菜单设计器”窗口的“结果”区域显示“命令”“子菜单”或“过程”时可用
备注	输入用户自己使用的注释。在任何情况下注释都不影响所生成的代码，运行菜单程序时Visual FoxPro将忽略注释

④ 菜单级——显示当前正在设计的菜单级，在下拉列表框中还列出了当前子菜单的上级菜单名。选择上级菜单名可以返回上一级菜单栏对话框。

⑤ 插入——在当前行插入新的一行。

⑥ 插入栏——打开“插入系统菜单栏”对话框，选择在当前行插入系统菜单栏。

⑦ 删除——删除当前行的菜单定义。

⑧ 预览——显示正在创建的菜单。在菜单设计过程中，可随时单击“预览”按钮显示当前创建的菜单，已经生成的菜单出现在原来系统菜单的地方。

10.1.3 主菜单中的有关选项

使用菜单设计器时，在“显示”菜单中将增加两个选项：常规选项与菜单选项，并且在主菜单中将增加一个“菜单”子菜单。

1．常规选项

选择主菜单中的“常规选项”，得到的是对应于整个菜单系统的选项。

选择“显示”菜单中的“常规选项”命令，显示“常规选项”对话框，如图10-3所示。

① 对话框的右下角有一个“菜单代码”区域，包含“设置”和“清理”两个复选框。

- 设置：打开一个编辑窗口，从中可以向菜单系统添加初始化代码。

● 清理：打开一个编辑窗口，从中可以向菜单系统添加清理代码。

要激活编辑窗口，可以在“常规选项”对话框中单击“确定”按钮。在此输入的命令，对于“设置”是在运行显示菜单的命令之前；而对于“清理”是在运行显示菜单的命令之后，并不是在使用完菜单之后。因此，它们分别称为初始代码和清理代码。

用户可通过向菜单系统添加初始代码来定制菜单系统。初始代码可以包含创建环境的代码、定义内存变量的代码、打开所需文件的代码以及使用 PUSH MENU 和 POP MENU 保存或还原菜单系统的代码。

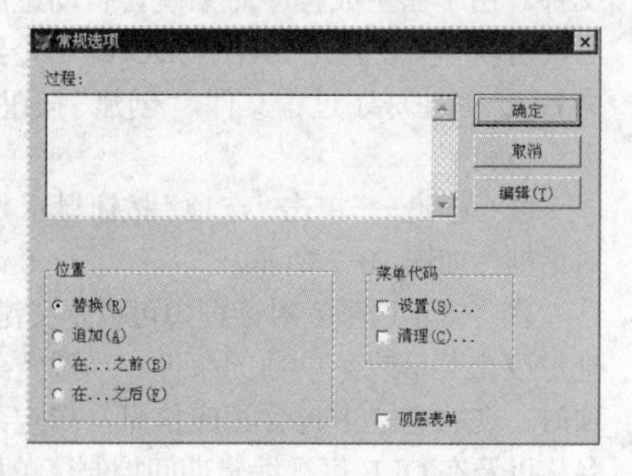

图 10-3 “常规选项”对话框

用户可通过向菜单系统添加清理代码来裁减菜单系统。典型的清理代码包含初始时启用或废止菜单及菜单项的代码。在生成的菜单代码中，清理代码在初始代码及菜单定义代码之后，而在为菜单或菜单项指定的过程代码之前。

② 对话框的左下角是位置区域，确定正在定义的菜单系统相对于激活菜单的位置，可以有以下几种选择。

● 替换：使用新的菜单系统替换已有的菜单系统。
● 追加：将新菜单系统添加在活动菜单系统的右侧。
● 在...之前：将新菜单插入指定菜单的前面。这个选项显示一个包含活动菜单系统名称的下拉列表。要插入新菜单，可以选择希望新菜单在其前面的菜单名。
● 在...之后：将新菜单插入指定菜单的后面。这个选项显示一个包含活动菜单系统名称的下拉列表。要插入新菜单，可以选择希望新菜单紧跟其后的菜单名。

③“过程”文本框中，对于正在定义的菜单系统可以输入过程代码，它是作为某个指定菜单项的过程。使用中当选择这个菜单项时，此过程将被执行。如果这个菜单项原来已经生成了一个过程，则运行原来的那个过程，即这里输入的过程是在不存在其他过程时才运行的。

④ “顶层表单”复选框。由于“菜单设计器”创建的菜单系统默认位置是在 Visual FoxPro 系统窗口之中，如果希望菜单出现在表单中，就需要选中“顶层表单”复选框，当然还必须将表单设置为“顶层表单”。

2．菜单选项

选择主菜单中的“菜单选项”命令，输入的过程仅属于主菜单条或一个指定的子菜单项。

选择“显示”菜单中的“菜单选项”命令，显示如图 10-4 所示的“菜单选项”对话框。可以使用它对主菜单条或指定的子菜单添加过程，在“过程”文本框中或选择“编辑”按钮，都可在其中输入一个过程文件。当用户正在定义的是主菜单上的一个选项时，这个过程文件可以被主菜单上的所有选项调用。如果正在定义的是指定子菜单上的一个选项，则此过程可以被这个子菜单的所有选项调用。

3．“生成”菜单码

完成菜单的定义后，还需生成菜单码。选择主菜单中“菜单”项下的“生成”命令，在弹出的对话框中单击“是”按钮，在“另存为”对话框中输入菜单名，单击“确定”按钮后显示“生成菜单”对话框，如图 10-5 所示。在“输出文件”框中可改变输出文件名，系统默认扩展名为 MPR。单击“生成”按钮，则生成菜单程序，至此完成菜单的创建工作。

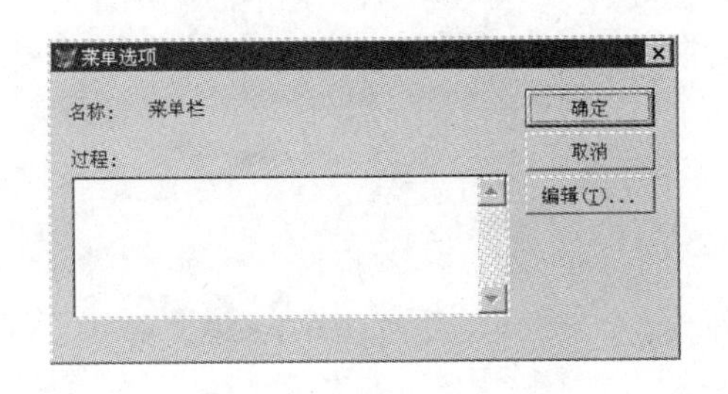

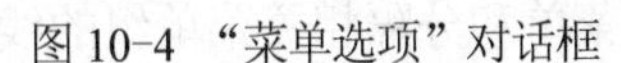
图 10-4 “菜单选项”对话框

图 10-5 “生成菜单”对话框

4．快速菜单

使用“快速菜单”功能可以将 Visual FoxPro 的系统菜单放入菜单设计器中，供用户修改和操作。在其中可以增加用户自己的菜单和裁减、修改原来的系统菜单，这也是学习菜单设计的一种好方法。用“快速菜单”设计菜单的步骤：

① 选择主菜单“文件”中的“新建”命令，单击“新建”对话框中的“菜单”按钮，然后单击“新文件”按钮，打开菜单设计器。

② 选择主菜单“菜单”中的“快速菜单”命令，菜单设计器自动填充了系统主菜单中的所有选项，如图 10-6 所示。

③ 在“快速菜单”菜单设计器中，用“插入”按钮插入新的菜单项，用“删除”按钮删减菜单项，也可以通过选择主菜单上的选项调出相应子菜单。图 10-7 显示的是“文件”菜单的子菜单项。

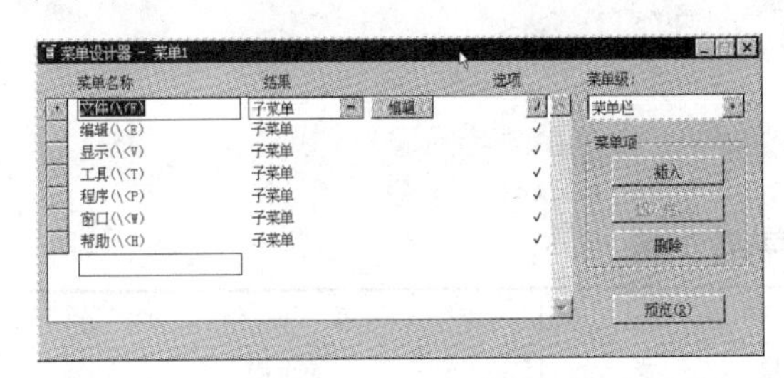

图 10-6 “快速菜单”

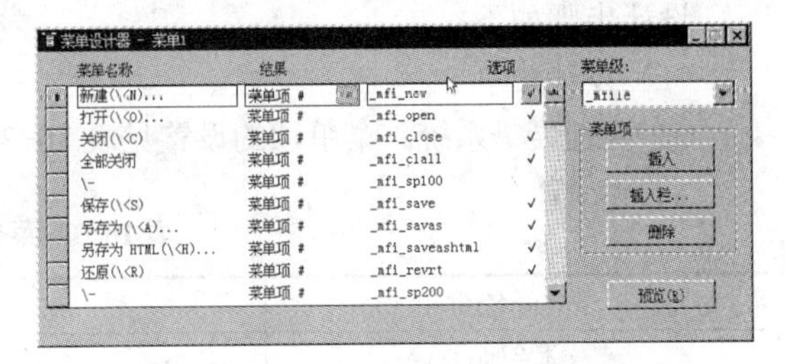

图 10-7 显示“文件”子菜单

④ 根据需要删减、修改原来的系统菜单。

10.1.4 在顶层表单中添加菜单

若要在顶层表单中添加菜单，可以按以下步骤操作：

① 创建顶层表单的菜单。即在“常规选项”对话框中选中“顶层表单”复选框。

② 将表单的 ShowWindow 属性设置为 2 – 作为顶层表单。

③ 在表单的 Init 事件中运行菜单程序并传递两个参数：

```
DO menuname.mpr WITH oForm, lAutoRename
```

其中，oForm 是表单的对象引用。在表单的 Init 事件中，THIS 作为第一个参数进行传递。

lAutoRename 指定了是否为菜单取一个新的唯一的名字。如果计划运行表单的多个实例，则将.T.传递给 lAutoRename。

例如，可以使用下列代码调用名为 mySDImenu 的菜单：

DO mySDImenu.mpr WITH THIS, .T.

10.2 自定义菜单的设计

10.2.1 创建一个自定义菜单

使用菜单设计器可以创建菜单、菜单项、菜单项的子菜单和分隔相关菜单组的线条等。下面以一个具体实例来说明创建自定义菜单的方法。

【例 10-1】 在例 6-13 中使用菜单来改变标题板中文本的字体与风格，如图 10-8 所示。

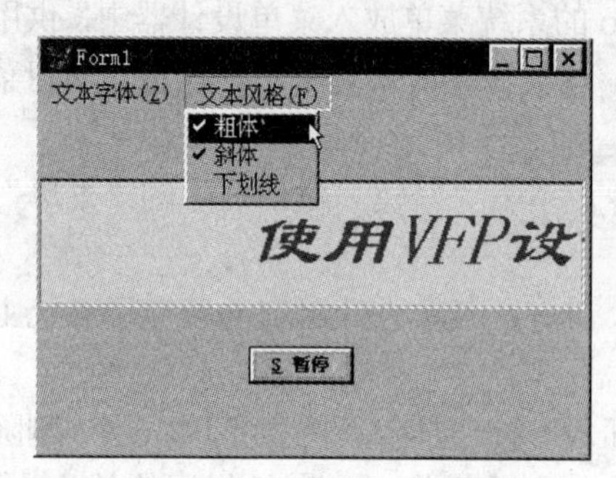

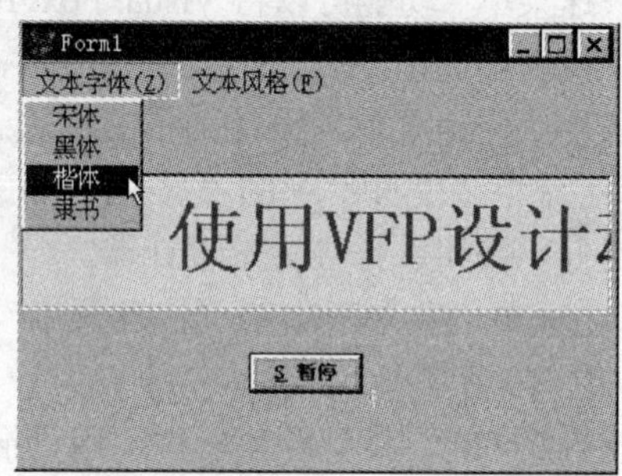

图 10-8 改变标题板中文本的字体与风格

设计步骤如下：

（1）设计菜单

① 规划菜单系统。菜单项的设置见表 10-3。

表 10-3 菜单项的设置

菜单名称	结果	菜单级
文本字体(\<Z)	子菜单	菜单栏
宋体	过程	文本字体 Z
黑体	过程	文本字体 Z
楷体	过程	文本字体 Z
隶书	过程	文本字体 Z
文本风格(\<F)	子菜单	菜单栏
粗体	过程	文本风格 F
斜体	过程	文本风格 F
下画线	过程	文本风格 F

② 创建菜单和子菜单。选择“文件”菜单中的“新建”命令，单击“新建”对话框底部的“菜单”按钮，单击“新建文件”按钮。打开“新建菜单”对话框，单击“菜单”按钮，打开“菜单设计器”。

首先选择“显示”菜单中的“常规选项”命令，选中“顶层表单”复选框，将菜单定位于顶层表单之中。单击“确定”按钮返回菜单设计器。

在菜单设计器中输入菜单名“文本字体(\<Z)”和“文本风格(\<F)”，如图 10-9 所示。

单击“创建”按钮，分别输入子菜单项名，如图 10-10 和图 10-11 所示。

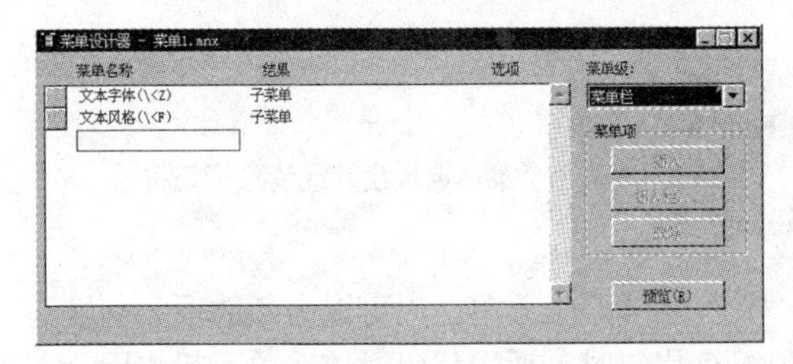

图 10-9　输入菜单名

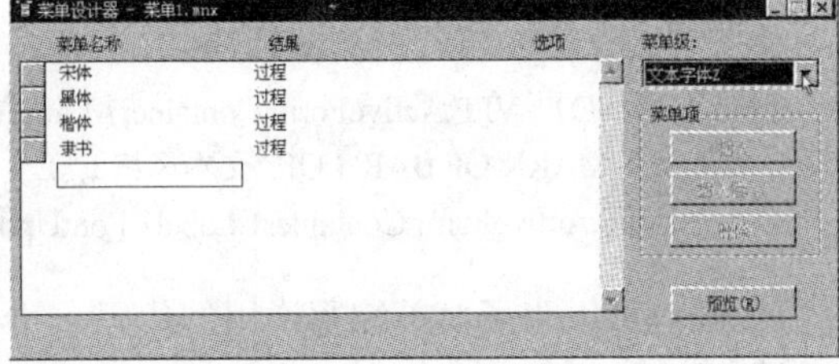

图 10-10　文本字体子菜单

③ 编写菜单代码。在“菜单级”下拉列表框中选择“菜单栏”，回到顶层菜单。选择“文本字体”，单击其右边“编辑”按钮，重新进入“文本字体”对话框。在主菜单中选择“显示”中的“菜单选项”命令，打开“菜单选项”对话框，如图 10-4 所示，单击“编辑”按钮，然后单击“确定”按钮，打开编辑器，为“文本字体”编写通用过程：

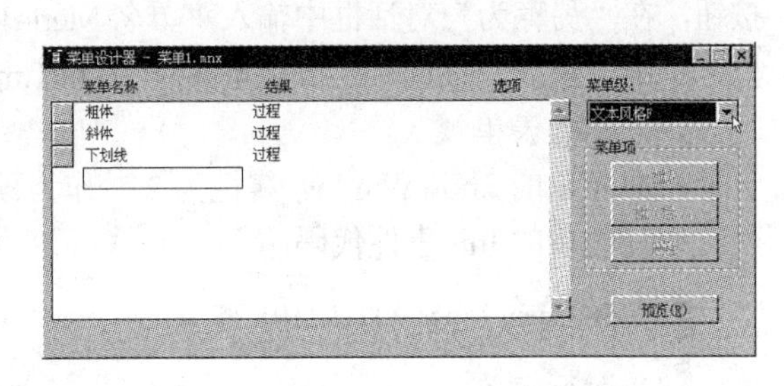

图 10-11　文本风格子菜单

```
DO CASE
  CASE BAR() = 1                    && 函数 BAR()返回最近一次选择的菜单项的编号
    a = "宋体"
  CASE BAR() = 2
    a = "黑体"
  CASE BAR() = 3
    a = "楷体_GB2312"
  CASE BAR() = 4
    a = "隶书"
ENDCASE
_VFP.ActiveForm.Container1.Label1.FontName = a
```

关闭编辑器，返回菜单设计器。

在“菜单级”下拉列表框中选择“菜单栏”命令，回到如图 10-9 所示的界面。单击“文本风格”子菜单的“编辑”按钮，进入“文本风格”的编辑对话框。分别选中各菜单项的“创建”按钮，为其创建过程代码。

“粗体”菜单项：

```
L = NOT _VFP.ActiveForm.Container1.Label1.FontBold
SET MARK OF BAR 1 OF "文本风格 F" L        && 为第 1 个菜单选项设置或清除标记符号
_VFP.ActiveForm.Container1.Label1.FontBold = L
```

“斜体”菜单项：

```
L = NOT _VFP.ActiveForm.Container1.Label1.FontItalic
SET MARK OF BAR 2 OF "文本风格 F" L        && 为第 2 个菜单选项设置或清除标记符号
```

```
_VFP.ActiveForm.Container1.Label1.FontItalic = L
```

“下画线”菜单项：

```
L = NOT _VFP.ActiveForm.Container1.Label1.FontUnderline
SET MARK OF BAR 3 OF "文本风格 F" L          && 为第 3 个菜单选项设置或清除标记符号
_VFP.ActiveForm.Container1.Label1.FontUnderline = L
```

说明：可以为子菜单编写通用的代码，如“文本字体”子菜单；也可以为各选项分别编写过程代码，如“文本风格”子菜单。当菜单选项编有代码时，通用代码对该选项不起作用。

④ 生成菜单码。完成菜单的定义后，选择主菜单“菜单”中的“生成”项，选择“是”按钮，在“另存为”对话框中输入菜单名 Menu1，单击“确定”按钮后显示“生成菜单”对话框，单击“生成”按钮，生成菜单程序 Menu1.mpr，至此完成菜单的创建工作。

（2）修改表单

修改表单的 ShowWindow 属性为 2 - 作为顶层表单。

编写表单的 Init 事件代码：

```
DO menu1.mpr WITH THIS, .T.
```

（3）运行表单

运行表单，即可修改标题板的文本字体与文本风格，如图 10-8 所示。

10.2.2 在自定义菜单中使用系统菜单项

在自定义菜单中使用系统菜单项，不仅设计出的菜单系统更为规范，而且使得菜单的设计更加简单、更加快速方便。

下面的例子就是在“提示选项”对话框中为菜单项定义快捷键并设置条件。

【例 10-2】 在例 5-5 的文本编辑器中使用菜单代替命令按钮，并且使用系统菜单项设计“编辑”子菜单，使之具有更加强大的功能，如图 10-12 所示。

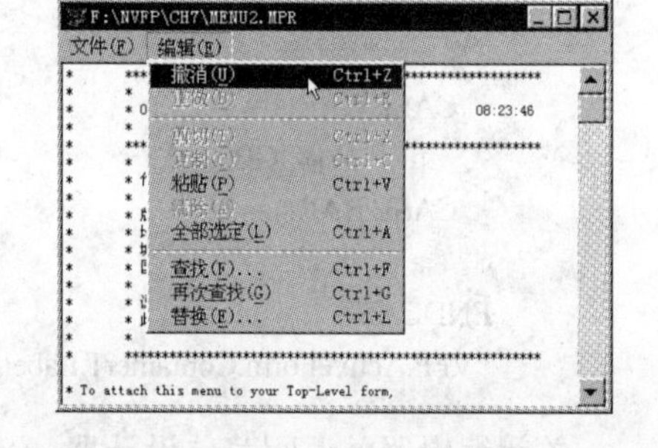

图 10-12 “编辑”菜单中的系统菜单项

设计步骤如下。

（1）设计菜单

① 规划菜单系统。本系统的菜单条由“文件”、“编辑”两项组成。其中“文件”菜单由“新建文件”“打开文件”“保存文件”“文件另存”等菜单项组成；“编辑”菜单由“剪切”“复制”“粘贴”“删除”等系统菜单项组成。

② 创建菜单和子菜单。选择“文件”菜单中的“新建”项，单击“新建”对话框底部的“菜单”按钮，单击“新文件”按钮，打开“菜单设计器”。

首先选择“显示”菜单中的“常规选项”命令，在“常规选项”对话框中选中“顶层表单”复选框，将菜单定位于顶层表单之中。单击“确定”按钮返回菜单设计器。

在菜单设计器中输入菜单名“文件(\<F)”和“编辑(\<E)”，如图 10-13 所示。

单击“文件”子菜单的“创建”按钮，依次输入子菜单项名，并在“选项”栏定义相应的快捷键。另外，为了增强可读性，在文件子菜单中有一项菜单名称为“\-”，结果为“菜单项 #”，将创建一条分隔线，如图 10-14 所示。

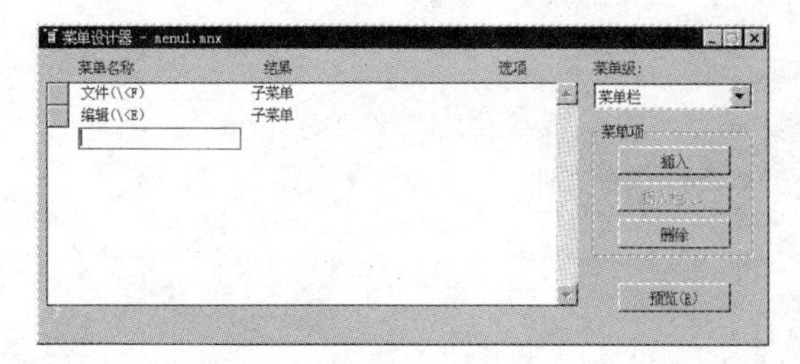

图 10-13　输入菜单名

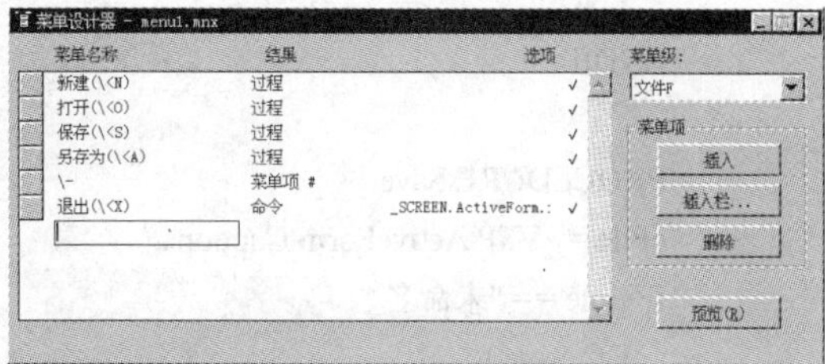

图 10-14　文件子菜单

选择“菜单级”下拉列表框中的“菜单栏”项，回到如图 10-13 所示的对话框。单击“编辑”子菜单的“创建”按钮，进入“编辑”菜单对话框。

单击“插入栏”按钮打开“插入系统菜单栏”对话框，如图 10-15 所示。依次插入所需的菜单项：撤销、重做、剪切、复制、粘贴、清除、全部选定、查找、再次查找、替换等，适当插入一些分隔线，调整各菜单项的位置，如图 10-16 所示。

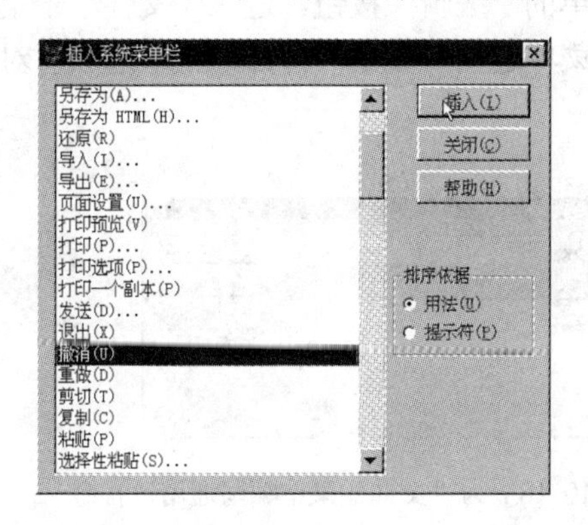

图 10-15　“插入系统菜单栏”对话框

图 10-16　编辑子菜单

③ 编写菜单代码。在“菜单级”下拉列表框中选择“菜单栏”项，回到如图 10-13 所示的对话框。在主菜单中选择“显示”菜单中的“菜单选项”命令，打开“菜单选项”对话框，如图 10-17 所示。

单击“编辑”按钮，然后单击“确定”按钮，打开编辑器，为菜单栏编写如下两个通用过程：

```
PROCEDURE Save0                    && 文件另存
cfile = PUTFILE("")
IF cfile != ""
  nhandle = FCREATE(cfile,0)
  cc = FWRITE(nhandle,_VFP.ActiveForm.Edit1.Value)
  = FCLOSE(nhandle)
  IF cc < 0
    = MESSAGEBOX('文件不能保存')
  ELSE
    _VFP.ActiveForm.Caption = cfile
```

```
    _VFP.ActiveForm.Tag = ''
  ENDIF
ENDIF

PROCEDURE Save                                  && 保存文件
cFile = _VFP.ActiveForm.Caption
IF cfile == "未命名"
  DO Save0
ELSE
  nhandle = FOPEN(cfile,1)
  = FWRITE(nhandle,_VFP.ActiveForm.Edit1.Value)
  _VFP.ActiveForm.Tag = ''
  = FCLOSE(nhandle)
ENDIF
```

关闭编辑器，返回菜单设计器后单击“文件”子菜单的“编辑”按钮，进入“文件”子菜单对话框，如图 10-14 所示。选择“显示”菜单中的“菜单选项”命令，打开“菜单选项”对话框，如图 10-18 所示。

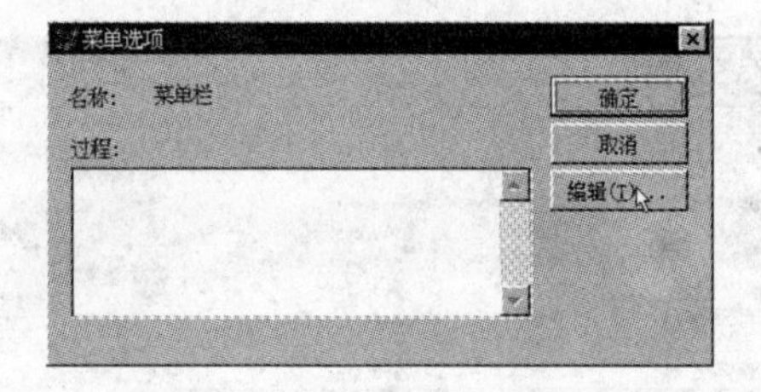

图 10-17 “菜单选项”对话框

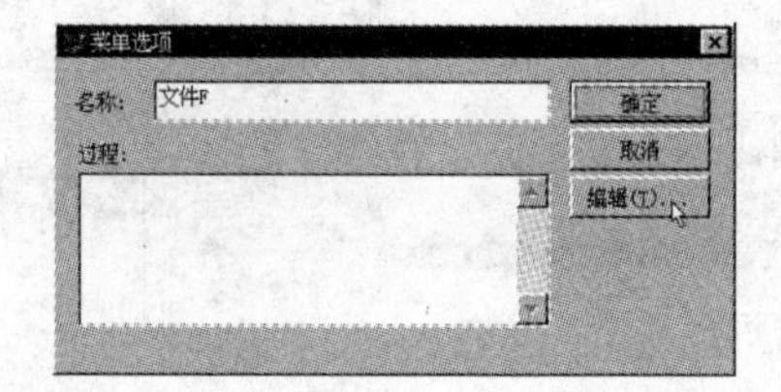

图 10-18 为“文件”菜单编写通用过程

单击“编辑”按钮，然后单击“确定”按钮打开编辑器，为“文件”菜单编写如下通用过程：

```
DO CASE
  CASE BAR() = 1
    IF _VFP.ActiveForm.Tag = "T"
      A = MESSAGEBOX("是否保存编辑过的文件",4+48,"信息窗口")
      IF A = 6
        DO Save
      ENDIF
    ENDIF
    _VFP.ActiveForm.Edit1.Value = ""
    _VFP.ActiveForm.Caption = "未命名"
  CASE BAR() = 2
    IF _VFP.ActiveForm.Tag = 'T'
      A = MESSAGEBOX("是否保存编辑过的文件",4+48,"信息窗口")
      IF A = 6
```

```
        DO Save
      ENDIF
    ENDIF
    cfile = GETFILE("")
    IF cfile != ""
      nhandle = FOPEN(cfile)
      nend = FSEEK(nhandle,0,2)
      IF nend <= 0
        = MESSAGEBOX('文件是空的')
      ELSE
        = FSEEK(nhandle,0,0)
        _VFP.ActiveForm.Edit1.Value = FREAD(nhandle,nend)
        _VFP.ActiveForm.Caption = cfile
        = FCLOSE(nhandle)
      ENDIF
    ENDIF
  CASE BAR() = 3
    DO Save
  CASE BAR() = 4
    DO Save0
ENDCASE
 VFP.ActiveForm.Refresh
_VFP.ActiveForm.Edit1.SetFocus
```

关闭编辑器，返回菜单设计器。在“退出”选项的右边填入命令：

```
_VFP.ActiveForm.Release
```

说明：“编辑”子菜单中的系统菜单项无须编写任何代码。

④ 生成菜单码。完成菜单的定义后，选择主菜单“菜单”中的“生成”项，单击“是”按钮，在“另存为”对话框中输入菜单名 Menu1，单击“确定”按钮后显示“生成菜单”对话框，单击“生成”按钮，生成菜单程序 Menu1.mpr，至此完成菜单的创建工作。

（2）设计表单

① 建立应用程序用户界面。选择“新建”表单，进入表单设计器，增加一个“编辑框”Edit1，如图 10-19 所示。

图 10-19　设计文本编辑器的界面

② 设置对象属性，见表 10-4。

表 10-4　属性设置

对　象	属　性	属 性 值	说　明
Form1	Caption	未命名	表单的标题
	ShowWindow	2 – 作为顶层表单	

③ 编写程序代码。

编写表单的事件代码：

Resize 事件：

```
WITH THIS.Edit1
   .Top = 0
   .Left = 0
   .Height = THIS.Height
   .Width = THIS.Width
ENDWITH
```

Init 事件：

```
SET EXACT ON
DO menu1.mpr WITH THIS, .T.
```

编写编辑框 Edit1 的 InteractiveChange 事件代码：

```
THISFORM.Tag = 'T'
```

（3）运行表单

运行表单即得到一个有相当功能的简易文本编辑器，如图 10-12 所示。

10.2.3 在 MDI 表单中使用菜单

下面给出一个 MDI 表单的应用实例——多文本编辑器。多文本编辑器可以同时打开多个文本文件，还可以在各个文本之间进行“复制”“粘贴”等编辑操作，如图 10-20 所示。

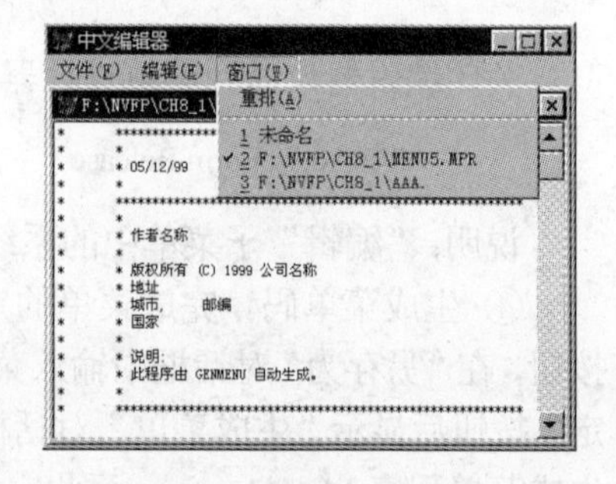

图 10-20 多文本编辑器

【例 10-3】 设计一个简易的多文本编辑器。

设计步骤如下。

（1）设计菜单

① 菜单界面。编辑器的菜单系统含有“文件”“编辑”和“窗口” 3 个子菜单，其中“文件”子菜单的菜单选项如图 10-21 所示。

“编辑”和“窗口”子菜单均由系统菜单项组成。其中，“编辑”子菜单的菜单选项参见例 10-2，“窗口”子菜单的菜单选项如图 10-22 所示。

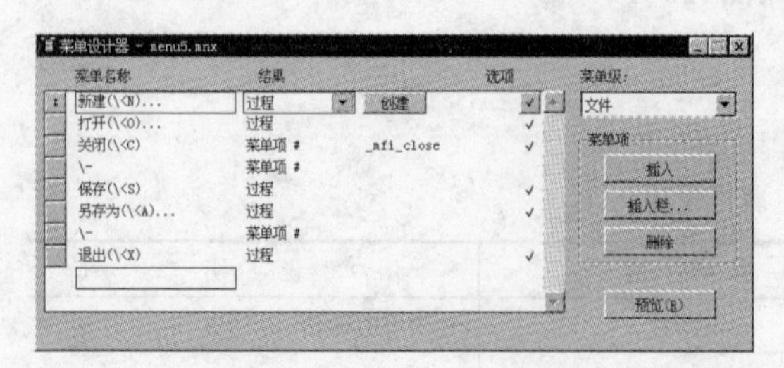

图 10-21 “文件”子菜单

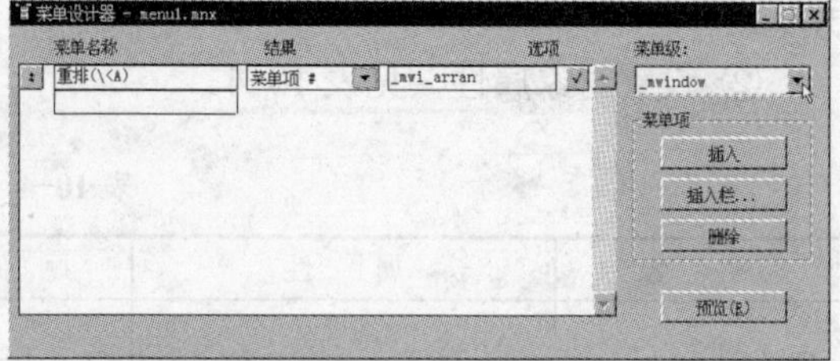

图 10-22 “窗口”子菜单

在“菜单选项”对话框中将“窗口”菜单的“名称”改为_mwindow，这是系统菜单名，可以在该菜单中列出每个打开的子表单的标题。

最后，还要在“常规选项”对话框中选中“顶层表单”复选框，如图 10-3 所示。

② 菜单代码。当“菜单设计器”进入“文件”子菜单时，用鼠标选择系统菜单中的“显示”中的“菜单选项”。为“文件”菜单编写通用过程代码：

```
DO CASE
  CASE BAR() = 1                      && 新建
     &fform..new                      && 运行主表单中的自定义方法：new
  CASE BAR() = 2                      && 打开
     &fform..open                     && 运行主表单中的自定义方法：open
  CASE BAR() = 5                      && 保存
     _VFP.ActiveForm.save             && 运行子表单中的自定义方法：save
  CASE BAR() = 6                      && 另存
     _VFP.ActiveForm.save0            && 运行子表单中的自定义方法：save0
ENDCASE
_VFP.ActiveForm.Refresh
_VFP.ActiveForm.Edit1.SetFocus
```

再为“退出”选项编写过程代码：

```
mes = MESSAGEBOX("是否放弃编辑过的文件，退出本程序？",1+48,"信息窗口")
IF mes = 1
  RELEASE mychild
  RELEASE POPUP
  RELEASE MENUS
  &fform..Release
ENDIF
```

③ 生成菜单码。完成菜单的定义后，选择主菜单“菜单”中的“生成”项，单击“是”按钮，在“另存为”对话框中输入菜单名 Menu1，单击“确定”按钮后显示“生成菜单”对话框，单击“生成”按钮，生成菜单程序 Menu1.mpr，至此完成菜单的创建工作。

（2）设计主表单

① 表单界面。选择“新建”表单，进入表单设计器，主表单上不用增加任何控件，只需修改表单的属性，将 Caption 改为“中文编辑器”，将 ShowWindow 改为“2 – 作为顶层表单”。并且为表单增加一个自定义数组属性 aform(1)，用来存放打开的子表单。增加两个自定义方法 new 和 open，用以新建和打开文件。

② 编写主表单的事件代码。

Init 事件代码：

```
PUBLIC fn
fn = 1
PUBLIC fform
fform = "表单 1"
DO menu1.mpr WITH THIS, .T.
```

Activate 事件代码：

```
SET EXACT ON
DO FORM mychild NAME THISFORM.aforms(1)
THISFORM.aforms(1).Caption = "未命名"
```

QueryUnload 事件代码：

```
q = MESSAGEBOX("是否在退出之前关闭文件？",32+3,_VFP.ActiveForm.Caption)
DO CASE
  CASE q = 6
    _VFP.ActiveForm.Release
    NODEFAULT
  CASE q = 7
    flag = 0
    THIS.Release
  OTHERWISE
    NODEFAULT
ENDCASE
```

Destroy 事件代码：

```
SET SYSMENU TO DEFAULT
```

自定义的 new 方法代码：

```
fn = fn+1
DIME THIS.aForms[fn]
AINS(THIS.aForms,1)
DO FORM mychild NAME THIS.aForms[1] LINKED
THIS.aForms[1].Caption = "未命名"
THIS.aForms[1].Edit1.Value = ""
```

自定义 open 方法代码：

```
cfile = GETFILE("")
nhandle = FOPEN(cfile)
IF cfile != ""
  nend = FSEEK(nhandle,0,2)
  IF nend <= 0
    = MESSAGEBOX('文件是空的')
  ELSE
    fn = fn + 1
    DIME THIS.aForms[fn]
    AINS(THIS.aForms,1)
    DO FORM mychild NAME THIS.aForms[1] LINKED
    = FSEEK(nhandle,0,0)
    THIS.aForms[1].Edit1.Value = FREAD(nhandle,nend)
    THIS.aForms[1].Caption = cfile
    = FCLOSE(nhandle)
  ENDIF
```

```
ENDIF
```

③ 以表单 1.scx 为文件名保存主表单。

（3）设计子表单

① 表单界面。选择“新建”表单，进入表单设计器，增加一个编辑框 Edit1，如图 10-23 所示，并修改表单的属性，将 MDIForm 改为.T. – 真，将 ShowWindow 改为 1 – 在顶层表单中，另外为表单增加两个自定义方法 Save 和 Save0，用以保存文件和文件另存。

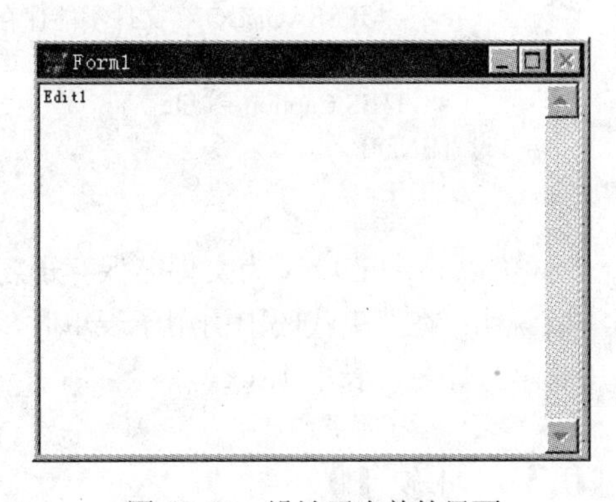

图 10-23　设计子表单的界面

② 编写代码。

编写表单的 Activate 事件代码：

```
WITH this
  .Top = 0
  .Left = 0
  .Height = &Fform..Height – 32
  .Width = &Fform..Width – 8
ENDWITH
```

编写表单的 ReSize 事件代码：

```
WITH THIS.Edit1
  .Top = 0
  .Left = 0
  .Height = THIS.Height
  .Width = THIS.Width
ENDWITH
```

编写表单的自定义 Save 方法代码：

```
cFile = THIS.Caption
IF cfile == "未命名"
  THIS.save0
ELSE
  nhandle = FOPEN(cfile,1)
  = FPUT(nhandle,THIS.Edit1.Value,len(THIS.Edit1.Value))
  = FCLOSE(nhandle)
ENDIF
```

编写表单的 Save0 方法代码：

```
cfile = PUTFILE("")
IF cfile != ""
  nhandle = FCREATE(cfile,0)
  cc = FWRITE(nhandle,THIS.Edit1.Value)
  = FCLOSE(nhandle)
  IF cc < 0
```

```
        = MESSAGEBOX('文件不能保存')
    ELSE
        THIS.Caption = cfile
    ENDIF
ENDIF
```

③ 以 mychild.scx 为文件名保存子表单。

说明：在菜单代码中引用子表单时，使用代码_VFP.ActiveForm，而引用主表单时，只能使用表单文件名：表单 1.scx。

10.3 习题 10

一、选择题

如果指定某菜单项的名称为“存为(\<S)”，那么字符 S 称为该菜单项的（　　）键。

A．访问　　B．功能　　C．字母　　D．控制

二、上机题

1．在例 10-1 中增加一个“颜色”菜单，包含“表单颜色”和“文本颜色”两项，使得程序运行时可以调整容器或文本的颜色。

2．修改上题，使用菜单命令控制标题板的移动。

3．修改上题，调用输入框子表单来改变标题板的内容。

4．使用菜单控制例 7-15 中的页面，如图 10-24 所示。

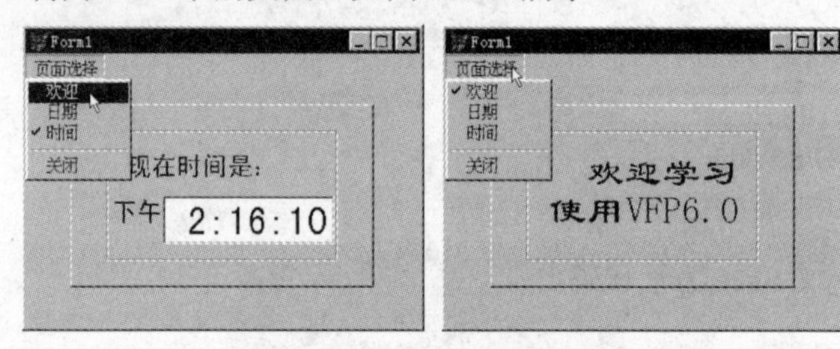

图 10-24　使用菜单控制页面

5．修改上题为 MDI 表单，使用菜单控制子表单的选择。

6．建立表单，表单文件名和表单名均为 myform1。为表单建立快捷菜单 quickmenu，快捷菜单有“日期”和“时间”两个菜单项；运行表单时，在表单上右击鼠标弹出快捷菜单，选择“日期”命令，表单标题将显示当前系统日期；选择“时间”命令，表单标题将显示当前系统时间，如图 10-25 所示。

图 10-25　使用快捷菜单

注意：显示日期和时间是通过“过程”实现的。

第 11 章　数据表和索引

表是处理数据和建立关系型数据库及应用程序的基本单元。表的操作包括创建新表、处理当前存储在表中的信息、定制已有的表，可以使用索引对记录排序及快速处理。

11.1　创建新表

创建一个 Visual FoxPro 表，包括建立表的结构和向表中添加记录，就像手工制表时先画一张含有栏目标题的空表格，然后向表格中填写数据。

11.1.1　表的概念

数据表是一组相关联的数据按行和列排列的二维表格，简称为表（Table）。每个数据表均有一个表名，表 11-1 就是一个描述学生基本情况的“二维”表格，是一个典型的“关系”。

表 11-1　学生情况表

学号	姓名	性别	出生日期	班级编号	专业	总学分	说明	照片
2001220203	李富强	男	08/03/1982	012202	计算机应用			
2001220212	冯见岳	男	06/18/1981	012202	计算机应用			
2001160208	罗海燕	女	12/06/1982	011602	国际贸易			
2001180105	张丽萍	女	01/08/1982	011801	会计			
2001180102	刘刚	男	07/13/1982	011801	会计			
2001160211	赵江山	男	05/16/1982	011602	国际贸易			
2001160221	许海霞	女	02/12/1981	011602	国际贸易			
2001220115	王春雷	男	10/20/1981	012201	计算机应用			
2001220207	李家富	男	03/13/1982	012202	计算机应用			
2001220215	张仙见	女	09/21/1981	012202	计算机应用			
…	…	…	…	…	…	…	…	…

在 Visual FoxPro 中，表中的每一列都是一个字段，第一行中的每一项是相应字段的字段名；第一行以下的每一行都是一条记录；表格的表头可以看做 Visual FoxPro 的表名。

11.1.2　表的结构设计

表在计算机内以文件形式出现，其类型为“DBF”，表名就是文件名，其命名与文件名要求一致。

表的结构设计包括定义字段名、字段类型和字段长度（数值型还需要定义小数位数）。

1．字段名

字段名即表的栏目名或关系的属性名，可以用来引用该列数据。命名要求：

① 以汉字或字母开头，由汉字、字母、数字和下画线组成，如“学号”“Name”“工资 1”

"X_1"等是符合要求的，而"说　明"、"1-1"等不能作为字段名使用。

② 自由表字段名长度不能超过 10 个字符，数据库表字段名最长可使用 128 个字符。

③ 不能使用保留字。

④ 同一表中字段名不允许重复。

⑤ 字段名最好能简要说明该字段的意义，如"姓名"栏可以用"姓名""name"或"xm"作为字段名。

2．字段类型和宽度

表中的每一个字段都有特定的数据类型，可以将字段的数据类型设置为表 11-2 中的任意一种。

表 11-2　字段类型和宽度

类　型	代　号	说　明	字段宽度
字符型	C	汉字或字符	最多 254 个字符，汉字占 2 个字符
数值型	N	整数或小数	最多 20 位，小数点和正负号各占一位
货币型	Y	保留 4 位小数	8 个字节
日期型	D	格式为 MM/DD/YY	8 个字节
日期时间型	T	日期和时间	8 个字节
逻辑型	L	逻辑值"真"或"假"	1 个字节
浮点型	F	整数或小数，同数值型	
整型	I	存放整数	4 个字节
双精度型	B	存放精度较高的数值	8 个字节
备注型	M	接收字符型数据，存放在文件名与表名相同的 DBT 文件中	4 个字节
通用型	G	存放图形、声音等 OLE 对象（对象链接与嵌入），与备注型存放位置相同	4 个字节
字符型（二进制）		同前述"字符型"，但是当代码页更改时字符值不变	同"字符型"
备注型（二进制）		同前述"备注型"，但是当代码页更改时备注不变	同"备注型"

说明：

① 字符型、数值型、浮点型 3 种字段根据数据的实际需要设定合适的宽度，备注型和通用型数据与其他数据并不存放在一起，而是存放在与表同名的 FTP 文件中。字符型字段的宽度应按数据最大宽度设计。

② 虽然有些数据由数字构成，但它们却可以定义成字符型，如电话号码、邮政编码、身份证号码等。

③ 凡是只有两种状态的数据可以定义成逻辑型，如男女、是否团员、是否及格等。

由此可以设计表 11-1 的结构，如表 11-3 所示。

表 11-3　学生情况表结构

字段名	字段类型	宽　度	说　明
xh	字符型	10	学号
xm	字符型	6	姓名
xb	逻辑型	1	性别

（续）

字 段 名	字 段 类 型	宽　度	说　明
csrq	日期型	8	出生日期
zy	字符型	20	专业
bjbh	字符型	4	班级编号
zxf	数值型	5.1	总学分
sm	备注型	4	说明
zp	通用型	4	照片

表名为 xs.dbf。

如表 11-3 所示的结构可以表示为：xs(xh(C,10), xm(C,6), xb(L), csrq(D), zy(C,20), bjbh(C, 4), zxf(N, 5.1), sm(M), zp(G))。

11.1.3　使用表设计器

在 Visual FoxPro 中，创建表的工具有表向导和表设计器。一般使用表设计器。

1．创建新表

表设计器可以完成创建新表的全过程，其操作步骤如下：

① 从“文件”菜单中选择“新建”命令，或者单击常用工具栏中的“新建”按钮，打开“新建”对话框，在“新建”对话框中选择“表”项，然后单击“新建文件”按钮，如图 11-1 所示。

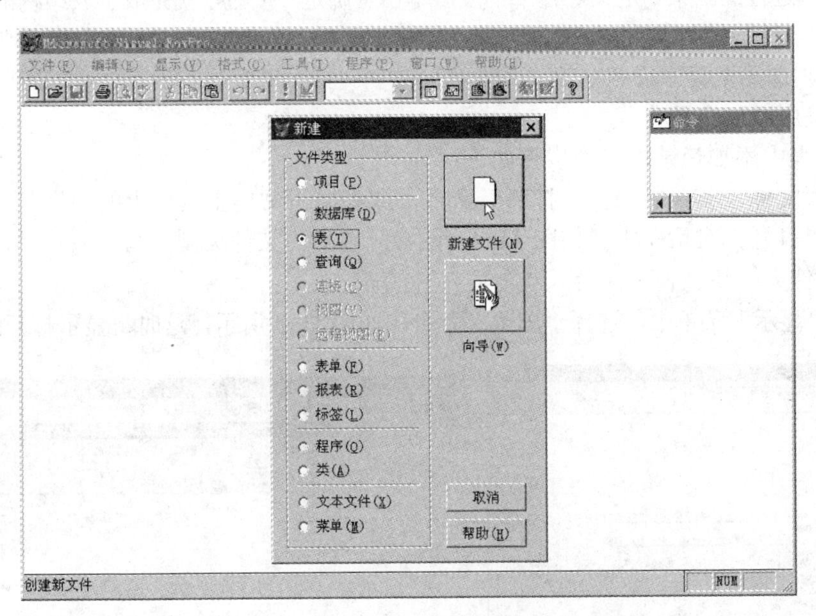

图 11-1 “新建”对话框

② 在“创建”对话框中，输入表的名称并单击“保存”按钮，如图 11-2 所示。

③ 在打开的“表设计器”中，选择“字段”选项卡，在“字段名”区域输入字段的名称；在“类型”列中，选择列表中的某一字段类型；在“宽度”列中，设置以字符为单位的列宽；如果字段类型是“数值型”或“浮点型”，则还要设置“小数位”框中的小数点之后

的位数。

如果希望为字段添加索引，则在“索引”列中选择一种排序方式，如果想让字段能接受NULL值，则选中“NULL”。

一个字段定义完后，单击下一个字段名处，输入另一组字段定义，一直把所有字段都定义完，如图11-3所示。

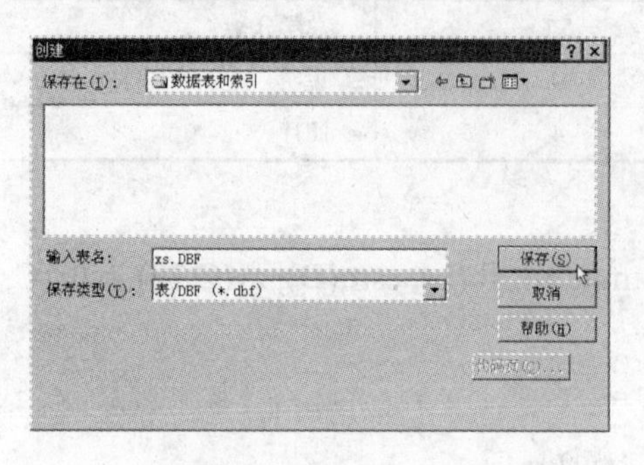

图11-2 “创建”对话框

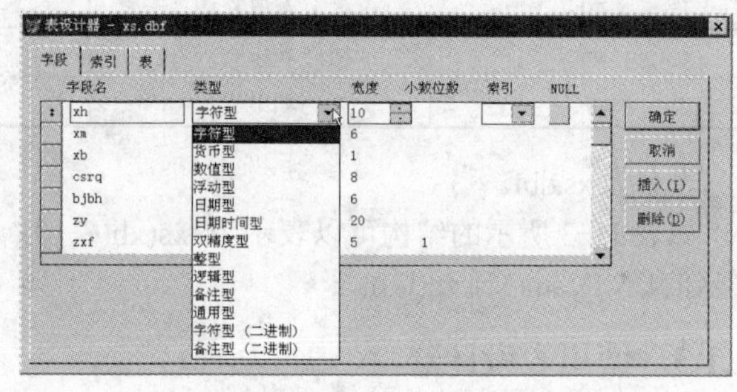

图11-3 定义字段

如果单击“插入”按钮，则在已选定字段前插入一个新字段。

如果单击“删除”按钮，则从表中删除选定字段。

当鼠标指针指向字段名左端的方块时，将变为上下双向箭头，拖动上下箭头可以改变字段的顺序。注意，在输入过程中，不能按〈Enter〉键，按〈Enter〉键将激活“确定”按钮，表示整个“创建”过程的结束。定义好各个字段后单击“确定”按钮，就完成了表结构的定义工作。这时会出现一个确认对话框，显示“现在输入数据记录吗？”，若需要马上输入记录则选择“是”，不输入记录则选择“否”。

2．向表中添加记录

若要向表中添加记录，操作步骤如下：

① 从“文件”菜单中选择“打开”命令，或者单击常用工具栏上的“打开”按钮。

② 在“打开”对话框中（如图11-4所示），选择“文件类型”为“表（*.dbf）”，选择表所在的文件夹，找到表文件后，双击要打开的表。

③ 在“显示”菜单中，选择“浏览”命令，如图11-5所示，这时将显示打开的表。

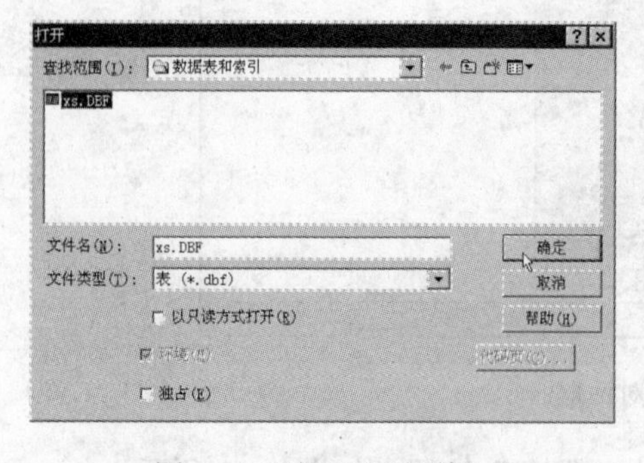

图11-4 “打开”对话框

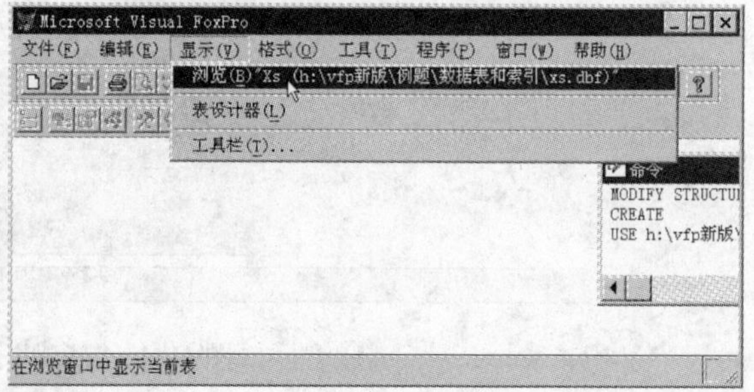

图11-5 “显示”菜单

④ 再次打开“显示”菜单，选择“追加方式”命令。

⑤ 在“浏览”（如图11-6a所示）或“编辑”（如图11-6b所示）窗口中输入新的记录。

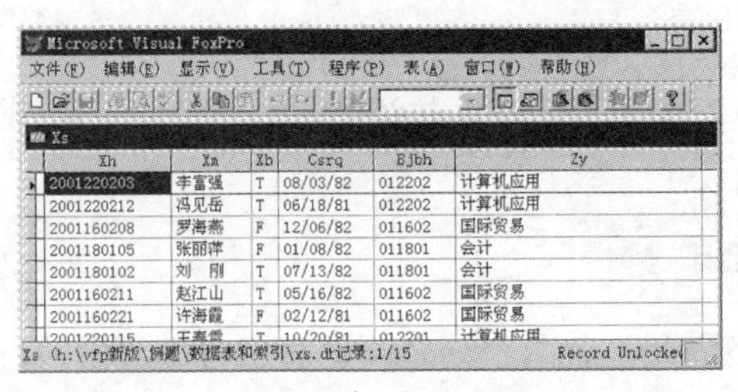

a)

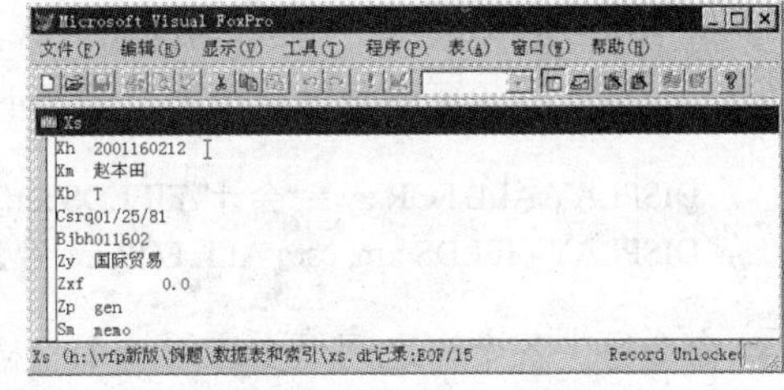

b)

图 11-6 浏览窗口与编辑窗口

a) 浏览窗口 b) 编辑窗口

11.1.4 使用命令

在命令窗口中或是在代码中使用命令，更能发挥 Visual FoxPro 的强大功能。

1．Visual FoxPro 的语法规则

Visual FoxPro 的命令由命令名和一些命令短语组成。只要符合 Visual FoxPro 的语法规则，就可以用命令名和短语组合成多种命令，所以掌握语法规则十分重要。

对记录操作命令的一般格式：

〈命令名〉 [〈范围〉] [FIELDS 〈字段名表〉] [{FOR | WHILE} 〈条件〉]

（1）命令短语（选项）

① 范围选项：对数据记录不止一条的表进行操作时就需要指明记录范围，用来确定执行该命令涉及的记录，Visual FoxPro 命令的范围有 4 种表示方法，其意义见表 11-4。

表 11-4 范围选项

选　项	说　明
ALL	对全部记录进行操作
NEXT 〈n〉	只对包括当前记录在内的以下连续 *n* 个记录进行操作
RECORD 〈n〉	只对第 *n* 号记录进行操作
REST	只对当前记录起到文件尾的所有记录进行操作

一般默认范围是 ALL，个别命令的默认范围是当前一条记录，以后如不作特别说明则默认范围为 ALL。

② 条件选项：命令的条件选项是指对选择范围内的数据进行“筛选”，用以筛选出用户需要操作的数据记录，其中的〈条件〉为逻辑或关系表达式，用以指定选择记录的条件。

FOR 选项表示对〈范围〉内所有满足〈条件〉的记录执行该命令，有些默认范围为当前记录的语句，使用 FOR 选项后范围扩充为 ALL；WHILE 选项表示对〈范围〉内满足〈条件〉的记录逐条执行命令，一旦遇到不满足者，即停止执行，如果当前记录就使〈条件〉为“假”，则相当于操作没有执行。

若一条命令中同时有 FOR 与 WHILE 子句则后者优先处理。

③ 字段选项：Visual FoxPro 命令的字段选项是从表的所有字段中“过滤”出需要操作的字段，字段列表中的字段数如果有 2 个以上时，用“，”分隔。

（2）命令的书写规则

① 每个命令必须以一个命令名开始。

② 命令格式中各短语顺序可调换，例如下面的两条命令是等效的：

```
DISPLAY ALL FOR zy = "会计" FIELDS xm, csrq
DISPLAY FIELDS xm, csrq ALL FOR zy = "会计"
```

③ 命令行中各个词之间至少应以一个空格隔开。若两个词之间已有引号等界限符，则空格可以省略，但要注意：逻辑值中的小圆点与字母之间不能有空格。

④ 命令中的单词可以用其前 4 个或 4 个以上字符缩写表示，如上面的命令可以写成：

```
DISP FIEL xm, csrq ALL FOR zy = "会计"
```

2．创建新表

使用 CREATE 〈新表文件名〉命令可以打开表设计器，用来创建一个新的表文件结构。使用 CREATE ?命令则可以在其他目录中创建一个新的表文件结构。

使用下述命令可以不使用表设计器而直接创建表的结构：

CREATE TABLE 〈新表文件名〉(〈字段名 1〉 〈类型〉(〈长度〉)
[,〈字段名 2〉 〈类型〉(〈长度〉)…])

【例 11-1】 在命令窗口输入以下命令：

```
CREATE TABLE Student(xh c(10), xm c(6), xb l, csrq d(8), zy c(20), sm m, zp g)
```

可以建立包含 xh、xm、xb、csrq、zy、sm、zp 等字段的一个新的数据表 Student.dbf。

3．打开与关闭表

打开与关闭表都是使用 USE 命令，其格式为：

USE [〈表文件名〉]

说明：

① 使用参数〈表文件名〉可以打开一个已经存在的数据表，其名称为〈表文件名〉。

【例 11-2】 在命令窗口输入以下命令：

```
USE xs
```

即可打开数据表 xs。

此时在 Visual FoxPro 主界面窗口的状态栏中显示被打开数据表的路径和表文件名。

② 使用不带参数的 USE 命令可以关闭已打开的数据表。

4．添加记录

使用 APPEND 命令可以向打开的数据表中添加记录。在“显示”菜单中，可以选择“编辑”或“浏览”方式，然后在“编辑”或“浏览”窗口中输入新的记录，如图 11-7 所示。

使用 APPEND BLANK 命令可以在打开的数据表中添加一个空白记录。

5．复制表

使用 COPY TO 命令可以将当前数据表中指定范围内所有符合条件的记录复制到新的表文件中，新文件结构仅包含指定的字段。其命令格式为：

COPY TO 〈新文件名〉 [〈范围〉] [{FOR | WHILE} 〈条件〉] [FIELDS 〈字段名表〉]

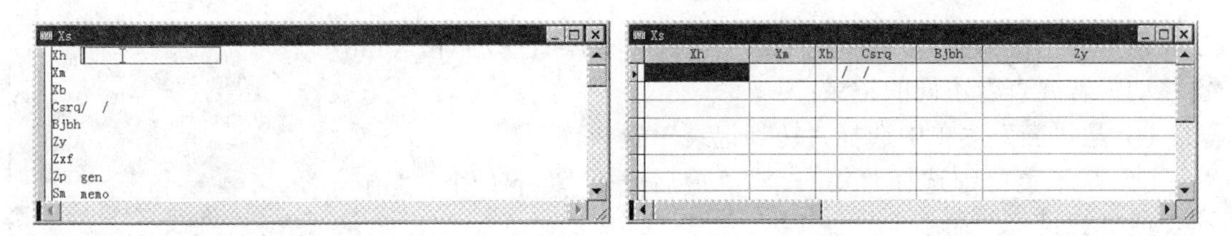

图 11-7 在“编辑”或“浏览”窗口中添加新的记录

说明：

① 〈新文件名〉可省略扩展名 DBF，〈条件〉为逻辑表达式。

② 若省略 FOR|WHILE 〈条件〉，则〈范围〉默认为 ALL，即将所有记录复制到新表中。

③ 若省略 FIELDS〈字段名表〉，则新文件保留全部字段。

④ 若所有可选项都省略，则原样复制表文件。

⑤ 若原文件带有备注型字段，则其相件的备注文件（扩展名为 DBT）也同时被复制。

11.2 表的基本操作

表的基本操作包括查看记录、编辑记录、增加记录、删除记录以及记录指针的定位。

11.2.1 使用“浏览”窗口

使用“浏览”窗口可以完成对表中记录的所有基本操作。

1．“浏览”窗口

“浏览”窗口中显示的内容是由一系列可以滚动的行和列组成的。若要浏览一个表，可以从“文件”菜单中选择“打开”命令，选定想要查看的表名，然后从“显示”菜单中选择“浏览”，表中的记录即显示在“浏览”窗口中，如图 11-8 所示。

为方便输入，可以把“浏览”窗口设置为“编辑”方式。在“编辑”方式下，字段名显示在窗口的左边，如图 11-9 所示。若要将“浏览”窗口改为编辑方式，只需从“显示”菜单中选择“编辑”命令即可。

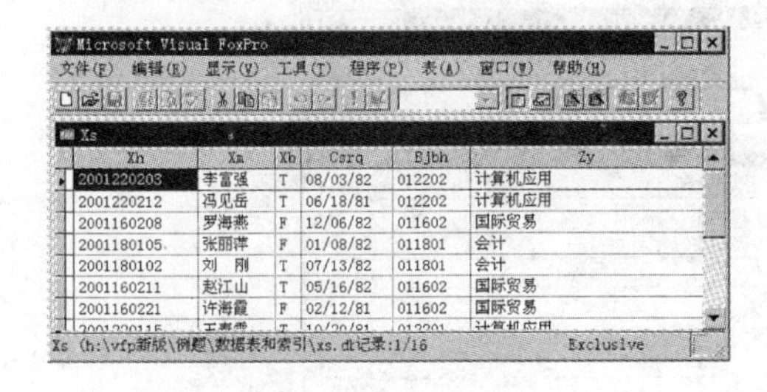

图 11-8 “浏览”窗口

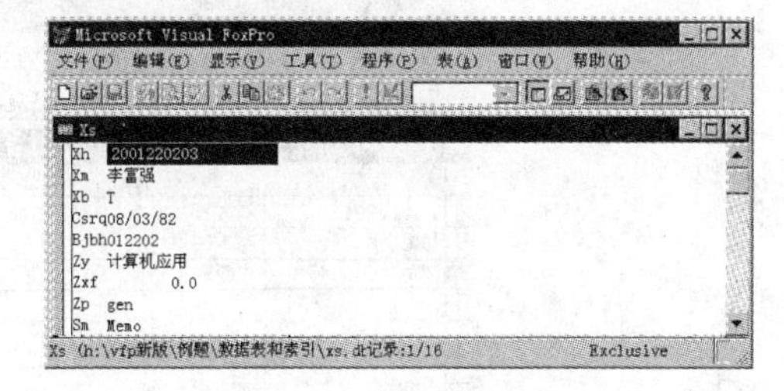

图 11-9 “编辑”方式

2．“表”菜单

一旦打开“浏览”窗口，系统菜单中将增加一个“表”菜单，如图 11-10 所示。“表”菜单中包括所有对表的基本操作，选择相应的子菜单项，按照屏幕提示，即可完成各项操作。

3．转到记录

在任何一种方式下，使用滚动条可以来回移动表的记录指针，显示表中不同的字段和记录。也可以用键盘的方向键（〈↑〉、〈↓〉、〈←〉、〈→〉）和〈Tab〉键移动。若要查看不同的记录：

① 从“表”菜单中选择“转到记录”命令。

② 在子菜单中选择“第一个”“最后一个”“下一个”“前一个”或“记录号”命令。

③ 如果选择了“记录号”命令，就可以在“转到记录”对话框中输入待查看记录的编号，然后单击“确定”按钮。

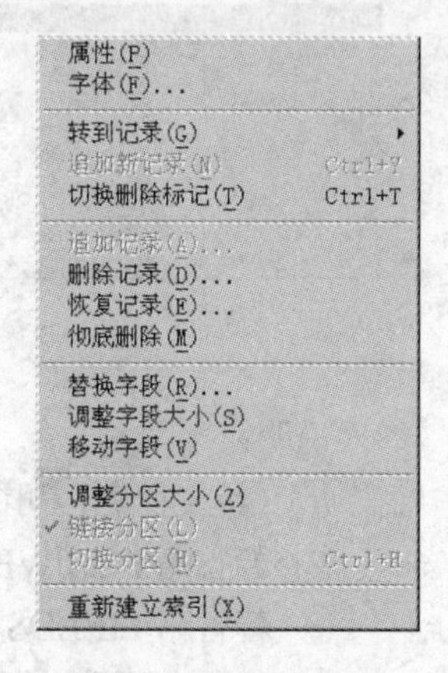

图 11-10 “表”菜单

4．编辑字段

若要改变“字符型”字段、“数值型”字段、“逻辑型”字段、“日期型”字段或“日期时间型”字段中的信息，可以把光标设在字段中并编辑信息，或者选定整个字段并输入新的信息。

若要编辑“备注型”字段，可在“浏览”窗口中双击该字段或按下〈Ctrl+PgDn〉组合键，这时会打开一个“编辑”窗口，其中显示了“备注型”字段的内容。

“通用型”字段包含一个嵌入或链接的 OLE 对象。通过双击“浏览”窗口中的“通用型”字段可以打开通用型窗口；从“编辑”菜单中选择“粘贴”“选择性粘贴”或“插入对象”命令，可以编辑这个对象，如直接编辑文档（如 Word 文档或 Excel 工作表），或者双击对象打开其父类应用程序（如 Microsoft 画笔对象）。

5．添加新记录

若想在表中快速加入新记录，可以将“浏览”和“编辑”窗口设置为“追加方式”。在“追加方式”中，文件底部显示了一条空字段，可以在其中填入内容来建立新记录。设置为追加方式的方法为从“显示”菜单选择“追加方式”命令。

在新记录中填充字段，用〈Tab〉键可以在字段间进行切换。每完成一条记录，在文件的底端就会又出现一条新记录。

6．删除记录

若要从表中删除记录，单击记录左边的小方框，标记待删除的记录，如图 11-11 所示。

Microsoft Visual FoxPro

文件(F) 编辑(E) 显示(V) 工具(T) 程序(P) 表(A) 窗口(W) 帮助(H)

Xs

Xh	Xm	Xb	Csrq	Bjbh	Zy
2001180110	刘大伟	T	02/21/82	011801	会计
2001160212	赵本田	T	01/25/81	011602	国际贸易
2001160224	许新丽	F	10/22/81	011602	国际贸易

Xs (h:\vfp新版\例题\数据表和索引\xs.db记录:15/15 Exclusive

图 11-11 标有删除标记的记录

标记记录并不等于删除记录，属于“逻辑删除”。要想真正地删除记录（物理删除），应从“表”菜单中选择“彻底删除”。当出现提示“是否从表中移去已删除的记录？”，单击“是”按钮即可。这个过程将删除所有标记过的记录，并重新构造表中余下的记录。删除记录时将关闭浏览窗口，若要继续工作，要重新打开浏览窗口。

若要有选择地删除一组记录，可从“表”菜单中选择“删除记录”命令，打开“删除”对话框，输入删除条件，选择删除记录的范围，如图 11-12 所示。

如果待删除记录能够描述出来，则可以建立一个描述表达式。选择 For 右端的“...”按钮，激活“表达式生成器”对话框，如图 11-13 所示。例如，使用表达式：

YEAR(DATE())–YEAR(csrq)>=28

可选定年龄 28 岁以上的记录，并为它们加上删除标记。

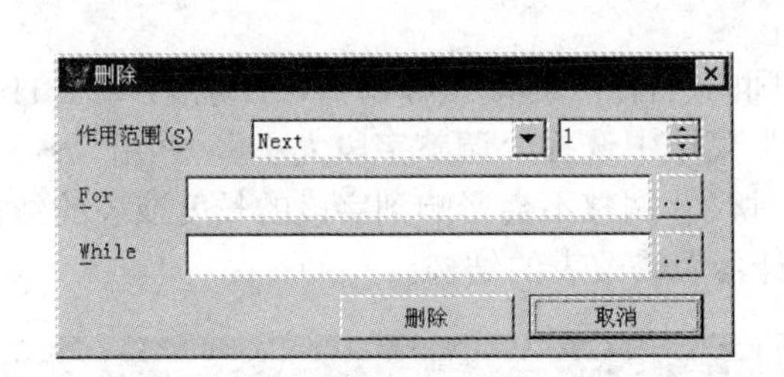

图 11-12 “删除”对话框

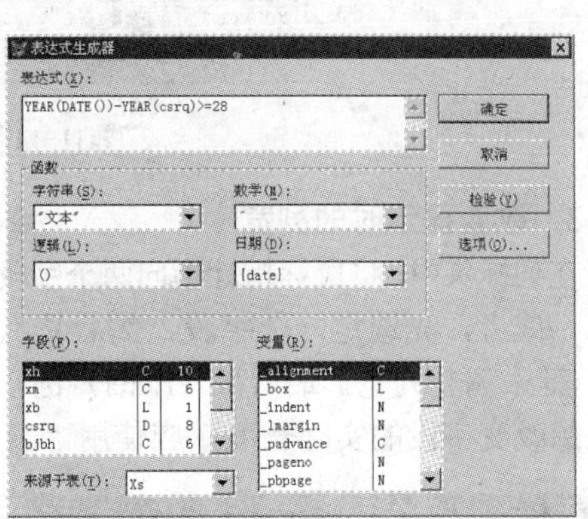

图 11-13 “表达式生成器”对话框

11.2.2 定制“浏览”窗口

用户可以按照不同的需求定制“浏览”窗口，例如重新安排列的位置、改变列的宽度、显示或隐藏表格线或者把“浏览”窗口分为两个窗格。

1．重新安排列

重新安排“浏览”窗口中的列，使它们按照需要的顺序进行排列，但这并不影响表的实际结构。若要在“浏览”窗口中重新安排列，可以将列标头拖到新的位置。或者，从“表”菜单中选择“移动字段”命令，然后用左、右（或上、下）方向键移动列，最后按〈Enter〉键。

2．拆分“浏览”窗口

（1）拆分窗口

通过拆分“浏览”窗口，可以很方便地查看同一表中的两个不同区域，或者同时在“浏览”和“编辑”方式下查看同一记录。

若要拆分“浏览”窗口，将鼠标指针指向窗口左下角的拆分条。向右方拖动拆分条，将“浏览”窗口分成两个窗格，如图 11-14 所示。或者从“表”菜单中选择“调整分区大小”命令，用左、右方向键移动拆分条，按〈Enter〉键结束。

（2）调整拆分窗格的大小

将指针指向拆分条，向左或向右拖动拆分条，改变窗格的相对大小。或者，从“表”菜单中选择“调整分区大小”命令，按〈←〉或〈→〉键移动拆分条，按〈Enter〉键结束。

默认情况下，“浏览”窗口的两个窗格是相互链接的，即在一个窗格中选择了不同的记录，这种选择会反映到另一个窗格中。取消“表”菜单中“链接分区”的选中状态，可以中断两个窗格之间的联系，使它们的功能相对独立。这时，滚动某一个窗格时，不会影响到另一个窗格中的显示内容。

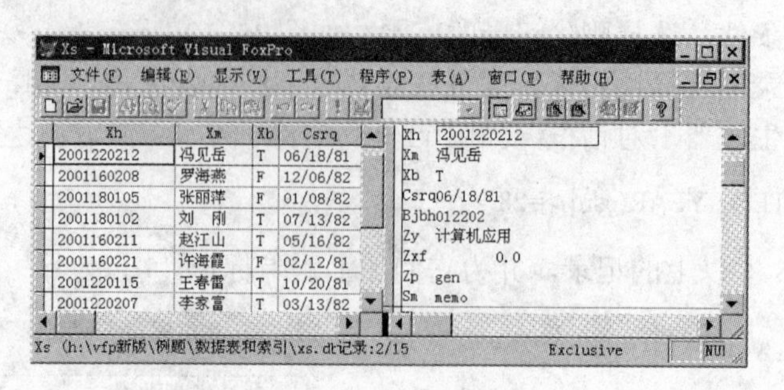

图 11-14　拆分“浏览”窗口

3．改变显示时的列宽

在列标头中，将鼠标指针指向两个字段之间的结合点，拖动鼠标调整列的宽度，如图 11-15 所示。或者，先选定一个字段，然后从“表”菜单中选择“调整字段大小”，并用〈←〉或〈→〉键来调整列宽，最后按〈Enter〉键。这种尺寸调整不会影响到字段的长度或表的结构。如果想改变字段的实际长度，应使用“表设计器”修改表的结构。

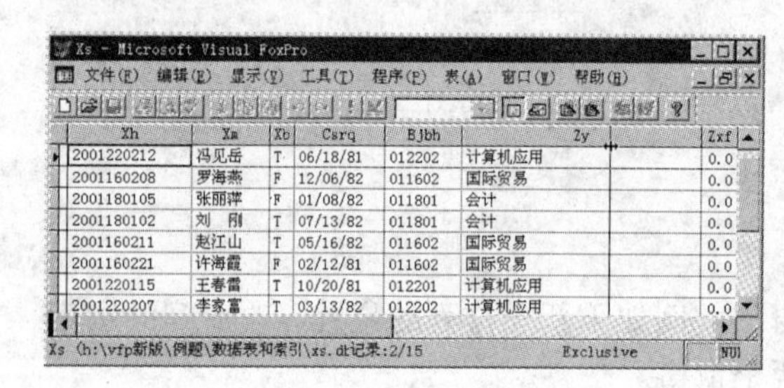

图 11-15　改变显示时的列宽

4．打开或关闭网格线

若要显示或隐藏网格线，从“显示”菜单中选择“网格线”项即可。

11.2.3　使用命令

用户可以直接在命令窗口或者在程序中使用 Visual FoxPro 命令来完成对表中数据的各项基本操作。

1．打开浏览窗口

使用 BROWSE 命令可以打开浏览窗口，其格式为：

BROWSE [FIELDS 〈字段名表〉] [LOCK 〈表达式〉][FREEZE 〈字段名〉] ...

说明：BROWSE 命令的可选参数很多，下面只列出常用的几种。

① FIELDS 〈字段名表〉：指定显示在浏览窗口中的字段。

② LOCK 〈表达式〉：指定浏览窗口左分区中可见的字段个数。

③ FREEZE 〈字段名〉：在浏览窗口中指定只修改一个字段（光标冻结），其他字段可显示但不能修改。

④ NOAPPEND：禁止在浏览窗口中通过交互方式增加记录。

⑤ NOMODIFY：禁止在浏览窗口中修改，只能浏览。

⑥ NOMENU：从系统菜单中删除“表”子菜单，防止调用该子菜单。

2．查看记录

用户还可以在 Visual FoxPro 主窗口或用户自定义窗口（如表单）中显示当前表中的记录，显示命令有两个，其格式分别是：

LIST [〈范围〉] [FIELDS 〈字段名表〉] [{FOR | WHILE} 〈条件〉] [OFF][TO PRINT]
DISPLAY [〈范围〉] [FIELDS 〈字段名表〉] [{FOR | WHILE} 〈条件〉] [OFF][TO PRINT]

说明：

① LIST 称为连续显示命令，〈范围〉项省略时，系统默认为 ALL，其功能是连续显示满足条件的所有记录直到结束。

② DISPLAY 称为分页显示命令，若无 FOR|WHILE 短语，〈范围〉省略时，系统默认为当前记录，若满足条件的记录较多，则显示满屏时暂停，待按任意键后继续显示后面的内容直到结束。

③ 若有 FIELDS 子句，则显示指定字段内容，否则显示所有字段内容（不包括备注型字段）。

④ 若有 OFF 短语，则不显示记录号；否则显示每个记录的记录号。

⑤ 若有 TO PRINT 短语，则显示内容送往屏幕的同时还从打印机输出。

3．编辑

使用命令 EDIT，可以打开“编辑”窗口，编辑已打开的数据表。其格式为：

EDIT [〈范围〉] [FIELDS 〈字段名表〉] [{FOR | WHILE} 〈条件〉]

说明：〈范围〉项省略时，系统默认为 ALL，在满足条件的记录范围内可前后翻页。

4．记录定位

记录定位是指根据需要将记录指针移到指定记录，使之成为当前记录，以便对之操作。

文件的首记录又称为 TOP，尾记录称为 BOTTOM。用 USE 命令打开数据库时，指针总是指向第一条记录（TOP）。

在命令窗口或程序中可以使用命令来移动记录指针。移动记录指针的命令分为绝对移动（GO）和相对移动（SKIP）两种，其格式如下。

（1）绝对移动

绝对移动记录指针的命令格式为：

GO { BOTTOM | TOP | 〈记录号〉 }

其中，BOTTOM 表示末记录，TOP 表示首记录，〈记录号〉可以是数值表达式，按四舍五入取整数，但是必须保证其值为正数且位于有效的记录数范围之内。

（2）相对移动

相对移动记录指针的格式为：

SKIP {n | -n }

其中 *n* 为数值表达式，四舍五入取整数。若是正数，向记录号增加的方向移动，若是负数，向记录号减少的方向移动。

5．使用批替换命令

批替换命令 REPLACE 可对字段内容成批自动地进行修改（替换），而不必在编辑状态下逐条修改。批替换命令的语法格式为：

REPLACE [〈范围〉]〈字段名 1〉 WITH 〈表达式 1〉
[,〈字段名 2〉 WITH 〈表达式 2〉...] [{FOR | WHILE} 〈条件〉]

说明：

① 若无〈范围〉项，则只对当前记录操作。

② 对指定范围内满足条件的各记录，以〈表达式 1〉的值替换〈字段名 1〉的内容，〈表达式 2〉的值替换〈字段名 2〉的内容（备注型字段除外），依次类推。

【例 11-3】 要将表 xs.dbf 的所有学号字段中的“2001”改为“2002”，可用下面的命令：

```
USE xs
REPLACE ALL xh WITH "2002" + RIGHT(xh, 6)
```

6．在表中添加新记录

（1）使用 APPEND 命令

APPEND 命令可以在表的尾部添加新的记录，其格式为：

APPEND [BLANK]

说明：如果省略 BLANK 选项，系统按“追加方式”打开“浏览”或“编辑”窗口，为数据表添加新记录。如果有 BLANK 选项，则在表的尾部添加一个空记录而不打开“浏览”或“编辑”窗口。

若要从其他表中追加记录，可以使用如下格式的命令：

APPEND FROM 〈表文件名〉 FOR 〈逻辑表达式〉

（2）使用 INSERT 命令

INSERT 命令可以在表的任何位置插入一条新的记录，其格式为：

INSERT [BLANK] [BEFORE]

说明：若无 BLANK 选项，系统打开“浏览”或“编辑”窗口，在当前记录后（无 BEFORE）或在当前记录前（有 BEFORE）为数据表插入新记录；若有 BLANK 选项，则插入一条空记录而不打开“浏览”或“编辑”窗口。

7．删除记录

（1）逻辑删除记录

逻辑删除记录命令可以对数据表中指定范围内满足条件的记录加注删除标记，其格式为：

DELETE [〈范围〉] [FOR 〈条件〉]

说明：

① 本命令属逻辑删除命令，加注删除标记后记录仍能被操作（修改、复制、显示等）。

② 撤销删除标记命令可以恢复数据表中指定范围内满足条件的被加注删除标记的记录。

（2）恢复逻辑删除的记录

使用撤销标记命令，可以恢复逻辑删除的记录，其格式为：

RECALL [〈范围〉] [FOR 〈条件〉]

说明：RECALL 是 DELETE 的逆操作，作用是取消删除标记，恢复成正常记录。

（3）物理删除加注删除标记的记录

用户可以将数据表中所有具有删除标记的记录正式从表文件中删掉。其格式为：

PACK

说明：PACK 为物理删除命令，一旦执行，则无法用 RECALL 恢复。

（4）直接删除所有记录

直接删除所有记录命令可以一次删除数据表中的全部记录，但保留表结构。其格式为：

ZAP

说明：本命令等价于 DELETE ALL 与 PACK 连用，但速度更快。该命令属于物理删除命令，一旦执行无法恢复。

11.3 在表单中操作表

实用的 Visual FoxPro 应用程序需要在表单中操作数据表，这就要编写事件代码来实现。

11.3.1 在表单中显示浏览窗口

【例 11-4】 在表单中使用命令方式来打开浏览窗口，显示并修改数据表的内容，如图 11-16 所示。

设计步骤如下。

① 建立应用程序用户界面与设置对象属性。选择“新建”表单，进入表单设计器。增加两个命令按钮 Command1、Command2，并按如图 11-17 所示设置其属性。

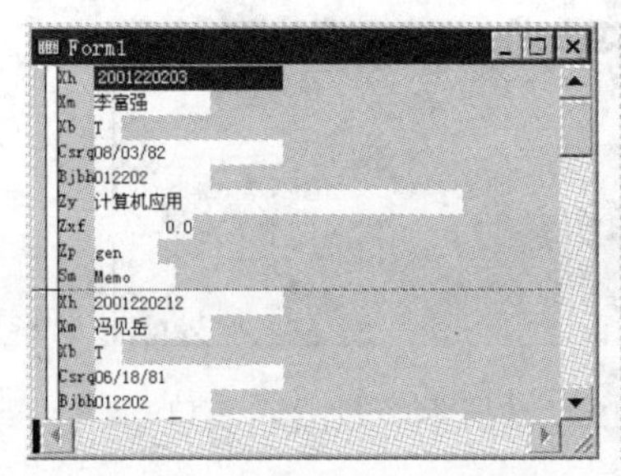

图 11-16 在表单中编辑或浏览数据表

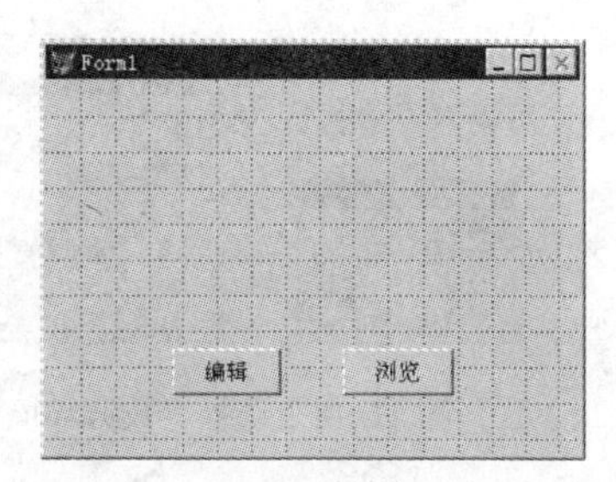

图 11-17 设计表单

② 编写代码。

在表单的 Load 事件代码中打开数据表：

```
USE xs
```

在表单的 Destoy 事件代码中关闭数据表：

```
USE
```

在命令按钮 Command1 的 Click 事件代码中打开编辑窗口：

```
GO TOP
EDIT
```

在命令按钮 Command2 的 Click 事件代码中打开浏览窗口：

```
GO TOP
BROWSE
```

11.3.2 数据环境

虽然在表单中可以使用 USE 命令来打开和关闭数据表，但是在一些较为复杂的情况下，比如使用多表或数据库时，不易协调各表之间的关系。比较可靠的办法是使用“数据环境”。

数据环境是一个对象，它包含与表单相互作用的表或视图，以及表单所要求的表之间的关系。用户可以在“数据环境设计器”中直观地设置数据环境，并与表单一起保存。

每一个表单或表单集都可以包含一个数据环境。在表单运行时，数据环境可以自动打开、关闭表和视图。

如果在表单或表单集中创建了数据环境，就可以通过“属性”窗口来设置控件的 ControlSource 属性。

【例 11-5】 在上例的表单中使用数据环境。

设计步骤如下。

① 创建“数据环境”。选择“新建”表单，进入表单设计器。在系统菜单的“显示”子菜单中选择“数据环境”命令，或在表单设计器中单击鼠标右键，从弹出的快捷菜单中选择“数据环境”命令，或单击表单设计器中“数据环境”按钮，如图 11-18 所示，均可打开“数据环境设计器”窗口。

在“数据环境设计器”窗口中单击鼠标右键，在弹出的快捷菜单中选择“添加”命令，可添加表单所要控制的数据表 xs.dbf，如图 11-19 所示。

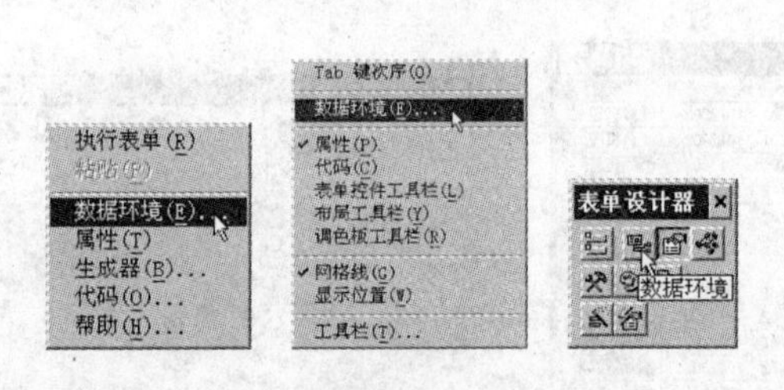

图 11-18 选择“数据环境”命令

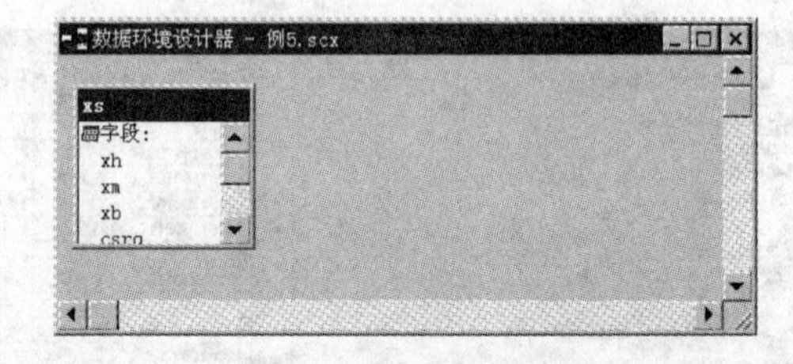

图 11-19 “数据环境设计器”窗口

② 修改代码。删除上例表单中的 Load 事件代码与 Destroy 事件代码，改由数据环境来处理数据表的打开与关闭。

③ 运行表单，结果完全相同。

11.3.3 在表单中操作数据表

用表单设计器设计一个可以浏览和编辑数据表的程序。

【例 11-6】 设计一个操作数据表的表单，使之具有按记录浏览、编辑的功能。

设计步骤如下：

① 创建数据环境。选择“新建”表单，进入表单设计器。打开“数据环境设计器”窗口，

在“数据环境设计器”窗口中单击鼠标右键，在弹出的快捷菜单中选择“添加”命令，添加表单所要控制的数据表 xs.dbf，如图 11-19 所示。

② 建立应用程序用户界面与设置对象属性。依次将表中“xh”“xm”“xb”等字段用鼠标拖拉至表单中，则表单上出现相应的标签和文本框，如图 11-20a 所示。

然后增加一个命令按钮组 CommandGroup1 和一个标签 Label1，修改各对象属性，如图 11-20b 所示。

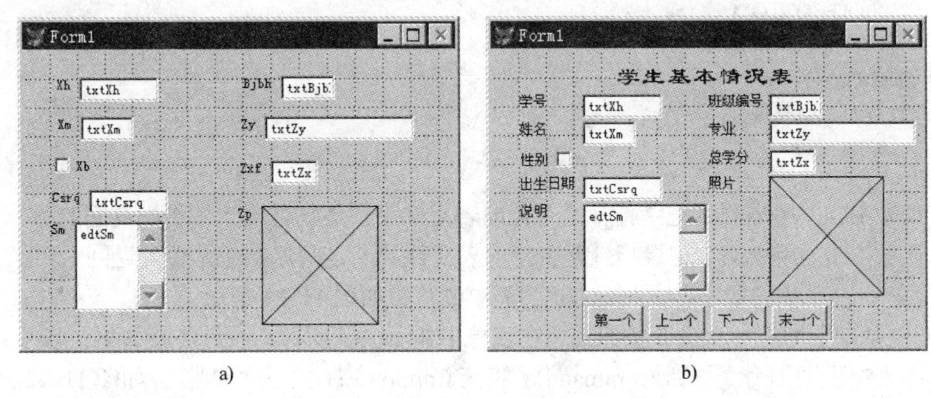

图 11-20 将各字段用鼠标拖拉至表单中

a) 建立界面 b) 设置属性

③ 编写事件代码。

在表单中增加一个自定义方法 butt 来控制 4 个按钮是否可用：

```
LPARAMETERS L
THIS.CommandGroup1.Buttons(1).Enabled = L
THIS.CommandGroup1.Buttons(2).Enabled = L
THIS.CommandGroup1.Buttons(3).Enabled = not L
THIS.CommandGroup1.Buttons(4).Enabled = not L
```

编写命令按钮组 CommandGroup1 的 Click 事件代码：

```
n = THIS.Value
DO CASE
  CASE n = 1
    GO TOP
    THISFORM.butt(.f.)
  CASE n = 2
    SKIP -1
    IF BOF()
      GO TOP
      THISFORM.butt(.f.)
    ENDIF
    THIS.Buttons(3).Enabled = .T.
    THIS.Buttons(4).Enabled = .T.
  CASE n = 3
    SKIP 1
```

```
        IF EOF()
            GO BOTTOM
            THISFORM.butt(.T.)
        ENDIF
        THIS.Buttons(1).Enabled = .T.
        THIS.Buttons(2).Enabled = .T.
    CASE n = 4
        GO BOTTOM
        THISFORM.butt(.T.)
ENDCASE
THISFORM.Refresh
```

说明：

① 函数 BOF()用来测试记录指针是否指向表文件头，是则返回.T.，否则返回.F.。

② 函数 EOF()用来测试记录指针是否指向表文件尾，是则返回.T.，否则返回.F.。

运行表单，可以完成对数据表 xs.dbf 的简单浏览，如图 11-21 所示。

在此例基础上增加一个命令按钮使之在表单中显示浏览窗口，设计步骤如下。

① 在表单上增加命令按钮 Command1，将其 Caption 属性改为“浏览”，如图 11-22a 所示。

② 编写 Command1 的 Click 事件代码：

```
BROWSE
GO RECNO()
THISFORM.Refresh
```

运行表单，单击“浏览”按钮，可以显示浏览窗口，如图 11-22b 所示。

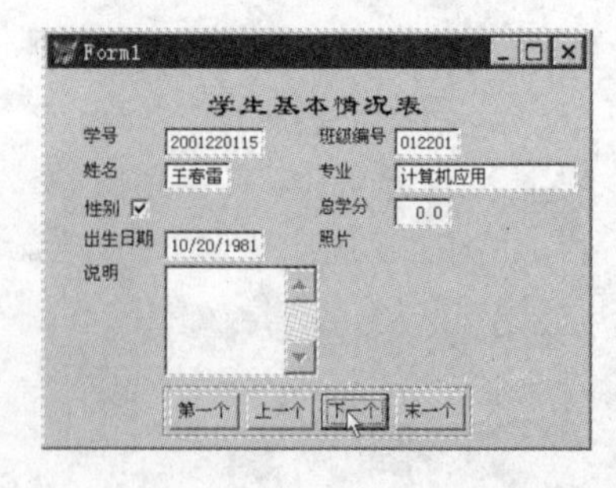

图 11-21　学生基本情况表

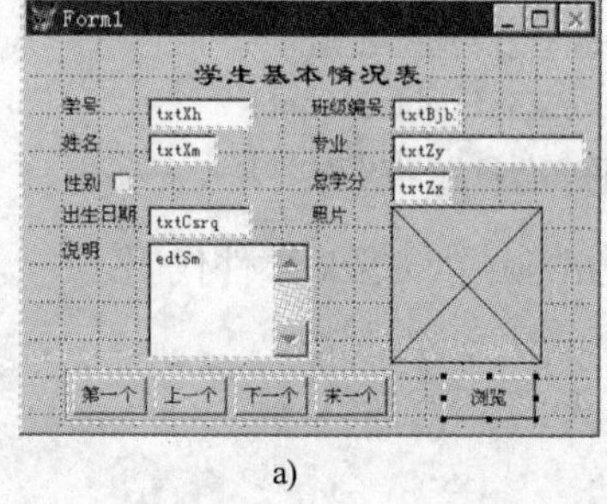

a)

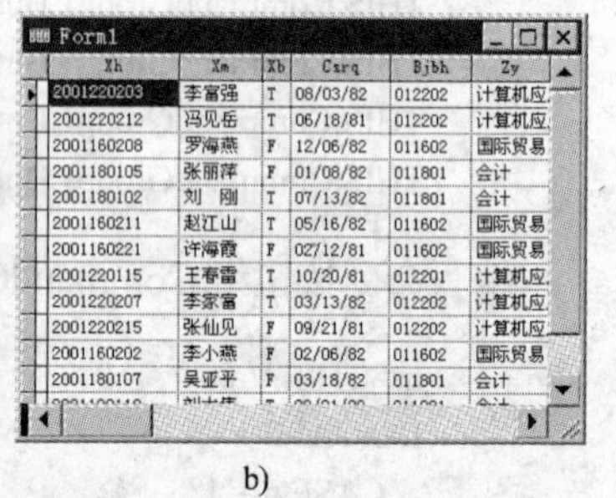

Xh	Xm	Xb	Csrq	Bjbh	Zy
2001220203	李富强	T	08/03/82	012202	计算机应.
2001220212	冯见岳	T	06/18/81	012202	计算机应.
2001160208	罗海燕	F	12/06/82	011602	国际贸易
2001180105	张丽萍	F	01/08/82	011801	会计
2001180102	刘　刚	T	07/13/82	011801	会计
2001160211	赵江山	T	05/16/82	011602	国际贸易
2001160221	许海霞	F	02/12/81	011602	国际贸易
2001220115	王春雷	T	10/20/81	012201	计算机应.
2001220207	李家富	T	03/13/82	012202	计算机应.
2001220215	张仙见	F	09/21/81	012202	计算机应.
2001160202	李小燕	F	02/06/82	011602	国际贸易
2001180107	吴亚平	F	03/18/82	011801	会计

b)

图 11-22　增加一个“浏览”按钮

a) 增加按钮　b) 运行结果

11.3.4　使用表格控件

虽然“浏览”窗口可以满足浏览数据的需要，但是缺乏对数据的有效控制。为了更好地控制数据的显示，可以使用表格（Grid）控件。

表格是一个容器对象，与表单集包含表单一样，表格包含列。这些列除了包含列标题和控制外，每一个列还拥有自己的一组属性、事件和方法，即可以提供对表格单元的大量控制。

【例 11-7】　在例 11-6 的表单中增加一个浏览窗口，如图 11-23 所示。

设计步骤如下。

① 打开上例的表单文件，进入表单设计器。首先修改表单布局，并在表单上增加一个“表格”控件 Grid1，如图 11-24 所示。

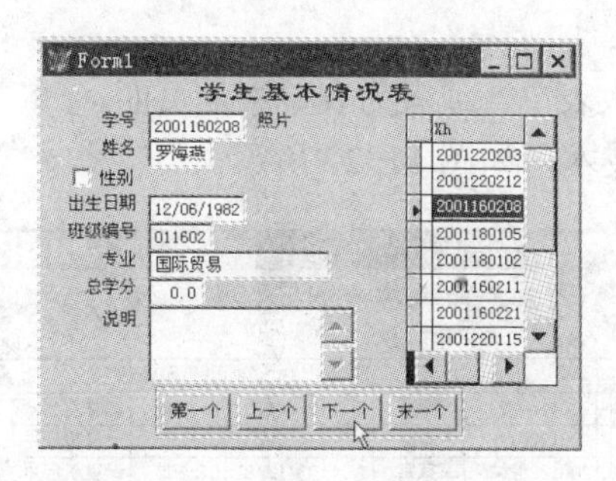

图 11-23　增加一个浏览窗口

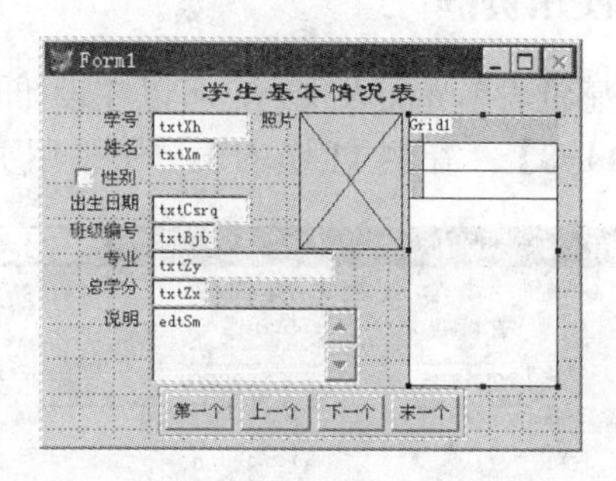

图 11-24　增加一个“表格”控件

② 右击 Grid1，在弹出的快捷菜单中选择“生成器”命令，打开“表格生成器”对话框。单击“数据库和表”右边的命令按钮，如图 11-25a 所示，可以选择数据表。

然后选择“可用字段”中的“Xh”“Xm”“Xb”和“Zxf”等字段，单击添加按钮，将其添加到“选定字段”列表中，如图 11-25b 所示。

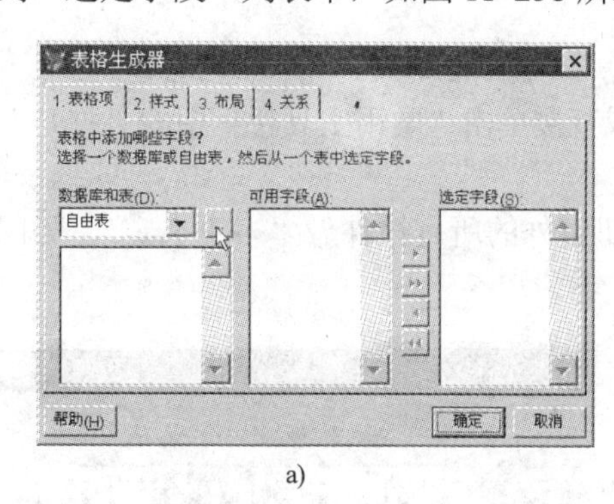

a)

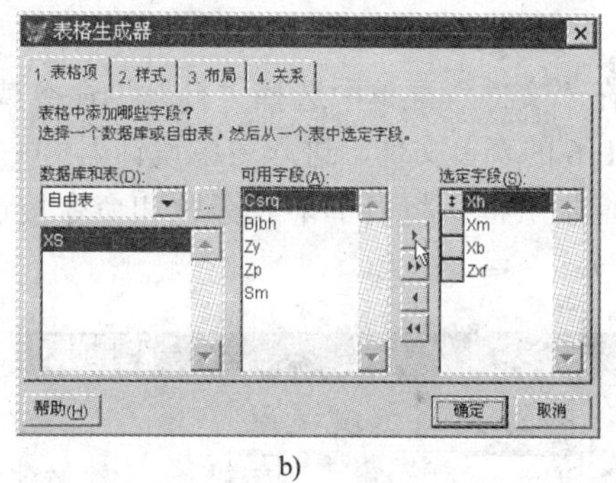

b)

图 11-25　“表格生成器”对话框

a) 选择数据表　b) 添加字段

在“布局”页中，用鼠标指向标题行的分隔线可以调整列标题的宽度，如图 11-26 所示。

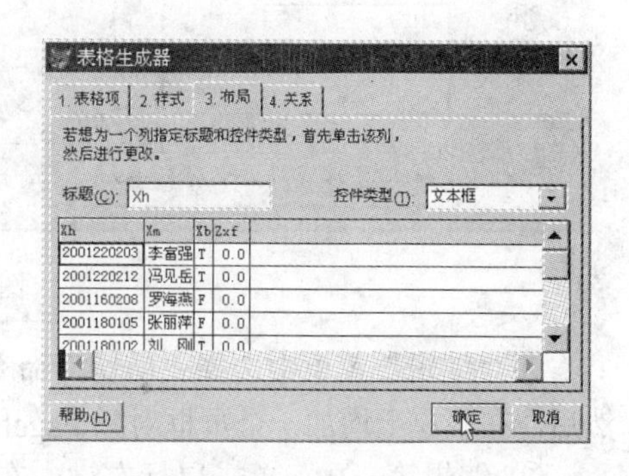

图 11-26　调整列标题的宽度

单击“确定”按钮退出表格生成器。运行表单，发现表格中的记录和文本框中的记录不同步。为此，重新打开“表单设计器”对话框，继续修改表单。

③ 修改事件代码。

编写表格 Grid1 的 AfterRowColCange 事件代码：

```
LPARAMETERS nColIndex
THISFORM.Refresh
```

其中第一行是原有的。第二行表示当光标在表格中移动时，随时刷新表单。

在命令按钮组 CommandGroup1 的 Click 事件代码最后增加一条命令：

```
THISFORM.Grid1.SetFocus
```

修改后的数据表单运行结果如图 11-23 所示。

11.3.5 使用页框

如果感觉表单界面太狭小，可以在设计时扩大表单，或者为表单添加页面。

【例 11-8】 在例 11-7 的表单中使用页框技术，如图 11-27 所示。

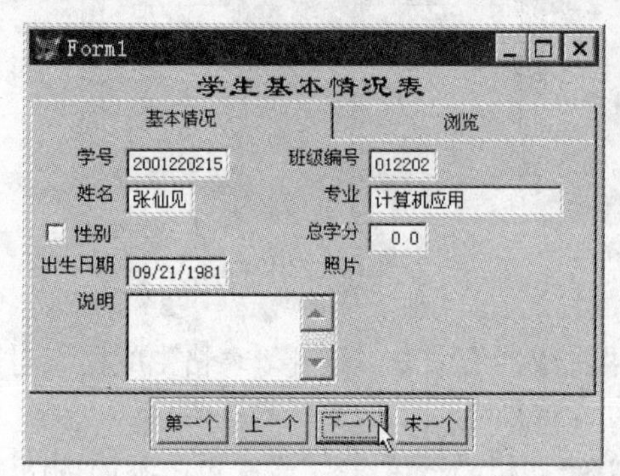

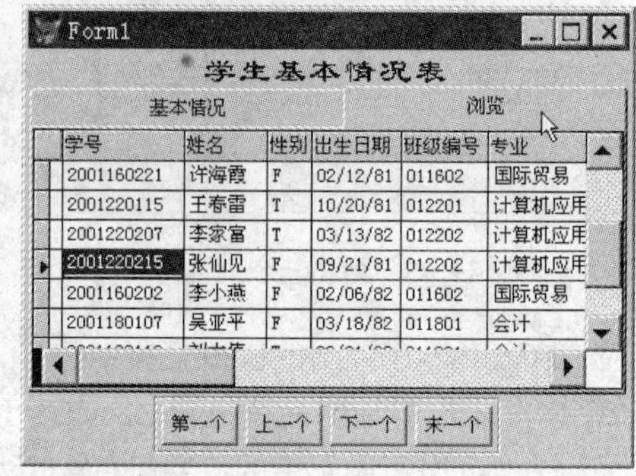

图 11-27 使用页框

设计步骤如下。

① 在“文件”菜单中选择“打开”命令或直接单击“常用工具栏”中的“打开”按钮，选择例 11-6 的表单文件，进入表单设计器。

② 增加页框。将表单中除标题和命令按钮组外的所有控件做“多重选定”，如图 11-28 所示。

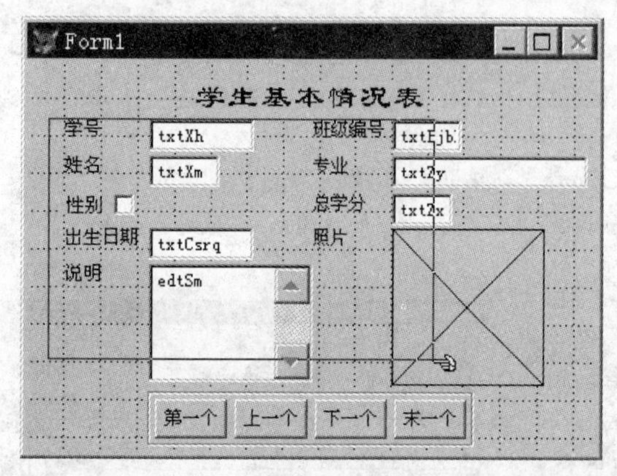

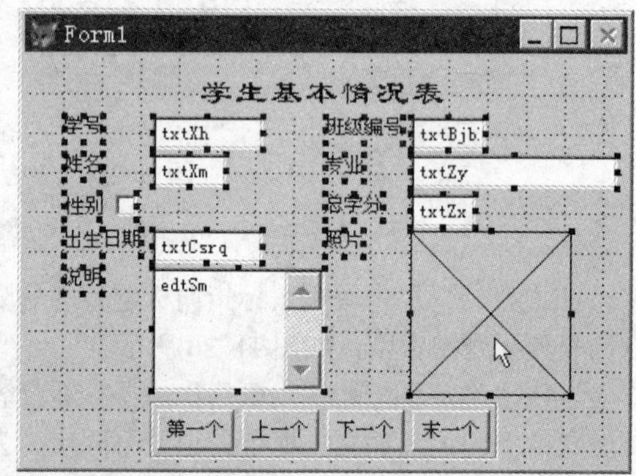

图 11-28 多重选定

在“编辑”菜单中选择“剪切”命令或直接按〈Ctrl+X〉组合键，将其移放至剪贴板中。然后，在表单上增加一个页框对象 Pageframe1 并适当调整其大小和位置，如图 11-29a 所示。

③ 编辑第一页。单击鼠标右键，在快捷菜单中选择“编辑”命令，页框周围出现浅色边界，开始编辑第一页 Page1。在“编辑”菜单中选择“粘贴”命令或直接按〈Ctrl+V〉组合键，将剪贴板中的控件复制到第一页上。

对于复制回来的“多重选定”可以作为一个整体来调整其位置，也可以分别调整各个控件的大小和位置。然后将 Page1 的 Caption 属性改为“基本情况”，如图 11-29b 所示。

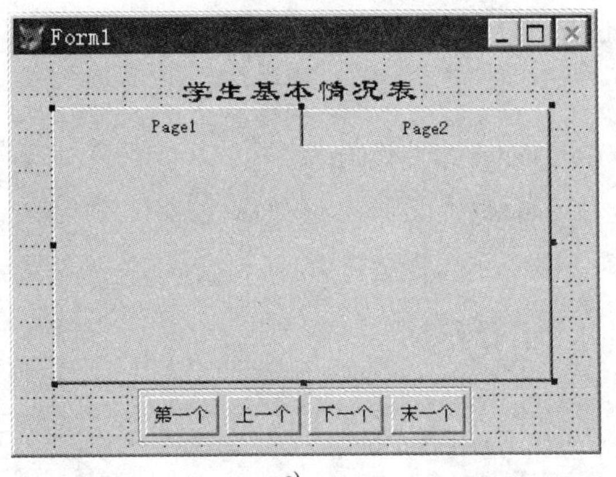

a)

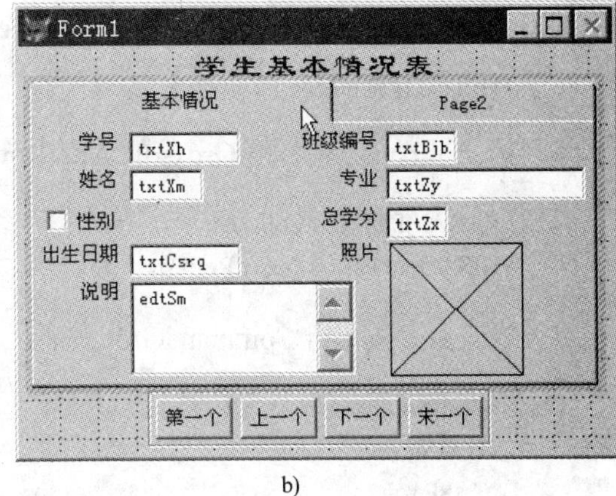

b)

图 11-29　增加并编辑页框

a) 建立界面　b) 设置属性

④ 编辑第二页。单击标题 Page2，进入第二页。单击“数据环境”按钮，打开“数据环境”窗口。将鼠标指针指向表文件名 xs，然后按下鼠标左键，将其拖至 Page2 中，如图 11-30 所示。

Page2 中自动出现一个包含了 xs.dbf 中所有字段的表格控件 grdxs。关闭“数据环境”窗口并调整表格的大小和位置，然后开始修改 grdxs。

右击 grdxs，在弹出的快捷菜单中选择“编辑”命令，grdxs 的周围出现浅绿色的边界。在属性窗口中修改 grdxs 的列对象数属性 ColumnCount 为 7（原值为 9，是 xs.dbf 中的字段数），可以将“照片”和“说明”两个字段从表格中删去。

将鼠标指向表格的第一行——列标题处，拖动鼠标修改列的宽度，也可以在属性窗口中修改该列的宽度属性 Width。

尽可能将所需要显示的字段长度都调整到可以看到，就可以在属性窗口中将 grdxs 的 ScrollBars 属性改为 2 – 垂直。

再将 Page2 的 Caption 属性改为“浏览”，如图 11-31 所示。

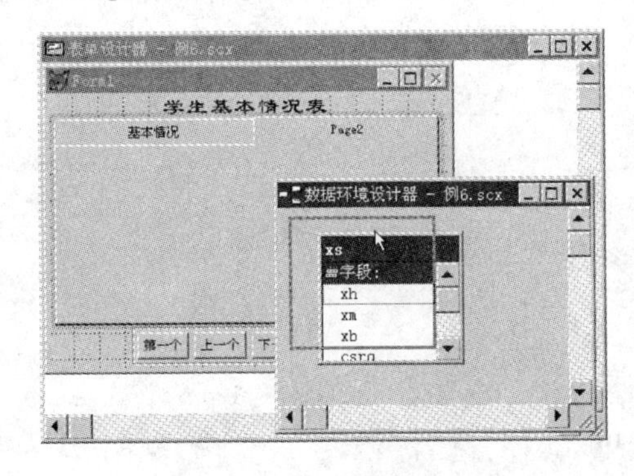

图 11-30　拖动数据表

图 11-31　修改第二页

⑤ 编写代码。在例 11-6 的基础上增加如下代码。

编写页框 pageFrame1 中第一页 page1 的 Activate 事件代码：

```
THIS.txtxh.SetFocus
```

编写页框 pageFrame1 中第二页 page2 的 Activate 事件代码：

```
THIS.grdxs.SetFocus
```

编写第二页 page2 中表格 Grdxs 的 AfterRowColChange 事件代码：

```
LPARAMETERS nColIndex
THIS.Parent.Parent.Page1.Refresh
```

另外修改命令按钮组 CommandGroup1 的 Click 事件代码：

```
n = THIS.Value
DO CASE
  CASE n = 1
    GO TOP
    THISFORM.butt(.f.)
  CASE n = 2
    SKIP -1
    IF BOF()
      GO TOP
      THISFORM.butt(.f.)
    ENDIF
    THIS.Buttons(3).Enabled = .T.
    THIS.Buttons(4).Enabled = .T.
  CASE n = 3
    SKIP 1
    IF EOF()
      GO BOTTOM
      THISFORM.butt(.T.)
    ENDIF
    THIS.Buttons(1).Enabled = .T.
    THIS.Buttons(2).Enabled = .T.
  CASE n = 4
    GO BOTTOM
    THISFORM.butt(.T.)
ENDCASE
IF THISFORM.PageFrame1.ActivePage = 2
  THISFORM.PageFrame1.Page2.Grdxs.SetFocus
ELSE
  THISFORM.Refresh
ENDIF
THISFORM.Refresh
```

表单运行结果如图 11-27 所示。

说明：上面所述在第二页中设计表格控件的过程可以改为利用表格生成器来进行。先增加表格控件，然后单击鼠标右键，在弹出菜单中选择“生成器”命令，即可打开表格生成器进行表格的设计。

11.3.6 逻辑字段的控制技巧

由于“性别”字段是一个逻辑型字段，适合于使用复选框控件。但是，使用复选框控件可能会使用户混淆，使用选项按钮组控件更好一些。下面介绍“选项按钮组”控制逻辑字段的小技巧。

【例 11-9】 修改例 11-8，使用“选项按钮组”控制“性别”字段，如图 11-32 所示。

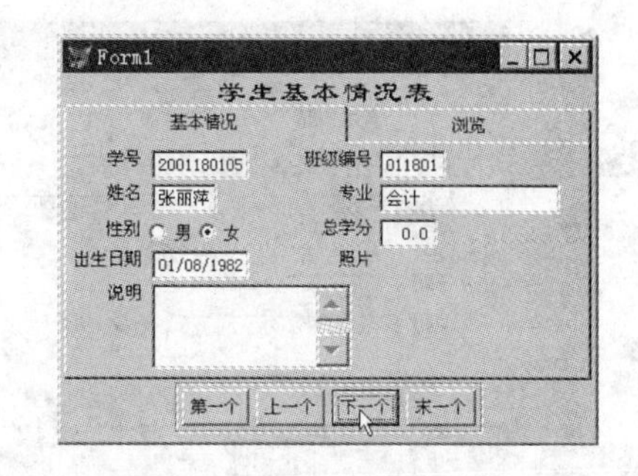

图 11-32 使用“选项按钮组”控制“性别”

设计方法如下。

① 修改界面。首先，在表单的页框中增加一个选项按钮组 OptionGroup1，然后右击选项按钮组 OptionGroup1，从弹出的快捷菜单中选择“生成器”命令，如图 11-33 所示。

在“选项组生成器”对话框中修改“标题”，并将“按钮布局”改为水平，“边框样式”改为无，然后按“确定”按钮退出选项组生成器。

最后增加一个标签 Label1，并将其 Caption 属性改为“性别”，将复选框“chkxb”的 Visible 属性改为.F. – 假。适当调整其他控件的位置，如图 11-34 所示。

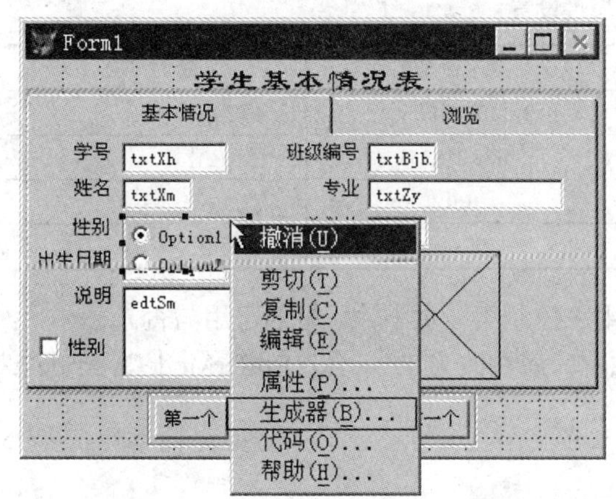

图 11-33 选择“生成器”命令

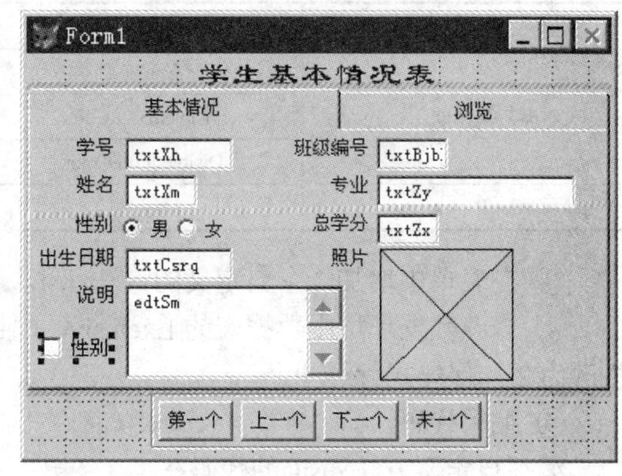

图 11-34 修改控件的布局

② 修改事件代码。

选项按钮组 optiongroup1 的 InteractiveChange 事件代码：

```
THIS.Parent.chkxb.Value=IIF(THIS.Value=1,.T.,.F.)
```

复选框（chkxb）的 Refresh 事件代码：

```
THIS.Parent.OptionGroup1.Value=IIF(THIS.Value=.t.,1,2)
```

说明：当选项组的值被改变后，修改复选框的值。而当复选框的值被更新后，将修改选项组的值。这样，两个控件的数据将保持同步。

11.3.7 编辑表单的设计

【例 11-10】 修改例 11-9，使之具有增加、删除、编辑记录的功能，如图 11-35 所示。

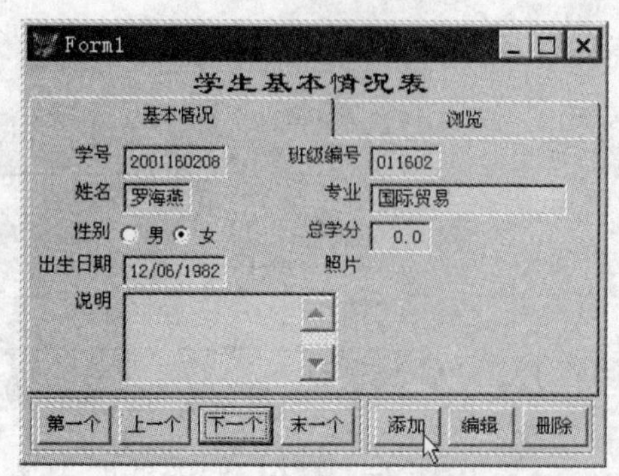

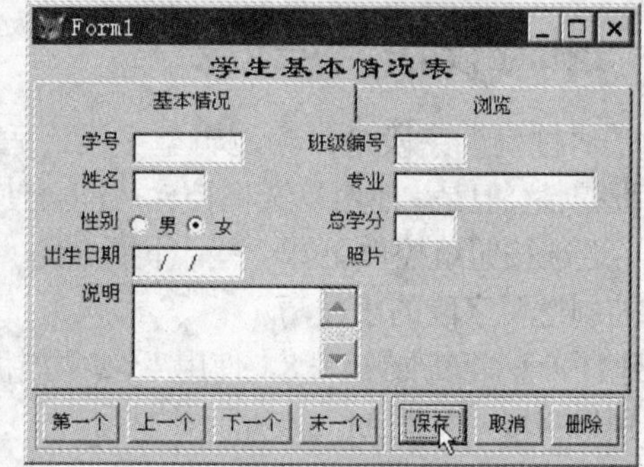

图 11-35　具有增加、删除、编辑记录的功能

在例 11-9 的基础上进行修改，具体步骤如下。

① 在表单上增加一个命令按钮组 CommandGroup2，将其按钮个数属性 ButtonCount 改为 3，并依次修改各按钮的 Caption 属性，如图 11-35 所示。

② 修改第一页中各文本框、编辑框、选项按钮组的属性，见表 11-5。

表 11-5　属性设置

对　象	属　性	属 性 值	说　明
各文本框与编辑框	Enabled	.F. – 假	不可用
	DisibledBackColor	128,255,255	浅蓝色背景
	DisibledForeColor	0, 0, 0	黑字
OptionGroup1	Enabled	.F. – 假	不可用

③ 在表单中增加一个自定义的方法 disi，用来控制第一页中输入框的可用与否。

④ 修改数据环境中数据表的 Exclusive（独占）属性改为.T. – 真，BufferModeOverride 属性改为 2 – 保守式行缓冲。

⑤ 编写代码。

编写自定义方法 disi()的代码：

```
LPARAMETERS L
THIS.PageFrame1.Page1.SetAll("Enabled",IIF(L,.T.,.F.),"TextBox")
THIS.PageFrame1.Page1.SetAll("Enabled",IIF(L,.T.,.F.),"OptionGroup")
THIS.PageFrame1.Page1.SetAll("Enabled",IIF(L,.T.,.F.),"EditBox")
THIS.CommandGroup1.Enabled=IIF(L,.F.,.T.)
```

编写命令按钮组 CommandGroup2 中各按钮的事件代码如下。

Command1 的 Click 事件代码：

```
IF THIS.Caption = "添加"
   THIS.Caption = "保存"
   THIS.Parent.Command2.Caption = "取消"
   THISFORM.disi(.T.)
   THIS.Parent.Tag = STR(RECNO())
```

```
    APPEND BLANK
  ELSE
    THIS.Caption = "添加"
    THIS.Parent.Command2.Caption = "编辑"
    THISFORM.disi(.F.)
  ENDIF
  THISFORM.PageFrame1.Refresh
```

Command2 的 Click 事件代码：

```
  IF THIS.Caption = "编辑"
    THIS.Caption = "取消"
    THIS.Parent.Command1.Caption = "保存"
    THISFORM.disi(.T.)
    THIS.Parent.Tag = STR(RECNO())
  ELSE
    THIS.Caption = "编辑"
    THIS.Parent.Command1.Caption = "添加"
    TABLEREVERT()
    THISFORM.disi(.F.)
    THISFORM.PageFrame1.Page1.Refresh
  ENDIF
  GO VAL(THIS.Parent.Tag)
  THISFORM.PageFrame1.Page1.Refresh
```

Command3 的 Click 事件代码：

```
  a = MESSAGEBOX("是否确定删除当前记录?",32+4+256,"删除记录")
  IF a = 6
    THIS.Tag = THISFORM.PageFrame1.Page2.grdxs.RecordSource
    DELETE NEXT 1
    PACK
    THISFORM.PageFrame1.Page2.grdxs.RecordSource = THIS.Tag
  ENDIF
```

运行表单后，各输入框禁用，只有当单击“添加”或“编辑”按钮后，各输入框才被启用。此时两按钮分别变为“保存”和“取消”，单击“保存”按钮，可以将添加的记录或对记录所作的修改存盘，单击“取消”按钮，则取消所作的添加或修改。

说明：

① 方法 SetAll()为容器对象中的所有控件或某类控件指定一个属性值。

② 函数 TABLEREVERT()可以取消对当前记录的修改。

11.3.8 使用下拉列表框

【例 11-11】 修改例 11-10，在数据环境中增加一个班级代码表，并且使用下拉列表框来输入班级编号“bjbh”，如图 11-36 所示。

在例 11-10 的基础之上进行修改，具体步骤如下。

① 修改数据环境，增加班级代码表 bj。在数据环境设计器中，从 xs 表中拖动“bjbh”字段至 bj 表，按“bjbh”建立两个表之间的关系，如图 11-37 所示。

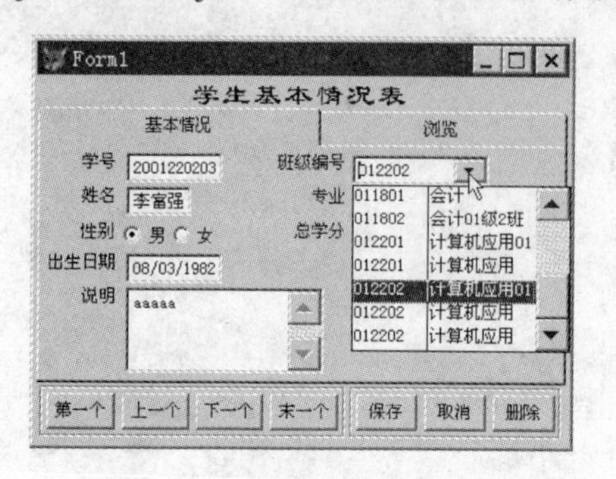

图 11-36 使用下拉列表框

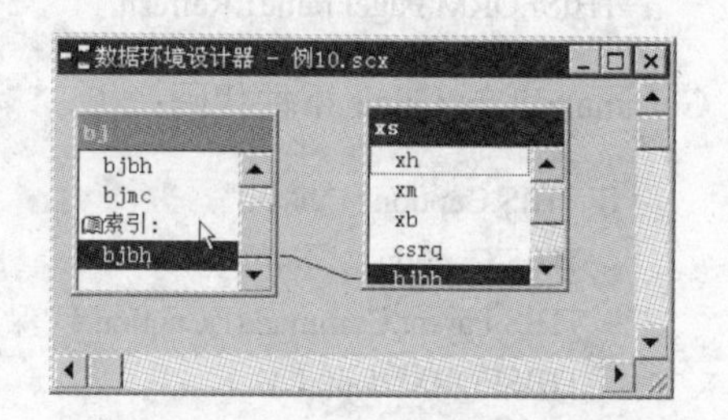

图 11-37 在数据环境中增加 bj

② 修改表单，删除第一页中输入班级编号的文本框“txtbjbh”，增加一个组合框 Combo1。另外再将“照片”项删除。

③ 修改组合框的属性，见表 11-6。

表 11-6 属性设置

对 象	属 性	属 性 值	说 明
Combo1	Enabled	.F. – 假	不可用
	ControlSource	xs.bjbh	数据绑定
	ColumnCount	2	2 列
	ColumnWidth	50,70	各列宽度
	DisibledBackColor	128,255,255	浅蓝色背景
	DisibledForeColor	0, 0, 0	黑字
	RowSourceType	2 – 别名	
	RowSource	bj	数据来源

④ 修改自定义方法 disi()的代码：

```
LPARAMETERS L
THIS.PageFrame1.Page1.SetAll("Enabled",IIF(L,.T.,.F.),"TextBox")
THIS.PageFrame1.Page1.SetAll("Enabled",IIF(L,.T.,.F.),"Optiongroup")
THIS.PageFrame1.Page1.SetAll("Enabled",IIF(L,.T.,.F.),"editbox")
THIS.PageFrame1.Page1.SetAll("Enabled",IIF(L,.T.,.F.),"Combobox")
THIS.CommandGroup1.Enabled=IIF(L,.F.,.T.)
```

11.3.9 深入了解控件和数据

表单中的控件可以分为两类：与表中数据绑定的控件和不与数据绑定的控件。当用户使用绑定型控件时，所输入或选择的值将保存在数据源中（数据源可以是表的字段、临时表的字段或内存变量）。要想绑定控件和数据，可以设置控件的 ControlSource 属性。如果要绑定表格和数据，则需要设置表格的 RecordSource 属性，见表 11-7。

表 11-7　控件 ControlSource 属性设置的作用

控　件	作　用
复选框	如果 ControlSource 是表中的字段，当记录指针在表中移动时，ControlSource 字段中的 NULL 值、逻辑值真-.T.或假-.F.、或数值 0、1 或 2 将分别代表复选框被选中、清除或灰色状态
列	如果 ControlSource 是表中的字段，当用户编辑列中的数值时，实际是在直接编辑字段。要将整个表格和数据绑定，可设置表格的 RecordSource 属性
列表框与组合框	如果 ControlSource 是一个变量，用户在列表中选择的值也保存在变量中；如果 ControlSource 是表中的字段，值将保存在记录指针所指的字段中。如果列表中一个项和表中字段的值匹配，当记录指针在表中移动时，将选定列表中的这个项
选项按钮	如果 ControlSource 是一个数值字段，根据按钮是否被选中，在字段中写入 0 或 1。如果 ControlSource 是逻辑型的，则根据按钮是否被选中，在字段中写入真-.T.或假-.F.。如果记录指针在表中移动，则更新选项按钮的值，以反映字段中的新值。如果选项按钮的 OptionGroup 控件（不是选项按钮本身）的 ControlSource 是一个字符型字段，当选择该选项按钮时，选项按钮的标题就保存在字段中。记住，一个选项按钮（与 OptionGroup 控件明显不同）的控件源不能是一个字符型字段，否则当运行表单时 Visual FoxPro 会报告数据类型不匹配
微调	微调控件可以反映相应字段或变量的数值变化，并可以将值写回到相应字段或变量中
文本框或编辑框	表字段中的值在文本框中显示，用户对这个值的改变将写回表中。移动记录指针将影响文本框的 Value 属性

如果没有设置控件的 ControlSource 属性，那么用户在控件中输入或选择的值只作为属性设置保存。在控件生存期之后，这个值并不保存在磁盘上，也不保存到内存变量中。

部分通过使用控件完成的任务需要将数据与控件绑定，其他任务则不需要。

在上面的例子中，因为直接从“数据环境”中将字段拖到表单上，系统自动将各字段与相应的控件绑定，无须另外操作。如果是先建立控件，就需要手工操作将控件与相应的字段绑定。

11.4　定制表

用户可以在表中设置一个过滤器来定制自己的表，有选择地显示某些记录。还可以通过设置字段过滤器，对表中的某些字段的访问进行限制，这样可以选择显示哪些字段。

11.4.1　筛选表

如果只想查看某一类型的记录，可以通过设置过滤器对“浏览”窗口中显示的记录进行筛选。在某些情况下，例如只想查看销售额高于某一数值的商品或者在某段时间内雇用的职员，筛选就显得非常有用了。

1．使用“浏览”窗口

若要在表中建立过滤器，首先打开表，然后浏览要筛选的表。从“表”菜单中选择“属性”项。在“工作区属性”对话框中的“数据过滤器”框内输入筛选表达式，如图 11-38 所示。或者，单击“数据过滤器”框后面的对话按钮，在“表达式生成器”中创建一个表达式来选择要查看的记录，然后单击“确定”按钮。浏览表时则只显示经筛选表达式筛选过的记录。例如，在“数据筛选”对话框中输入显示所有女同学记录的表达式：

```
NOT xs.xb
```

2．使用命令

用户可用 SET FILTER 命令筛选数据。若要指定一个暂时的条件，使表中只有满足该条件的记录才能访问时，这个命令特别有用。SET FILTER 命令的语法格式：

```
SET FILTER TO [〈逻辑表达式〉]
```

【例 11-12】 修改例 11-9，使用筛选条件控制显示的记录，如图 11-39 所示。

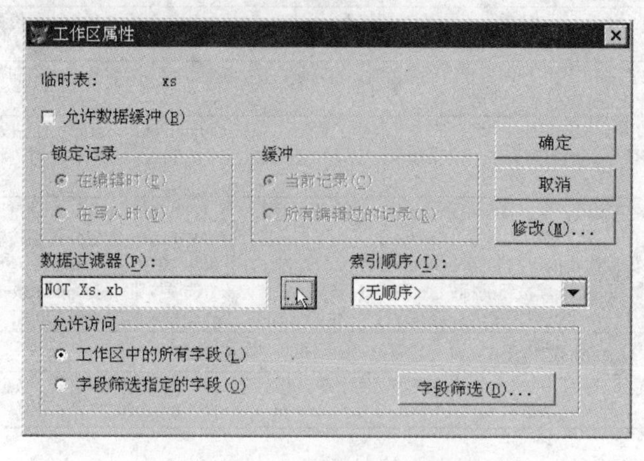

图 11-38 “工作区属性”对话框

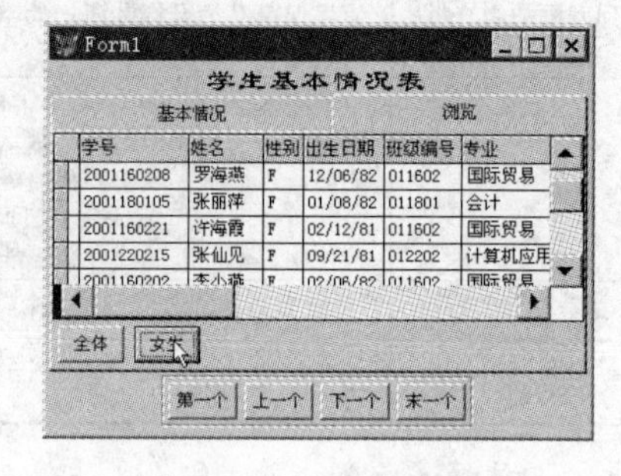

图 11-39 使用筛选

在例 11-9 的基础上进行修改，具体步骤如下：

① 在第二页中增加两个命令按钮 Command1、Command2，修改其 Caption 属性，并调整各控件的大小及位置。

② 编写代码。

编写“全体”按钮 Command1 的 Click 事件代码：

```
SET FILTER TO
THIS.Parent.Refresh
```

编写“女生”按钮 Command2 的 Click 事件代码：

```
SET FILTER TO NOT xb
THIS.Parent.Refresh
```

如果要关闭当前表的筛选条件，可以执行不带表达式的 SET FILTER TO 命令。

11.4.2 限制对字段的访问

在表单中浏览或使用表时，若想只显示某些字段，可以设置字段筛选来限制对某些字段的访问。选出要显示的字段后，剩下的字段就不可访问了。

1．使用“字段选择器”

从“表”菜单中选择“属性”命令，在“工作区属性”对话框的“允许访问”框内，选中“字段筛选指定的字段”，然后单击“字段筛选”按钮，打开“字段选择器”对话框。

在“字段选择器”对话框中，将所需字段移入“选定字段”栏，如图 11-40 所示。然后单击“确定”按钮。浏览表时，只有被字段筛选的“选定字段”才被显示出来。

2．使用命令

用户可以使用如下格式的命令限制对字段的访问：

SET FIELDS TO {ALL | 〈字段名表〉}

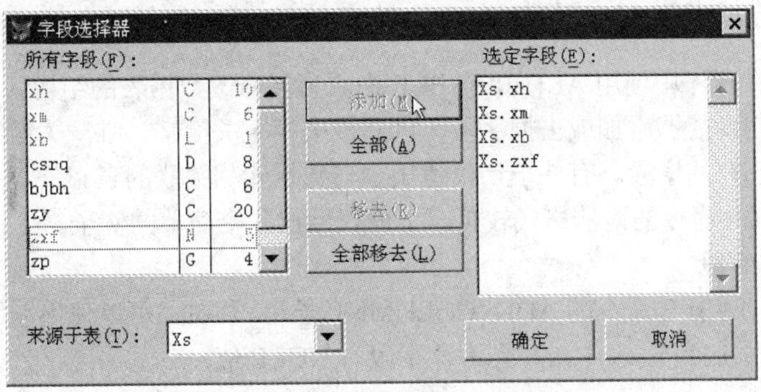

图 11-40 “字段选择器”对话框

其中，〈字段名表〉是希望访问的字段名称列表，各字段名称之间用“,”分开。ALL 选项将取消所有的限制，而显示所有的字段。

11.5 修改表结构

建立表之后，还可以修改表的结构和属性。例如可能要添加或删除字段，更改字段的名称、宽度、数据类型，改变默认值及规则或添加注释、标题等。

用户可以打开“表设计器”修改表的结构，也可以使用 ALTER TABLE 命令以编程方式来更改表的结构。当然，在修改表结构前，必须独占访问该表。

11.5.1 使用表设计器

利用表设计器，可以改变已有表的结构，如增加或删除字段、设置字段的数据类型及宽度、查看表的内容以及设置索引来排序表的内容。如果正在进行修改的表是数据库的一部分，那么还可以得到附加的与数据库有关的字段和表的属性。

1．打开“表设计器”

在“文件”菜单中选择“打开”命令，选定要打开的表。然后从“显示”菜单中选择“表设计器”命令，打开“表设计器”对话框。表的结构将显示在“表设计器”中。

在命令窗口可以使用如下命令打开表设计器：

```
MODIFY STRUCTURE
```

2．修改表的结构

若要在表中增加字段，则可以在“表设计器”中单击“插入”按钮。在“字段名”列中，输入新的字段名。在“类型”列中，选择字段的数据类型。在“宽度”列中，设置或输入字段宽度。如果使用的数据类型为数值型或浮点型，还需要设置“小数位”列的小数位数。如果想让表接受 NULL 值，请选中“NULL”列。

若要删除表中的字段，选定该字段，并单击“删除”按钮。

改变字段的数据类型及宽度的操作：选定该字段，在“类型”列中选择字段的数据类型，在“宽度”列中设置或输入字段宽度。

最后，单击“确定”按钮，在弹出的对话框中选择“是”按钮，改变表的结构。

11.5.2 以编程方式修改表结构

用户还可以在程序中使用 ALTER TABLE 命令直接修改数据表的结构。ALTER TABLE 命令提供了扩展子句，能够添加或去掉字段，创建或去掉主关键字、唯一关键字或外部关键字标识，并重新命名已有的字段。有些子句仅适用于与数据库相关联的表。

ALTER TABLE 命令的语法格式较长，下面仅给出几个简单的例子。

1．给表添加字段

使用 ALTER TABLE 命令的 ADD [COLUMN] 子句。例如，可以使用以下命令把备注型字段“dz”（地址）添加到 xs 表中，并允许该字段有 NULL 值：

```
ALTER TABLE xs ADD COLUMN dz m NULL
```

2．重新命名表字段

使用 ALTER TABLE 命令的 RENAME COLUMN 子句。例如，可以使用以下命令对 xs 表的“dz”字段重新命名：

```
ALTER TABLE xs RENAME COLUMN dz TO jtzz
```

3．从表中删除字段

使用 ALTER TABLE 命令的 DROP [COLUMN]子句。例如，可以使用以下命令从 xs 表中删掉“jtzz”（家庭住址）字段：

```
ALTER TABLE xs DROP COLUMN jtzz
```

11.6 数据表的索引

建立索引的最直接的理由是为了排序。在建立数据表时，记录一般是随机输入的，其排列顺序无规律。如果要按照某些字段值的顺序排列，就要对数据表进行排序操作或者建立索引。

11.6.1 基本概念

1．索引与索引表达式

数据表的索引是按指定的索引表达式对数据表建立的一个文件——索引文件。索引文件是一个记录号的列表（指针列表），它指向待处理的记录，并确定了记录的处理顺序，即按新顺序存储数据表所对应的记录号。索引表达式可以是表中的字段或字段的组合，前者又称为索引字段。

索引并不改变表中所存储数据的顺序，它只改变 Visual FoxPro 读取每条记录的顺序。

可以利用索引对数据表中的数据进行排序，以便加快检索数据的速度；可以用索引快速显示、查询或者打印记录；还可以选择记录、控制重复字段值的输入并支持表间的关系操作。索引对于数据库内表之间创建关联也很重要。

2．Visual FoxPro 中的索引

Visual FoxPro 中的索引分为主索引、候选索引、唯一索引和普通索引 4 种，这些索引控制着在表字段和记录中禁止（前两种）或允许（后两种）重复值。

（1）主索引

主索引绝对不允许在指定的字段或表达式（索引关键字）中出现重复的值。主索引可以确保字段中输入值的唯一性，并决定处理记录的顺序。

主索引只能在数据库表中创建，主要用于在永久关系中的主表或被引用表中建立完整参照系。用户可以为数据库中的每一个表建立一个主索引。建立主索引的索引关键字可以看作主关键字，由于一个表只能有一个主关键字，所以一个表只能创建一个主索引。

如果某个表已经有了一个主索引，可以为它添加候选索引。

（2）候选索引

候选索引像主索引一样，要求索引关键字值的唯一性并决定了处理记录的顺序。因为候选索引禁止重复值，所以它们在表中有资格被选作主索引，即主索引的“候选项”。

建立候选索引的索引关键字可以看作是候选关键字，在数据库表和自由表中可为每个表建立多个候选索引。

在定义“一对多”或“一对一”永久关系中的“一”方时，既可以使用候选索引，也可以使用主索引。

（3）唯一索引

唯一索引允许在索引关键字中出现重复的值，但只存储索引文件中重复值的第一次出现。在这个意义下，“唯一”指的是索引文件中入口值是唯一的。提供唯一索引是为了保持同早期版本的兼容性。

（4）普通索引

普通索引可以决定记录的处理顺序，但是允许字段中出现重复值。在一个表中可以加入多个普通索引。在“一对多”永久关系的“多”方，可以使用普通索引。

11.6.2 建立索引

1. 使用表设计器

使用表设计器建立索引的步骤如下：

① 从“文件”菜单中选择“打开”命令，选定要打开的表。

② 从“显示”菜单中选择“表设计器”命令，表的结构将显示在“表设计器”中。

③ 在“表设计器”中，选择“索引”选项卡，如图 11-41 所示。

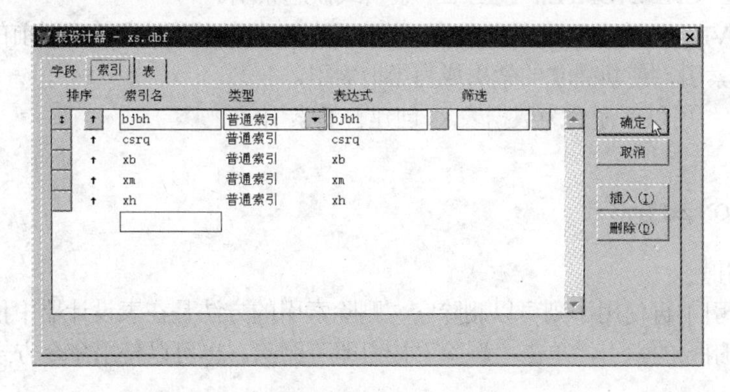

图 11-41 “表设计器”中的“索引”选项卡

④ 输入索引名和索引类型。

⑤ 在“表达式”一栏中，输入作为排序依据的索引表达式。索引表达式可以是一个表中的字段，或者是一个作为排序依据的表达式。可以通过选择该方框右边的按钮，用表达式生成器来建立索引表达式。

⑥ 若想有选择地输出记录，可在“筛选”框中输入筛选表达式，或者选择该框后面的按钮来建立表达式。

⑦ 单击“确定”按钮完成。

2．索引文件

在上述步骤中，创建表的第一个索引关键字时，Visual FoxPro 将自动创建一个基本名与表文件名相同、扩展名为 CDX 的索引文件。

CDX 文件称为结构复合压缩索引文件，结构一词是指 Visual FoxPro 把该文件当作表的固有部分来处理。结构复合压缩索引文件具有以下特点：

① 在打开表时自动打开。

② 在同一索引文件中能包含多个排序方案或索引关键字。

③ 在添加、更改或删除记录时自动维护。

3．索引命令

在 Visual FoxPro 中，一般情况下可以在表设计器中建立索引，特别是主索引和候选索引是在设计数据库时确定好的。但有时需要在程序中临时建立一些普通索引或唯一索引，所以仍然需要使用命令方式建立索引。索引命令的语法格式为：

```
INDEX ON 〈索引表达式〉TAG 〈索引名〉 [OF 〈CDX 文件名〉];
  [FOR 〈表达式〉];
  [{ASCENDING | DESCENDING}];
  [{UNIQUE | CANDIDATE}];
  [ADDITIVE]
```

说明：

① OF〈CDX 文件名〉：可以建立一个包含多个索引的复合索引文件名，扩展名也是 CDX。

② FOR〈表达式〉：给出索引过滤条件，只索引满足条件的记录，该选项一般不使用。

③ ASCENDING | DESCENDING：选择建立升序或降序索引，默认为升序索引。

④ UNIQUE | CANDIDATE：建立唯一索引或候选索引。

⑤ ADDITIVE：与建立索引本身无关，说明现在建立索引时是否关闭以前的索引，默认是关闭已经使用的索引，使新建立的索引成为当前索引。

【例 11-13】 用以下命令为数据表 xs 创建普通索引：

```
USE xs
INDEX ON zxf TAG xf
```

4．删除索引

如果某个索引不再使用了则可以删除它，删除索引的方法是在表设计器中使用“索引”选项卡，选中需要删除的索引，单击“删除”按钮即可删除。也可以使用命令方式删除。删除索引的命令格式为：

```
DELETE TAG 〈索引名 1〉 [OF 〈CDX 文件名 1〉][,〈索引名 2〉 [OF 〈CDX 文件名 2〉]] ...
```

或

DELETE TAG ALL [OF 〈CDX 文件名〉]

说明：前者可以删除索引文件中指定的索引，后者则删除全部索引。

11.6.3 使用索引排序

通过建立和使用索引，可以提高完成某些重复性任务的工作效率，例如对表中的记录排序，以及在表之间建立联系等。根据所建索引类型的不同，可以完成不同的任务，见表 11-8。

表 11-8 按不同任务建立索引的类型

任务	使用
排序记录，以便提高显示、查询或打印的速度	使用普通索引、候选索引或主索引
在字段中控制重复值的输入并对记录排序	对数据库表使用主索引或候选索引，对自由表使用候选索引

1．使用对话框

建好表的索引后，便可以用它来为记录排序。若要用索引对记录排序，操作步骤如下：

① 从“文件”菜单中选择“打开”命令，选择已建好索引的表。

② 单击“浏览”按钮。

③ 从“表”菜单中选择“属性”命令。

④ 在“工作区属性”对话框中，选择要用的索引，如图 11-42 所示。

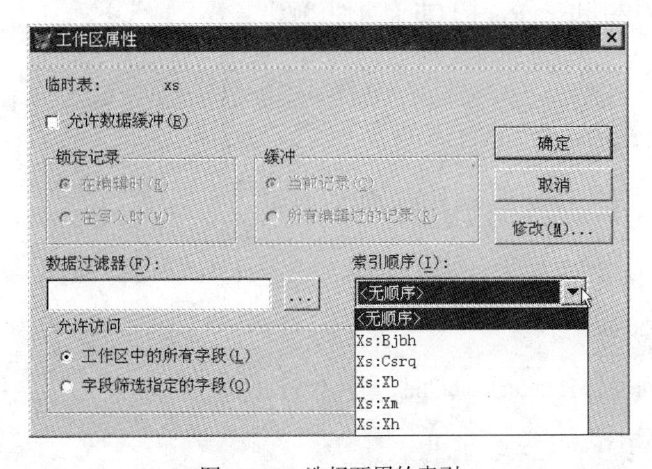

图 11-42 选择要用的索引

⑤ 单击“确定”按钮。这时，显示在“浏览”窗口中的表将按照索引指定的顺序排列记录。选定索引后，通过运行查询或报表，还可对它们的输出结果进行排序。

2．使用命令

尽管结构索引在打开表时都能够自动打开，但需要使用某个特定索引项进行查询或需要记录按某个特定索引项的顺序显示时，还必须设置当前索引。设置当前索引的格式为：

SET ORDER TO [[TAG] 〈索引名〉[OF 〈CDX 文件名〉]][{ASCENDING | DESCENDING}]]

说明：

① TAG 〈索引名〉 OF 〈CDX 文件名〉：指定 CDX 索引文件中的一个索引作为主控索引。其中〈索引名〉为按照某个索引表达式建立的索引的标识名。

② {ASCENDING | DESCENDING}：不管索引是按升序或降序建立的，在使用时都可以用 ASCENDING 指定升序或用 DESCENDING 指定降序。

【例 11-14】 修改例 11-9，使用索引来控制浏览窗口中记录显示的顺序，如图 11-43 所示。

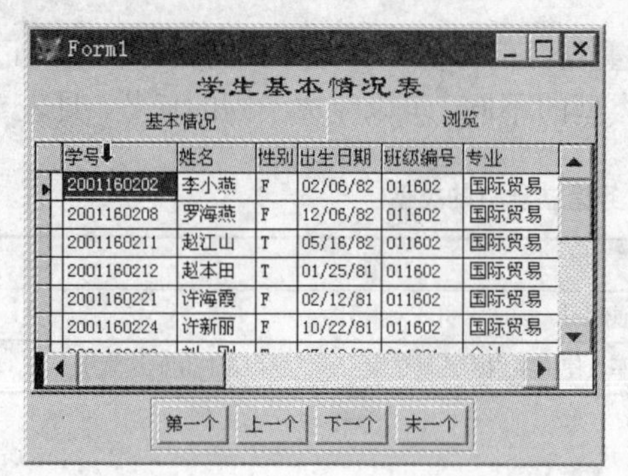

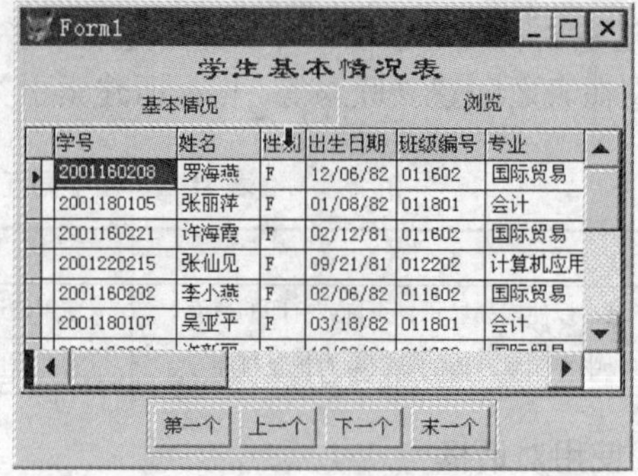

图 11-43 控制记录显示的顺序

设计步骤如下：

① 首先在数据表 xs 中按 xh、xb、csrq、bjbh 等建立普通索引，参见 11.6.2 节。

② 在例 11-9 的基础上修改代码。

编写表格第 1 列表头 Header1 的 Click 事件代码：

```
SET ORDER TO xh
GO TOP
THISFORM.Refresh
```

编写表格第 3 列表头 Header1 的 Click 事件代码：

```
SET ORDER TO xb
GO TOP
THISFORM.Refresh
```

编写表格第 4 列表头 Header1 的 Click 事件代码：

```
SET ORDER TO csrq
GO TOP
THISFORM.Refresh
```

编写表格第 5 列表头 Header1 的 Click 事件代码：

```
SET ORDER TO bjbh
GO TOP
THISFORM.Refresh
```

运行表单，单击表格某列的表头，即可按相应的字段顺序排列。

11.6.4 查找记录

除了使用 GO 和 SKIP 命令移动记录指针外，还可以使用查找记录命令来定位记录指针。查找命令有 3 个，即 FIND、SEEK 和 LOCATE，前两个需要使用索引，而后一个可以在无索引的表中进行查找。

1．字符查找命令（FIND）

查找关键字与所给字符串相匹配的第一个记录，若找到，则指针指向该记录；否则指向文件尾，给出信息“没找到”。其语法格式为：

FIND 〈字符串〉|〈数值〉

说明：

① FIND 只能查找字符串或常数，而且表必须按相应字段索引。

② 查找的字符串无需加引号，若按字符型内存变量查找，必须使用宏代换函数&。

③ 本命令只能找出符合条件的第一个记录，若要继续查找其他符合条件的记录，可使用 SKIP 命令。

④ 使用本命令时，若是找到了符合条件的首记录，则置函数 FOUND()的值为.T.；否则置函数 FOUND()的值为.F.。

【例 11-15】 下述命令在学生表 xs 中查找第一个姓李的同学，并显示该同学的信息：

```
USE xs
INDEX ON xm TAG xm
SET ORDER TO TAG xm
FIND 李
DISP
```

2．表达式查找命令（SEEK）

查找关键字与所给字符串相匹配的第一个记录，若找到，则指针指向该记录；否则指向文件尾，给出信息“没找到”。其语法格式为：

SEEK 〈表达式〉

说明：

① 只能找出符合条件的第一条记录。

② 本命令可查找字符型、数值型、日期型和逻辑型索引关键字。

③ 若〈表达式〉为字符串，则须用界限符（'', " ", [ ]）括起来；若按字符型内存变量查找，则不必使用宏代换&函数。

④ 使用本命令时，若是找到了符合条件的首记录，则置函数 FOUND()的值为.T.；否则置其值为.F.。

【例 11-16】 下述命令在学生表 xs 中查找第一个出生日期为 1982 年 1 月 8 日的同学，并显示该同学的信息：

```
USE xs
INDEX ON csrq TAG csrq
SET ORDER TO TAG csrq
```

```
SEEK CTOD("01/08/82")
DISP
```

3．顺序查询命令（LOCATE）

查找当前数据表中满足条件的第一条记录。其语法格式为：

LOCATE [〈范围〉] [FOR 〈条件〉]

说明：

① 〈范围〉项省略时，系统默认为 ALL。

② 若找到满足条件的首记录，则指针指向该记录，否则指向范围尾或文件尾。

③ 若缺省所有可选项，则记录指针指向 1 号记录。若想继续查找，可以利用下面的继续查找命令（CONTINUE）。

4．继续查找命令（CONTINUE）

使最后一次 LOCATE 命令继续往下搜索，指针指向满足条件的下一条记录。命令格式为：

CONTINUE

说明：

① 使用本命令前，必须使用过 LOCTAE 命令。

② 此命令可反复使用，直到超出〈范围〉或文件尾。

【例 11-17】 下述命令在学生表中查找姓李的同学，并显示该同学的信息：

```
CLEAR
USE xs
LOCATE FOR xm = "李"
DISP
CONTINUE
DISP
```

【例 11-18】 修改例 11-11，为表单增加查找功能，可以分别“按学号查找”和“按姓名查找”，如图 11-44 所示。

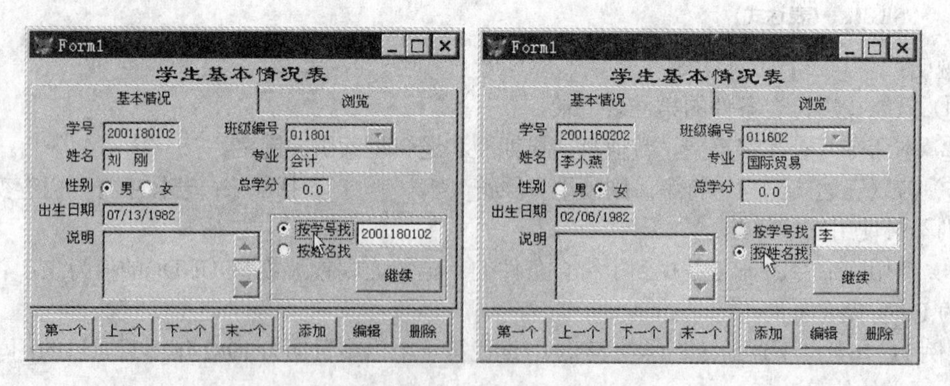

图 11-44 “按学号查找”和“按姓名查找”

在例 11-11 的基础之上进行修改，具体步骤如下：

① 修改表单，在第一页增加一个选项按钮组 OptionGroup2、一个文本框 Text1 和一个命令

按钮 Command1。修改新增对象的属性如图 11-45 所示。

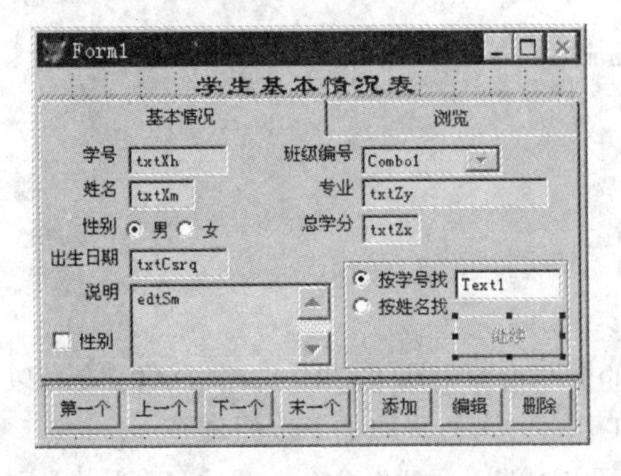

图 11-45　将 Command1 的 Enabled 属性设为.F.

② 编写代码。

编写选项按钮组 OptionGroup2 的 Click 事件代码：

```
aa = THISFORM.Page Frame1.Page1.Text1.Value
THIS.Tag = STR(THIS.Value)
DO CASE
  CASE THIS.Value = 1
    SET ORDER TO xh
    SEEK ALLT(aa)
  CASE THIS.Value = 2
    LOCATE FOR ALLT(THISFORM.PageFrame1.Page1.Text1.Value) $ xm
ENDCASE
IF NOT EOF()
  THISFORM.PageFrame1.Page1.chkxb.Refresh
  THISFORM.Refresh
  THIS.Parent.Command1.Enabled = .T.
ELSE
  THIS.Parent.Command1.Enabled=.F.
ENDIF
```

编写“继续”按钮 Command1 的 Click 事件代码：

```
n = VAL(THIS.Parent.OptionGroup2.Tag)
DO CASE
  CASE n = 1
    SKIP
  CASE n = 2
    CONTINUE
ENDCASE
IF NOT EOF()
  THIS.Tag = STR(RECNO())
ELSE
  GO VAL(THIS.Tag)
```

```
    THIS.Enabled = .F.
  ENDIF
  THISFORM.PageFrame1.Page1.chkxb.Refresh
  THISFORM.Refresh
```

11.7 习题 11

一、选择题

1．在 Visual FoxPro 的命令窗口中输入 CREATE　DATA 命令以后，屏幕会出现一个创建对话框，要想完成同样的工作，还可以采取如下步骤（　　）。

A．单击“文件”菜单中的“新建”命令，然后在“新建”对话框中选定“数据库”单选按钮，再单击“新建文件”按钮

B．单击“文件”菜单中的“新建”命令，然后在“新建”对话框中选定“数据库”单选按钮，再单击“向导”按钮

C．单击“文件”菜单中的“新建”命令，然后在“新建”对话框中选定“表”单选按钮，再单击“新建文件”按钮

D．单击“文件”菜单中的“新建”命令，然后在“新建”对话框中选定“表”单选按钮，再单击“向导”命令按钮

2．下面有关索引的描述正确的是（　　）。

A．建立索引以后，原来的数据库表文件中记录的物理顺序将被改变

B．索引与数据库表存储在一个文件中

C．创建索引是创建一个指向数据库表文件记录的指针构成的文件

D．使用索引并不能加快对表的查询操作

3．若所建立索引的字段值不允许重复，并且一个表中只能创建一个，它应该是（　　）。

A．主索引　　B．唯一索引

C．候选索引　　D．普通索引

4．要为当前表中所有职工增加 100 元工资，应该使用命令（　　）。

A．CHANGE　工资　WITH　工资+100

B．REPLACE　工资　WITH　工资+100

C．CHANGE ALL　工资　WITH　工资+100

D．REPLACE ALL 工资　WITH　工资+100

5．要将当前表当前记录数据复制到数组中，可以使用的命令是（　　）。

A．GATHER TO　　B．SCATTER TO

C．GATHER FROM　　D．SCATTER FROM

6．CREATE filename 命令的功能是（　　）。

A．创建项目文件　　B．创建数据库文件

C．创建表文件　　D．创建任意类型文件

7．创建索引文件的命令是（　　）。

A．ORDER　　B．INDEX　　C．SET INDEX TO　　D．SET ORDER TO

8．为保证数据的实体完整性，可以为数据表建立（　　）。

A．主索引　　　　　　　　　　　B．主索引或候选索引

C．主索引、候选索引或唯一索引　D．主索引或唯一索引

9．将当前表中当前记录的值存储到指定数组的命令是（　　）。

A．GATHER　　　　　　　　　B．COPY TO ARRAY

C．SCATTER　　　　　　　　　D．STORE TO ARRAY

10．设置字段有效性规则的表达式类型是（　　）。

A．字符型　　B．数值型　　C．逻辑性　　D．日期型

11．可以随表的打开而自动打开的索引是（　　）。

A．单项压缩索引文件　　　　　B．单项索引文件

C．非结构复合索引文件　　　　D．结构复合索引文件

12．某数据表有 20 条记录，若用函数 EOF()测试结果为.T.，那么此时函数 RECNO()值是（　　）。

A．21　　B．20　　C．19　　D．1

13．下列控件中，不能设置数据源的是（　　）。

A．复选框　　B．命令按钮　　C．选项组　　D．列表框

二、填空题

1．数据表的扩展名是____________。

2．同一个表的多个索引可以创建在一个索引文件中，索引文件名与相关的表同名，索引文件的扩展名是_________，这种索引称为__________。

3．Visual FoxPro 的主索引和候选索引可以保证数据的__________完整性。

三、上机题

1．建立表 order_list，表结构如下：

客户号　　　字符型(6)
订单号　　　字符型(6)
订购日期　　日期型
总金额　　　浮动性(15,2)

然后为 order_list 表创建一个主索引，索引名和索引表达式均为"订单号"。

2．为"学生情况表" xs.dbf 增加字段"联系电话"，类型和宽度为字符型（11）；设置字段"联系电话"的默认值为"15000000000"；为 xs 表的字段"联系电话"设置有效性规则，要求"联系电话"不为空值，否则提示信息"联系电话不能为空"。

3．使用菜单设计器为"学生情况表" xs 制作一个名为 menu1 的菜单，菜单只有一个菜单项"运行"。"运行"菜单中有"查询""统计人数"和"退出"3 个子菜单；"查询"子菜单负责按"csrq"（出生日期）排序查询表的全部字段；选择"统计人数"子菜单则按"bjbh"（班级编号）分组计算每个班级的人数，查询结果中包含"出生日期"和"班级编号"；选择"退出"菜单项返回到系统菜单。

4．使用表单向导制作一个表单，要求显示 xs 表中的全部字段。表单样式为"阴影式"，按钮类型为"滚动网格"，排序字段选择"班级"（升序），表单标题为"学生信息查看"，最后将表单保存为 xsform。

第 12 章　多表操作与数据库

上一章介绍的是对当前表进行的操作，似乎默认了在同一时刻只能使用一个表，其实不然。Visual FoxPro 允许在应用程序中同时打开多个表，既可以在应用程序中同时使用多个自由表，也可以使用数据库中的多个表。

12.1　使用多个表

在下面的示例中需要使用两个数据表——课程表 kc.dbf 和成绩表 cj.dbf，其中内容见表 12-1 和表 12-2。

表 12-1　课程表 kc.dbf

课程号	课程名	学分
111101	高等数学（上）	5
111102	高等数学（下）	5
411206	电工学	3
141203	理论力学	3
321202	机械设计	4
411201	数据结构	4
631206	经济法	3
631208	管理学原理	2
621201	会计学	4
611555	财务管理	2
151101	大学英语（1）	4
151102	大学英语（2）	4
151103	大学英语（3）	4
…	…	…

课程表的结构描述为：kc(kch (C, 6), kcm (C, 16), xf(N, 2))，并以字段“kch”建立主索引。

表 12-2　成绩表 cj.dbf

学号	课程号	成绩	补考成绩
2001314110	111101	78	0
2001314110	141203	88	0
2001220203	111102	78	0
2001220203	141203	74	0
…	…	…	…

成绩表的结构描述为：cj(xh(C,10), kch(C,6), cj(N,3), bkcj(N,3))，表中按“xh”建立普通

索引。

12.1.1 工作区

若要使用多个表，就要使用多个工作区。一个工作区是一个编号区域，用它来标识一个已打开的表，每个工作区中只能打开一个表。Visual FoxPro 可以在 32767 个工作区中打开和操作表。

工作区除了可以用它的编号表示外，还可以用在工作区中打开的表的名称、别名来表示。表别名是一个名称，它可以引用在工作区中打开的表。

1．指定工作区

如果没有指定工作区，系统默认总是在第 1 个工作区中工作，在第 1 个工作区中打开和关闭表。使用 SELECT 命令可以将指定的工作区设为当前工作区，其语法格式为：

SELECT 〈工作区号〉|〈表别名〉

说明：

①〈工作区号〉的取值范围为 0～32767。如果取值为 0，则激活尚未使用的工作区中编号最小的那一个。

②〈表别名〉是打开表的别名，用来指定包含打开表的工作区。也可以用从 A 到 J 中的一个字符作为〈表别名〉来激活前 10 个工作区中的一个。

2．在不同的工作区中打开和关闭表

使用 USE 命令可以在不同的工作区中打开或关闭表。

（1）在当前工作区打开和关闭表

当执行不带表名的 USE 命令，并且在当前所选工作区中有打开的表文件时，则关闭该表。例如，使用以下代码可以打开 cj 表，显示“浏览”窗口，然后关闭此表：

```
USE cj
BROWSE
USE
```

（2）在最低可用工作区中打开表

可以在 USE 命令 IN 子句后面加工作区 0。例如，若工作区 1 到 10 中都有打开的表，可以使用以下命令，在工作区 11 中打开 cj 表：

```
USE cj IN 0
```

说明：在一个工作区中，不能同时打开多个表。

（3）在指定工作区中关闭表

使用 USE 命令的 IN 子句，指出想要关闭的表所在的工作区。

当在同一工作区中打开其他表，或者发出有 IN 子句的 USE 命令并指定当前工作区时，可以自动关闭已打开的表。下面的代码首先打开 cj 表，然后显示它，最后通过发出 USE IN 命令和 cj 表别名关闭 cj 表：

```
USE cj
BROWSE
USE IN cj
```

（4）关闭所有工作区中打开的表

使用命令 CLOSE ALL 可以关闭所有工作区中已打开的表，并将 1 号工作区置为当前工作区。

3．使用表别名

表别名是 Visual FoxPro 用来指定在一个工作区中打开的表的名称。

（1）默认表别名

打开一个表时，Visual FoxPro 自动使用文件名作为默认表别名。例如，如果用下面的命令在 0 号工作区打开文件 cj.dbf，则自动为表指定默认别名 cj：

```
SELECT 0
USE cj
```

然后，可以使用别名 cj 在命令或函数中表示该表。

（2）创建用户自定义别名

在打开表时，使用包含 ALIAS〈表别名〉子句的 USE 命令可以为它指定用户自定义的表别名。例如，可以使用以下命令，在 0 号工作区中打开文件 cj.dbf，并为它指定一个别名“result”：

```
SELECT 0
USE cj ALIAS result
```

然后必须使用别名“成绩”引用打开的表。

别名最多可以包括 254 个字母、数字或下画线，但首字符必须是字母、汉字或下画线。如果所提供的别名包含不支持的字符，则系统会自动创建一个别名。

（3）使用 Visual FoxPro 指定的别名

如果使用包含 AGAIN 子句的 USE 命令同时在多个工作区中打开同一个表，并且在每个工作区中打开该表时没有指定别名，或者别名发生冲突时，系统将自动指定表的别名。

在前 10 个工作区中指定的默认别名是工作区字母 A 到 J，在工作区 11 到 32767 中指定的别名是 W11 到 W32767。可以像使用任何默认别名或用户自定义别名那样，使用这些指定的别名来引用在一个工作区中打开的表。

4．引用其他工作区中打开的表

在表别名后加上点号分隔符“.”或“->”操作符，然后再接字段名，可以引用其他工作区中的字段。例如，可以使用以下代码在一个工作区中访问其他工作区中打开的 cj 表的“kch”（课程号）字段：

```
cj.kch
```

如果要引用的表是用别名打开的，则也可以使用别名。例如，如果 cj 表是使用别名“result”打开的，那么，可以使用以下代码引用表中的 kch 字段：

```
result.kch
```

可以在一个表所在的工作区之外，使用表名或表别名来明确表示该表。

5．使用“数据工作期”窗口

“数据工作期”窗口是 Visual FoxPro 提供的一个管理工作区的工具。使用“数据工作期”窗口可以查看在一个 Visual FoxPro 工作期中已打开表的列表，还可以在工作区中打开表、关闭表。

打开“数据工作期”窗口：从“窗口”菜单选择“数据工作期”命令，或者使用 SET 命令。当在“命令”窗口中输入 SET 时，系统打开“数据工作期”窗口，并显示在当前数据工作期中打开表的工作区别名。

在工作区中打开表：在“数据工作期”窗口中，单击“打开”按钮。

在工作区中关闭表：在“数据工作期”窗口中选定要关闭的表别名，单击“关闭”按钮。

12.1.2　设置表间的临时关系

在建立表间的临时关系（关联）后，会使得一个表（从表）的记录指针自动随另一个表（主表）的记录指针移动。这样，便允许当在关系中“一”方（或主表）选择一个记录时，会自动去访问表关系中“多”方（或从表）的相关记录。例如，可以关联 xs 表和 cj 表，此后当把 xs 表的记录指针移到一个特定学生时，cj 表的记录指针也移到有相同的学号的记录上去。

使用“数据工作期”窗口或使用 SET RELATION 命令可以建立两个表之间的关系。

1．使用“数据工作期”窗口

通过“数据工作期”窗口可以创建表间的临时关系。若要临时关联表，可在“数据工作期”窗口中选定要关联的主表，单击“关系”按钮，然后选择从表，在弹出的“设置索引顺序”对话框中选择索引（如“学号”），创建关联。

2．使用 SET RELATION 命令

SET RELATION 命令可以建立两表之间的关系，其中一个是在当前选定工作区中打开的表，而另一个则是在其他工作区中打开的表。通常这两个表具有相同字段，而且用来建立关系的表达式常常就是从表主控索引的索引表达式。

【例 12-1】　学生可以有许多相关联的成绩记录。如果在两个表共同拥有的字段之间创建关系，就能很容易地看到任何一个学生的所有成绩记录。下面的代码中，在创建 xs 表中的“学号”字段和 cj 表中的“学号”索引标识之间的关联时，使用了两个表都有的字段“学号”。

```
USE xs IN 1                        && 在 1 号工作区中打开 xs 表（主表）
USE cj IN 2                        && 在 2 号工作区中打开 cj 表（从表）
SELECT cj                          && 选定从表工作区
SET ORDER TO TAG xh                && 使用索引标识“xh”指定从表的顺序
SELECT xs                          && 选定主表工作区
SET RELATION TO xh INTO cj         && 创建主表与从表的主控索引之间的关联
SELECT cj
BROWSE NOWAIT
SELECT xs
BROWSE NOWAIT
```

在“命令窗口”依次执行上述命令，将打开两个“浏览”窗口，移动主表的记录指针会改变在从表中显示的数据集合，如图 12-1 所示。

【例 12-2】　设有一个单科（高等数学（上））成绩表：d_cj.dbf(xh(C,10), cj(N,3))，试用 d_cj.dbf 中的成绩来修改 cj.dbf 中的相应成绩。相应的命令如下：

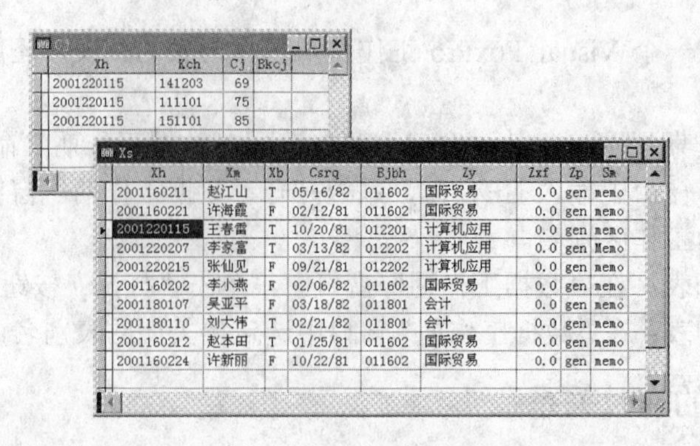

Cj

Xh	Kch	Cj	Bkcj
2001220115	141203	69	
2001220115	111101	75	
2001220115	151101	85	

Xs

Xh	Xm	Xb	Csrq	Bjbh	Zy	Zxf	Zp	Sm
2001160211	赵江山	T	05/16/82	011602	国际贸易	0.0	gen	memo
2001160221	许海霞	F	02/12/81	011602	国际贸易	0.0	gen	memo
2001220115	王春雷	T	10/20/81	012201	计算机应用	0.0	gen	memo
2001220207	李家富	T	03/13/82	012202	计算机应用	0.0	gen	Memo
2001220215	张仙见	F	09/21/81	012202	计算机应用	0.0	gen	memo
2001160202	李小燕	F	02/06/82	011602	国际贸易	0.0	gen	memo
2001180107	吴亚平	F	03/18/82	011801	会计	0.0	gen	memo
2001180110	刘大伟	T	02/21/82	011801	会计	0.0	gen	memo
2001160212	赵本田	T	01/25/81	011602	国际贸易	0.0	gen	memo
2001160224	许新丽	F	10/22/81	011602	国际贸易	0.0	gen	memo

图 12-1　设置表间的临时关系

```
USE kc
LOCATE FOR kcm = "高等数学（上）"
no = kch
SELECT 2
USE d_cj
INDEX ON xh TAG xh
SELECT 1
USE cj
SET RELATION TO xh INTO b
REPL ALL cj WITH b->cj FOR xh = b->xh AND kch = no
```

注意：有的时候需要将“多”表设为主表，“一”表设为从表。

3．关联单个表中的记录

用户可以在单个表中创建记录间的关系，即自引用关系。特别是对于需要的所有信息都存储在单个表中，这种关系很有用。

【例 12-3】 如果遍历 xs 表中的班级，随着记录指针从一个班级到另一个班级的移动，每个班级的学生自动更改。

若要创建自引用关系，可以两次打开同一个表，在一个工作区中打开一个表，并使用 USE AGAIN 命令在另外工作区中再次打开此表，然后使用索引来关联记录。例如，可以使用以下代码，根据“zy”（专业）字段对 xs 表进行排序，然后创建索引标识 major，并以此建立并浏览一个自引用关联：

```
SELECT 0
USE xs ALIAS xs
SELECT 0
USE xs AGAIN ALIAS xs_a
INDEX ON zy TAG major
SET ORDER TO major
SELECT xs
SET RELATION TO zy INTO xs_a ADDITIVE
SELECT xs_a
BROWSE NOWAIT
SELECT xs
```

BROWSE NOWAIT

在“命令窗口”依次执行上述命令，在“数据工作期”窗口中浏览表 xs 和 xs_a，当在 xs“浏览”窗口中移动记录指针时，会自动刷新 xs_a“浏览”窗口，并在其中显示隶属于选定专业的学生，如图 12-2 所示。

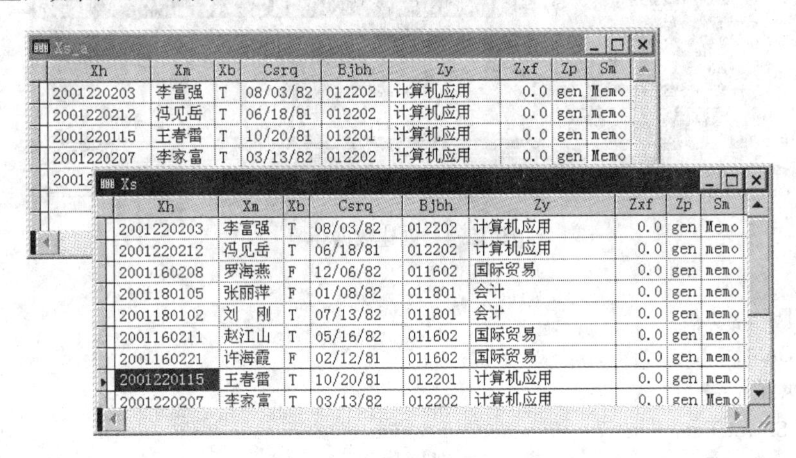

图 12-2　自引用关系

12.1.3　在表单中对多表的控制

如果在表单中使用了数据环境，则对多表的控制会稍微简单一些。此时，数据表的打开与关闭都由数据环境来自动完成。

【例 12-4】　在表单中浏览多个表，如图 12-3 所示。

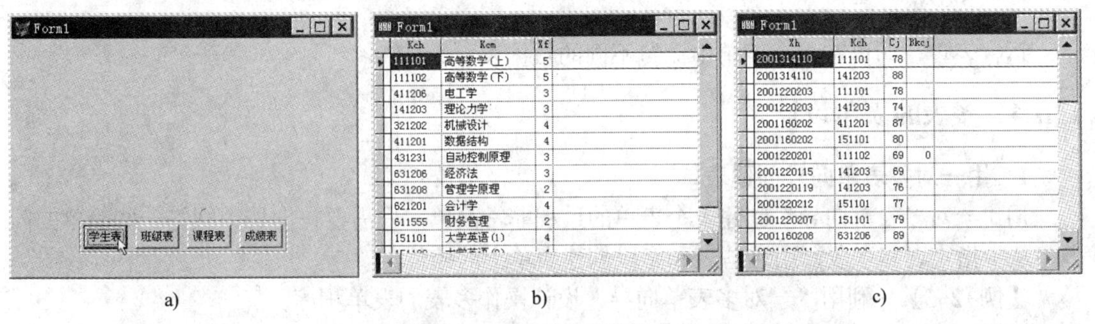

图 12-3　在表单中浏览多个表

a) 建立界面　b) 运行结果 1　c) 运行结果 2

设计步骤如下：

① 创建数据环境。在表单设计器中打开数据环境设计器，为表单添加学生管理数据库中的 4 个数据表：xs、bj、kc 和 cj。

添加到数据环境中的数据表具有与表名相同的“别名”Alias 属性，可以修改其“别名”，以便在代码中引用。例如，将数据表 bj 的 Alias 属性改为 Class0，如图 12-4 所示。

② 在表单中增加一个命令按钮组 CommandGroup1，如图 12-3a 所示。

③ 编写 CommandGroup1 的 Click 事件代码：

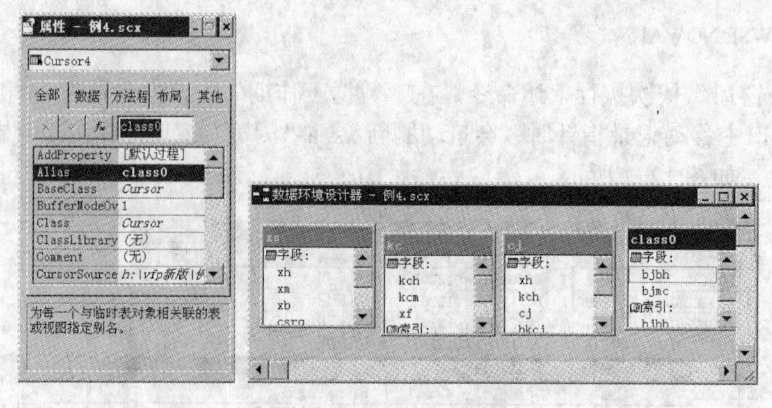

图 12-4　创建数据环境

```
n = THIS.Value
DO CASE
   CASE n = 1
      SELECT xs
   CASE n = 2
      SELECT class0
   CASE n = 3
      SELECT kc
   CASE n = 4
      SELECT cj
ENDCASE
BROW
```

运行表单，即可在一个表单中浏览不同的数据表。

12.1.4　多表的表单设计

1．用一对多表单向导创建表单

用“一对多表单向导”创建一个表单的过程非常简单，只需要在向导中回答一些简单的问题，从中指定表和字段，用这些表和字段创建表单上的控件。

【例12-5】 利用“一对多表单向导”设计操作多表的表单程序。

设计步骤：首先，用下列方法之一打开“向导选取”对话框。

① 在“工具”菜单中选择“向导”命令，再从子菜单中选择“表单”命令。

② 从“文件”菜单中选择“新建”命令，并依次选取“表单”命令、“向导”命令。

③ 单击主工具条上的表单按钮。

打开“向导选取”对话框后，选择“一对多表单向导”，如图 12-5 所示。单击“确定”按钮，开始为两个相关的表建立操作数据的表单程序。

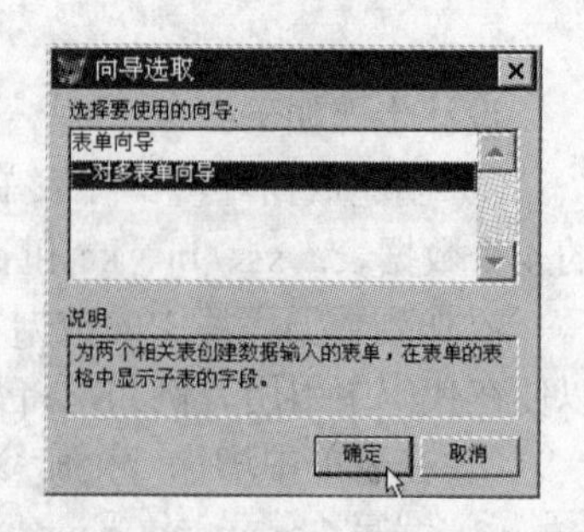

图 12-5　“向导选取”对话框

① 从父表中选定字段。选择来自主表中的字段，即一对

多关系中的“一”表，只能从单个的表或视图中选取字段。如果需要的表不在“数据库/表”框中，可以单击其右边的“...”按钮，在“打开”对话框中选择需要的表，例如选择 xs 表。然后用字段选择器选择需要的字段，从这个表中选择的字段的记录会显示在表单的上部。其对话框如图 12-6 所示。

单击“下一步”按钮，进入“从子表中选定字段”对话框。

② 从子表中选定字段。选择来自子表中的字段，即一对多关系中的“多”表，只能从单个的表或视图中选取字段。操作方法与步骤 1 相同，选择 cj，并从这个表中选择所需字段。对应于主表的那一个记录的所有记录都会显示在表单的下部。其对话框如图 12-7 所示。

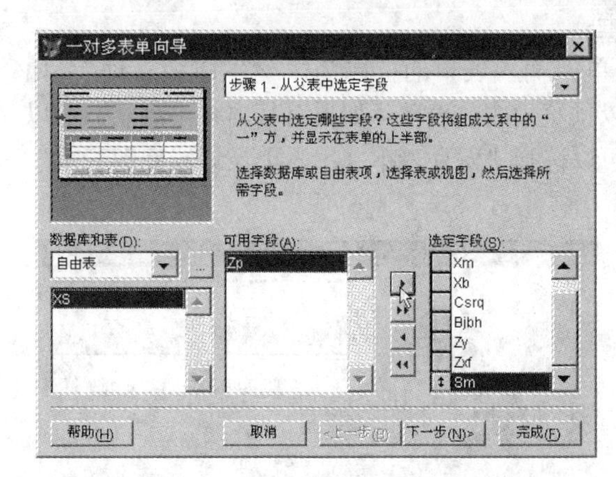

图 12-6 “从父表中选定字段”对话框

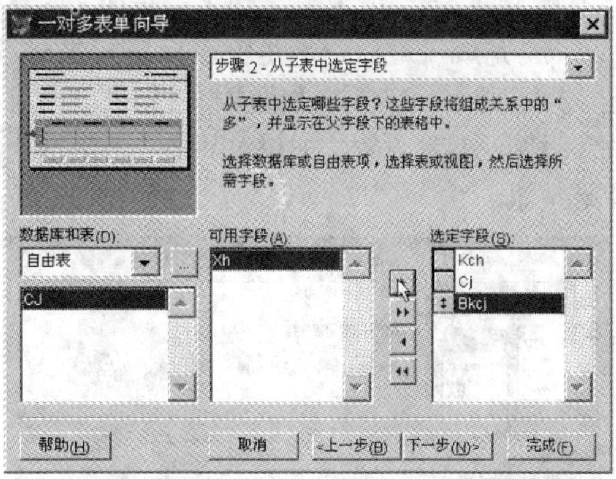

图 12-7 “从子表中选定字段”对话框

单击“下一步”按钮，进入“建立表之间的关系”对话框。

③ 建立表之间的关系。确定联系两个表的关键字段，这两个表的关键字段名并不要求相同，只要类型相同就可以联系，可以在下拉框中选择关键字。本例中关键字为“xh”，如图 12-8 所示。

单击“下一步”按钮，进入“选择表单样式”对话框。

④ 选择表单样式。这里的选择仅决定显示的样式，并不影响表单本身所起的功能。“样式”列表框中列出了 9 种样式选项（如边框式、浮雕式等）来决定不同的字段显示方式，如图 12-9 所示。

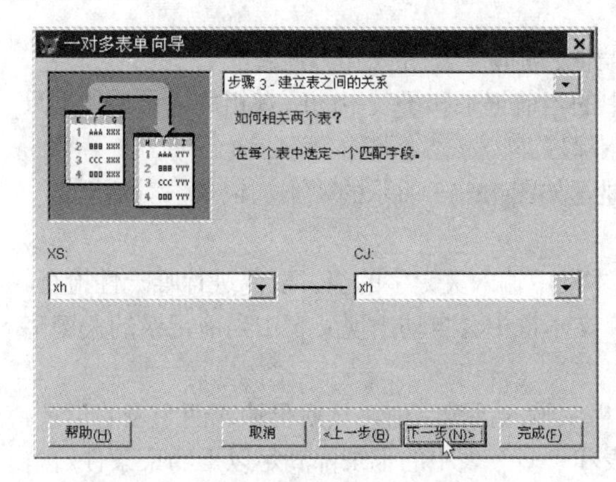

图 12-8 “建立表之间的关系”对话框

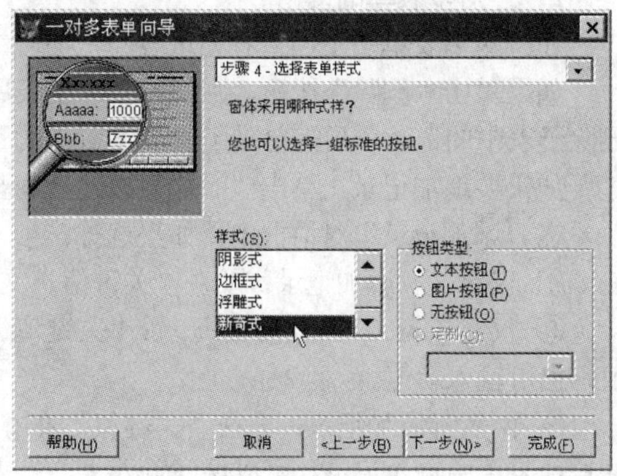

图 12-9 “选择表单样式”对话框

当单击“样式”框中的任何样式时，在向导对话框左上部框中的放大镜中显示一个图片，可以预览所选择的样式。“按钮类型”用于表单的定位按钮，分别是文本按钮、图形按钮、无按钮、定制。

说明：由“表单向导”和“表单生成器”创建的控件都保存在类库文件 WIZARDS\WIZSTYLE.VCX 中。如果想改变样式，可修改这个文件中的类。

单击“下一步”按钮，进入“排序次序”对话框。

⑤ 排序次序。按照记录的排序顺序选择字段，仅对主表中字段的记录起作用，如图 12-10 所示。

单击“下一步”按钮，进入“完成”对话框。

⑥ 完成。最后一步是输入标题和生成表单。输入表单的标题为“学生成绩管理”，如图 12-11 所示。在单击“完成”按钮之前，可以预览生成的表单。如果对其内容不满意，可以逐步返回，重新设置。如果对其格式不满意，可以选择“保存表单并用表单设计器修改表单”单选按钮。

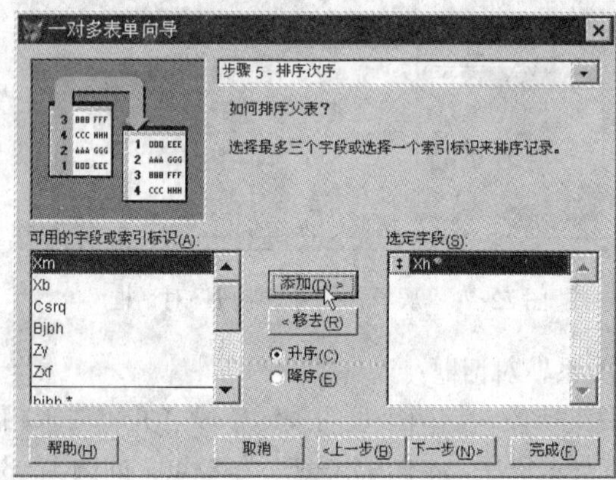

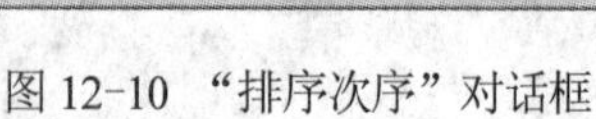
图 12-10 “排序次序”对话框

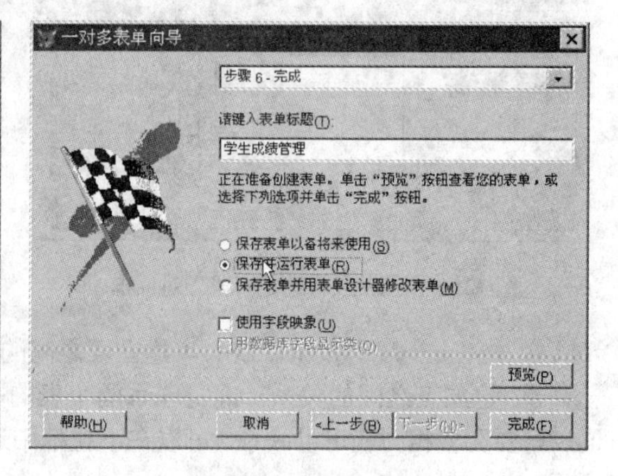

图 12-11 “完成”对话框

假如选择“保存并运行表单”选项，在“另存为”对话框中输入表单文件名 xs.scx，执行 xs 表单，显示如图 12-12 所示的执行结果。

保存表单之后，可以像其他表单一样，在表单设计器中打开并修改它。

2．一对多表单的使用

在一对多表单中不但查看记录容易，而且编辑、删除、追加操作方便。

如果单击“删除”按钮，则同时删除主表中的当前记录和子表中的所有相关记录。如果只删除子表中的记录，只需单击子表浏览窗口的删除栏。

如果要追加记录，单击“添加”按钮，将显示如图 12-13 所示的“添加记录”对话框。

在“添加记录”对话框中，如果选择：

① 仅对父表添加记录：要在“关键值”文本框中输入关键字的值，以便进行唯一性检查。

② 仅对子表（表格）添加记录：“关键值”文本框中会自动出现父表中当前记录的关键字值，也可输入新值。

③ 两者都添加记录：先在“关键值”文本框中输入关键字值，然后再输入两个表的记录。

在这种表单中输入记录，可以保证输入“一”表和“多”表中的记录都满足以下约束条件。

● 对于父表，原始关键字段不能有重复值的记录，由于在建立表结构时选择这个字段为“候选关键字”，系统将保证输入关键字值的唯一性，若输入的记录与前面的记录重复，将拒绝接受。

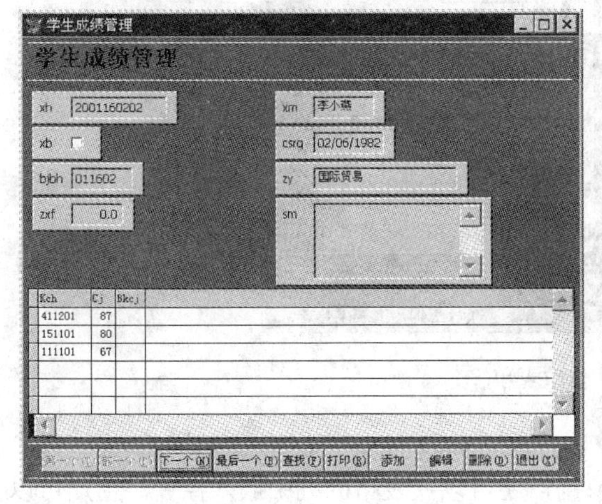

图 12-12　执行表单结果

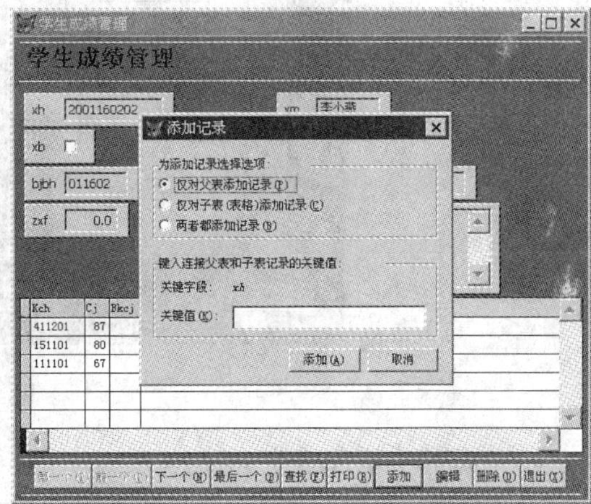

图 12-13　“添加记录”对话框

- 对于子表，每个记录的外部关键字段值与“一”表的原始关键字段值相同，都有相对应的值，不会出现孤记录。这时由于子表的所有记录都使用了一对多表单，找不到对应时系统会拒绝接受。

3. 利用表单设计器修改一对多表单

在上述表单向导的第 4 步，选择“保存表单并用表单设计器修改表单”单选按钮，并单击“完成”按钮，或者在“文件”菜单中选择“打开”命令，或者选择“表单”图标和表单的名称，选择“修改”命令都可以打开“表单设计器”开始修改“向导”设计的表单。

【例12-6】　利用表单设计器修改上例中的表单。

首先，调整表单上各个对象的位置和大小，使之更为紧凑。可以利用“表单设计器”中的工具——“布局工具栏”和“多重选定”技术。为了方便使用，将所有标签的标题（Caption）属性以及表格的列标题属性改为中文内容。

为了突出标题部分，将标题设计成立体字。增加一个标签 Label2，并修改其属性见表 12-3。

表 12-3　属性设置

对　象	属　性	属 性 值	说　明
Label2	Caption	学生成绩管理	
	AutoSize	.T. – 真	
	BackStyle	0 – 透明	
	FontBold	.T. – 真	
	FontSize	18	与原有的标题字同样大小
	ForeColor	255,255,0	黄色字

移动标签 Label2 使之覆盖标签 Label1 的左上部，并经多重选定后一起移至表单的中间，如图 12-14 所示。

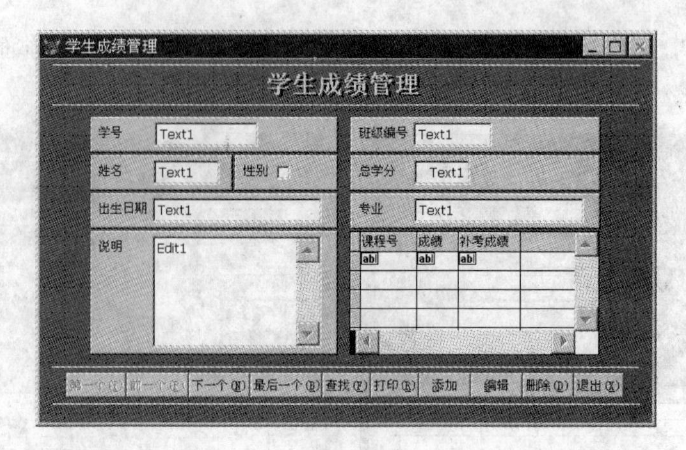

图 12-14 修改表单

4. 在表格中增加控件

表格是一个容器，除了在表格中显示字段数据，还可以在表格的列中嵌入控件。用户可以在表单设计器中交互地向表格列中添加控件，也可以通过编写代码在运行时添加控件。

【例12-7】 在上例的子表表格中增加下拉列表框，以便在编辑数据时能控制数据的来源。

设计步骤如下：

① 修改数据环境——在数据环境中增加新表，并在 cj.dbf 和 kc.dbf 之间建立关系。

在“表单工具栏”中选择“数据环境”命令或单击鼠标右键，在弹出菜单中选择“数据环境”命令，打开“数据环境设计器”窗口（窗口中已有两个表及其关联），单击鼠标右键，在弹出菜单中选择“添加”命令，并选择表 kc.dbf。然后，将鼠标指向 cj 表中的字段“kch”，并拖动至表 kc.dbf 的字段“kch”，两表间出现关联的标记，如图 12-15 所示。

② 修改表单——删除表格第一列中的文本框，增加下拉列表框。

鼠标指向表格，单击鼠标右键，在弹出菜单中选择“编辑”命令，表格周围出现浅色边界，开始编辑表格。在“属性”窗口的下拉列表框中选择第 1 列中的文本框 Text1，如图 12-16 所示。

然后，用鼠标单击表格的第一列，按〈Del〉键，删除 Text1。单击“表单控件”工具栏中的“组合框”按钮，再用鼠标单击表格第一列中的第 1 个空格，上面出现组合框控件。调整后的表单画面如图 12-17 所示。

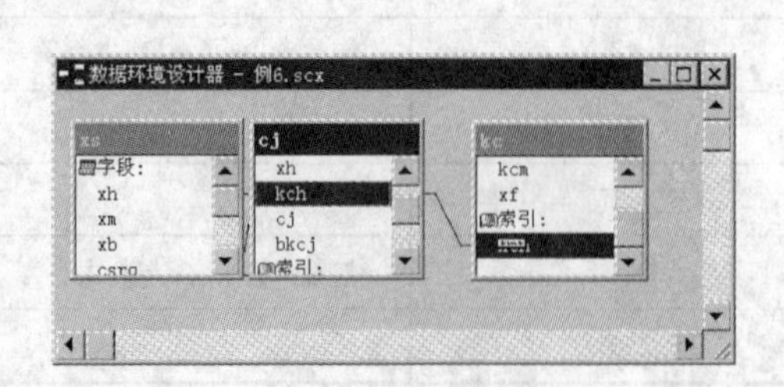

图 12-15 “数据环境设计器”窗口

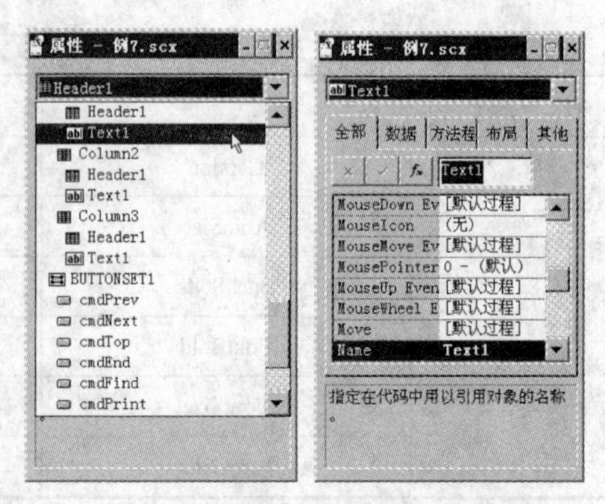

图 12-16 “属性”窗口

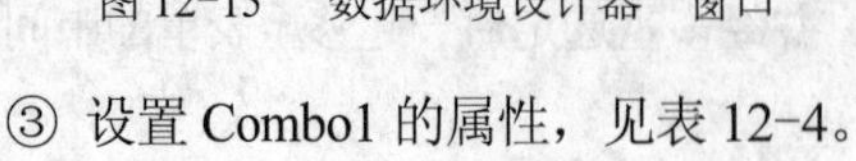

③ 设置 Combo1 的属性，见表 12-4。

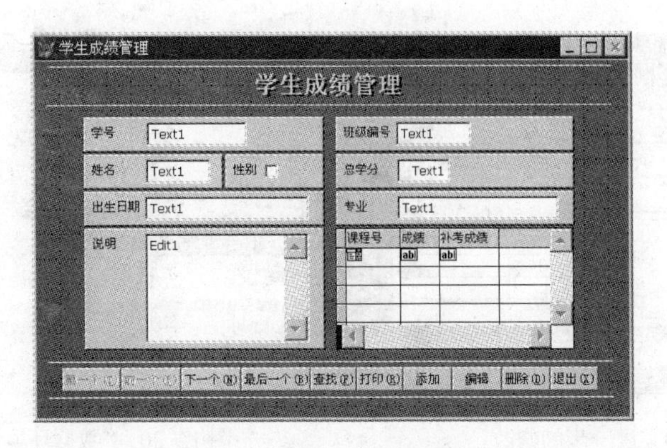

图 12-17　将文本框改为组合框

表 12-4　属性设置

对　象	属　性	属 性 值	说　明
Combo1	ControlSource	cj.课程号	数据绑定
	ColumnCount	2	2 列
	ColumnWidth	40,100	各列宽度
	RowSourceType	2 – 别名	
	RowSource	Kc	数据来源

运行修改后的表单，可以在编辑或增加记录的时候，利用下拉列表框中的选项进行数据的输入，避免了非法数据的输入。如图 12-18 所示。

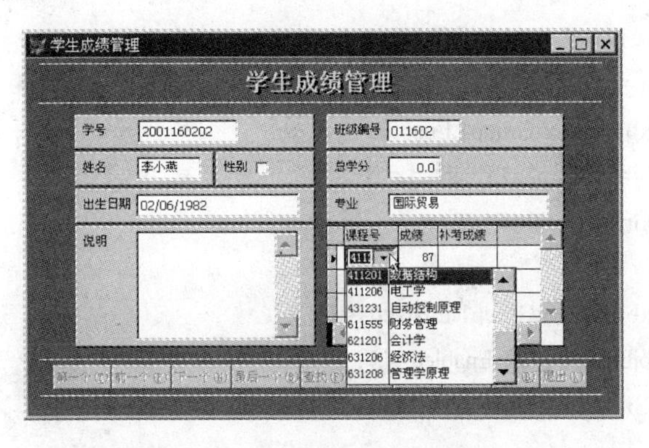

图 12-18　在表单中输入数据

5. 进一步的修改

【例 12-8】　修改上例的表单，利用选项按钮组来控制“性别”字段，利用组合框来控制班级编号的输入，如图 12-19 所示。

设计步骤如下：

① 修改数据环境。在“表单工具栏”中选择“数据环境”命令，或单击鼠标右键，在弹出菜单中选择“数据环境”命令，打开“数据环境设计器”窗口（窗口中已有 3 个表及其关联），单击鼠标右键，在弹出菜单中选择“添加”命令，并选择表 bj。将鼠标指向 xs 表中的字段“bjbh”，并拖动至表 bj.dbf 的字段“bjbh”，两表间出现关联的标记，如图 12-20 所示。

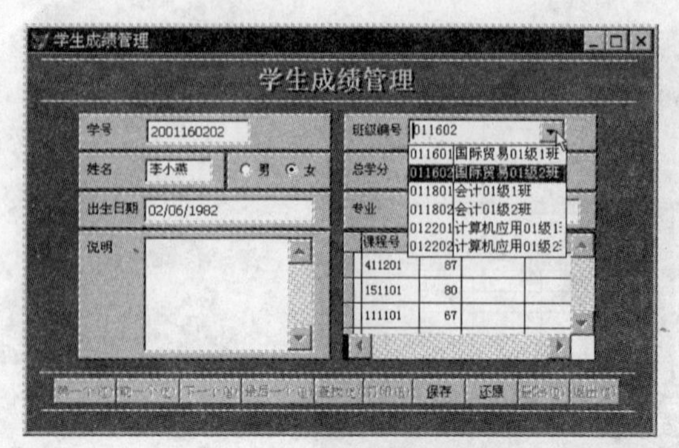

图 12-19　进一步的修改

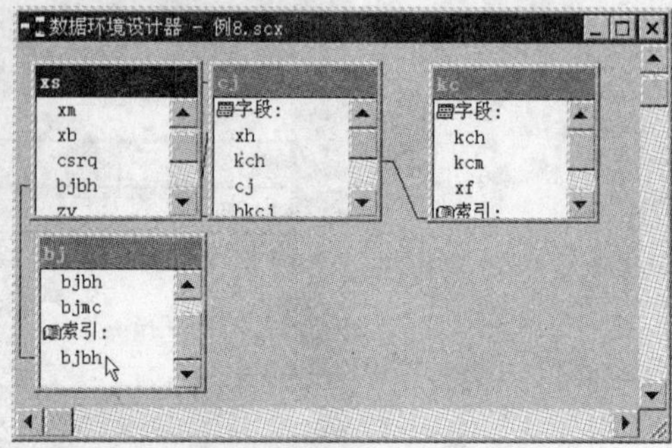

图 12-20　“数据环境设计器”窗口

② 修改表单。依次编辑两个容器 xb1 和 bjbh1，在其中分别增加一个选项按钮组 OptionGroup1 和组合框 Combo1。其属性设置可以参见第 11 章例 11-18。

③ 修改代码。

修改容器“xb1”中复选框 Check1 的 Refresh 事件代码：

```
checkbox::Refresh
THIS.Parent.OptionGroup1.Value = IIF(THIS.Value,1,2)
```

修改容器“xb1”中选项按钮组 OptionGroup1 的 InteractiveChange 事件代码：

```
THIS.Parent.Check1.Value = IIF(THIS.Value = 1,.T.,.F.)
```

修改命令按钮容器中“添加”按钮 cmdAdd 的 Click 事件代码：

```
txtbtns::cmdadd.Click
IF THIS.Caption = "保存(\<S)"
   THISFORM.xb1.OptionGroup1.Enabled = .T.
   THISFORM.bjbh1.Combo1.Enabled = .T.
   THISFORM.Grid1.Enabled = .T.
ELSE
   THISFORM.xb1.OptionGroup1.Enabled = .F.
   THISFORM.bjbh1.Combo1.Enabled = .F.
   THISFORM.Grid1.Enabled = .F.
ENDIF
```

修改命令按钮容器中“编辑”按钮 cmdEdit 的 Click 事件代码：

```
txtbtns::cmdedit.Click
IF THIS.Caption = "还原(\<R)"
   THISFORM.xb1.OptionGroup1.Enabled = .T.
   THISFORM.bjbh1.Combo1.Enabled = .T.
   THISFORM.Grid1.Enabled = .T.
ELSE
```

```
    THISFORM.xb1.OptionGroup1.Enabled = .F.
    THISFORM.bjbh1.Combo1.Enabled = .F.
    THISFORM.Grid1.Enabled = .F.
ENDIF
```

说明：在代码中多次使用了“作用域操作符”——“::”，“::”操作符用来从子类方法内部执行父类的方法。在使用“::”操作符时，既能执行子类中的附加代码行，又有父类的功能。如果没有“::”操作符，则只会执行子类中的附加代码行。也就是说，如果没有“::”操作符，只会执行用户所编写的代码，而不会执行用“向导”设计的按钮的原有功能代码。

运行修改后的表单，可以在编辑或增加记录的时候，利用下拉列表框中的选项进行数据的输入，避免了非法数据的输入，如图 12-19 所示。

12.2 Visual FoxPro 数据库

数据库提供了如下的工作环境：存储一系列的表，在表间建立关系，设置属性和数据有效性规则使相关联的表协同工作。数据库文件保存为带 DBC 扩展名的文件。数据库可以单独使用，也可以将它们合并成一个项目，用“项目管理器”进行管理。数据库必须在打开后才能访问它内部的表。

12.2.1 数据库表与自由表

在 Visual FoxPro 中，有两种状态的表：数据库表（与数据库相关联的表）与自由表（与数据库无关联的表）。相比之下，数据库表具有如下优点：

① 长表名和表中的长字段名。

② 表中字段的标题和注释。

③ 默认值、输入掩码和表中字段格式化。

④ 表字段的默认控件类。

⑤ 字段级规则和记录级规则。

⑥ 支持参照完整性的主关键字索引和表间关系。

⑦ INSERT、UPDATE 或 DELETE 事件的触发器。

通过把表放入数据库中，可以减少冗余数据的存储，保护数据的完整性；可以控制字段怎样显示或输入到字段中的值；还可以添加视图并连接到一个数据库中，用来更新记录或扩充访问远程数据的能力。

12.2.2 创建数据库

要想把数据并入数据库中，必须先建立一个新的数据库，然后加入需要处理的表，并定义它们之间的关系。Visual FoxPro 提供两种方法建立数据库，即使用“数据库设计器”或使用命令。

1. 使用数据库设计器

打开数据库设计器的方法有两种：在项目管理器中打开和通过菜单命令打开。下面介绍通过菜单命令打开数据库设计器的步骤：

① 从“文件”菜单中选择“新建”命令。在“新建”对话框中选择“数据库”单选按钮，然后单击“新建文件”按钮，打开“创建”对话框。

② 在“创建”对话框中输入新数据库名（默认的数据库名为“数据1”），单击“保存”按钮，即创建了一个新数据库（空），并同时打开“数据库设计器”窗口。此时，“数据库设计器”工具栏将变为有效，单击鼠标右键将弹出相关的快捷菜单，如图12-21所示。

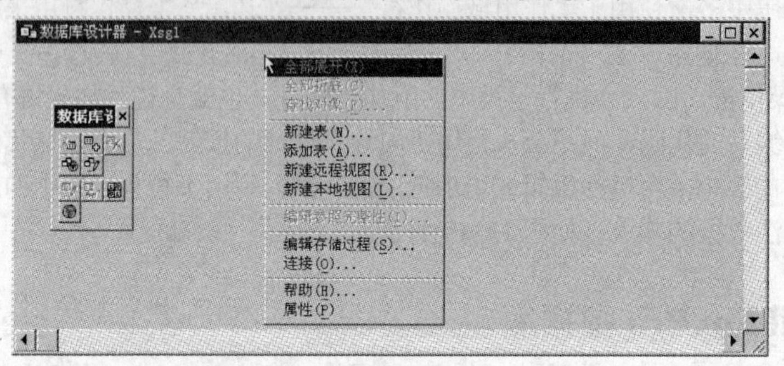

图12-21 “数据库设计器”窗口

数据库建立后，自动产生同名但类型不同的3个文件：DBC文件（数据库文件）、DCT文件（数据库备注文件）和DCX文件（数据库索引文件）。后两个文件依附于数据库文件，但不可缺少，数据库备份时一定要同时备份其他两个文件，否则备份后的数据库将不能使用。

2．使用数据库建立命令

在命令窗口输入CREATE DATABASE命令，正确选择保存位置和数据库名，单击“保存”按钮将创建一个新数据库（空）。

如果数据库文件已经存在，那么设置SET SAFETY ON时会出现是否覆盖提示，否则直接覆盖。以后新建文件都有类似的情况。

12.2.3 在数据库中加入表

建立数据库后的第一步是向数据库中添加表，可以选定目前不属于任何数据库的表。因为一个表在同一时间内只能属于一个数据库，所以必须将表先从旧的数据库中移去后才能将它用于新的数据库中。

1．向数据库中添加表

从“数据库”菜单或“数据库设计器”工具栏或在数据库设计器窗口上单击鼠标右键，从弹出菜单中选择“添加表”命令。在“打开”对话框中选定一个表，然后单击“确定”按钮，即可将表添加到数据库中。

还可以使用命令方式将自由表添加到当前的数据库中，其命令格式为：

ADD TABLE {〈表文件名〉| ?} [NAME 〈长文件名〉]

说明：

①〈表文件名〉是指要添加到数据库中去的自由表文件名，使用“?”号则显示“打开”对话框以便从中选择添加到数据库中去的自由表。

② NAME〈长文件名〉则为表指定一个长表名，最多可以有128个字符。

2．从数据库中移去表

当数据库不再需要某个表或其他数据库需要使用此表时，可以从该数据库中移去此表。

若要从数据库中移去表：选定要移去的表，从“数据库”菜单中选择“移去”命令，或者从“数据库设计器”工具栏中单击“移去表”按钮，再在对话框中单击“移去”按钮。

也可以使用命令方式将表移出当前的数据库，其命令格式为：

REMOVE TABLE {〈表文件名〉| ?} [DELETE]

说明：DELETE 选项不仅把表移出数据库，还将其从磁盘上删除。

12.2.4 打开数据库

使用数据库之前必须先打开，打开数据库的方法可以使用菜单方式或命令方式。

1．菜单方式

在“文件”菜单中选择“打开”命令，在弹出的“打开”对话框中选择“文件类型”为数据库（*.DBC），选取需要打开的数据库文件后，单击“确定”按钮。

2．命令方式

打开数据库命令的格式为：

OPEN DATABASE [〈数据库文件名〉 | ?]
[EXCLUSIVE | SHARED]
[NOUPDATE]
[VALIDATE]

说明：

① 不指定文件名而使用问号时，显示“打开”对话框。

② EXCLUSIVE | SHARED：数据库以独占或共享方式打开。如果省略该项，则打开方式由设置语句控制，即 SET EXCLUSIVE ON（默认） | OFF，系统默认为“独占”方式。

③ NOUPDATE：数据库以只读方式打开，等效于在“打开”对话框中选中“以只读方式打开”复选框。系统默认为读写方式。

④ VALIDATE：检查数据库中引用的对象是否合法，如检查数据库中的表和索引是否可用等。

3．同时打开多个数据库

Visual FoxPro 允许同时打开多个数据库，但只有一个数据库是当前数据库，当前数据库可在打开的数据库之间选择，具体操作就是在“常用”工具栏的“数据库”下拉列表框中选择，如图 12-22 所示。

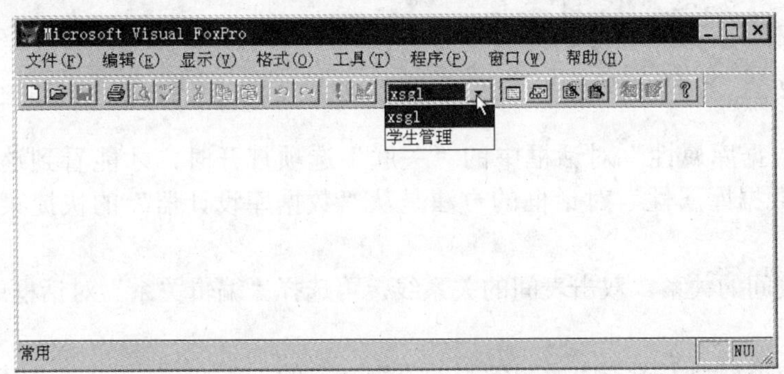

图 12-22 同时打开多个数据库

也可以使用命令 SET DATABASE TO [〈数据库名〉]选择当前数据库。

注意：虽然数据库已经打开，但要使用数据库中的表，仍然需要打开表。

12.2.5 关联表

通过链接不同表的索引，“数据库设计器”可以很方便地建立表之间的关系。因为这种在数据库中建立的关系被作为数据库的一部分而保存起来，所以称为永久关系。每当在“查询设计器”或“视图设计器”中使用表，或者在创建表单时所用的“数据环境设计器”中使用表时，这些永久关系将作为表间的默认连接。

1．准备关联

在表之间创建关系之前，想要关联的表要有一些公共的字段和索引，这样的字段称为主关键字字段或外部关键字字段。主关键字字段标识了表中的特定记录，外部关键字字段标识了存于数据库里其他表中的相关记录。需要对主关键字字段做一个主索引，对外部关键字字段做普通索引。

要决定哪个表需要这些字段，可考虑使用记录号关联数据。例如，一个学生可能有多个成绩。因此，学生（xs）表应包含主记录，成绩（cj）表应包含相关记录。

为准备两个关联表中的主表，需要在主表中添加主关键字字段，如“xh”。这是因为学生表中一条记录与成绩表的多个记录关联。

要在两个表之间提供公共字段，需要在带有关联记录的表添加外部关键字字段，如成绩表。外部关键字字段必须以相同的数据类型匹配主关键字字段，而且一般用相同的名称。以主关键字字段和外部关键字字段创建的索引必须带有相同的表达式，如图 12-23 所示。如果表中还没有索引，那么就需要在“表设计器”中打开表，并且向表添加索引。

2．创建和编辑关系

定义完关键字段和索引后，即可创建关系。

若要在表间建立关系，则要将一个表的索引拖到另一个表的相匹配的索引上。设置完关系之后，在数据库设计器中可看到一条线连接两表，如图 12-24 所示。

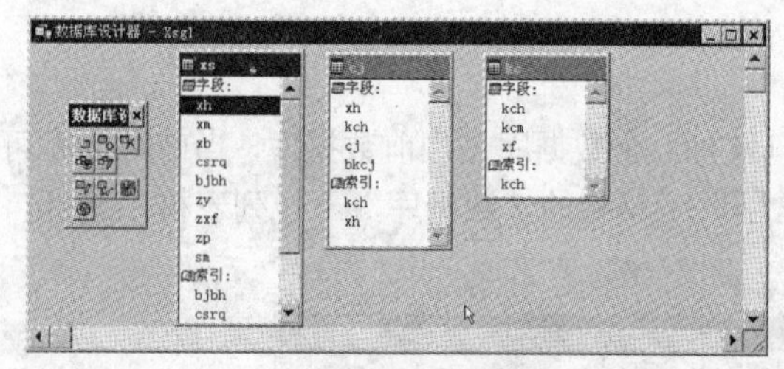

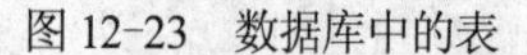

图 12-23　数据库中的表

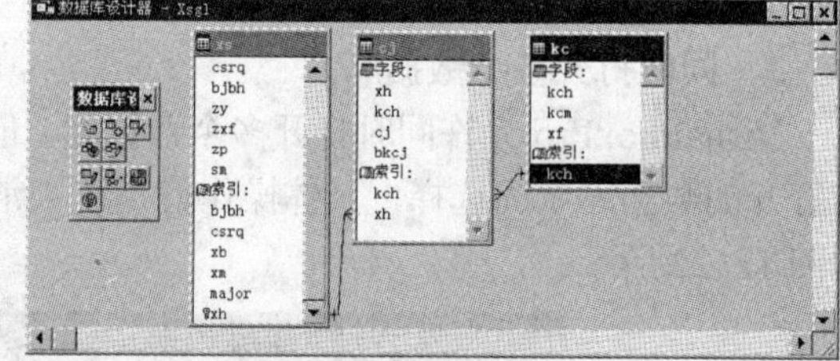

图 12-24　关系线表示了两个表之间的连接

只有在“数据库属性”对话框中的“关联”选项打开时，才能看到这些表示关系的连线。打开“数据库属性”对话框的方法是从“数据库设计器”的快捷菜单中选择“属性”命令。

若要编辑表间的关系，双击表间的关系线，再选择“编辑关系”对话框中的设置即可，如图 12-25 所示。

所建关系的类型是由子表中所用索引的类型决定的。例如，如果子表的索引是主索引或候选索引，则关系是一对一的；对于唯一索引和普通索引，将会是一个一对多的关系。

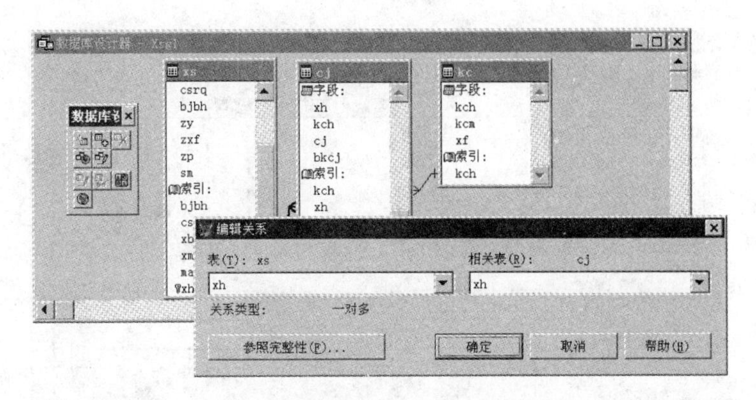

图 12-25 “编辑关系”对话框

3．永久关系

上面用索引在数据库中建立了表间的永久关系。永久关系是存储在数据库文件中的关系，并且是“查询设计器”和“视图设计器”中自动作为默认连接条件使用的数据库表间关系。永久关系在“数据库设计器”中显示为表索引间的连接线，当在数据环境中打开这些表时，永久关系也作为默认关系显示。与 SET RELATION 命令设置的临时关系不同，永久关系在每次使用表时不需要重新创建。但是，由于永久关系并不控制表中记录指针间的关系，因此在开发 Visual FoxPro 应用程序时，不仅要用永久关系，也要使用临时的 SET RELATION 关系。

12.2.6 定义字段显示

将表添加入数据库后，便可以立即获得许多在自由表中得不到的属性。这些属性被作为数据库的一部分保存起来，并且一直为表所拥有，直到表从这个数据库中移去为止。通过设置数据库表的字段属性，可以为字段设置标题、为字段输入注释、为字段设置默认值、设置字段的输入掩码和显示格式、设置字段的控件类和库、设置有效性规则对输入字段的数据加以限制等。

1．设置字段标题

通过在表中给字段建立标题，可以显示在“浏览”窗口显示的字段的说明性标签上或表单上。按照以下步骤可以给字段指定一个标题：

① 在“数据库设计器”中选定表，单击该表或者从数据库工具栏中选择“修改表”。

② 选定需要指定标题的字段。

③ 在“标题”框中，输入为字段选定的标题。例如，某字段名为“xh”，当使用“学号”作为标题显示该字段时，浏览窗口中原来的“xh”字段名被替换为“学号”，如图 12-26 所示。由于可以用自己命名的标题来取代原来的字段名，这为显示表单中的表提供了很大的灵活性。

④ 单击“确定”按钮。

2．为字段输入注释

在建立好表的结构以后，可能还想输入一些注释来提醒自己或其他人表中的字段代表什么意思。在“表设计器”中的“字段注释”框内输入信息，即可对每一个字段进行注释。

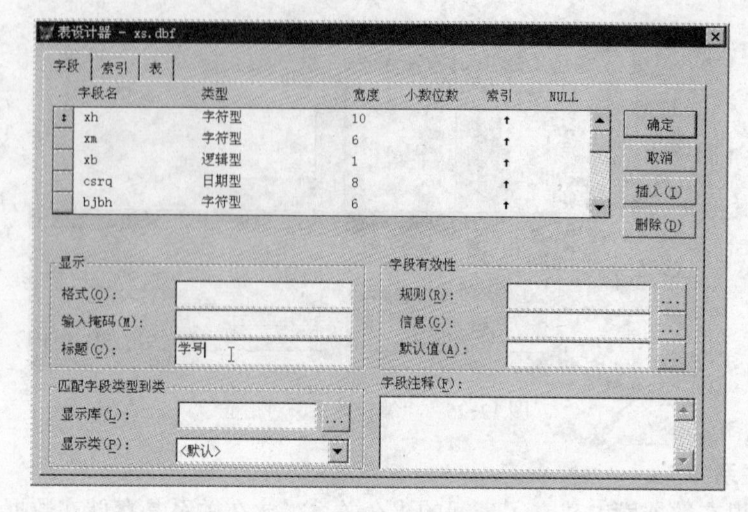

图 12-26　设置字段标题

12.2.7　控制字段数据输入

若想使表中数据的输入更容易一些，可以提供字段的默认值，定义输入到字段的有效性规则。

1. 设置默认字段值

要想在创建新记录时自动输入字段值，可以在“表设计器”中用字段属性为该字段设置默认值。例如，如果买主大部分来自一个特殊地区，可把该地区名称设置为地区字段的默认值。按照以下步骤，可以设置字段的默认值：

① 在“数据库设计器”中选定表。

② 从“数据库”菜单中选择“修改”命令。

③ 在“表设计器”中选定要赋予默认值的字段。

④ 在“默认值”框中输入要显示在所有新记录中的字段值（字符型字段应用引号括起来）。例如，可使 xs 表中“xh”字段的所有新记录都有一个默认值为“2001000000”，如图 12-27 所示。

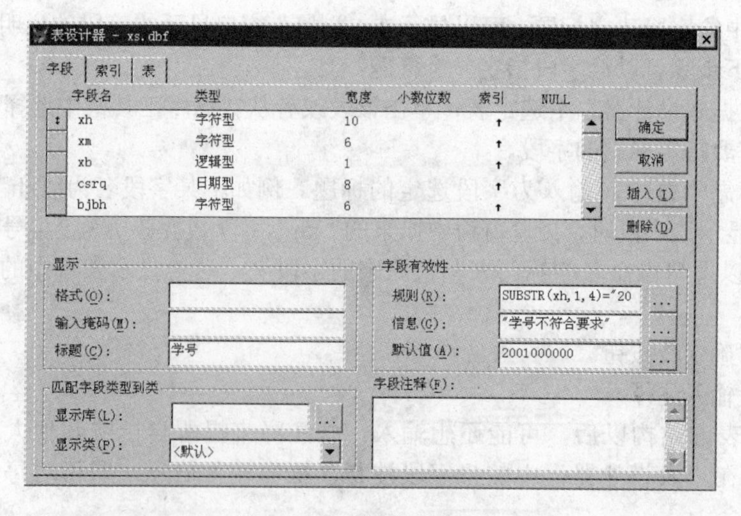

图 12-27　设置字段默认值

⑤ 单击“确定”按钮。

2．设置有效性规则和有效性说明

如果在定义表的结构时输入字段的有效性规则，那么可以控制输入该字段的数据类型。例如，可以限制某字段可接受的输入范围，如分数在 0～100。按照以下步骤可以为字段设置有效性规则和有效性说明：

① 在“表设计器”中打开表，在“表设计器”中选定要建立规则的字段名。

② 在“规则”方框旁边选择对话按钮。

③ 在“表达式生成器”中设置有效性表达式，并单击“确定”按钮。例如，限制“xh”字段的前 4 位只能为"2001"，并且输入的学号必须满 10 位：

```
SUBSTR(xh,1,4) = "2001" AND LEN(TRIM(xh)) = 10
```

建立有效性规则时，必须创建一个有效的 Visual FoxPro 表达式，其中要考虑到这样一些问题：字段的长度、字段可能为空或者包含了已设置好的值等。表达式也可以包含结果为真或假的函数。

④ 在“信息”框中，输入用引号括起的错误信息，例如，显示“学号不符合要求”，运行时的提示界面如图 12-28 所示。

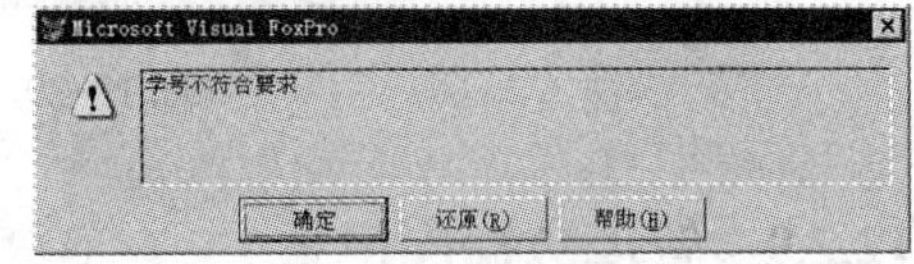

图 12-28　屏幕上显示有效性说明

⑤ 单击“确定”按钮。如果输入的信息不能满足有效性规则，在“有效性说明”中设定的信息便会显示出来。

12.2.8　控制记录的数据输入

不但可以给表中的字段赋予数据库的属性，而且可以为整个表或表中的记录赋予属性。在“表设计器”中，通过“表”选项卡可以访问这些属性。

1．设置表的有效性规则

在向表中输入记录时，要想比较两个以上的字段，或查看记录是否满足一定的条件，可以为表设置有效性规则。按照以下步骤可以设置有效性规则：

① 选定表，在“数据库”菜单中选择“修改”命令，打开“表设计器”对话框。

② 在“表设计器”中选择“表”选项卡。

③ 在“规则”框中，输入一个有效的 Visual FoxPro 表达式定义规则，或者单击“...”按钮使用表达式生成器来生成一个表达式规则，如图 12-29 所示。例如，xs 表中学生的年龄必须小于 30 岁，则可以在“表”选项卡的“有效性规则”框中输入下述表达式：

```
YEAR(DATE())-YEAR(csrq) < 30
```

④ 在“信息”框中输入提示信息。例如，“信息”文字可以是"新生年龄必须小于 30 岁"。当有效性规则未被满足时，将会显示该信息。

⑤ 单击“确定”按钮。

⑥ 在“表设计器”中单击“确定”按钮。

2．设置触发器

触发器是一个在输入、删除或更新表中的记录时被激活的表达式。通常，触发器一般需要输入一个程序或存储过程，在表被修改时，它们被激活。

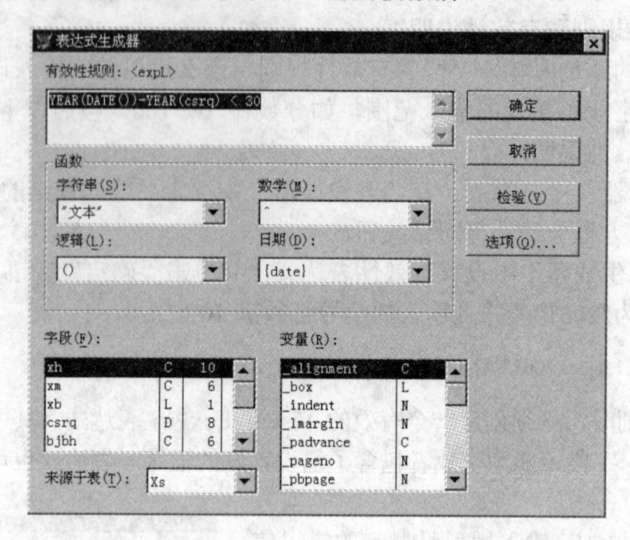

图 12-29 “表达式生成器”对话框

12.2.9 管理数据库记录

建立关系后，也可设置管理数据库关联记录的规则，这些规则控制参照完整性。例如，如果添加一个成绩记录，可能想在成绩表中自动添加关于该学生的基本信息。为了帮助设置规则，控制如何在关系表中插入、更新或删除记录，可使用“参照完整性设计器”。若要使用“参照完整性生成器”，可以遵循以下步骤：

① 在“数据库设计器”中建立两表之间的关系，或者双击关系线来编辑关系。

② 在“编辑关系”对话框中选择“参照完整性”按钮，如图 12-30 所示。

③ 在“参照完整性生成器”中选择更新、删除或插入记录时所遵循的若干规则，如图 12-31 所示。

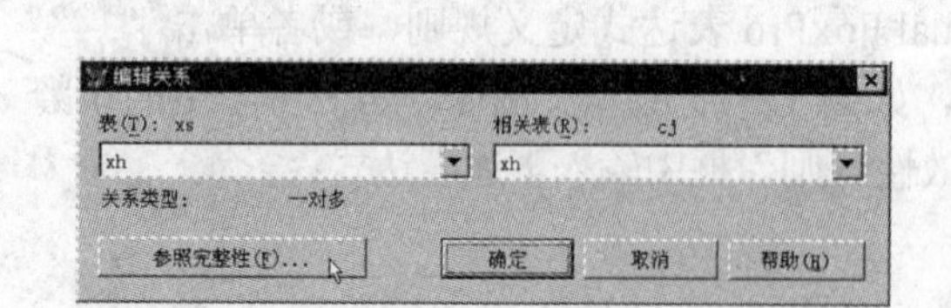

图 12-30 选择“参照完整性”按钮

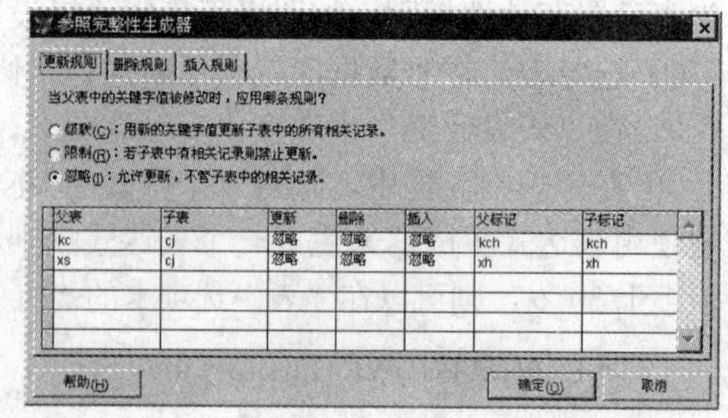

图 12-31 “参照完整性生成器”对话框

④ 单击“确定”按钮，然后单击“是”按钮保存所做的修改，生成“参照完整性”代码，并退出参照完整性生成器。

12.2.10 为数据库添加备注

若要使用数据库的说明，可添加注释。若要添加数据库的备注，只需从“数据库”菜单中选择“属性”命令，再在“注释”框输入备注内容即可。

12.3 习题 12

一、选择题

1．扩展名为 DBC 的文件是（   ）。

A．表单文件　　B．数据库表文件　　C．数据库文件　　D．项目文件

2．参照完整性的规则不包括（   ）。

A．更新规则　　B．删除规则　　C．插入规则　　D．检索规则

3．一数据库名为 student，要想打开该数据库，应使用（   ）命令。

A．OPEN student　　B．OPEN DATA student

C．USE DATA student　　D．USE student

4．以下关于自由表的叙述，正确的是（   ）。

A．全部是用以前版本的 FoxPro（FoxBASE）建立的表

B．可以用 Visual FoxPro 建立，但是不能把它添加到数据库中

C．可以添加到数据库中，数据库表也可以从数据库中移出成为自由表

D．可以添加到数据库中，但数据库表不可以从数据库中移出成为自由表

5．Visual FoxPro 数据库文件是（   ）。

A．存放用户数据的文件　　B．管理数据库对象的系统文件

C．存放用户数据和系统数据的文件　　D．前三种说法都对

6．Visual FoxPro 参照完整性规则不包括（   ）。

A．查询规则　　B．插入规则　　C．更新规则　　D．删除规则

7．已知客户表已经用下列命令打开：

```
SELECT 3
USE 客户 ALIAS kh
```

若当前工作区为 5 号工作区，要选择客户表所在的工作区为当前工作区，错误的命令是（   ）。

A．SELECT 客户　　B．SELECT kh　　C．SELECT 3　　D．SELECT C

8．在 Visual FoxPro 中，建立数据库会自动产生扩展名为（   ）。

A．DBC 一个文件　　B．DBC、DCT 和 DCX 三个文件

C．DBC 和 DCT 两个文件　　D．DBC 和 DCX 两个文件

9．建立表之间临时关联的命令是（   ）。

A．CREATE RELATION TO …　　B．SET RELATION TO …

C．TEMP RELATION TO …　　D．CREATE TEMP TO …

10．如果已经建立了主关键字为仓库号的仓库关系，现在用如下命令建立职工关系：

CREATE TABLE 职工(职工号 C(5) PRIMARY KEY, 仓库号 C(5) REFERENCE 仓库, 工资 I)

则仓库和职工之间的联系通常为（   ）。

A．多对多联系　　B．多对一联系　　C．一对一联系　　D．一对多联系

11．在 Visual FoxPro 中，可以在不同工作区同时打开多个数据库表和自由表，改变当前工作区的命令是（　　）。

A．OPEN　　B．SELECT　　C．USE　　D．LOAD

12．为“教师”表的职工号字段添加有效性规则：职工号的最左边 3 位数字是“110”，正确的 SQL 语句是（　　）。

A．CHANGE TABLE 教师 ALTER 职工号 SET CHECK LEFT(职工号, 3) = "110"

B．HANGE TABLE 教师 ALTER 职工号 SET CHECK OCCUR(职工号, 3) = "110"

C．ALTER TABLE 教师 ALTER 职工号 SET CHECK LEFT(职工号, 3) = "110"

D．ALTER TABLE 教师 ALTER 职工号 CHECK LEFT(职工号, 3) = "110"

13．对数据库表建立性别(C, 2)和年龄(N, 2)的复合索引时，正确的索引关键字表达式是（　　）。

A．性别+年龄　　B．VAL(性别)+年龄

C．性别, 年龄　　D．性别+STR(年龄, 2)

二、填空题

1．自由表的扩展名是__________。

2．实现表之间临时联系的命令是__________。

3．在定义字段有效性规则时，在规则框中输入的表达式类型是__________。

三、上机题

1．首先完成以下基本操作题：

① 创建一个新的项目“客户管理”。

② 在新建立的项目“客户管理”中创建数据库“订货管理”。

③ 在“订货管理”数据库中建立表 order_list，表中数据见表 12-5。

表 12-5　order_list 表

客 户 号	订 单 号	订 购 日 期	总 金 额
C10001	OR-01C	2001-10-10	4000
A00112	OR-22A	2001-10-27	5500
B20001	OR-02B	2002-2-13	10500
C10001	OR-03C	2002-1-13	4890
C10001	OR-04C	2002-2-12	12500
A00112	OR-21A	2002-3-11	30000
B21001	OR-11B	2001-5-13	45000
C10001	OR-12C	2001-10-10	3210
B21001	OR-13B	2001-5-5	3900
B21001	OR-23B	2001-7-8	4390
B20001	OR-31B	2002-2-10	39650
C10001	OR-32C	2001-8-9	7000
A00112	OR-33A	2001-9-10	8900
A00112	OR-41A	2002-4-1	8590
C10001	OR-44C	2001-12-10	4790
B21001	OR-37B	2002-3-25	4450

其结构描述为 order_list(khh(C,6), ddh(C,6), dgrq(D), zje(F,15.2))。

④ 为 order_list 表创建一个主索引，索引名和索引表达式均是 ddh。

⑤ 在“订货管理”数据库中建立表 order_detail，表中数据见表 12-6。

表 12-6　order_detail 表

订 单 号	器 件 号	器 件 名	单 价	数 量
OR-01C	P1001	CPU P4 1.4G	1050	2
OR-01C	D1101	3D 显示卡	500	3
OR-02B	P1001	CPU P4 1.4G	1100	3
OR-03C	S4911	声卡	350	3
OR-03C	E0032	E 盘（闪存）	280	10
OR-03C	P1001	CPU P4 1.4G	1090	5
OR-03C	P1005	CPU P4 1.5G	1400	1
OR-04C	E0032	E 盘（闪存）	290	5
OR-04C	M0256	内存	350	4
OR-11B	P1001	CPU P4 1.4G	1040	3
OR-12C	E0032	E 盘（闪存）	275	20
OR-12C	P1005	CPU P4 1.5G	1390	2
OR-12C	M0256	内存	330	4
OR-13B	P1001	CPU P4 1.4G	1095	1
OR-21A	S4911	声卡	390	2
OR-21A	P1005	CPU P4 1.5G	1350	1
OR-22A	M0256	内存	400	4
OR-23B	P1001	CPU P4 1.4G	1020	7
OR-23B	S4911	声卡	400	2
OR-23B	D1101	3D 显示卡	540	2
OR-23B	E0032	E 盘（闪存）	290	5
OR-23B	M0256	内存	395	5
OR-31B	P1005	CPU P4 1.5G	1320	2
OR-32C	P1001	CPU P4 1.4G	1030	5
OR-33A	E0032	E 盘（闪存）	295	2
OR-33A	M0256	内存	405	6
OR-37B	D1101	3D 显示卡	600	1
OR-41A	M0256	内存	380	10
OR-41A	P1001	CPU P4 1.4G	1100	4
OR-44C	S4911	声卡	385	3
OR-44C	E0032	E 盘（闪存）	296	2
OR-44C	P1005	CPU P4 1.5G	1300	2

其结构描述为 order_detail(ddh(C,6)，qjh(C,6)，qjm(C,16)，dj(F,10.2)和 sl(I))。

⑥ 为新建立的 order_detail 表建立一个普通索引，索引名和索引表达式均是"ddh"。

⑦ 为表 order_detail 的"dj"字段定义默认值为 NULL。

⑧ 为表 order_detail 的"dj"字段定义约束规则"dj > 0"，违背规则时的提示信息是"单价必须大于零"。

⑨ 建立表 order_list 和表 order_detail 间的永久联系（通过"ddh"字段）。

⑩ 为以上建立的联系设置参照完整性约束：更新规则为"限制"，删除规则为"级联"，插入规则为"限制"。

⑪ 关闭"订货管理"数据库，然后建立自由表 customer，表的内容见表 12-7。

表 12-7　customer 表

客户号	客户名	地址	电话
C10001	三益贸易公司	平安大道 100 号	66661234
C10005	比特电子工程公司	中关村南路 100 号	62221234
B20001	萨特高科技集团	上地信息产业园	87654321
C20111	一得信息技术公司	航天城甲 6 号	89012345
B21001	爱心生物工程公司	生命科技园 1 号	66889900
A00112	四环科技发展公司	北四环路 211 号	62221234

其结构描述为 customer(khh(C,6)，khm(C,16)，dz(C,20)和 dh(C,14))。

⑫ 打开"订货管理"数据库，并将表 customer 添加到该数据库中。

⑬ 为 customer 表创建一个主索引，索引名和索引表达式均是"khh"。

2．在完成基本操作题的基础上，完成以下应用题：

① 列出客户名为"三益贸易公司"的订购单明细（order_detail）记录（将结果先按"ddh"（订单号）升序排列，同一订单的再按"dj"（单价）降序排列），并将结果存储到 results1 表中（表结构与 order_detail 表结构相同）。

② 列出目前有订购单的客户信息（即有对应的 order_list 记录的 customer 表中的记录），同时要求按"khh"（客户号）升序排序，并将结果存储到 results2 表中（表结构与 customer 表结构相同）。

③ 列出所有订购单的订单号、订购日期、器件号、器件名和总金额（按订单号升序），并将结果存储到 results3 表中（其中订单号、订购日期、总金额取自 order_list 表，器件号、器件名取自 order_detail 表）。

④ 按总金额降序列出所有客户的客户号、客户名及其订单号和总金额，并将结果存储到 results4 表中（其中客户号、客户名取自 customer 表，订单号、总金额取自 order_list 表）。

⑤ 为 order_detail 表增加一个新字段"xdj"，（新单价，类型与原来的"dj"字段相同），然后根据 order_list 表中的"dgrq"字段的值确定 order_detail 表的"xdj"字段的值。原则：订购日期为 2001 年的"xdj"字段的值为原单价的 90%，订购日期为 2002 年的"xdj"字段的值为原单价的 110%（在修改操作过程中不要改变 order_detail 表记录的顺序）。

第13章　查询与视图

数据的检索是应用程序处理数据的重要任务之一，上一章介绍的对表中数据的索引、查找等命令都是早期 xBase 语言中最常用的。在 Visual FoxPro 中，“查询”与“视图”是为了方便检索数据而提供的工具，在需要迅速获得所需要的数据时，可以使用“查询”或“视图”来检索存储在表中的信息。查询与视图的目的都是为了从数据中快速获得所需要的结果。

查询与视图的本质都是 SQL 语言中的 SELECT 查询语句，前者通过对话框、设计器创建，后者则使用命令建立。

13.1　创建查询

在 Visual FoxPro 中，查询是一个扩展名为 QPR 的文件——查询文件。在很多情况下都需要建立查询，例如为报表组织信息、即时回答问题或者查看数据中的相关子集。无论目的是什么，建立查询的基本过程是相同的。

13.1.1　启动“查询设计器”

1．启动“查询设计器”

从“项目管理器”或“文件”菜单中，都可以启动“查询设计器”。启动“查询设计器”的步骤如下：

① 从“文件”菜单中选择“新建”命令，或者单击常用工具栏上的“新建”按钮。

② 在“新建”对话框中选中“查询”单选按钮，然后单击“新建文件”按钮。

③ 在创建新查询时，系统打开“添加表或视图”对话框，提示从当前数据库或自由表中选择表或视图，如图 13-1 所示。

依次选择所需要的表或视图，单击“添加”按钮，最后单击“关闭”按钮，将显示“查询设计器”窗口，如图 13-2 所示。

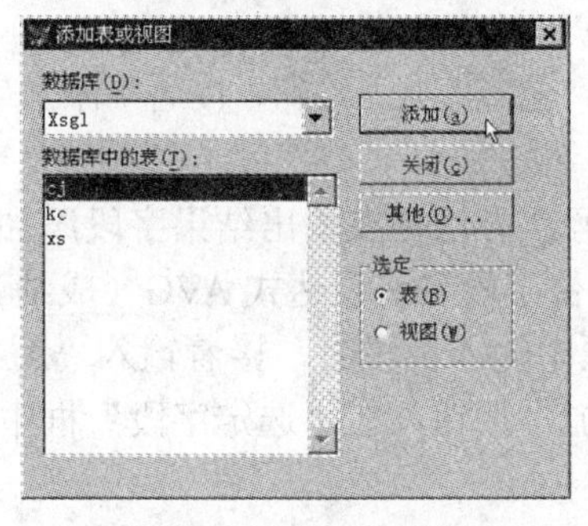

图 13-1　添加表或视图

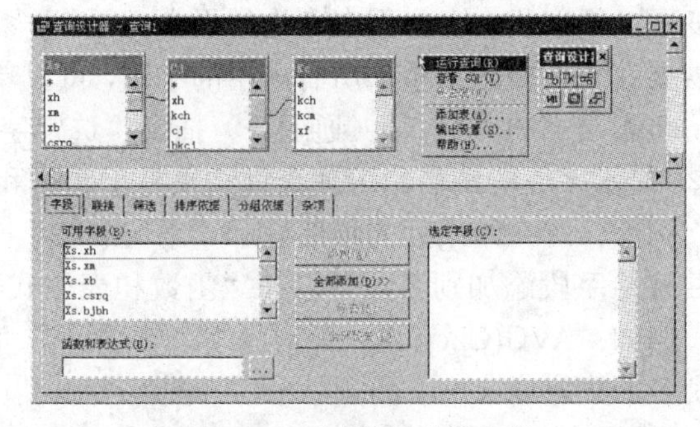

图 13-2　“查询设计器”窗口

2．添加和移去表

若要添加和移去表：

① 从“查询设计器”工具栏上选择“添加表”按钮，再选择想要添加的表或视图。

② 选择想要移去的表，再选择“查询设计器”工具栏上的“移去表”按钮。

13.1.2 定义结果

打开“查询设计器”，在选择了包含想要信息的表或视图后，就可定义查询的输出结果。首先选择所需的字段，可以设置已选择字段的显示顺序和设置过滤器筛选要显示的记录，用以定义输出结果。

1．选择所需字段

在运行查询之前，必须选择表或视图，并选择要包括在查询结果中的字段。在某些情况下，可能会使用表或视图中的所有字段。但在另一些情况下，也许只想使查询与选定的部分字段相关，比如要加到报表中的字段。

使用“查询设计器”下半部窗格中的“字段”选项卡来选定需要包含在查询结果中的字段或字段表达式，如图 13-3 所示，选择字段的方法是先选定字段名，然后单击“添加”按钮。或者将字段名拖到“选定字段”框中。

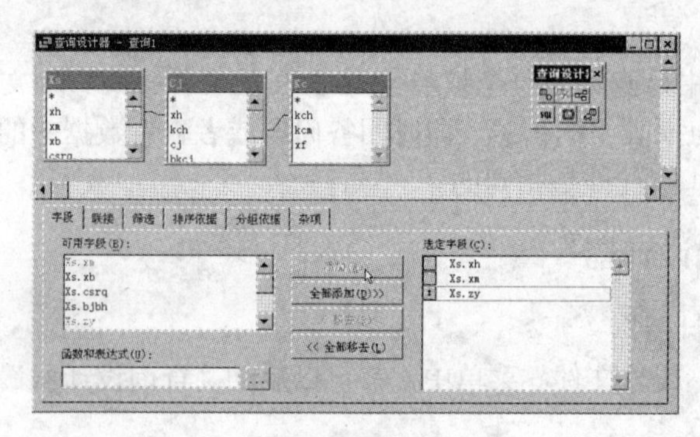

图 13-3 添加字段

说明：

① 选择输出全部字段，可使用名字或通配符选择全部字段。

如果使用名字选择字段，查询中要包含完整的字段名。此时若向表中添加字段后，再运行查询，则输出结果不包含新字段名。

如果使用通配符，通配符可以包含当前查询的表中的全部字段。如果创建查询后，表结构改变了，新字段也会出现在查询结果中。

若要在查询中一次添加所有可用的字段，可以单击“全部添加”按钮，按名字添加字段。或者，将表顶部的“*”号（通配符）拖到“选定字段”框中。

② 显示字段的别名，可使查询结果易于阅读和理解，方法是在输出结果字段添加说明标题。例如，可在结果列的顶部显示“平均成绩”来代替字段名或表达式 AVG（成绩）。

若要给字段添加别名，可以在“函数和表达式”框中输入字段名，接着输入“AS”和别名，例如：AVG(Cj.cj) AS 平均成绩。然后单击“添加”按钮，在“选定字段”框中放置带有别名的字段。

2．设置输出字段的次序

在“字段”选项卡中，字段的出现顺序决定了查询输出中信息列的顺序。

若要改变查询输出的列顺序，只需上、下拖动位于字段名左侧的移动框。

如果想改变查询输出的行的顺序，可以使用“排序依据”选项卡。

3．选定所需的记录

选定想要查找的记录是决定查询结果的关键。用“查询设计器”中的“筛选”选项卡，可以构造一个带有 WHERE 子句的选择语句，用来决定想要搜索并检索的记录。

可能需要查找一个特定的数据子集，并将其包含在报表或其他输出中。例如，所有考试成绩及格的学生。若只想查看所需的记录，可以输入一个值或值的范围与记录进行比较。使用“筛选”选项卡可以确定用于选择记录的字段、选择比较规则以及输入与该字段进行比较的示例值。指定筛选条件的步骤如下：

① 从“字段名”列表中选定用于选择记录的字段。通用字段和备注字段不能用于筛选条件中。

② 从“条件”列表中选择比较的类型。

③ 在“实例”文本框中，输入比较条件，如图 13-4 所示。

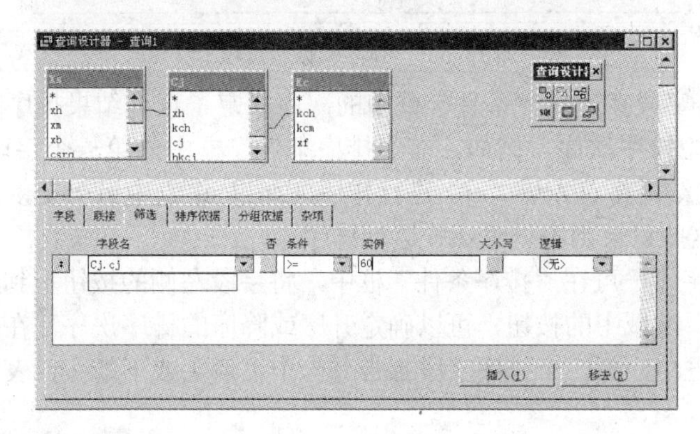

图 13-4　在“筛选”选项卡中定义查询结果的条件

在输入比较条件时要注意：

● 仅当字符串与查询的表中字段名相同时，用引号括起字符串。否则，无需用引号将字符串引起来。

● 日期也不必用花括号括起来。

● 逻辑值的前后必须使用小数点符号，如.T.。

● 如果输入查询中表的字段名，系统就将它识别为一个字段。

● 在搜索字符型数据时，如果想忽略大小写匹配，请选择“大小写”下面的按钮。

④ 若想对逻辑操作符的含义取反，请选择“否”下面的按钮。若要更进一步搜索，可在选项卡中添加更多的筛选项。如果查询中使用了多个表或视图，按选取的联接类型扩充所选择的记录。

13.1.3 排序与分组

定义查询输出后，可组织出现在结果中的记录，方法是对输出字段排序和分组，也可筛选出现在结果中的分组。

1．排序查询结果

排序决定了查询输出结果中记录或行的先后顺序。例如，按考试成绩和学号对记录排序。利用“排序依据”选项卡设置查询的排序次序，排序次序决定了查询输出中记录或行的排列顺序。首先，从“选定字段”框中选定要使用的字段，并把它们移到“排序条件”框中，然后根据查询结果中所需的顺序排列这些字段。

① 设置排序条件：在“选定字段”框中选定字段名，单击“添加”按钮，如图13-5所示。

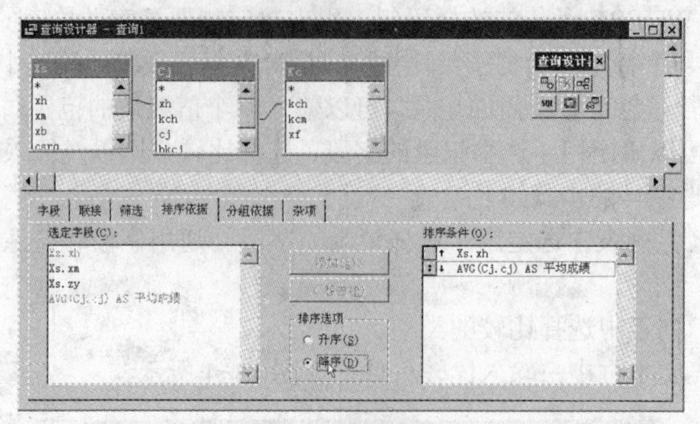

图13-5 “排序依据”选项卡

② 排序顺序：字段在“排序条件”框中的次序决定了查询结果排序时的重要性次序，第一个字段决定了主排序次序。例如，在“排序条件”框中的第一个字段是“cj”，第二个字段为“xh”，查询结果将首先以“cj”进行排序，如果cj表中有一个以上的记录具有同样的“cj”字段值，这些记录则再以“xh”进行排序。

为了调整排序字段，可在“排序条件”框中，将字段左侧的按钮拖到相应的位置上。通过设置“排序选项”区域中的按钮，可以确定升序或降序的排序次序。在“排序依据”选项卡的“排序条件”框中，每一个排序字段都带有一个上箭头或下箭头，表示排序时是升序还是降序。

③ 移去排序条件：选定一个或多个想要移去的字段，单击“移去”按钮。

2．分组查询结果

所谓分组就是将一组类似的记录压缩成一个结果记录，这样就可以完成基于一组记录的计算。例如，若想得到某一学生的所有课程的平均成绩，不用单独查看所有的记录，可以把所有记录合成一个记录来获得所有成绩的平均值。首先在“字段”选项卡中，把表达式AVG(cj)添加到查询输出中，如图13-3所示，然后利用“分组依据”选项卡，根据学号分组，输出结果显示了每个学生的平均成绩。

若要控制记录的分组，可使用“查询设计器”中的“分组依据”选项卡。分组在与某些累计函数联合使用时效果最好，诸如SUM、COUNT、AVG等。设置分组选项的步骤如下：

① 在“字段”选项卡中，在“函数和表达式”框中输入表达式。或者，选择要使用“表达式生成器”的对话框，在“函数和表达式”框中输入表达式。

② 选择“添加”按钮，在“选定字段”框中放置表达式。

③ 在“分组依据”选项卡中，加入分组结果依据的表达式，也可以在已分组的结果上设置选定条件，如图13-6所示。

3．选择分组

若要对已进行过分组或压缩的记录而不是对单个记录设置过滤器，可在“分组依据”选项卡中选定“满足条件”按钮。可使用字段名、字段名中的函数，或者“字段名”框中的另外的表达式。例如，使用按“xh”显示平均成绩的查询，进一步利用“满足条件”按钮，限制查询的结果为那些平均分数大于85分的学生。为分组设置条件的步骤如下：

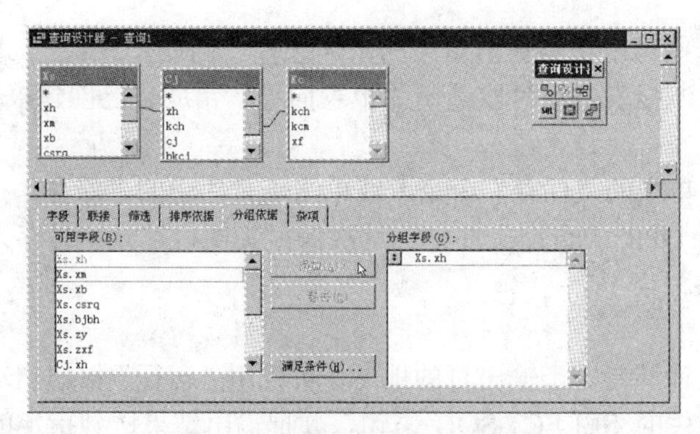

图 13-6　设置“分组依据”条件

① 在“分组依据”选项卡上，单击“满足条件”按钮。

② 在“满足条件”对话框中，选定一个函数，并在“字段名”域中选定字段名。

③ 单击“确定”按钮。

13.1.4　输出查询

1．定向输出查询结果

用户可以把查询结果输出到不同的目的地。默认情况下，查询结果将显示在“浏览”窗口中。从“查询”菜单中选择“查询去向”命令，或在“查询设计器”工具栏中选择“查询去向”按钮，将显示一个“查询去向”对话框，可以选择将查询结果送往何处。步骤如下：

① 从“查询设计器”工具栏或“查询”菜单中选择“查询去向”命令。

② 在“查询去向”对话框中选择输出去向，并填写所需的其他选项，如图 13-7 所示。

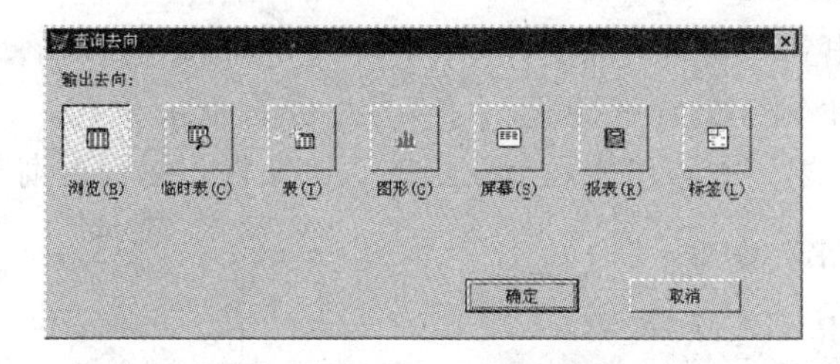

图 13-7　选择查询去向

表 13-1 列出查询输出去向的说明。

表 13-1　查询输出的去向

选　项	说　明
浏览	在“浏览”窗口中显示查询结果
临时表	将查询结果存储在一个命名的临时只读表中
表	使查询结果保存为一个命名的表
图形	使查询结果可用于 Microsoft Graph（Graph 是包含在 Visual FoxPro 中的一个独立的应用程序）
屏幕	在 Visual FoxPro 主窗口或当前活动输出窗口中显示查询结果
报表	将输出送到一个报表文件（FRX）
标签	将输出送到一个标签文件（LBX）

许多选项都有一些可以影响输出结果的附加选择。例如，“报表”选项可以打开报表文件，并在打印之前定制报表，也可以选用“报表向导”帮助自己创建报表。

2．保存查询

选择“文件”菜单中的“保存”命令，或单击工具栏中的“保存”按钮，都可以将“查询”保存到扩展名为 QPR 的查询文件中。首次保存文件将打开“另存为”对话框，以选择保存的文件名和位置。

3．运行查询

在完成了查询设计并指定了输出目的地后，可以用“运行”按钮启动该查询。系统执行用“查询设计器”产生的 SELECT-SQL 语句，并把输出结果送到指定的目的地。若尚未选定输出目的地，结果将显示在“浏览”窗口中。上述操作所得的查询结果如图 13-8 所示。

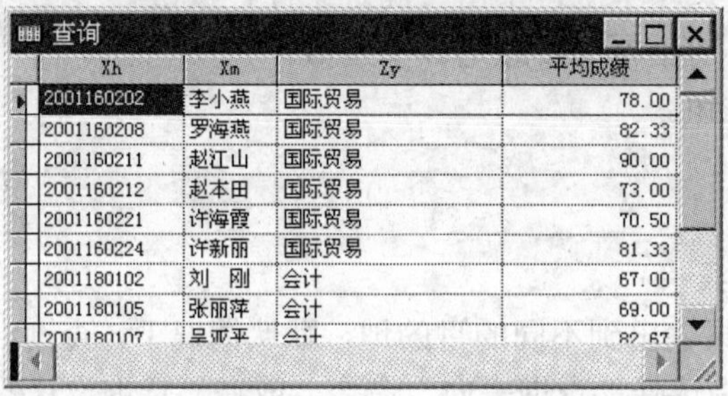

查询

Xh	Xm	Zy	平均成绩
2001160202	李小燕	国际贸易	78.00
2001160208	罗海燕	国际贸易	82.33
2001160211	赵江山	国际贸易	90.00
2001160212	赵本田	国际贸易	73.00
2001160221	许海霞	国际贸易	70.50
2001160224	许新丽	国际贸易	81.33
2001180102	刘　刚	会计	67.00
2001180105	张丽萍	会计	69.00
2001180107	吴亚平	会计	82.67

图 13-8　浏览查询的结果

若要在“项目管理器”中运行查询，可以在“项目管理器”中选定查询的名称，然后单击“运行”按钮。

如果想使结果输出到不同的目的文件，可将结果定向输出到表单、表、报表或其他目的文件。如果想了解 SQL 语句的详细情况，可查看生成的 SQL 语句。

还可以在“命令”窗口或程序中运行生成的查询文件，运行查询文件的命令格式为：

DO〈查询文件名〉.QPR

其中，扩展名 QPR 不能缺省。

13.1.5　查询的 SQL 语句

用户可以查看使用“查询设计器”生成的 SQL 语句，以确认查询的定义是否正确。

1．查看 SQL 语句

在建立查询时，从“查询”菜单中选择“查看 SQL”命令，或从工具栏上选择“SQL”按钮，可以查看查询生成的 SQL 语句。SQL 语句显示在一个只读窗口中，可以复制此窗口中的文本，并将其粘贴到“命令”窗口或加入到程序中。

复制到“命令”窗口中的 SQL 语句可以立即执行，加入到程序中的 SQL 语句则在程序执行的过程中生效。还可以将 SQL 语句粘贴到报表或一些控件的数据源中。

2．SQL 语句分析

按照上述步骤生成查询的 SQL 语句：

```
SELECT Xs.xh, Xs.xm, Xs.zy, AVG(Cj.cj) AS 平均成绩;          && 这是由第一步操作产生的
  FROM   xsgl!xs INNER JOIN xsgl!cj;
```

```
    INNER JOIN xsgl!kc ;
    ON   Kc.kch = Cj.kch ;                              && 这是数据库的连接关系
    ON   Xs.xh = Cj.xh;
  WHERE Cj.cj >= 60;                                    && 筛选条件
  GROUP BY Xs.xh;                                       && 分组依据
  ORDER BY Xs.xh, 4 DESC                                && 排序依据
```

13.2 定制查询

利用“查询设计器”中其他可用的选项，很容易进一步定制查询。如使用过滤器（查询条件）扩充或缩小搜索，或添加表达式计算字段中的数据等。

13.2.1 精确搜索

精确搜索可能需要对查询所返回的结果做更多的控制，例如，查找满足多个条件的记录，某课程不及格的学生，或者搜索满足两个条件之一的记录。这时，就需要在“筛选”选项卡中加进更多的语句。如果在“筛选”选项卡中连续输入选择条件表达式，那么这些表达式自动以逻辑“与”（AND）的方式组合起来；如果想使待查找的记录满足两个以上条件中的任意一个时，可以使用“添加‘或’”按钮在这些表达式中间插入逻辑“或”（OR）操作符。

1．缩小搜索

如果想使查询检索同时满足一个以上条件的记录，只需在“筛选”选项卡中的不同行上列出这些条件，这一系列条件自动以“与”（AND）的方式组合起来，因此只有满足所有这些条件的记录才会被检索到。例如，假设搜索成绩及格的女同学，则可以在不同的行上输入两个搜索条件。

若要设置“与”（AND）条件，可以在“筛选”选项卡中输入筛选条件，在“逻辑”列中选择“AND”，如图 13-9 所示。

2．扩充搜索

若要使查询检索到的记录满足一系列选定条件中的任意一个时，可以在这些选择条件中间插入“或”（OR）操作符将这些条件组合起来。

若要设置“或”（OR）条件，可以选择一个筛选条件，再在“逻辑”列中选择“OR”。

3．组合条件

可以把“与”（AND）和“或”（OR）条件组合起来以选择特定的记录集。

4．在查询中删除重复记录

重复记录是指其所有字段值均相同的记录。如果想把查询结果中的重复记录去掉，只需选中“杂项”选项卡中的“无重复记录”框。否则，应确认“无重复记录”框已被清除，如图 13-10 所示。如果选中了“无重复记录”框，在 SELECT 命令的 SELECT 部分中，字段前会加上 DISTINCT。

5．查询一定数目或一定百分比的极值记录

可使查询返回包含指定数目或指定百分比的特定字段的记录。例如，查询可显示含 10 个指定字段最大值或最小值的记录，或者显示含有 10%的指定字段最大值或最小值的记录。

利用“杂项”选项卡的顶端设置，可设置一定数目或一定百分比的记录。若要设置是否选取最大值或最小值，可设置查询的排序顺序。降序可查看最大值记录，升序可查看最小值

记录。检索一定数目或一定百分比的极值记录的步骤如下：

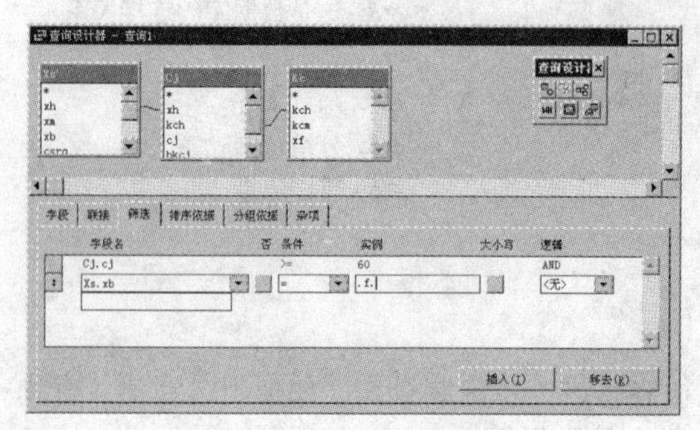

图 13-9　设置与条件

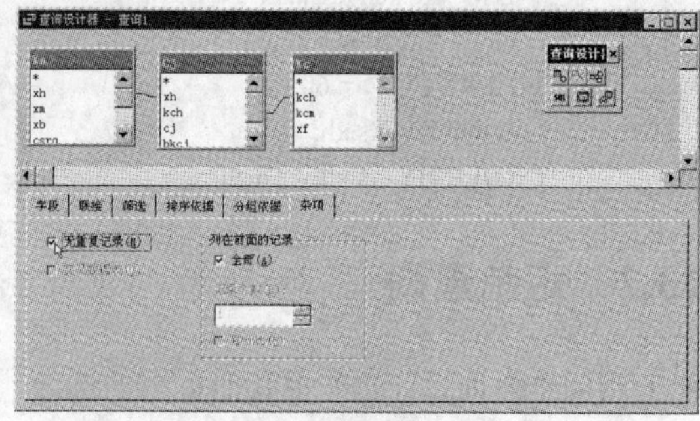

图 13-10 “杂项”选项卡

① 在“排序依据”选项卡中，选择要检索其极值的字段，接着选取“降序”显示最大值或“升序”显示最小值。如果还要按其他字段排序，可按列表顺序将其放在极值字段的后面。

② 在“杂项”选项卡中，在“记录个数”框中输入想要检索的最大值或最小值的数目。若要显示百分比，请选中“百分比”复选框。

③ 如果不希望数目或百分比中含有重复的记录，请选中“无重复记录”复选框。

13.2.2　在查询输出中添加表达式

使用“字段”选项卡底部的方框，可以在查询输出中加入函数和表达式。

1. 在结果中添加表达式

可以显示列表来查看可用的函数，或者直接向框中输入表达式。如果希望字段名中包含表达式，可以添加别名。

可直接在对话框中输入一个表达式或使用“字段”选项卡中的“表达式生成器”。在查询输出中添加表达式的步骤如下：

① 在“字段”选项卡的“函数和表达式”框中输入表达式。或者，选择对话按钮使用“表达式生成器”，再在“表达式”框中输入一个表达式。例如，要使查询结果包括别名为“最高分数”的“cj”，则输入 MAX(cj) AS 最高分数。

② 选择“添加”按钮，在“选定字段”框中输入表达式，计算机将忽略 NULL 值。

2. 用表达式筛选

不同于简单搜索与一个或多个字段相匹配的记录，使用一个表达式可以组合两个字段，或基于一个字段执行某计算并且搜索匹配该组合或计算字段的记录。

可直接在示例框中输入表达式。如需帮助，可使用“表达式生成器”，“表达式生成器”可从“字段”选项卡的“函数和表达式”框旁边的对话按钮中得到。

13.2.3　在表单中使用查询

【例 13-1】　设计一个数据查询表单，可以查询数据库中优秀学生的成绩、平均成绩前 5 名以及成绩不及格的学生名单。其中，成绩优秀是指某门课程的成绩 >85 分。

设计步骤如下：

（1）设计查询

① 打开“查询设计器”，添加数据库“xsgl”中的 3 个数据表 xs、cj 和 kc。在“字段”选

项卡中选定输出的表达式为 xs.xh as 学号、xs.xm as 姓名、Kc.kcm as 课程名、Cj.cj as 成绩。在“排序依据”选项卡中选定排序的字段为 xs.xh。然后，选择“查询”菜单中的“查询去向”项，在打开的“查询去向”对话框中选择输出去向为临时表。最后将上述查询保存为 cx1.qpr。

② 重新打开“查询设计器”，添加数据库“xsgl”中的 3 个数据表 xs、cj 和 kc。在“字段”选项卡中选定输出的表达式为 xs.xh as 学号、xs.xm as 姓名、Kc.kcm as 课程名、Cj.cj as 成绩。在“筛选”选项卡中设置搜索条件 cj.成绩 >85。在“排序依据”选项卡中选定排序的字段为 xs.xh。然后，选择“查询”菜单中的“查询去向”命令，在打开的“查询去向”对话框中选择输出去向为临时表。最后将上述查询保存为 cx2.qpr。

③ 重新打开“查询设计器”，添加数据库“xsgl”中的 3 个数据表 xs、cj 和 kc。在“字段”选项卡中选定输出的表达式为 xs.xh as 学号、xs.xm as 姓名、AVG(Cj.cj) AS 平均成绩，将其添加到“选定字段”中。在“排序依据”选项卡中选定排序的字段为 AVG(Cj.cj) AS 平均成绩，排序选项为降序。在“分组依据”选项卡中选定分组字段为 xs.xh。在“杂项”选项卡中设置列在前面的记录个数为 5。然后，选择“查询”菜单中的“查询去向”命令，在打开的“查询去向”对话框中选择输出去向为临时表。最后将上述查询保存为 cx3.qpr。

④ 重新打开“查询设计器”，添加数据库“xsgl”中的 3 个数据表 xs、cj 和 kc。在“字段”选项卡中选定输出的表达式为 xs.xh as 学号、xs.xm as 姓名、Kc.kcm as 课程名、Cj.cj as 成绩。在“筛选”选项卡中设置搜索条件 cj.cj < 60；在“排序依据”选项卡中选定排序的字段为 xs.xh。然后，选择“查询”菜单中的“查询去向”命令，在打开的“查询去向”对话框中选择输出去向为临时表。最后将上述查询保存为 cx4.qpr。

（2）建立应用程序用户界面与设置对象属性

选择“新建”表单，进入表单设计器，增加一个选项按钮组 OptionGroup1 和一个表格控件 Grid1。将 Grid1 的 DeleteMack 属性改为.F. – 假，RecordSourceType 属性改为 3 – 查询（.PQR），RecordSource 属性改为 cx1。将选项按钮组控件 OptionGroup1 的 ButtonCount 属性改为 4，然后在“按钮设计器”中将其设计为图形按钮，如图 13-11 所示。

学号	姓名	课程名	成绩
2001160202	李小燕	数据结构	87
2001160208	罗海燕	经济法	89
2001160208	罗海燕	大学英语(1)	87
2001160211	赵江山	高等数学(上)	94
2001160211	赵江山	经济法	90
2001160211	赵江山	大学英语(1)	86
2001180107	吴亚平	大学英语(1)	89
2001220203	李富强	大学英语(1)	86
2001220207	李家富	高等数学(上)	90
2001220207	李家富	理论力学	89

学号	姓名	平均成绩
2001160211	赵江山	90.00
2001220207	李家富	86.00
2001220212	冯见岳	85.33
2001180107	吴亚平	82.67
2001160208	罗海燕	82.33

学号	姓名	课程名	成绩
2001160212	赵本田	高等数学(上)	57
2001160221	许海霞	高等数学(上)	58
2001180102	刘　刚	高等数学(上)	53

图 13-11　数据查询表单运行结果

（3）编写程序代码

编写表单的 Activate 事件代码：

```
WITH THIS.Grid1
    .Top = THIS.OptionGroup1.Height
    .Left = 0
    .Width = THIS.Width
```

```
.Height = THIS.Height - .Top
ENDWITH
```

编写按钮组中第 1 个按钮 Option1 的 Click 事件代码:

```
thisform.grid1.recordsource="cx1.qpr"
thisform.grid1.refresh
```

编写按钮组中第 2 个按钮 Option1 的 Click 事件代码:

```
thisform.grid1.recordsource="cx2.qpr"
thisform.grid1.refresh
```

编写按钮组中第 3 个按钮 Option1 的 Click 事件代码:

```
thisform.grid1.recordsource="cx3.qpr"
thisform.grid1.refresh
```

编写按钮组中第 4 个按钮 Option1 的 Click 事件代码:

```
thisform.grid1.recordsource="cx4.qpr"
thisform.grid1.refresh
```

表单运行结果如图 13-11 所示。

13.3 创建视图

在应用程序中，若要创建自定义并且可更新的数据集合，可以使用视图。视图兼有表和查询的特点：与查询相类似的地方是，可以用来从一个或多个相关联的表中提取有用信息；与表相类似的地方是，可以用来更新其中的信息，并将更新结果永久保存在磁盘上。可以用视图使数据暂时从数据库中分离成为自由数据，以便在主系统之外收集和修改数据。

由于视图和查询有很多相似处，创建视图与创建查询的步骤也基本相似：选择要包含在视图中的表和字段，指定用来联接表的连接条件，指定过滤器选择指定的记录。

与查询不同的是，视图可选择如何将在视图中所做的数据修改传给原始文件，或建立视图的基表。另外，视图是数据库中的一个特有功能，只有在包含视图的数据库打开时，才能使用视图。

可以创建两种类型的视图——本地视图和远程视图。远程视图使用远程 SQL 语法从远程 ODBC 数据源表中选择信息，本地视图使用 Visnal FoxPro SQL 语法从视图或表中选择信息。本书只介绍本地视图的创建与使用。

使用视图设计器或 CREATE SQL VIEW 命令可以创建本地视图。

13.3.1 启动“视图设计器”

本地表包括本地 Visual FoxPro 表、任何使用 DBF 格式的表和存储在本地服务器上的表。若要使用“视图设计器”来创建本地表的视图，首先应创建或打开一个数据库。

1．使用菜单启动“视图设计器”

选择“文件”菜单中的“新建”命令，或单击工具栏中的“新建”按钮，打开“新建”

对话框。选择“视图”选项，并单击“新建文件”按钮，打开“添加表或视图”对话框，如图 13-1 所示。

如果对话框中的“视图”选项不可用，说明还没有打开数据库。

在“添加表或视图”对话框中，选定想使用的表或视图，再单击“添加”按钮，将表或视图添加到视图中。

最后，单击“关闭”按钮即可打开“视图设计器”，如图 13-12 所示。

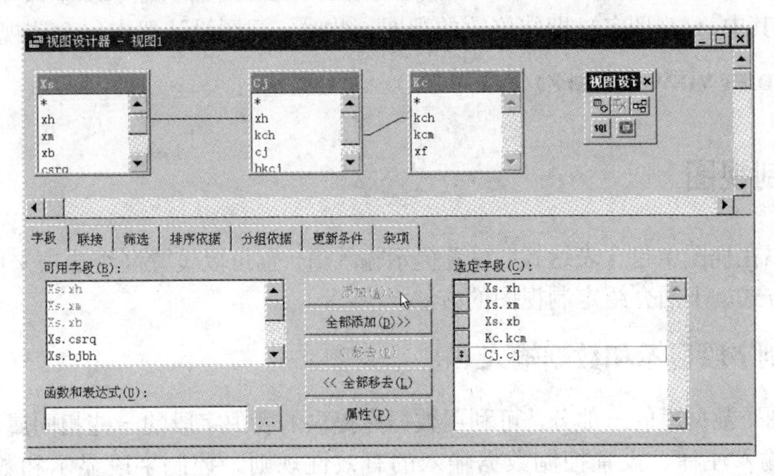

图 13-12　视图设计器

2．在项目管理器中启动“视图设计器”

展开“项目管理器”中数据库名称旁边的加号“+”，“数据”选项卡上将显示出数据库中的所有组件。启动“视图设计器”的步骤如下：

① 从“项目管理器”中选定一个数据库。

② 单击“数据库”符号旁的加号“+”。

③ 在“数据库”下，选定“本地视图”，然后单击“新建”按钮。

④ 打开“新建本地视图”对话框，选择“新建视图”按钮。

⑤ 在“添加表或视图”对话框中，选定想使用的表或视图，再单击“添加”按钮，如图 13-1 所示。

⑥ 选择视图中想要的视图后，单击“关闭”按钮。出现“视图设计器”对话框，显示选定的表或视图，如图 13-12 所示。

3．使用命令启动“视图设计器”

打开一个数据库后，在命令窗口输入以下命令也可以启动“视图设计器”：

```
CREATE VIEW
```

13.3.2　视图设计器

视图设计器与查询设计器的使用方法几乎完全一样。主要有如下几点不同：

① 由于视图是可以更新数据的，因此视图设计器多了一个“更新条件”选项卡，它可以控制数据更新的条件。

② 查询设计器的结果是将查询保存为查询文件（以 QPR 为扩展名）；而视图设计器的

结果不是文件，只是一个保存在数据库中的视图定义，包括视图中的表名、字段名以及它们的属性设置。

③ 视图设计器中没有“查询去处”的问题。

13.3.3 使用“视图设计器”修改视图

如果要修改视图，首先打开包含该视图的数据库，在命令窗口输入以下命令可以启动“视图设计器”。其中，〈视图名〉即待修改的视图。此时，视图设计器中包含该视图。

MODIFY VIEW 〈视图名〉

13.4 定制视图

用户可以在视图中包含表达式、设置提示输入值，也可以设置高级选项来协调与服务器交换数据的方式。下面介绍定制视图的方法。

13.4.1 控制字段显示和数据输入

因为视图是数据库的一部分，可利用数据库提供的表中字段的一些相同属性。例如，可分配标题、输入注释、设置控制数据输入的有效性规则。控制字段显示和数据输入的步骤如下：

① 在“视图设计器”中创建或修改视图。

② 在“字段”选项卡中，单击“属性”按钮，打开“视图字段属性”对话框，如图 13-13 所示。

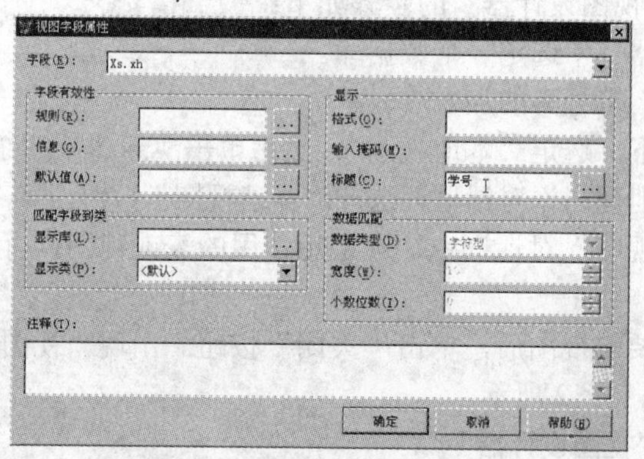

图 13-13 “视图字段属性”对话框

③ 在“视图字段属性”对话框中选定字段，然后可以输入有效性规则、显示内容及字段类型设置。有关字段有效性规则、显示和映射的内容，与处理表类似。

13.4.2 参数提示

用户可设置视图对完成查询所输入的值进行提示。例如，假设要创建查询，寻找指定班级的学生。要做到这项任务，需要在班级字段中定义一个过滤器并且指定一个参数作为过滤器的实例。参数名可以是任意字母、数字和单引号的组合。对视图设置参数的步骤如下：

① 在“视图设计器”中，添加新过滤器或从“筛选”选项卡中选择存在的过滤器。

② 在“实例”框中，输入一个“?”号和参数名，如图 13-14 所示。

当使用视图时，将显示一个信息框提示输入作为包含在过滤器中的值，如图 13-15 所示。

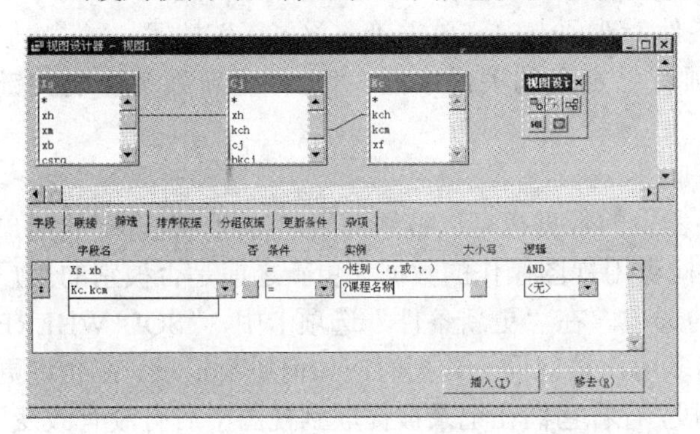

图 13-14　作为视图过滤器的一部分所输入的参数值

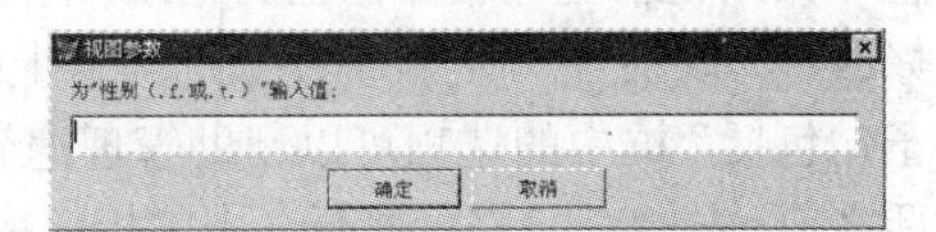

图 13-15　显示一个信息框

13.4.3　控制更新方法

若要控制关键字段的信息怎样在源表中更新，可选择“使用更新”中的选项。当记录中的关键字更新时，这些选项决定发送到源表中的更新语句使用什么 SQL 命令。

1．设置关键字段

当在“视图设计器”中首次打开一个表时，“更新条件”选项卡会显示表中哪些字段被定义为关键字段，用这些关键字段来唯一标识那些已修改过的源表中的更新记录。若要设置关键字段，在“更新条件”选项卡中，单击字段名旁边的“关键”列，如图 13-16 所示。

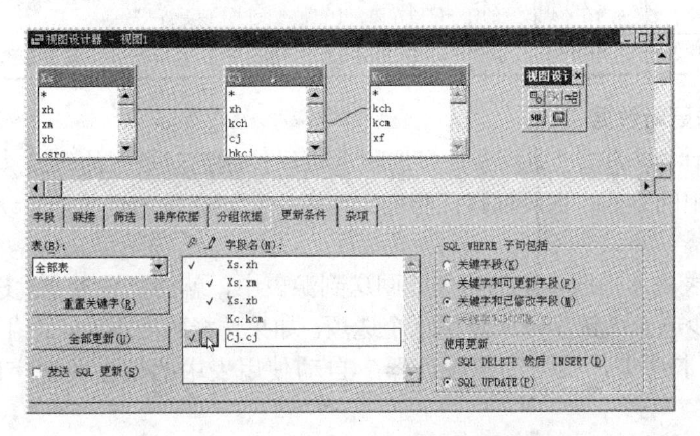

图 13-16　在“更新条件”选项卡中设置关键字段

如果已经改变了关键字段，而又想把它们恢复到源表中的初始设置，可以单击“重置关键字”按钮，系统就会检查源表并利用这些表中的关键字段。

2．更新指定字段

用户可以指定任一给定表中仅有某些字段允许更新。若使表中的任何字段是可更新的，在表中必须有已定义的关键字段。如果字段未标注为可更新的，用户可以在表单中或浏览窗口中修改这些字段，但修改的值不会送到源表中。若要使字段为可更新的，可在“更新条件”

选项卡中，单击字段名旁边的可更新列（笔形），如图 13-16 所示。

3．更新所有字段

如果想使表中的所有字段可更新，可以将表中的所有字段设置成可更新的。

若要使所有字段可更新，在“更新条件”选项卡中，单击“全部更新”按钮。

若要使用“全部更新”，在表中必须有已定义的关键字段。“全部更新”不影响关键字段。

4．控制如何检查更新冲突

如果在一个多用户环境中工作，服务器上的数据也可以被别的用户访问，也许别的用户也在试图更新远程服务器上的记录，为了检查用视图操作的数据在更新之前是否被别的用户修改过，可使用“更新条件”选项卡上的选项。在“更新条件”选项卡中，“SQL WHERE 子句包括”框中的选项可以帮助管理遇到多用户访问同一数据时应如何更新记录。在允许更新之前，先检查远程数据源表中的指定字段，看看它们在记录被提取到视图中后有没有改变，如果数据源中的这些记录被修改，就不允许更新操作。

在如图 13-16 所示的“更新条件”选项卡中设置 SQL WHERE 子句，这些选项决定哪些字段包含在 UPDATE 或 DELETE 语句的 WHERE 子句中，系统正是利用这些语句将在视图中修改或删除的记录发送到远程数据源或源表中，WHERE 子句就是用来检查自从提取记录用于视图中后，服务器上的数据是否已被改变，见表 13-2。

表 13-2　使更新失败选择的 SQL WHERE 选项

选　项	说　明
关键字段	当源表中的关键字段被改变时，使更新失败
关键字和可更新字段	当远程表中任何标记为可更新的字段被改变时，使更新失败
关键字和已修改字段	当在本地改变的任一字段在源表中已被改变时，使更新失败
关键字和时间戳	当远程表上记录的时间戳在首次检索之后被改变时，使更新失败（仅当远程表有时间戳列时有效）

5．向表发送更新数据

在“视图设计器”中，“更新条件”选项卡可以控制把对数据的修改（更新、删除、插入）回送到源表中的方式，也可以打开和关闭对表中指定字段的更新，并设置适合服务器的 SQL 更新方法。

如果想使在表的本地版本上的修改能回送到源表中，就需要设置“发送 SQL 更新”选项，必须设置至少一个关键字段来使用这个选项。如果选择的表中有一个主关键字段并且已在“字段”选项卡选中，则“视图设计器”自动使用表中的该主关键字段作为视图的关键字段。

若要允许源表的更新，可在“更新条件”选项卡中，设置“发送 SQL 更新”选项。

6．保存视图

选择“文件”菜单中的“保存”命令，或是单击工具栏中的“保存”按钮，都可以将“视图”保存在数据库中。首次保存文件将打开“保存”对话框，以选择保存的视图名称。如将上述步骤创建的视图保存为“st1”，如图 13-17 所示。

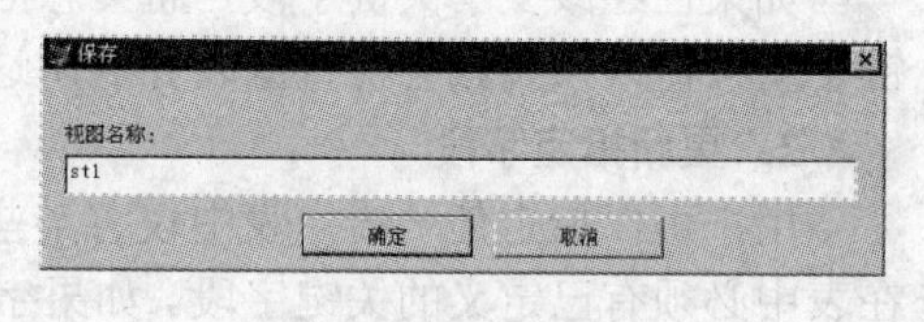

图 13-17　保存视图

13.5 使用视图

视图是操作表的一种手段，通过视图可以查询表，也可以更新表。

13.5.1 视图处理

视图建立之后，不但可以用它来显示和更新数据，而且还可以通过调整它的属性来提高性能。处理视图类似于处理表，具有以下一些功能特点：

- 使用 USE 命令并指定视图名来打开一个视图。
- 使用 USE 命令关闭视图。
- 在“浏览”窗口中显示视图记录。
- 在“数据工作期”窗口中显示打开的视图。
- 在文本框、表格控件、表单或报表中使用视图作为数据源。

13.5.2 视图使用举例

1．使用命令

可以借助 Visual FoxPro 语言来使用视图。下面的代码在浏览窗口中显示“st1”：

```
OPEN DATABASE xsgl
USE st1
BROWSE
```

在两次弹出的“视图参数”对话框中依次输入.T.和高等数学，如图 13-18 所示。

在“浏览”窗口中将只看到所有男生的“高等数学”课程的记录内容，如图 13-19 所示。

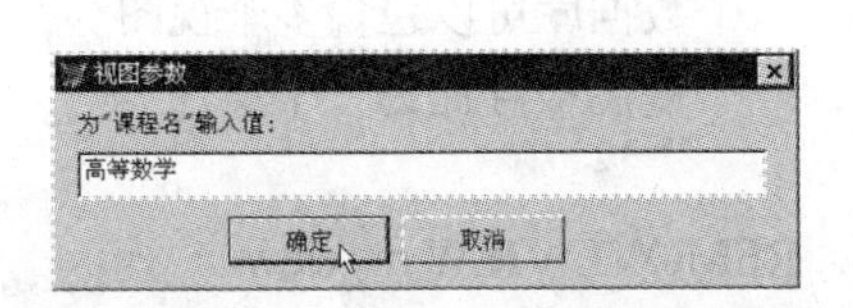

图 13-18　显示一个信息框

图 13-19　“浏览”窗口

可以在浏览窗口中对视图的指定字段（如成绩）进行更新。

2．通过“项目管理器”浏览视图

首先创建一个项目，并将“学生管理”数据库添加到项目中。在“项目管理器”中选择数据库，可以看到视图和表一样，都包含在数据库中，如图 13-20 所示。然后选择视图，单击“浏览”按钮，即可在“浏览”窗口中显示视图，并可对视图的指定字段进行操作。

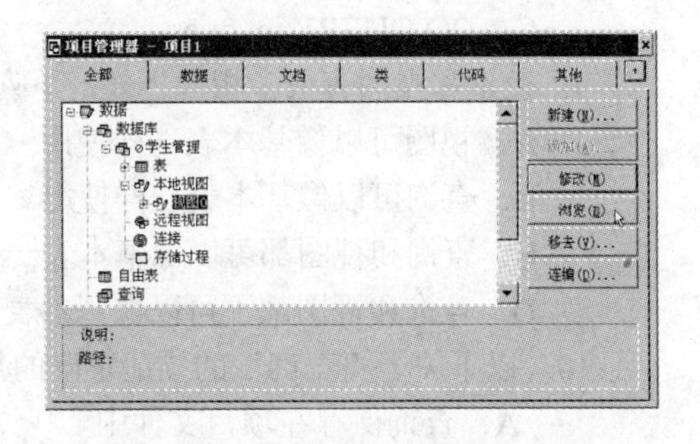

图 13-20　项目管理器

一个视图在使用时将作为临时表在自己的工作区中打开。如果此视图基于本地表，则在另一个工作区中可同时打开基表。视图的基表是指由 SELECT – SQL 语句访问的表，此语句在创建视图时包含在 CREATE SQL VIEW 命令中。在前面的示例中，使用“st1”的同时，表 xs、cj 和 kc 也自动打开。

13.6　习题 13

一、选择题

1．下面关于查询描述正确的是（　　）。

A．不能根据自由表建立查询　　B．只能根据自由表建立查询

C．只能根据数据库表建立查询　　D．可以根据数据库表和自由表建立查询

2．下列关于视图的正确描述是（　　）。

A．可以根据自由表建立视图　　B．可以根据查询建立视图

C．可以根据数据库表建立视图　　D．可以根据数据库表和自由表建立视图

3．视图设计器中含有、但查询设计器中却没有的选项卡是（　　）。

A．筛选　　B．排序依据　　C．分组依据　　D．更新条件

4．下面关于查询描述正确的是（　　）。

A．可以使用 CREATE VIEW 打开查询设计器

B．使用查询设计器可以生成所有的 SQL 查询语句

C．使用查询设计器生成的 SQL 语句存盘后将放在扩展名为 QPR 的文件中

D．使用 DO 命令执行查询时，可以不带扩展名

5．查询设计器包括的选项卡有（　　）。

A．字段、筛选、排序依据　　B．字段、条件、分组依据

C．条件、排序依据、分组依据　　D．条件、筛选、杂项

6．在 Visual FoxPro 中，以下叙述错误的是（　　）。

A．一个数据库可以包含多个表　　B．一个数据库可以包含多个视图

C．一个表被存储为一个文件　　D．一个视图被存储为一个文件

7．删除视图 myview 的命令是（　　）。

A．REMOVE myview　　B．REMOVE VIEW myview

C．DROP myview　　D．DROP VIEW myview

8．执行查询文件 myquery.qpr 的命令是（　　）。

A．DO myquery　　B．DO myquery.qpr

C．DO QUERY myquery　　D．RUN QUERY myquery

9．查询和视图有很多相似之处，下列描述中正确的是（　　）。

A．视图可以像基本表一样使用

B．查询可以像基本表一样使用

C．查询和视图都可以像基本表一样使用

D．查询和视图都不可以像基本表一样使用

10．以下关于“查询”的描述正确的是（　　）。

A．查询保存在项目文件中　　B．查询保存在数据库文件中

C．查询保存在表文件中　　D．查询保存在查询文件中

11．产生扩展名为 QPR 文件的设计器是（　　）。

A．视图设计器　B．查询设计器　C．表单设计器　D．菜单设计器

12．查询设计器中的“筛选”选项卡的作用是（　　）。

A．查看生成的 SQL 代码　B．指定查询条件

C．增加或删除查询表　D．选择所要查询的字段

13．删除视图 salary 的命令是（　　）。

A．DROP VIEW salary　B．DROP salary VIEW

C．DELECT salary　D．DELECT salary VIEW

二、填空题

1．查询设计器的“筛选”选项卡用来指定查询的______________。

2．通过视图，不仅可以查询数据库表，还可以__________数据库表。

三、上机题

1．建立一个查询，查询客户名为“三益贸易公司”的订购单明细（order_detail）记录（将结果先按“订单号”升序排列，同一订单的再按“单价”降序排列），将结果存储到 results13_1 表中（表结构与 order_detail 表结构相同）。

2．建立一个查询，查询目前有订购单的客户信息（即有对应的 order_list 记录的 customer 表中的记录），同时要求按 khh 升序排序，将结果存储到 results13_2 表中（表结构与 customer 表结构相同）。

3．建立一个查询，查询所有订购单的订单号、订购日期、器件号、器件名和总金额（按订单号升序），并将结果存储到 results13_3 表中（其中订单号、订购日期、总金额取自 order_list 表，器件号、器件名取自 order_detail 表）。

4．建立一个查询，按总金额降序列出所有客户的客户号、客户名及其订单号和总金额，并将结果存储到 results13_4 表中（其中客户号、客户名取自 customer 表，订单号、总金额取自 order_list 表）。

5．对表 order_detail 建立查询，把“订单号”尾部字母相同并且订货相同（“器件号”相同）的订单合并为一张订单，新的“订单号”就取原来的尾部字母，“单价”取最低价，“数量”取合计；结果先按新的“订单号”升序排序，再按“器件号”升序排序；最终记录的处理结果保存在表 results13_5 中。

6．打开数据库学生管理.dbc 文件，使用视图设计器创建一个名为 sview5_6 的视图，该视图的 SELECT 语句完成查询：选课门数是 2 门以上（不包括 2 门）的每个学生的学号、姓名、平均成绩、最低分和选课门数，并按“平均成绩”降序排序。

7．完成以下基本操作题：

① 创建一个新的项目“salary_p”。

② 在新建立的项目中创建数据库“salary_db”。

③ 在“salary_db”数据库中建立表 salary，表中数据见表 13-3。

表 13-3　工资表 salary.dbf

部门号	雇员号	姓名	工资	补贴	奖励	医疗统筹	失业保险	银行账号
01	0101	王万程	2580	300	200	50	10	20020101
01	0102	王旭	2500	300	200	50	10	20020102

（续）

部门号	雇员号	姓名	工资	补贴	奖励	医疗统筹	失业保险	银行账号
01	0103	汪涌涛	3000	300	200	50	10	20020103
01	0104	李迎新	2700	300	200	50	10	20020104
02	0201	李现峰	2150	300	300	50	10	20020201
02	0202	李北红	2350	300	200	50	10	20020202
02	0203	刘永	2500	300	400	50	10	20020203
02	0204	庄喜盈	2100	300	200	50	10	20020204
02	0205	杨志刚	3000	300	380	50	10	20020205
03	0301	杨昆	2050	300	200	50	10	20020301
03	0302	张启训	2350	300	500	50	10	20020302
03	0303	张翠芳	2600	300	300	50	10	20020303
04	0401	陈亚峰	2600	350	700	50	10	20020401
04	0402	陈涛	2150	400	500	50	10	20020402
04	0403	史国强	3000	500	600	50	10	20020403
04	0404	杜旭辉	2800	450	500	50	10	20020404
05	0501	王春丽	2100	300	250	50	10	20020501
05	0502	李丽	2350	300	200	50	10	20020502
05	0503	刘刚	2200	300	300	50	10	20020503
01	0105	冯见越	2320	300	200	50	10	20020105
02	0206	罗海燕	2200	300	200	50	10	20020206
01	0106	张立平	2150	300	300	50	10	20020106
05	0504	周九龙	2900	300	350	50	10	20020504
01	0107	周振兴	2120	300	200	50	10	20020107
01	0108	胡永萱	2100	300	200	50	10	20020108
01	0109	姜黎萍	2250	300	200	50	10	20020109
01	0110	梁栋	2200	300	200	50	10	20020110
03	0304	崔文涛	3000	300	800	50	10	20020304

其结构描述为 salary(bmh(C,2)，gyh(C,4)，xm(C,8)，gz(N,4)，bt(N,3)，jl(N,3)，yltc(N,3)，sybx(N,2)，yhzh(C,10))。

④ 在“salary_db”数据库中建立表 dept，表中数据见表 13-4。

表 13-4　部门表 dept.dbf

部门号	部门名
01	制造部
02	销售部
03	项目部
04	采购部
05	人事部

其结构描述为 dept(bmh(C,2)，bmm(C,20))。

⑤ 在 salary_db 数据库中为 dept 表创建一个主索引（升序），索引名和索引表达式均是“bmh”；为 salarys 表创建一个普通索引（升序），索引名和索引表达式均是“bmh”，再创建一个主索引（升序），索引名和索引表达式均是“gyh”。

⑥ 通过“bmh”字段建立 salarys 表和 dept 表间的永久联系。

⑦ 为以上建立的联系设置参照完整性约束：更新规则为“限制”，删除规则为“级联”，插入规则为“限制”。

⑧ 在“salary_db”数据库中，使用视图设计器创建一个名称为 sview5_8 的视图，在该视图中用 SELECT 语句查询 salarys 表（雇员工资表）的部门号、雇员号、姓名、工资、补贴、奖励、失业保险、医疗统筹和实发工资，其中实发工资由工资、补贴和奖励 3 项相加，然后再减去失业保险和医疗统筹得出结果，结果按“部门号”降序排序。

第 14 章　关系数据库标准语言 SQL

查询与视图的本质都是一条 SQL 语句，但是查询与视图设计器只能生成简单的 SQL 语句，即只能完成简单的查询操作，对于复杂的查询就力不从心了。掌握 SQL 语法可以更加灵活地建立查询和视图。

14.1　SQL 简介

SQL 是 Structured Query Language 的缩写，即结构化查询语言。它是关系数据库的标准语言，来源于 20 世纪 70 年代 IBM 的一个被称为 SEQUEL（Structured English Query Language）的研究项目。20 世纪 80 年代，SQL 由 ANSI 进行了标准化，它包含了定义和操作数据的指令。由于它具有功能丰富、使用方式灵活、语言简洁易学等突出特点，在计算机界深受广大用户欢迎，许多数据库生产厂家都相继推出各自支持的 SQL 标准。1989 年 4 月，ISO 提出了具有完整性特征的 SQL 标准，并将其定为国际标准，推荐它为标准关系数据库语言。1990 年，我国也颁布了《信息处理系统数据库语言 SQL》，将其定为中国国家标准。

14.1.1　SQL 语言的主要特点

SQL 语言的主要特点有：

① 一体化语言。SQL 提供了一系列完整的数据定义、数据查询、数据操纵和数据控制等方面的功能。用 SQL 可以实现数据库生命周期中的全部活动，包括简单定义数据库和表的结构，实现表中数据的录入、修改、删除、查询和维护，数据库重构、数据库安全性控制等一系列操作要求。

② 高度非过程化。SQL 和其他数据操作语言不同，SQL 是一种非过程性语言，它不必一步步地告诉计算机“如何”去做，用户只需说明进行什么操作，而不用说明怎样做，不必了解数据存储的格式及 SQL 命令的内部，便可以方便地对关系数据库进行操作。

③ 语言简洁。虽然 SQL 的功能很强大，但语法却很简单，只有为数不多的几条命令。表 14-1 给出了分类的命令动词，从该表可知，它的词汇很少。初学者经过短期的学习就可以使用 SQL 进行数据库的存取等操作，因此，易学易用是它的最大特点。

表 14-1　SQL 命令动词

SQL 功能	命 令 动 词
数据查询	SELECT
数据定义	CREATE、DROP、ALTER
数据操纵	INSERT、UPDATE、DELETE
数据控制	GRANT、REVOKE

④ 统一的语法结构对待不同的工作方式。SQL 语言可以直接在 Visual FoxPro 的命令窗口以人机交互的方式使用，也可以嵌入到程序设计中以程序方式使用，比如，SQL 语言写在 PRG

文件中也能运行。现在很多数据库应用开发工具都将 SQL 语言直接融入到自身的语言之中，使用起来更方便，Visual FoxPro 就是如此。这些使用方式为用户提供了灵活的选择余地。此外，尽管 SQL 的使用方式不同，但 SQL 语言的语法基本是一致的。

14.1.2 SQL 语句的执行

SQL 语句可以在命令窗口中执行，也可以作为查询或视图（的内容）使用，还可以在程序文件中执行。

14.2 查询功能

数据库中最常见的操作是数据查询，这也是 SQL 的核心。

14.2.1 SQL 语法

SQL 给出了简单而又丰富的查询语句形式。SQL 的查询命令也称作 SELECT 命令，它的基本形式由 SELECT-FROM-WHERE 查询块组成，多个查询块可以嵌套执行。SELECT-SQL 的语法格式为：

```
SELECT [ALL | DISTINCT] [TOP 〈表达式〉]
  [〈别名〉]〈Select 表达式〉[AS 〈列名〉][，[〈别名〉]〈Select 表达式〉[AS 〈列名〉]…]
FROM [〈数据库名〉!]〈表名〉[[AS] Local_Alias]
  [[INNER | LEFT [OUTER] | RIGHT [OUTER] | FULL [OUTER]
    JOIN [〈数据库名〉!]〈表名〉[[AS] Local_Alias][ON 〈联接条件〉]]
  [INTO 〈查询结果〉| TO FILE 〈文件名〉[ADDITIVE]
     | TO PRINTER [PROMPT] | TO SCREEN]
  [PREFERENCE PreferenceName]
  [NOCONSOLE]
  [PLAIN]
  [NOWAIT]
[WHERE 〈联接条件 1〉[AND 〈联接条件 2〉…][AND | OR 〈筛选条件〉…]]
  [GROUP BY 〈组表达式〉[,〈组表达式〉…]]
  [HAVING 〈筛选条件〉]
  [UNION [ALL] 〈SELECT 命令〉]
  [ORDER BY 〈关键字表达式〉[ASC | DESC] [,〈关键字表达式〉[ASC | DESC]…]]
```

说明：SELECT-SQL 命令的格式包括 3 个基本子句，即 SELECT 子句、FROM 子句和 WHERE 子句，还包括操作子句 ORDER 子句、GROUP 子句、UNION 子句以及其他一些选项。

1．SELECT 子句

SELECT 子句用来指定查询结果中的数据。其中：

- 选项 ALL 表示选出的记录中包括重复记录，这是默认值；DISTINCT 则表示选出的记录中不包括重复记录。
- 选项 TOP 〈表达式〉表示在符合条件的记录中选取指定数量或百分比（〈表达式〉）的记录。
- 选项[〈别名〉]〈Select 表达式〉[AS 〈列名〉]中的〈别名〉是字段所在的表名；Select 表

达式可以是字段名或字段表达式；列名用于指定输出时使用的列标题，可以不同于字段名。如果〈Select 表达式〉用一个“*”号来表示，则指定所有的字段。

2. FROM 子句

FROM 子句用于指定查询的表与联接类型。其中：

- JOIN 关键字用于联接其左右两个〈表名〉所指定的表。
- INNER | LEFT[OUTER] | RIGHT[OUTER] | FULL [OUTER]选项指定两表联接时的联接类型，联接类型有 4 种，见表 14-2。其中的 OUTER 选项表示外部联接，既允许满足联接条件的记录，又允许不满足联接条件的记录。若省略 OUTER 选项，效果不变。

表 14-2 联接类型

联接类型	意义
Inner Join（内部联接）	只有满足联接条件的记录包含在结果中
Left Outer Join （左联接）	左表某记录与右表所有记录比较字段值，若有满足联接条件的，则产生一个真实值记录；若都有满足，则产生一个含 NULL 值的记录。直至右表所有记录都比较完
Right Outer Join（右联接）	右表某记录与左表所有记录比较字段值，若有满足联接条件的，则产生一个真实值记录；若都不满足，则产生一个含 NULL 值的记录。直至左表所有记录都比较完
Full Join （完全联接）	先按右联接比较字段值，再按左联接比较字段值。不列入重复记录

- ON 选项用于指定联接条件。FORCE 选项表示严格按指定的联接条件来联接表，避免 Visual FoxPro 因进行联接优化而降低查询速度。
- INTO 与 TO 选项用于指定查询结果的输出去向，默认查询结果显示在浏览窗口中。INTO 选项中的〈查询结果〉有 3 种，见表 14-3。

表 14-3 查询结果

目标	输出形式
ARRAY <数组>	查询结果输出到数组
CURSOR <临时表>	查询结果输出到临时表
TABLE | DBF <表名>	查询结果输出到表

- TO FILE 选项表示输出到指定的文本文件，并取代原文件内容。ADDITIVE 表示只添加新数据，不清除原文件的内容。TO PRINTER 选项表示输出到打印机，PROMPT 表示打印前先显示打印确认框。TO SCREEN 表示输出到屏幕。
- PLAIN 选项表示输出时省略字段名。NOWAIT 选项显示浏览窗口后程序继续往下执行。

3. WHERE 子句

该子句用来指定查询的条件。其中的〈联接条件〉指定一个字段，该字段联接 FROM 子句中的表。如果查询中包含不止一个表，就应该为第一个表后的每一个表指定联接条件。

4. 其他子句和选项

GROUP BY 子句：对记录按〈组表达式〉值分组，常用于分组统计。

HAVING 子句：当含有 GROUP BY 子句时，HAVING 子句可用作记录查询的限制条件；无 GROUP BY 子句时，HAVING 子句的作用如同 WHERE 子句。

UNION 子句：可以用 UNION 子句嵌入另一个 SELECT-SQL 命令，使这两个命令的查询结果合并输出，但输出字段的类型和宽度必须一致。UNION 子句默认组合结果中排除重复行，使用 ALL 则允许包含重复行。

ORDER BY 子句：指定查询结果中记录按〈关键字表达式〉排序，默认为升序。选项 ASC 表示升序，DESE 表示降序。

SELECT 查询命令的使用非常灵活，用它可以构造各种各样的查询。本章将通过大量的实例来介绍 SELECT 命令的使用。

14.2.2 简单查询

简单查询只含有基本子句，可以有简单的查询条件。

【例 14-1】 下述代码可以查询学生表中的所有字段：

```
SELECT * FROM xs
```

代码执行结果如图 14-1 所示。

图 14-1 学生表中的所有字段

【例 14-2】 下述代码可以从学生表中检索所有专业名称：

```
SELECT zy FROM xs
```

代码执行结果如图 14-2 所示。

图 14-2 所有专业名称

可以看到在结果中有重复值，如果要去掉重复值只需指定 DISTINCT 短语：

```
SELECT DISTINCT zy FROM xs
```

【例 14-3】 下述代码可以检索成绩大于 85 分的学号：

```
SELECT xh FROM cj WHERE cj > 85
```

代码执行结果如图 14-3 所示。

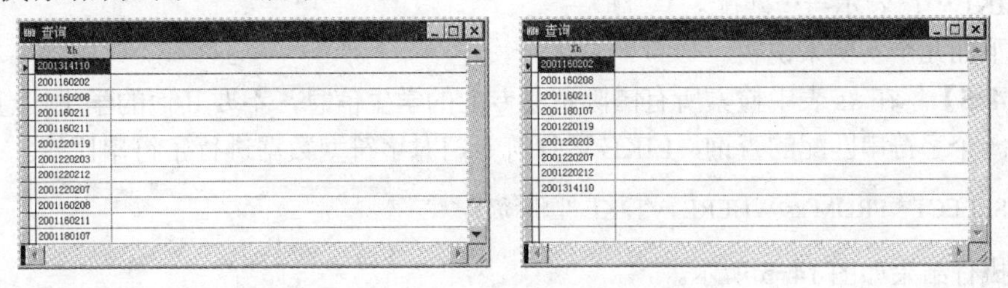

图 14-3 成绩大于 85 分的学号

去掉重复值，可以得到至少有一门课程成绩大于 85 分的学号：

```
SELECT DISTINCT xh FROM cj WHERE cj > 85
```

说明：在这个例子中，显然只对唯一的学号感兴趣，而在例14-1中也许对所有记录都感兴趣，因此不管是否有重复值。决定是否消除重复值是有一定实际意义的，也是 SQL 的重要一面。再回到例 14-3，假设对所有学生的平均成绩感兴趣，那么指定 DISTINCT 显然是错误的，至于什么时候用，则视具体情况而定。

【例14-4】 下述代码可以查询哪些学生至少有一门课程成绩大于 85 分。

这里所要求检索的信息分别出自 xs（姓名字段）和 cj（成绩字段）两个表，这样的检索肯定是基于多个表的，此类查询一般用联接查询来实现。

```
SELECT DISTINCT xm FROM xs, cj WHERE cj > 85 and xs.xh = cj.xh
```

代码执行结果如图 14-4 所示。

说明：

① 如果在检索命令的 FROM 之后有两个表，那么这两个表之间肯定有一种联系。如 xs 表和 cj 表之间都有 xh 这个字段，否则无法构成检索表达式。

② “xs.xh = cj.xh”是联接条件。

③ 当 FROM 之后的多个关系中含有相同的字段名时，必须用表别名前缀直接指明字段所属的表，如 xs.xh，“.”前面是表别名，后面是字段名。

图 14-4 查询至少有一门课程成绩大于 85 分的学生

④ 本例还可以用联接短语来实现：

```
SELECT DISTINCT xm FROM xs JOIN cj ON xs.xh = cj.xh;
    WHERE cj > 85
```

参见本章 14.2.6 节超联接查询。

14.2.3 几个特殊运算符

在 SQL 语句中，WHERE 子句后面的联接条件除了使用 Visual FoxPro 语言中的关系表达式以及逻辑表达式外，还使用几个特殊运算符：

① IN…：表示在…之中。

② BETWEEN…AND…：表示在…之间。

③ LIKE…：表示与…匹配。

现用下面几个实例来说明。

【例14-5】 在 xs 表中检索所有国际贸易专业的学生信息，不要其他的学生信息。

这是一个字符串匹配的查询，LIKE 运算符专门对字符型数据进行字符串比较。

```
SELECT * FROM xs WHERE zy LIKE "国际贸易"
```

代码执行结果如图 14-5 所示。

说明：可以使用 NOT 运算符来设计否定条件，如下述代码检索所有不是国际贸易专业的学生信息：

```
SELECT * FROM xs WHERE NOT(zy LIKE "国际贸易")
```

LIKE 运算符提供两种字符串匹配方式，一种是使用下画线符号“_”匹配一个任意字符，另一种是使用百分号“%”匹配 0 个或多个任意字符。

Xh	Xm	Xb	Csrq	Bjbh	Zy	Zxf	Zp	Sm
2001160208	罗海燕	F	12/06/82	011602	国际贸易	0.0	gen	memo
2001160211	赵江山	T	05/16/82	011602	国际贸易	0.0	gen	memo
2001160221	许海霞	F	02/12/81	011602	国际贸易	0.0	gen	memo
2001160202	李小燕	F	02/06/82	011602	国际贸易	0.0	gen	memo
2001160212	赵本田	T	01/25/81	011602	国际贸易	0.0	gen	memo
2001160224	许新丽	F	10/22/81	011602	国际贸易	0.0	gen	memo

Xh	Xm	Xb	Csrq	Bjbh	Zy	Zxf	Zp	Sm
2001220203	李富强	T	08/03/82	012202	计算机应用	0.0	gen	Memo
2001220212	冯见岳	T	06/18/81	012202	计算机应用	0.0	gen	memo
2001180105	张丽萍	F	01/08/82	011801	会计	0.0	gen	memo
2001180102	刘 刚	T	07/13/82	011801	会计	0.0	gen	memo
2001220115	王春雷	T	10/20/81	012201	计算机应用	0.0	gen	memo
2001220207	李家富	T	03/13/82	012202	计算机应用	0.0	gen	Memo
2001220215	张仙见	F	09/21/81	012202	计算机应用	0.0	gen	memo
2001180107	吴亚平	F	03/18/82	011801	会计	0.0	gen	memo
2001180110	刘大伟	T	02/21/82	011801	会计	0.0	gen	memo

图 14-5　国际贸易专业的学生信息与非国际贸易专业的学生信息

【例14-6】　在 xs 表中检索所有姓李的学生信息。

```
SELECT * FROM xs WHERE xm LIKE "李%"
```

代码执行结果如图 14-6 所示。

【例14-7】　在 xs 表中检索所有姓张或姓刘的学生信息。

这是一个字符串包含的查询，可以使用 IN 运算符：

```
SELECT * FROM xs WHERE xm IN ("张","刘")
```

代码执行结果如图 14-7 所示。

Xh	Xm	Xb	Csrq	Bjbh	Zy	Zxf	Zp	Sm
2001220203	李富强	T	08/03/82	012202	计算机应用	0.0	gen	Memo
2001220207	李家富	T	03/13/82	012202	计算机应用	0.0	gen	Memo
2001160202	李小燕	F	02/06/82	011602	国际贸易	0.0	gen	memo

图 14-6　所有姓李的学生信息

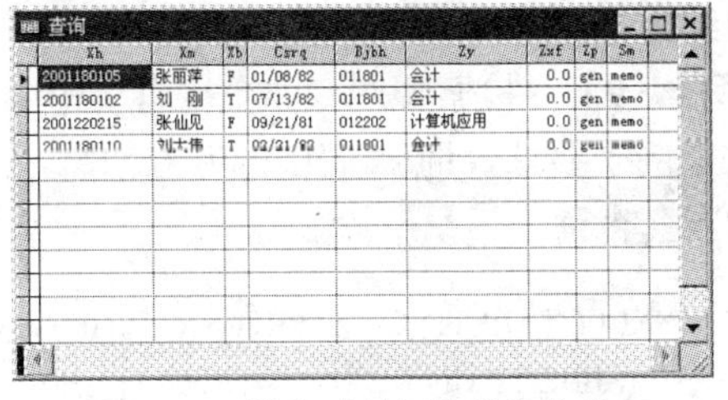

Xh	Xm	Xb	Csrq	Bjbh	Zy	Zxf	Zp	Sm
2001180105	张丽萍	F	01/08/82	011801	会计	0.0	gen	memo
2001180102	刘 刚	T	07/13/82	011801	会计	0.0	gen	memo
2001220215	张仙见	F	09/21/81	012202	计算机应用	0.0	gen	memo
2001180110	刘大伟	T	02/21/82	011801	会计	0.0	gen	memo

图 14-7　姓张或姓刘的学生信息

说明：

① IN 运算符的使用格式为 IN（常量 1，常量 2，…），含义为查找和常量相等的值。

② 上式改为 Visual FoxPro 条件为：

```
SELECT * FROM xs WHERE xm = "张" OR 姓名 = "刘"
```

【例14-8】　检索所有成绩在 80 分和 90 分之间的学生信息。

这个查询的条件是值在某一范围之间，可以使用 BETWEEN 运算符：

```
SELECT DISTINCT xm FROM xs,cj ;
    WHERE (cj BETWEEN 80 AND 90) AND
(xs.xh = cj.xh)
```

代码执行结果如图 14-8 所示。

说明：上式如用 Visual FoxPro 条件为

Xm
冯见岳
李富强
李家富
李小燕
罗海燕
王春雷
吴亚平
许新丽
赵江山

图 14-8　成绩在 80 分和 90 分之间的学生信息

```
SELECT DISTINCT xm FROM xs,cj ;
    WHERE cj >= 80 AND cj <= 90 AND (xs.xh = cj.xh)
```

14.2.4 嵌套查询

在前面的例子中，WHERE 子句的〈联接条件〉是一个简单条件，有时，〈联接条件〉本身涉及多个表，或由查询得到，这时就需要使用 SQL 的嵌套查询功能。

嵌套查询一般具有以下两种形式：

〈表达式〉 〈比较运算符〉 [ANY | ALL | SOME](〈子查询〉)

或

[NOT] EXISTS (〈子查询〉)

说明：

① 其中的〈比较运算符〉除了在第 3 章介绍的关系运算符之外，还有前面提到的特殊运算符。

② ANY、ALL、SOME 是量词，其中 ANY 和 SOME 是同义词，在进行比较运算时只要子查询中有一条记录为真，则结果为真；而 ALL 则要求子查询中的所有记录都为真，结果才为真。

③ EXISTS 是谓词，用来检查子查询中是否有结果返回（是否为空）。NOT EXISTS 表示是空的结果集。

【例14-9】 检索哪些专业至少有一个学生的成绩等于 90 分。

这个例子要求查询 xs 表中的专业信息，而查询条件是 cj 表的"cj"字段值，为此可以使用如下的嵌套查询：

```
SELECT DISTINCT zy FROM xs WHERE xh IN ;
   (SELECT xh FROM cj WHERE cj = 90)
```

代码执行结果如图 14-9 所示。

说明：命令中含有两个 SELECT-FROM-WHERE 查询块，即内层查询块和外层查询块。内层查询块检索到的学号值为 2000160211、2000220207、2000220212，对应于 xs 表中的专业名为国际贸易和计算机应用。

【例14-10】 找出与"李富强"专业相同的学生。

使用如下的嵌套查询：

```
SELECT * FROM xs WHERE zy = ;
   (SELECT zy FROM xs WHERE xm in ("李富强"))
```

代码执行结果如图 14-10 所示。

【例14-11】 检索哪些学生的所有成绩都大于等于 80 分。

可以使用如下的嵌套查询：

```
SELECT xm FROM xs WHERE xh NOT IN ;
   (SELECT xh FROM cj WHERE cj < 80)
```

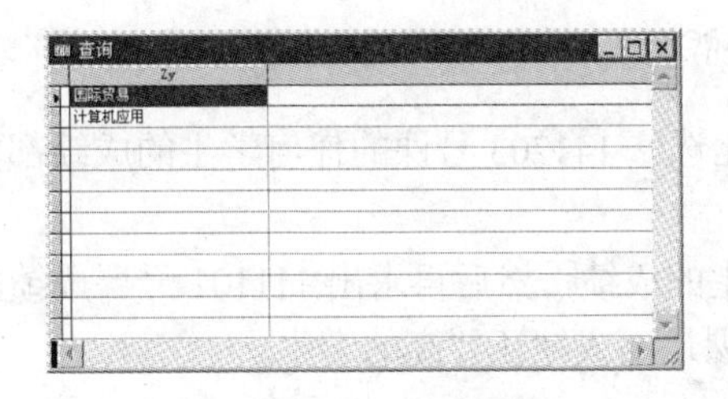

查询

Zy
国际贸易
计算机应用

图 14-9　至少有一个学生的成绩等于 90 分的专业

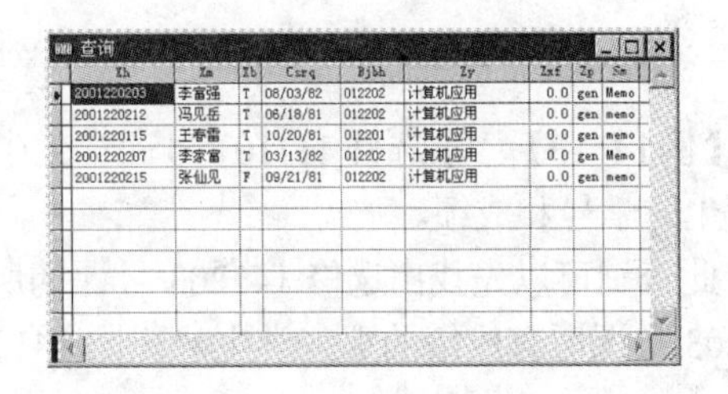

查询

Xh	Xm	Xb	Csrq	Bjbh	Zy	Zxf	Zp	Sm
2001220203	李富强	T	08/03/82	012202	计算机应用	0.0	gen	Memo
2001220212	冯见岳	T	06/18/81	012202	计算机应用	0.0	gen	memo
2001220115	王春雷	T	10/20/81	012201	计算机应用	0.0	gen	memo
2001220207	李家富	T	03/13/82	012202	计算机应用	0.0	gen	Memo
2001220215	张仙见	F	09/21/81	012202	计算机应用	0.0	gen	memo

图 14-10　与“李富强”专业相同的学生

代码执行结果如图 14-11a 所示。

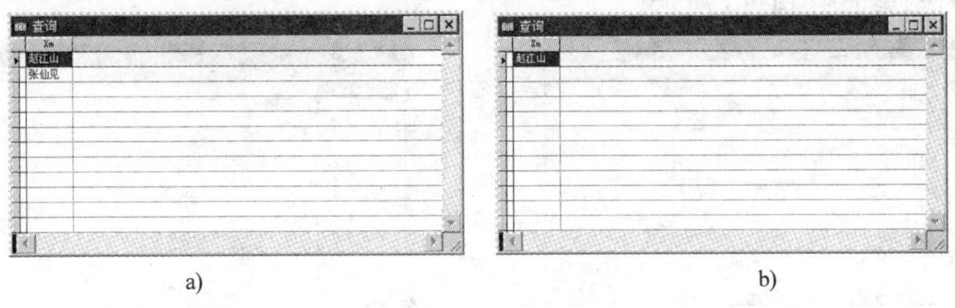

查询

Xm
赵江山
张仙见

查询

Xm
赵江山

a)　　　　　　b)

图 14-11　所有课程的成绩都大于等于 80 分的学生

a) 执行结果 1　b) 执行结果 2

说明：xs 表中学生“张仙见”在 cj 表中没有相应的记录，但上述代码将该学生也检索出来，这显然是错误的。可以要求排除那些没有成绩记录的学生，如图 14-11b 所示，代码改为：

```
SELECT xm FROM xs WHERE xh NOT IN ;
    (SELECT xh FROM cj WHERE cj < 80) AND xh IN (SELECT xh FROM cj)
```

【例 14-12】 在 cj 表中检索选修 111101 号课的学生中成绩比选修 141203 号课的最低成绩要高的学生的学号和成绩。

此查询可以先求出选修 141203 号课的所有学生成绩（结果是 74，69，90，89），然后选出 111101 号课成绩中高于 141203 号课中最低成绩的那些学生。要解决此题就要用到谓词 ANY 和 SOME，语句代码如下：

```
SELECT xh, cj FROM cj WHERE kch = "111101" AND cj > ANY ;
  (SELECT cj FROM cj WHERE kch= "141203")
```

代码执行结果如图 14-12 所示。

说明：

① 因为谓词 ANY 与 SOME 等价，所以与此命令等价的代码为：

```
SELECT xh, cj FROM cj WHERE kch = "111101" AND cj > SOME ;
  (SELECT cj FROM cj WHERE kch= "141203")
```

② 本例可以进一步改为在 cj 表中检索选修高等数学的学生中成绩比选修理论力学课的最低成绩要高的学生的学号和成绩：

```
SELECT xh, cj FROM cj, kc WHERE kcm= "高等数学" and cj.kch = kc.kch ;
  AND cj > ANY (SELECT cj FROM cj,kc ;
```

```
WHERE kcm= "理论力学" and cj.kch = kc.kch)
```

【例14-13】 求选修 111101 号课学生中成绩比选修 141203 号课的任何学生的成绩都要高的学生的学号和成绩。

此查询可以先找出选修 141203 号课的所有学生的成绩，然后再求出 111101 号课成绩高于 141203 号课所有成绩的那些学生，即比 141203 号课最高成绩还要高的学生。

```
SELECT xh, cj FROM cj WHERE kch = "111101" AND cj > ALL ;
  (SELECT cj FROM cj WHERE kch= "141203")
```

代码执行结果如图 14-13 所示。

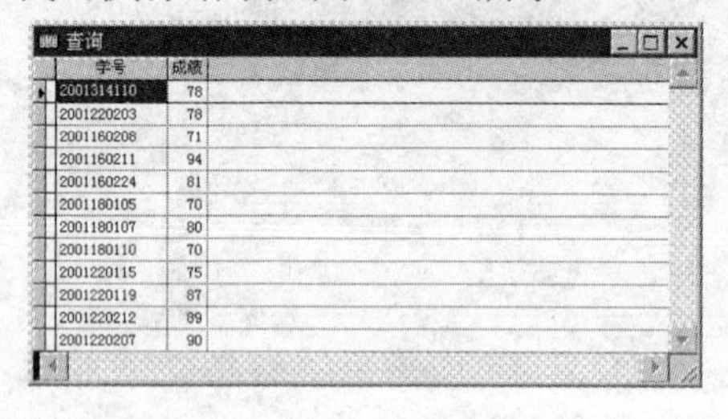

学号	成绩
2001314110	78
2001220203	78
2001160208	71
2001160211	94
2001160224	81
2001180105	70
2001180107	80
2001180110	70
2001220115	75
2001220119	87
2001220212	89
2001220207	90

图 14-12　比选修 141203 号课的最低成绩要高

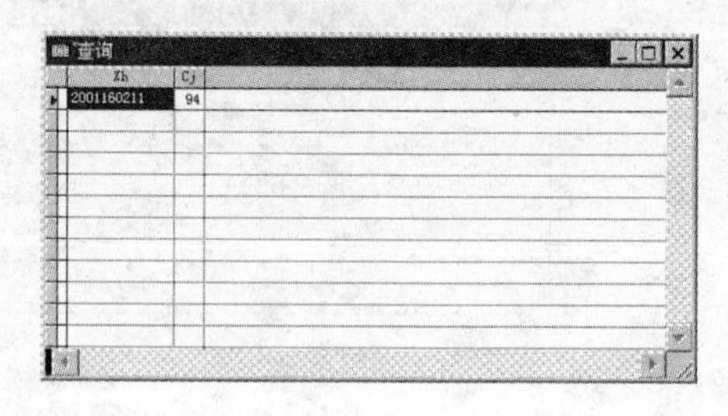

Xh	Cj
2001160211	94

图 14-13　比选修 141203 号课的任何成绩要高

14.2.5　分组、排序及系统函数的使用

1．用于计算的系统函数

SQL 不仅具有一般的检索数据的功能，而且还有计算检索的功能。SQL 用于计算检索的系统函数有 COUNT（计数）、SUM（求和）、AVG（求平均）、MAX（最大值）和 MIN（最小值）。

【例14-14】 下述代码计算出高等数学课程的平均成绩、最高成绩和最低成绩。

```
SELECT kcm, AVG(cj) AS "平均成绩", MAX(cj) AS "最高成绩", ;
   MIN(cj) AS "最低成绩";
  FROM cj, kc WHERE kcm = "高等数学" and cj.kch = kc.kch
```

代码执行结果如图 14-14 所示。

【例14-15】 下述代码计算出 xs 表中专业的数目。

```
SELECT COUNT(DISTINCT zy) FROM xs
```

代码执行结果如图 14-15 所示。

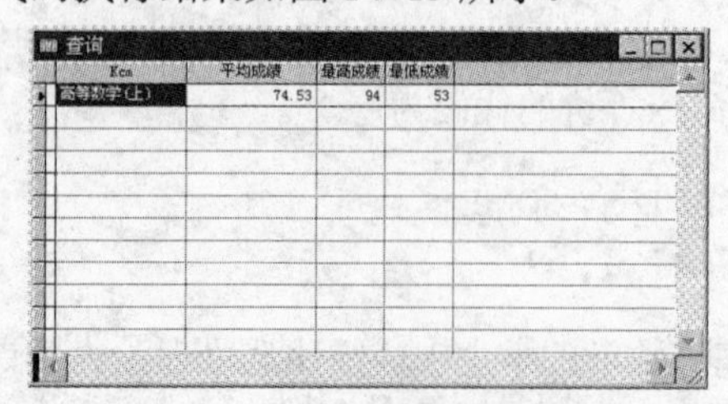

Kcm	平均成绩	最高成绩	最低成绩
高等数学(上)	74.53	94	53

图 14-14　平均、最高和最低成绩

Cnt_zy
3

图 14-15　专业的数目

说明：计算专业数目应排除相同的项，因此使用 DISTINCT 选项。若无 DISTINCT 选项，将对记录个数进行计数：

```
SELECT COUNT(*) FROM xs
```

【例14-16】 下述代码找出高等数学成绩大于平均成绩的学号等信息。

```
SELECT * FROM cj WHERE kch = "111101" AND cj > ;
  (SELECT AVG(cj) FROM cj WHERE kch = "111101")
```

代码执行结果如图 14-16a 所示。

说明：如图 14-16b 所示的查询结果来源于下述代码：

```
SELECT xm, kcm, cj FROM xs,cj,kc ;
  WHERE xs.xh = cj.xh   AND   kc.kch = cj.kch ;
  AND kcm = "高等数学"   AND   cj >;
  (SELECT AVG(cj) FROM cj, kc WHERE kc.kch = cj.kch AND kcm = "高等数学")
```

查询

Xh	Kch	Cj	Bkcj
2001314110	111101	78	
2001220203	111101	78	
2001160211	111101	94	
2001160224	111101	81	
2001180107	111101	80	
2001220115	111101	75	
2001220119	111101	87	
2001220212	111101	89	
2001220207	111101	90	

a)

查询

Xm	Kcm	Cj
李富强	高等数学(上)	78
许新丽	高等数学(上)	81
冯见岳	高等数学(上)	89
王春雷	高等数学(上)	75
赵江山	高等数学(上)	94
李家富	高等数学(上)	90
吴亚平	高等数学(上)	80

b)

图 14-16　高等数学成绩大于平均成绩

a) 执行结果 1　b) 执行结果 2

2．排序

SQL 中排序操作使用 ORDER BY 子句，其具体格式为：

ORDER BY 〈关键字表达式 1〉 [ASC | DESC] [, 〈关键字表达式 2〉 [ASC | DESC]…]

其中，ASC 为升序，DESC 为降序。

【例14-17】 下述代码在 xs 表中按出生日期字段升序（年龄降序）检索出全部学生信息：

```
SELECT * FROM xs ORDER BY csrq
```

代码执行结果如图 14-17 所示。

说明：如果要对出生日期进行降序排列，则只要加上 DESC 即可：

```
SELECT * FROM xs ORDER BY 出生日期 DESC
```

【例14-18】 下述代码在 cj 表中，按学号升序、成绩降序排列检索出成绩信息：

```
SELECT * FROM cj ORDER BY xh ASC, cj DESC
```

代码执行结果如图 14-18 所示。

3．分组

SQL 提供的系统函数可以对满足条件的记录进行各种运算。这些函数还可以从一组值中计算出一个汇总信息，通常和 GROUP BY 分组子句配合使用，完成一些特定功能的查询。

【例 14-19】 下述代码在 cj 中按课程号分组并汇总成绩信息，检索出课程名和成绩信息，成绩字段以平均成绩显示。

学号	姓名	性别	出生日期	班级编号	专业	总学分	照片
2001160212	赵本田	T	01/25/81	011602	国际贸易	0.0	gen
2001160221	许海霞	F	02/12/81	011602	国际贸易	0.0	gen
2001220212	冯见岳	T	06/18/81	012202	计算机应用	0.0	gen
2001220215	张仙见	F	09/21/81	012202	计算机应用	0.0	gen
2001220115	王春雷	T	10/20/81	012201	计算机应用	0.0	gen
2001160224	许新丽	F	10/22/81	011602	国际贸易	0.0	gen
2001180105	张丽萍	F	01/08/82	011801	会计	0.0	gen
2001160202	李小燕	F	02/06/82	011602	国际贸易	0.0	gen
2001180110	刘大伟	T	02/21/82	011801	会计	0.0	gen
2001220207	李家富	T	03/13/82	012202	计算机应用	0.0	gen
2001180107	吴亚平	F	03/18/82	011801	会计	0.0	gen
2001160211	赵江山	T	05/16/82	011602	国际贸易	0.0	gen

图 14-17　按出生日期字段升序

Xh	Kch	Cj	Bkcj
2001160202	411201	87	
2001160202	151101	80	
2001160202	111101	67	
2001160208	631206	89	
2001160208	151101	87	
2001160208	111101	71	
2001160211	111101	94	
2001160211	631206	90	
2001160211	151101	86	
2001160212	151101	78	
2001160212	631206	68	
2001160212	111101	57	

图 14-18　按学号升序、成绩降序

```
SELECT kcm, AVG(cj) AS 平均成绩 FROM kc,cj ;
  GROUP BY cj.kch WHERE cj.kch = kc.kch
```

代码执行结果如图 14-19 所示。

【例 14-20】　下述代码列出各门课的平均成绩、最高成绩、最低成绩。

```
SELECT kcm, AVG(cj) AS 平均成绩, MAX(cj) AS 最高分, MIN(cj) AS 最低分 ;
 FROM kc,cj  GROUP BY cj.kch WHERE cj.kch = kc.kch
```

代码执行结果如图 14-20 所示。

Kcn	平均成绩
高等数学(上)	74.88
高等数学(下)	69.00
理论力学	81.00
大学英语(1)	80.86
数据结构	87.00
会计学	71.25
经济法	77.67

图 14-19　各课程的平均成绩

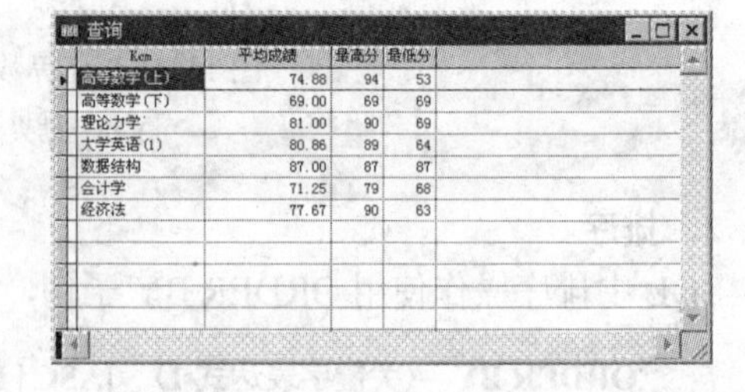

Kcm	平均成绩	最高分	最低分
高等数学(上)	74.88	94	53
高等数学(下)	69.00	69	69
理论力学	81.00	90	69
大学英语(1)	80.86	89	64
数据结构	87.00	87	87
会计学	71.25	79	68
经济法	77.67	90	63

图 14-20　各门课的平均成绩、最高成绩、最低成绩

【例 14-21】　下述代码检索出最少选修了 3 门课程的学生姓名。

```
SELECT xm FROM xs WHERE xh IN ;
  (SELECT xh FROM cj GROUP BY xh HAVING COUNT(*)>=3)
```

代码执行结果如图 14-21 所示。

说明：以上查询中分别用到了 HAVING 子句和 WHERE 子句。它们的区别在于：WHERE 子句是用来指定表中各行所应满足的条件，而 HAVING 子句是用来指定每一分组所满足的条件，只有满足 HAVING 条件的那些组才能在结果中被显示。在上例中，先在选课表中按每个学生进行分组，然后在每个分组中检测其记录个数是否大于等于 3，如果满足条件，则该组的学号即为所求；再根据学生表找出其对应姓名。

【例 14-22】　下述代码检索出高等数学成绩最高的学生的学号、姓名和成绩。

```
SELECT A.xh, xm, cj FROM xs A, cj B, kc cj WHERE ;
  A.xh = B.xh AND B.kch = cj.kch AND cj.kcm = "高等数学" ;
  AND cj = (SELECT MAX(cj) FROM cj, kc WHERE cj.kch = kc.kch;
```

```
AND kc.kcm = "高等数学")
```

代码执行结果如图 14-22 所示。

图 14-21　最少选修了 3 门课程的学生

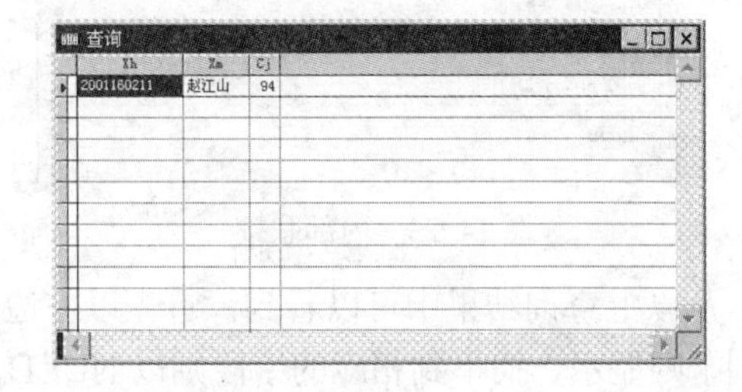

图 14-22　高等数学成绩最高的同学

说明：以上查询中需要用表名作前缀，有时表名很长，用起来很麻烦，SQL 允许在 FROM 短语中为表名定义别名，格式为：

〈表名〉　〈别名〉

例如，上例中使用 FROM xs A, cj B, kc C，以后便可以用 A、B 和 C 分别代表 xs 表、cj 表和 kc 表，但是在嵌套的 SQL 子句中不能使用外层定义的别名。

14.2.6　超联接查询

SQL 中 FROM 子句后的联接称为超联接。超联接有 4 种形式，其格式为：

FROM 〈表名〉[[INNER | LEFT [OUTER] | RIGHT [OUTER] | FULL [OUTER]
JOIN [〈数据库名〉!]〈表名〉[[AS] Local_Alias][ON 〈联接条件〉]]

其中：OUTER 关键字可省略，包含 OUTER 强调这是一个外联接（Outer Join）。

下面分别以几个实例来说明这 4 种超联接的含义及区别。

1．内部联接

使用 INNER JOIN 形式的联接称为内部联接，INNER JOIN 等价于 JOIN。INNER JOIN 与普通联接相同：只有满足条件的记录才出现在查询结果中。

【例 14-23】　下述代码将 cj 表和 kc 表按内部形式联接，包含学号、课程名、成绩字段。

```
SELECT xh, kcm, cj FROM cj A INNER JOIN kc B ON A.kch = B.kch    order by xh
```

代码执行结果如图 14-23 所示。

说明：上述联接与下述 WHERE 条件等价：

```
SELECT A.xh, B.kcm, A.cj FROM cj A, kc B WHERE A.kch = B.kch    ORDER BY xh
```

2．左联接

LEFT [OUTER] JOIN 称为左联接，在查询结果中包含 JOIN 左侧表中的所有记录，以及 JOIN 右侧表中匹配的记录。

【例 14-24】　下述代码将 cj 表和 kc 表左联接，包含学号、课程名、成绩字段。

```
SELECT xh, kcm, cj FROM cj A LEFT JOIN kc B ON A.kch = B.kch    ORDER by xh
```

代码执行结果如图 14-24 所示。

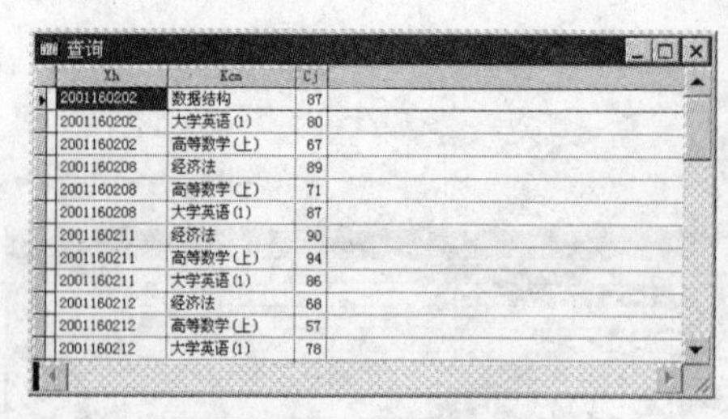

Xh	Kcm	Cj
2001160202	数据结构	87
2001160202	大学英语(1)	80
2001160202	高等数学(上)	67
2001160208	经济法	89
2001160208	高等数学(上)	71
2001160208	大学英语(1)	87
2001160211	经济法	90
2001160211	高等数学(上)	94
2001160211	大学英语(1)	86
2001160212	经济法	68
2001160212	高等数学(上)	57
2001160212	大学英语(1)	78

图 14-23　内部联接

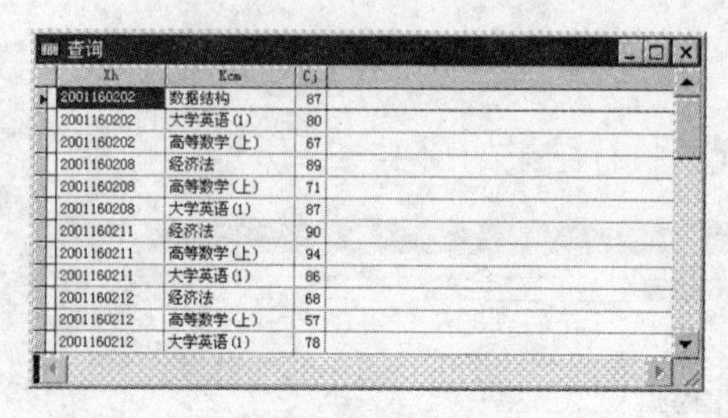

Xh	Kcm	Cj
2001160202	数据结构	87
2001160202	大学英语(1)	80
2001160202	高等数学(上)	67
2001160208	经济法	89
2001160208	高等数学(上)	71
2001160208	大学英语(1)	87
2001160211	经济法	90
2001160211	高等数学(上)	94
2001160211	大学英语(1)	86
2001160212	经济法	68
2001160212	高等数学(上)	57
2001160212	大学英语(1)	78

图 14-24　左联接

从以上查询结果中可以看到，首先以左边表即 A 表中的第一条记录为准，在 B 表中查询，找到了则显示，找不到相应的字段则以 NULL 显示，本例中有相应的值。以下记录也是按照这种方法进行查询的。

3．右联接

RIGHT [OUTER] JOIN 称为右联接，在查询结果中包含 JOIN 右侧表中的所有记录，以及 JOIN 左侧表中匹配的记录。

【例 14-25】　下述代码将 cj 表和 kc 表右联接，包含学号、课程名、成绩字段。

```
SELECT xh, kcm, cj FROM cj A RIGHT JOIN kc B ON A.kch = B.kch
```

代码执行结果如图 14-25 所示。

以上查询过程如下：首先以右表为准，即 B 表（kc 表），其第一条记录的课程号字段值为 111101，然后在左表（A 表）中检索与 111101 相等的课程号记录，找到了 9 条，其学号、成绩值分别如图 14-25 所示；第二条记录的课程号字段值为 111102，在左表（A 表）中没有检索到与 111102 相等的课程号记录，因此学号字段以 NULL 显示。B 表中的以下记录均按此联接。

4．完全联接

FULL [OUTER] JOIN 称为完全联接，在查询结果中包含 JOIN 两侧所有的匹配记录和不匹配记录。

【例 14-26】　下述代码将 cj 表和 kc 表完全联接，包含学号、课程名、成绩字段。

```
SELECT xh, kcm, cj FROM cj A FULL JOIN kc B ON A.kch = B.kch
```

代码执行结果如图 14-26 所示。

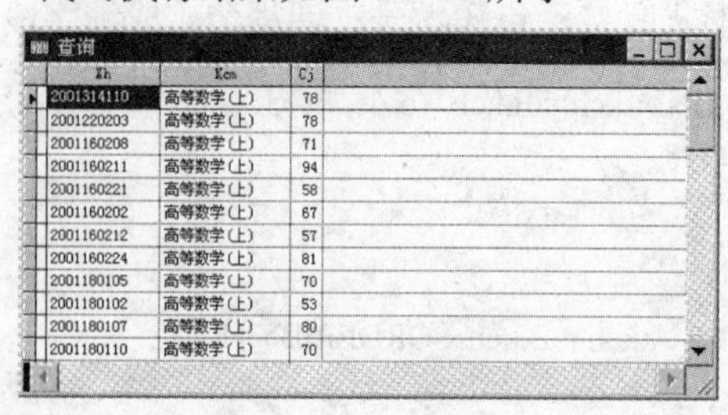

Xh	Kcm	Cj
2001314110	高等数学(上)	78
2001220203	高等数学(上)	78
2001160208	高等数学(上)	71
2001160211	高等数学(上)	94
2001160221	高等数学(上)	58
2001160202	高等数学(上)	67
2001160212	高等数学(上)	57
2001160224	高等数学(上)	81
2001180105	高等数学(上)	70
2001180102	高等数学(上)	53
2001180107	高等数学(上)	80
2001180110	高等数学(上)	70

图 14-25　右联接

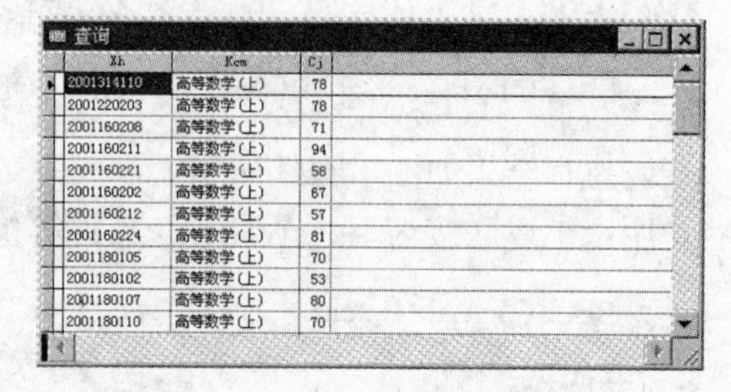

Xh	Kcm	Cj
2001314110	高等数学(上)	78
2001220203	高等数学(上)	78
2001160208	高等数学(上)	71
2001160211	高等数学(上)	94
2001160221	高等数学(上)	58
2001160202	高等数学(上)	67
2001160212	高等数学(上)	57
2001160224	高等数学(上)	81
2001180105	高等数学(上)	70
2001180102	高等数学(上)	53
2001180107	高等数学(上)	80
2001180110	高等数学(上)	70

图 14-26　完全联接

以上查询的过程是首先以右表为准，和右联接过程相同，然后再以左表为准，和左联接相同。联接完成后，在生成的记录中，将重复记录删除即可。

14.2.7　集合的并运算

使用 UNION 子句可以进行集合的并运算，即可以将两个 SELECT 语句的查询结果合并成一个查询结果。当然，要求进行并运算的两个查询结果具有相同的字段个数，并且对应字段的值要具有相同的数据类型和取值范围。UNION 子句的语法格式为：

〈Selcct 命令 1〉 UNION [ALL] 〈Selcct 命令 2〉

说明：

① 可以使用多个 UNION 子句，ALL 选项防止删除合并结果中重复的行（记录）。

② 不能使用 UNION 来组合子查询。

③ 只有最后的〈Selcct 命令〉中可以包含 ORDER BY 子句，而且必须按编号指出排序的列（它将影响整个结果）。

【例 14-27】 下述代码找出高等数学成绩大于平均成绩的学生和大学英语成绩大于平均成绩的学生信息，运行结果如图 14-27 所示。

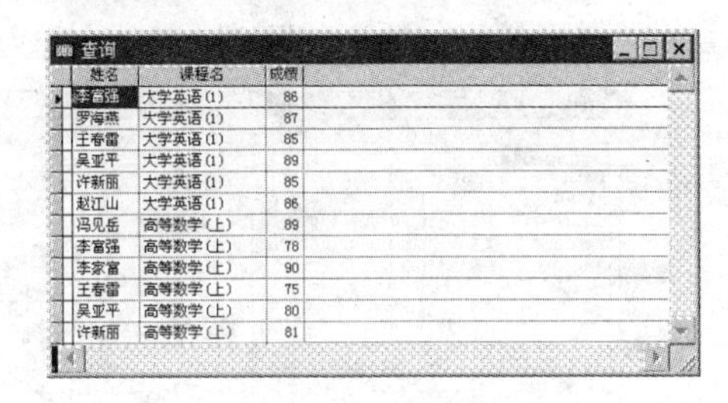

图 14-27 并运算

```
SELECT xm as 姓名, kcm as 课程名, cj as 成绩 FROM xs,cj,kc ;
    WHERE xs.xh= cj.xh AND kc.kch= cj.kch AND kcm= "高等数学";
    AND cj > ;
    (SELECT AVG(cj) FROM cj, kc WHERE kc.kch= cj.kch AND kcm= "高等数学");
  UNION SELECT xm, kcm, cj FROM xs,cj,kc ;
    WHERE xs.xh= cj.xh AND kc.kch= cj.kch AND kcm= "大学英语" ;
    AND cj > ;
    (SELECT AVG(cj) FROM cj, kc WHERE kc.kch= cj.kch AND kcm= "大学英语");
    ORDER BY 2
```

14.2.8 查询输出去向及几个特殊选项

1．显示部分结果

有时只需要满足条件的前几个记录，这时使用 TOP 〈数值表达式〉 [PERCENT]格式的子句非常有用，在前面的 SQL 语法格式中，已经说明了它的含义，下面以实例说明具体应用。

【例 14-28】 下述代码用于在 xs 表中显示年龄最大的 3 位学生的信息。

```
SELECT * TOP 3 FROM xs ORDER BY csrq
```

代码执行结果如图 14-28 所示。

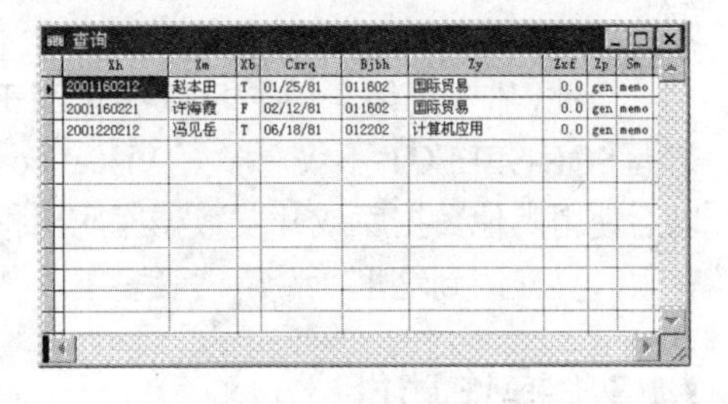

图 14-28 年龄最大的 3 位学生

【例 14-29】 下述代码用于在 xs 表中显示年龄最小的 40%学生的信息。

```
SELECT * TOP 40 PERCENT FROM xs ORDER BY csrq DESC
```

代码执行结果如图 14-29 所示。

2．查询去向

FROM 子句中的 INTO 与 TO 选项用于指定查询结果的输出去向，默认查询结果显示在浏

览窗口中。INTO 选项中的〈查询结果〉有 3 种：ARRAY〈数组〉、CURSOR〈临时表〉和 TABLE | DBF〈表名〉。TO 选项也有 3 种：文件、屏幕和打印机。

下面以实例来具体说明 INTO 选项的使用。

【例 14-30】 下述代码将表 xs 按专业升序排列，生成永久表 xs2.dbf。

```
SELECT * FROM xs INTO DBF xs2 ORDER BY csrq
```

执行代码，然后打开表 xs2，浏览结果如图 14-30 所示。

查询

Xh	Xm	Xb	Csrq	Bjbh	Zy	Zxf	Zp	Sm
2001160208	罗海燕	F	12/06/82	011602	国际贸易	0.0	gen	memo
2001220203	李富强	T	08/03/82	012202	计算机应用	0.0	gen	Memo
2001180102	刘　刚	T	07/13/82	011801	会计	0.0	gen	memo
2001160211	赵江山	T	05/16/82	011602	国际贸易	0.0	gen	memo
2001180107	吴亚平	F	03/18/82	011801	会计	0.0	gen	memo
2001220207	李家富	T	03/13/82	012202	计算机应用	0.0	gen	Memo

图 14-29　年龄最小的 40%学生

Xs2

Xh	Xm	Xb	Csrq	Bjbh	Zy	Zxf	Zp	Sm
2001160212	赵本田	T	01/25/81	011602	国际贸易	0.0	gen	memo
2001160221	许海霞	F	02/12/81	011602	国际贸易	0.0	gen	memo
2001220212	冯见岳	T	06/18/81	012202	计算机应用	0.0	gen	memo
2001220215	张仙见	F	09/21/81	012202	计算机应用	0.0	gen	memo
2001220115	王春雷	T	10/20/81	012201	计算机应用	0.0	gen	memo
2001160224	许新丽	F	10/22/81	011602	国际贸易	0.0	gen	memo
2001180105	张丽萍	F	01/08/82	011801	会计	0.0	gen	memo
2001160202	李小燕	F	02/06/82	011602	国际贸易	0.0	gen	memo
2001180110	刘大伟	T	02/21/82	011801	会计	0.0	gen	memo
2001220207	李家富	T	03/13/82	012202	计算机应用	0.0	gen	Memo
2001180107	吴亚平	F	03/18/82	011801	会计	0.0	gen	memo
2001160211	赵江山	T	05/16/82	011602	国际贸易	0.0	gen	memo

图 14-30　按专业升序排列的表

【例 14-31】 下述代码用于在 cj 表中检索出成绩的最大值并将结果保存到数组 a 中。

```
SELECT max(cj) FROM cj INTO ARRAY a
```

在表中检索出一个最高分 94，将此值赋予 a，使用命令：

```
? a(1)
```

可以查看到数组首元素 a[1]的值为 94。

【例 14-32】 下述代码列出各门课的平均成绩、最高成绩和最低成绩，并将查询结果保存到临时表 temp 中。

```
SELECT kcm, AVG(cj) AS  平均成绩, MAX(cj) AS  最高分, MIN(cj) AS  最低分 ;
 FROM kc,cj   GROUP BY cj.kch WHERE cj.kch = kc.kch INTO CURSOR temp
```

执行代码，然后在“显示”菜单中选择浏览“TEMP”，结果如图 14-31 所示。

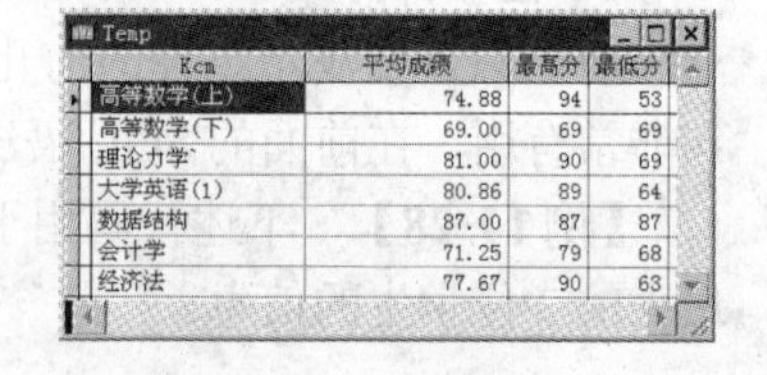
Temp

Kcm	平均成绩	最高分	最低分
高等数学(上)	74.88	94	53
高等数学(下)	69.00	69	69
理论力学`	81.00	90	69
大学英语(1)	80.86	89	64
数据结构	87.00	87	87
会计学	71.25	79	68
经济法	77.67	90	63

图 14-31　临时表 temp

注意，临时表只能暂时保存数据，一旦关闭 Visual FoxPro 就会随之消失。

至此，本书已经介绍了 SQL-SELECT 查询中的常用语句，掌握 SQL-SELECT 不仅对学好 Visual FoxPro 至关重要，也是以后使用其他数据库或开发数据库应用程序的基础。由于篇幅有限，只介绍到这里，希望读者多下一些功夫将查询弄明白，牢固掌握。

14.3 操作功能

SQL 语言的操作功能包括对表中数据的增加、删除和更新操作。

14.3.1 插入

1．SQL 语法

在一个表的尾部追加数据时，要用到插入功能，SQL 的插入命令包括以下 3 种格式：

```
INSERT INTO 〈表名〉[(〈字段名 1〉[, 〈字段名 2〉, …])]
    VALUES (〈表达式 1〉[, 〈表达式 2〉…])
```

和

```
INSERT INTO 〈表名〉 FROM ARRAY 〈数组名〉
INSERT INTO 〈表名〉 FROM MEMVAR
```

说明：

① 第 1 种格式在指定的表的表尾添加一条新记录，其值为 VALUES 后面的表达式的值。当需要插入表中所有字段的数据时，表名后面的字段名可以缺省，但插入数据的格式必须与表的结构完全吻合；若只需要插入表中某些字段的数据，就需要列出插入数据的字段，当然相应表达式的数据位置会与之对应。

② 第 2 种格式也是在指定的表的表尾添加一条新记录，新记录的值是指定的数组中各元素的数据。数组中各元素与表中各字段顺序对应。如果数组中元素的数据类型与其对应的字段类型不一致，则新记录对应的字段为空值；如果表中字段个数大于数组元素的个数，则多出的字段为空值。

③ 第 3 种格式也是在指定表的表尾添加一条新记录，新记录的值是指定的内存变量的值。添加的新记录的值是与指定表各字段名同名的内存变量的值；如果同名的内存变量不存在，则相应的字段为空。

2．示例

【例 14-33】 下述代码在 xs 表中插入一条新记录。

```
INSERT INTO xs(xh, xm, xb, csrq, zy) ;
  VALUES('2000180201', '张强', .T., CTOD('04/01/80'), '会计')
```

【例 14-34】 下述代码在 cj 表中插入一条新记录。

```
INSERT INTO cj(xh, kch, cj) VALUES('2000180201','141203', 77)
```

【例 14-35】 先定义数组 A(7)，A 中各元素的值见表 14-4。

表 14-4 数组 A( )中元素的值

A(1)	A(2)	A(3)	A(4)	A(5)	A(6)	A(7)
'2000180123'	'王刚'	.T.	CTOD（'05/06/81'）	会计		

在学生表中插入一条记录：

```
INSERT INTO xs FROM ARRAY A
```

【例 14-36】 如果定义了内存变量：xh = '2000180123'，xm = "李丽"，xb = .F.，csrq = CTOD("03/23/80")；下述代码在 xs 表中添加一条记录：

```
INSERT INTO xs FROM MEMVAR
```

新记录中除了 xh、xm、xb、csrq 字段外，其他 3 个字段值均为空值。

14.3.2 删除

用 SQL 语言删除记录的命令格式为：

```
DELETE FROM [〈数据库!〉] 〈表名〉
  [WHERE 〈条件表达式 1〉 [AND | OR 〈条件表达式 2〉…]]
```

说明：

① [〈数据库!〉]〈表名〉：指定加删除标记的表名及该表所在的数据库名，用“!”分割表名和数据库名，数据库名为可选项。

② WHERE 选项：指明只对满足条件的记录加删除标记。

③ 上述删除只是加删除标记并没有从物理上删除，只有执行了 PACK 命令，有删除标记的记录才能真正从物理上删除。设置了删除标记的记录可以用 RECALL 命令取消删除标记。

【例14-37】 下述代码将表 xs 中的“李丽”逻辑删除。

```
DELETE FROM xs WHERE xm = "李丽"
```

14.3.3 更新

更新是指对存储在表中的记录进行修改，SQL 更新命令的语法格式为：

```
UPDATE [〈数据库〉! ] 〈表名〉
  SET 〈列名 1〉=〈表达式 1〉[,〈列名 2〉=〈表达式 2〉…]
  [WHERE 〈条件表达式 1〉[AND | OR 〈条件表达式 2〉…]]
```

说明：

① [〈数据库〉!]〈表名〉：指定要更新数据的记录所在的表名及该表所在的数据库名。

② SET 〈列名〉=〈表达式〉：指定被更新的字段及该字段的新值。如果省略 WHERE 子句，则该字段每一行都用同样的值更新。

③ WHERE 〈条件表达式〉：指明将要更新数据的记录，即更新表中符合条件表达式的记录。

【例14-38】 下述代码将 cj 表中所有高等数学（上）的考试成绩降低 2%。

```
UPDATE cj SET cj = cj*.98 ;
  WHERE kch = (SELECT DIST kch FROM kc WHERE kcm = "高等数学（上）")
```

14.4 在表单中使用 SQL

不仅可以在命令窗口、PRG 程序中使用 SQL，还可以在表单和控件中使用 SQL。

【例14-39】 设计一个数据查询表单，可以按“班级”和“课程”的组合查询数据库中的数据，如图 14-32 所示。

图 14-32 数据查询表单

① 创建数据环境。在表单设计器中打开数据环境设计器，为表单添加 xsgl 数据库中的 4 个数据表 xs、bj、kc 和 cj。如果 bj 表不在数据库 xsgl 中，首先添加表 bj 并与 xs 建立关系。

② 建立应用程序用户界面与设置对象属性。选择“新建”表单，进入表单设计器，增加一个容器控件 Container1 和一个表格控件 Grid1，在容器中增加两个组合框和两个复选框。各对象的属性设置参见表 14-5。

表 14-5　属性设置

对　象	属　性	属 性 值	说　明
Grid1	DeleteMack	.F. – 假	
	RecordSourceType	4 – SQL 说明	
Container1	SpecialEffect	1 – 凹下	
Chexk1	Caption	按班级显示	
	AutoSize	.T. – 真	自动适应内容的大小
Chexk2	Caption	按课程显示	
	AutoSize	.T. – 真	自动适应内容的大小
Combo1	ColumnCount	2	
	RowSource	bj	
	RowSourceType	2 – 别名	
Combo2	ColumnCount	2	
	RowSource	kc	
	RowSourceType	2 – 别名	

③ 编写程序代码。

编写表单的 Load 事件代码：

```
THIS.Tag="SELECT xs.xh, xs.xm, Bj.bjmc, Kc.kcm, Cj.cj ";
+ "FROM    bj INNER JOIN xs ";
+     " INNER JOIN cj ";
+     " INNER JOIN kc ";
+   " ON    Kc.kch = Cj.kch ";
+   " ON    xs.xh = Cj.xh ";
+   " ON    Bj.bjbh = xs.bjbh ";
+ " ORDER BY xs.xh    INTO CURSOR Qu"
```

编写表单的 Activate 事件代码：

```
WITH THIS.Grid1
   .Top = THIS.Container1.Height
   .Left = 0
   .Width = THIS.Width
   .Height = THIS.Height – .Top
ENDWITH
```

编写组合框 Combo1 的 Click 事件代码：

```
THIS.Tag = THIS.DisplayValue
DO CASE
   CASE THIS.Parent.Check1.Value = 0 AND THIS.Parent.Check2.Value = 0
      qa1 = " .T. "
   CASE THIS.Parent.Check1.Value = 1 AND THIS.Parent.Check2.Value = 0
      qa1 = "xs.bjbh = THIS.Tag "
   CASE THIS.Parent.Check1.Value = 0 AND THIS.Parent.Check2.Value = 1
      qa1 = " Cj.kch = THIS.Parent.Combo2.Tag "
   CASE THIS.Parent.Check1.Value = 1 AND THIS.Parent.Check2.Value = 1
      qa1 = "xs.bjbh = THIS.Tag AND Cj.kch = THIS.Parent.Combo2.Tag "
ENDCASE
THISFORM.Tag = "SELECT    xs.xh, xs.xm, Bj.bjmc, Kc.kcm, Cj.cj ";
+ "FROM    xsgl!bj INNER JOIN xsgl!xs ";
+      " INNER JOIN xsgl!cj ";
+      " INNER JOIN xsgl!kc ";
+    " ON    Kc.kch = Cj.kch ";
+    " ON    xs.xh = Cj.xh ";
+    " ON    Bj.bjbh = xs.bjbh ";
+ " WHERE " +    qa1 ;
+ " ORDER BY xs.xh    DESC    INTO CURSOR Que"
THISFORM.Grid1.RecordSource=THISFORM.Tag
THISFORM.Grid1.Refresh
```

编写组合框 Combo2 的 Click 事件代码：

```
THIS.Tag = THIS.DisplayValue
DO CASE
   CASE THIS.Parent.Check1.Value=0 AND THIS.Parent.Check2.Value=0
      qa1 = " .t. "
   CASE THIS.Parent.Check1.Value=1 AND THIS.Parent.Check2.Value=0
      qa1 = " xs.bjbh = THIS.Parent.Combo1.Tag "
   CASE THIS.Parent.Check1.Value=0 AND THIS.Parent.Check2.Value=1
      qa1 = " Cj.kch = THIS.Tag "
   CASE THIS.Parent.Check1.Value=1 AND THIS.Parent.Check2.Value=1
      qa1 = " xs.bjbh = THIS.Parent.Combo1.Tag AND Cj.kch = THIS.Tag "
ENDCASE
THISFORM.Tag = "SELECT    xs.xh, xs.xm, Bj.bjmc, Kc.kcm, Cj.cj ";
+ "FROM    xsgl!bj INNER JOIN xsgl!xs ";
+      " INNER JOIN xsgl!cj ";
+      " INNER JOIN xsgl!kc ";
+    " ON    Kc.kch = Cj.kch ";
+    " ON    xs.xh = Cj.xh ";
+    " ON    Bj.bjbh = xs.bjbh ";
+ " WHERE " +    qa1 ;
+ " ORDER BY xs.xh    DESC    INTO CURSOR Que"
THISFORM.Grid1.RecordSource=THISFORM.Tag
```

```
THISFORM.Grid1.Refresh
```

编写复选框 Check1 的 Click 事件代码：

```
THIS.Parent.Combo1.Click()
```

编写复选框 Check2 的 Click 事件代码：

```
THIS.Parent.Combo2.Click()
```

【例 14-40】 修改例 10-10，使用下拉列表框来输入“班级编号”，如图 14-33 所示。

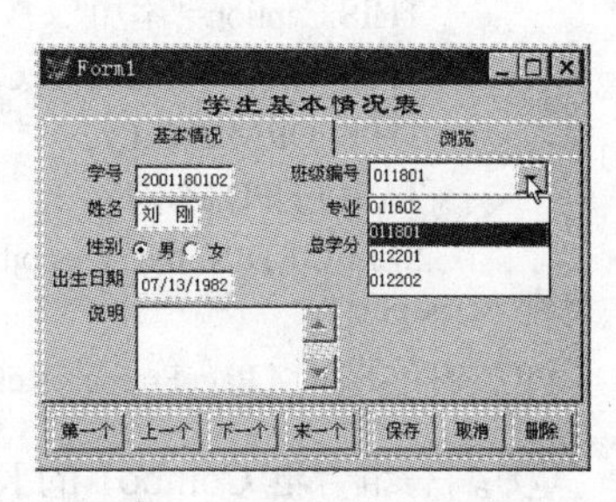

图 14-33 使用下拉列表框输入“班级编号”

在例 10-10 的基础之上进行修改，具体步骤如下：

① 在表单中增加一个数组属性 ss(1)，用来存放查询所得到的班级编号。

② 修改表单，删除第一页中输入班级编号的文本框“txtbjbh”，增加一个组合框 Combo1。另外再将“照片”删除。

③ 修改组合框的属性，见表 14-6。

表 14-6 属性设置

对　象	属　性	属 性 值	说　明
Combo1	Enabled	.F. – 假	不可用
	ControlSource	xs.bjbh	数据绑定
	DisibledBackColor	128,255,255	浅蓝色背景
	DisibledForeColor	0, 0, 0	黑字
	RowSourceType	5 – 数组	
	RowSource	THISFORM.ss	数据来源

④ 修改自定义方法 disi()的代码：

```
LPARAMETERS L
THIS.PageFrame1.Page1.SetAll("Enabled",IIF(L,.T.,.F.),"TextBox")
THIS.PageFrame1.Page1.SetAll("Enabled",IIF(L,.T.,.F.),"OptionGroup")
THIS.PageFrame1.Page1.SetAll("Enabled",IIF(L,.T.,.F.),"Editbox")
THIS.PageFrame1.Page1.SetAll("Enabled",IIF(L,.T.,.F.),"Combobox")
THIS.CommandGroup1.Enabled=IIF(L,.F.,.T.)
```

⑤ 编写窗体的 Load 事件代码：

```
SELECT DISTINCT xs.bjbh FROM xs INTO ARRAY THIS.ss
```

⑥ 修改“添加”按钮 Command1 的 Click 事件代码：

```
IF THIS.Caption = "添加"
  THIS.Caption = "保存"
  THIS.Parent.Command2.Caption = "取消"
  THISFORM.disi(.t.)
  THIS.Parent.Tag = STR(RECNO())
```

```
        APPEND BLANK
    ELSE
        THIS.Caption="添加"
        THIS.Parent.Command2.Caption="编辑"
        THISFORM.disi(.f.)
        TABLEUPDATE()
        SELECT DISTINCT xs.bjbh FROM xs INTO ARRAY THISFORM.ss
    ENDIF
    THISFORM.PageFrame1.Refresh
```

⑦ 编写组合框 Combo1 的 KeyPress 事件代码：

```
    LPARAMETERS nKeyCode, nShiftAltCtrl
    THISFORM.xx=THIS.DisplayValue
    IF nkeycode = 13
        AINS(THISFORM.ss,1)
        THISFORM.ss(1) = THIS.DisplayValue
    ENDIF
```

说明：与例12-10 不同，本例使用查询来得到班级编号列表。不仅可以从列表中选择班级编号，还可以直接在列表框中输入新的编号。

14.5 习题 14

一、选择题

1．下列关于 SQL 语言所具有功能的说法，错误的是（　　）。

A．数据查询　　B．数据定义　　C．数据操纵　　D．以上都不对

2．下面有关 HAVING 子句的描述错误的是（　　）。

A．HAVING 子句必须与 GROUP BY 子句同时使用，不能单独使用

B．使用 HAVING 子句的同时不能使用 WHERE 子句

C．使用 HAVING 子句的同时可以使用 WHERE 子句

D．使用 HAVING 子句的作用是限定分组的条件

3．下列语句不属于数据定义功能的 SQL 语句是（　　）。

A．CREATE TABLE　　B．CREATE CURSOR

C．UPDATE　　D．ALTER TABLE

下面各题使用当前盘当前目录下的数据库 db_stock，其中有数据表 stock.dbf。该数据表的内容见表 14-7。

表 14-7　股票表 stock.dbf

股票代码	股票名称	单　价	交易所
600600	青岛啤酒	7.48	上海
600600	方正科技	15.20	上海
600600	广电电子	10.40	上海
600600	兴业房产	6.76	上海

（表）

股票代码	股票名称	单　价	交易所
600600	二纺机	9.96	上海
600600	轻工机械	14.59	上海
000001	深发展	7.48	深圳
000002	深万科	6.50	深圳

4．以 stock 表为依据，执行如下 SQL 查询语句后结果是（　　）。

```
SELECT * FROM stock INTO DBF stock ORDER BY 单价
```

A．系统会提示出错信息

B．会生成一个按“单价”升序排序的表文件，将原来的 stock.dbf 文件覆盖

C．会生成一个按“单价”降序排序的表文件，将原来的 stock.dbf 文件覆盖

D．不会生成排序文件，只在屏幕上显示一个按“单价”升序排序的结果

5．有如下 SQL 语句

```
SELECT * FROM stock WHERE 单价 BETWEEN 6.76 AND 15.20
```

与该语句等价的是（　　）。

A．SELECT * FROM stock WHERE 单价 <= 15.20 .AND. 单价 >= 6.76

B．SELECT * FROM stock WHERE 单价 < 15.20 .AND. 单价 > 6.76

C．SELECT * FROM stock WHERE 单价 >= 15.20 .AND. 单价 <= 6.76

D．SELECT * FROM stock WHERE 单价 > 15.20 .AND. 单价 < 6.76

6．有如下 SQL 语句：

```
SELECT max（单价）INTO ARRAY a FROM stock
```

执行该语句后（　　）。

A．a[1]的内容为 15.20　B．a[1]的内容为 6

C．a[0]的内容为 15.20　D．a[0]的内容为 6

7．有如下 SQL 语句：

```
SELECT 股票代码, AVG（单价） as 均价 FROM stock;
   GROUP BY 交易所 INTO DBF temp
```

执行该语句后 temp 表中第二条记录的“均价”字段的内容是（　　）。

A．7.48　　B．9.99　　C．6.73　　D．15.20

8．执行如下 SQL 语句后：

```
SELECT DISTINCT 单价 FROM stock;
   WHERE 单价=（SELECT min（单价） FROM stock） INTO DBF stock_x
```

表 stock_x 中的记录个数是（　　）。

A．1　　B．2　　C．3　　D．4

9．求每个交易所的平均单价的 SQL 语句是（　　）。

A．SELECT 交易所, avg（单价）FROM stock GROUP BY 单价

B．SELECT 交易所, avg（单价）FROM stock ORDER BY 单价

C．SELECT 交易所, avg（单价）FROM stock ORDER BY 交易所

D．SELECT 交易所, avg（单价）FROM stock GROUP BY 交易所

10．在当前盘当前目录下删除表 stock 的命令是（　　）。

A．DROP stock　　B．DELETE TABLE stock

B．DROP TABLE stock　　D．DELETE stock

11．有如下 SQL 语句：

CREATE VIEW stock_view AS SELECT * FROM stock WHERE 交易所 ="深圳"

执行该语句后产生的视图包含的记录个数是（　　）。

A．1　　B．2　　C．3　　D．4

12．有如下 SQL 语句：

CREATE VIEW view_stock AS SELECT 股票名称 AS 名称, 单价 FROM stock

执行该语句后产生的视图包含的字段名是（　　）。

A．股票名称、单价　　B．名称、单价

C．名称、单价、交易所　　D．股票名称、单价、交易所

13．下面有关对视图的描述正确的是（　　）。

A．可以使用 MODIFY STRUCTURE 命令修改视图的结构

B．视图不能删除，否则影响原来的数据文件

C．视图是对表的复制产生的

D．使用 SQL 对视图进行查询时必须事先打开该视图所在的数据库

14．在 Visual FoxPro 中，用于修改记录数据的 SQL 语句是（　　）。

A．ALTER　　B．UPDATE　　C．MODIFY　　D．CHANGE

15．若要从学生表中检索出 nl 并去掉重复记录，那么可以使用如下 SQL 语句：

SELECT （ ）nl FROM students

A．ALL　　B．*　　C．DISTINCT　　D．?

16．检索“职工”表中工资大于 1000 元的职工号，正确的命令是（　　）。

A．SELECT 职工号 WHERE 工资> 1000

B．SELECT 职工号 FROM 职工 SET 工资> 1000

C．SELECT 职工号 FROM 职工 WHERE 工资> 1000

D．SELECT 职工号 FROM 职工 FOR 工资> 1000

17．SQL-INSERT 命令的功能是（　　）。

A．在表头插入一条记录　　B．在表尾插入一条记录

C．在表中任意位置插入一条记录　　D．在表中插入任意条记录

18．在 Visual FoxPro 的 SQL 查询中，为了计算某数值字段的平均值应使用函数（　　）。

A．AVG　　B．SUM　　C．MAX　　D．MIN

19．在 Visual FoxPro 的 SQL 查询中，用于分组的短语是（　　）。

A．ORDER BY　　B．HAVING BY　　C．GROUP BY　　D．COMPUTE BY

20．在 Visual FoxPro 中 SQL 支持集合的并运算，其运算符是（　　）。

A．UNION　　B．AND　　C．JOIN　　D．PLUS

21．在 Visual FoxPro 的 SQL 查询中，为了将查询结果存储到临时表中应使用短语（　　）。

A．INTO TEMP　　B．INTO DBF　　C．INTO TABLE　　D．INTO CURSOR

22．以下各语句不属于 SQL 数据库操作的语句是（　　）。

A．UPDATE　　B．APPEND　　C．INSERT　　D．DELETE

23．查询“教师”表中“住址”字段中含有“望京”字样的教师信息，正确的 SQL 语句是（　　）。

A．SELECT * FROM 教师 WHERE 住址 LIKE "%望京%"

B．SELECT * FROM 教师 FOR 住址 LIKE "%望京%"

C．SELECT * FROM 教师 WHERE 住址 ="%望京%"

D．SELECT * FROM 教师 WHERE 住址 ="%望京%"

24．下列选项中，属于 SQL 数据定义功能的是（　　）。

A．ALTER　　B．CREATE　　C．DROP　　D．SELECT

二、填空题

1．使用 SQL 语句将一条新的记录插入“课程”表 kc.dbf：

```
INSERT _______ kc(kch, kcm, xf) ______ ("431231", "自动控制原理", 3)
```

2．使用 SQL 语句求“李富强”的总分：

```
SELECT _______ (cj) FROM cj;
       WHERE 学号 IN (SELECT xh FROM ______ WHERE xm = "李富强")
```

3．使用 SQL 语句完成操作：将所有高等数学的成绩提高 3%。

```
_______ cj SETcj = cj * 1.03 _______ kch IN;
     (SELECT kch ________ kc WHERE kcm = "高等数学（上）")
```

4．如果要将第 2 题的查询结果存入到永久表中，则应使用 _______ 短语。

5．在 SQL 命令中用于求和与计算平均值的函数为 _______ 和 _______ 。

三、上机题

（1～5 题在数据表 stock.dbf 中进行操作）

1．从表中检索出单价在 7.48 和 6.50 之间的股票信息。

2．从表中检索出单价为 14.59 和 15.20 的股票信息。

3．找出所有交易所不是上海的股票信息。

4．在 stock 表的基础上定义一个视图，它包含股票名称和交易所两个字段。

5．删除视图 v_sal。

（6～10 题在订货管理库中进行操作）

6．列出总金额大于所有订购单总金额平均值的订购单（order_list）清单（按客户号升序排列），并将结果存储到 results6_2 表中（表结构与 order_list 表结构相同）。

7．列出客户名为“三益贸易公司”的订购单明细（order_detail）记录（将结果先按“订单号”升序排列，同一订单的再按“单价”降序排列），并将结果存储到 results6_3 表中（表结构与 order_detail 表结构相同）。

8．将 customer1 表中的全部记录追加到 customer 表中，然后用 SQL SELECT 语句完成查询：列出目前有订购单的客户信息（即有对应的 order_list 记录的 customer 表中的记录），同时要求按客户号升序排序，并将结果存储到 results6_4 表中（表结构与 customer 表结构相同）。

9．将 order_detail1 表中的全部记录追加到 order_detail 表中，然后用 SQLSELECT 语句完成查询：列出所有订购单的订单号、订购日期、器件号、器件名和总金额（按订单号升序），并将结果存储到 results6_5 表中（其中订单号、订购日期、总金额取自 order_list 表，器件号、器件名取自 order_detail 表）。

10．将 order_list1 表中的全部记录追加到 order_list 表中，然后用 SQL SELECT 语句完成查询：按总金额降序列出所有客户的客户号、客户名及其订单号和总金额，并将结果存储到 results6_6 表中（其中客户号、客户名取自 customer 表，订单号、总金额取自 order_list 表）。

第15章 报 表

报表设计是程序开发的一个重要组成部分。在数据库应用系统中，经常需要将数据以报表形式打印出来。

通过设计报表，可以用各种方式在打印页面上显示数据。设计报表有4个主要步骤：

① 决定要创建的报表类型。

② 创建报表布局文件。

③ 修改和定制布局文件。

④ 预览和打印报表。

15.1 数据源和报表布局

报表包括两个基本组成部分：数据源和布局。数据源通常是数据库中的表，也可以是视图、查询或临时表。视图和查询将筛选、排序、分组数据库中的数据，而报表布局定义了报表的打印格式。设计报表就是根据报表的数据源和应用需要来设计报表的布局。

15.1.1 决定报表的常规布局

创建报表之前，应该确定所需报表的格式。报表可能同基于单表的电话号码列表一样简单，或者复杂得像基于多表的发票那样，也可以创建特殊种类的报表。例如，邮件标签便是一种特殊的报表，其布局必须满足专用纸张的要求。如图15-1所示为常规报表布局。

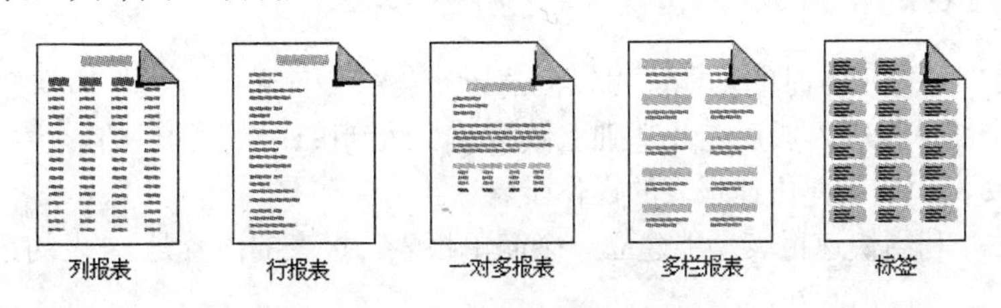

图15-1 常规报表布局

为帮助选择布局，在表15-1中给出了常规布局的一些说明、一般用途及示例。

表15-1 常规布局说明、一般用途及示例

布局类型	说 明	示 例
列	每行一条记录，每条记录的字段在页面上按水平方向放置	分组/总计报表、财政报表、存货清单
行	一列的记录，每条记录的字段在一侧竖直放置	列表
一对多	一条记录或一对多关系	发票、会计报表
多列	多列的记录，每条记录的字段沿左边缘竖直放置	电话号码薄、名片
标签	多列的记录，每条记录的字段沿左边缘竖直放置，打印在特殊纸上	邮件标签、名字标签

当选定了满足需求的常规报表布局后，便可以创建报表布局文件。

15.1.2　报表布局文件

报表布局文件具有 FRX 文件扩展名，它存储报表的详细说明。每个报表文件还有具有 FRT 文件扩展名的相关文件。报表文件指定了想要的域控件、要打印的文本以及信息在页面上的位置。若要在页面上打印数据库中的一些信息，可通过打印报表文件达到目的。报表文件不存储每个数据字段的值，只存储一个特定报表的位置和格式信息。每次运行报表，值都可能不同，这取决于报表文件所用数据源的字段内容的更改。

15.1.3　本章所涉的数据源

本章使用第 12 章所创建的数据库 xsgl（学生管理）中的数据表作为数据源。

15.2　创建报表布局

有3种创建报表布局的方法：

① 用“快速报表”从单表中创建一个简单报表。

② 用“报表向导”创建简单的单表或多表报表。

③ 用“报表设计器”修改已有的报表或创建自己的报表。

以上每种方法创建的报表布局文件都可以用“报表设计器”进行修改。“报表向导”是创建报表的最简单途径，它自动提供很多“报表设计器”的定制功能。“快速报表”是创建简单布局的最迅速途径。为了直接在“报表设计器”内创建报表，“报表设计器”提供一个空白布局。

15.2.1　快速报表

“快速报表”是一项省时的功能，可以创建一个格式极简单的报表。通常先使用快速报表功能来创建一个简单报表，然后在此基础上做修改，达到快速构造的目的。

下面通过实例说明创建快速报表的操作步骤。

【例 15-1】　利用快速报表功能建立一个简单报表，报表的内容是 xs 表的记录（全部记录横向显示）。

操作步骤如下：

① 单击工具栏上的“新建”按钮，在弹出的“新建”对话框中选择“报表”项，并单击“新建文件”按钮，自动打开报表设计器，并出现一个空白报表。

② 选择主菜单中“报表”菜单，从中选择“快速报表”命令，在“打开”对话框中选择数据源 xs.dbf，并单击“确定”按钮。

③ 系统弹出“快速报表”对话框，如图 15-2 所示。

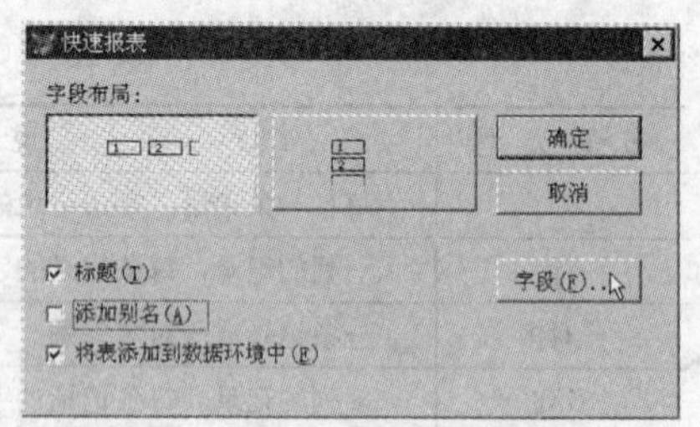

图 15-2　“快速报表”对话框

对话框中主要选项的功能如下：

- 字段布局：对话框中两个较大的按钮用于设计报表的字段布局，单击左侧按钮产生字段横向排列的报表，单击右侧的按钮则产生字段竖向排列的报表。

- “标题”复选框：选中复选框，表示在报表中为每一个字段添加一个字段名标题，否则，没有标题。
- “添加别名”复选框：选中复选框，表示在字段前面添加表的别名。由于数据源是一个表，别名无实际意义，一般此项不选。
- “将表添加到数据环境中”复选框：表示把打开的表文件添加到报表的数据环境中作为报表的数据源。
- “字段”按钮：单击此按钮，打开“字段选择器”对话框为报表选择可用的字段，如图 15-3 所示。在默认情况下，快速报表选择表文件中除通用字段以外的所有字段。单击“确定”按钮，关闭“字段选择器”返回“快速报表”对话框。

④ 在“快速报表”对话框中，单击“确定”按钮，快速报表便出现在“报表设计器”窗口中，如图 15-4 所示。

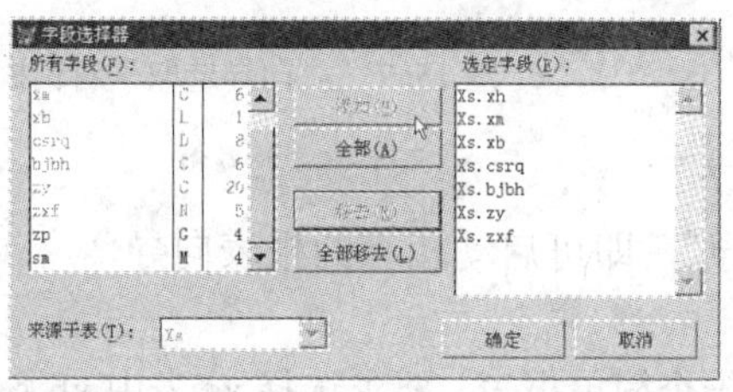

图 15-3 “字段选择器”对话框

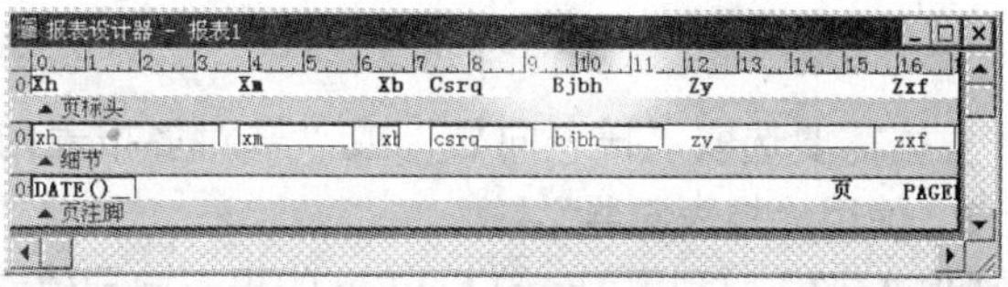

图 15-4 “报表设计器”窗口

⑤ 单击工具栏上的“打印预览”图标按钮，或者从“显示”菜单下选择“预览”，打开快速报表的预览窗口，如图 15-5 所示。

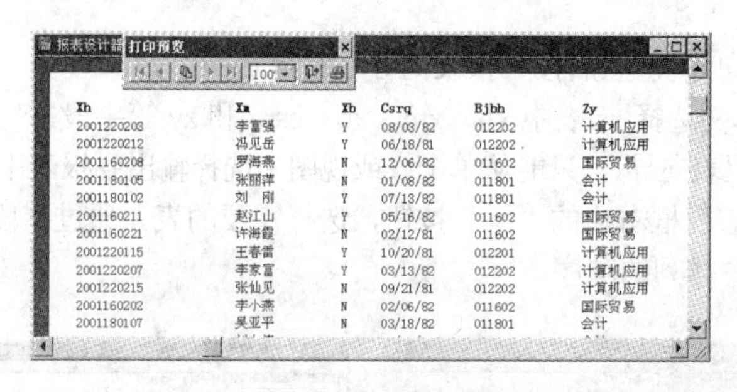

图 15-5 预览报表

⑥ 单击工具栏上的“保存”按钮，将该报表保存为默认的报表文件报表 1.frx。

15.2.2 使用向导创建报表

无论何时想创建报表，都可以使用“报表向导”。“报表向导”将提出一系列问题并根据回答创建报表布局。Visual FoxFro 提供的报表向导有报表、一对多报表，应根据常规布局和报表的复杂程度选择向导。

1. 启动“报表向导”

有多种启动“报表向导”的方法：

① 在“项目管理器”的“文档”选项卡中选定“报表”项，单击“新建”按钮，如

图 15-6a 所示，在弹出的“新建报表”对话框中选择“报表向导”按钮，如图 15-6b 所示。

② 在“文件”菜单中选择“新建”命令，或直接单击“新建”按钮，在弹出的“新建”对话框中选择“报表”按钮，然后单击“向导”按钮。

③ 在“工具”菜单中选择“向导”命令，然后选择“报表”命令。

④ 直接单击工具栏上的“报表向导”图标按钮。

上述操作都将打开“向导选取”对话框，如图 15-7 所示。

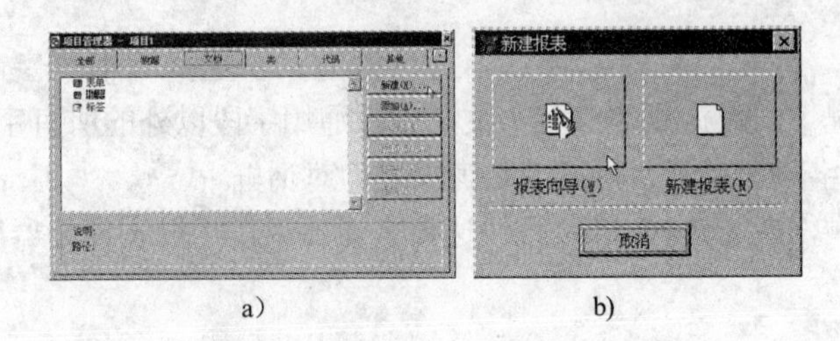

a） b)

图 15-6 “项目管理器”的“文档”选项卡

a）项目管理器 b) 新建报表

图 15-7 “向导选取”对话框

根据需要选取“报表向导”或“一对多报表向导”，即可启动相应的报表向导。

2．使用“报表向导”

【例 15-2】 利用 Visual FoxFro 的报表向导建立一个简单报表，要求选择 xs 表中 xh、xm、xb、csrq 和 zy 等字段。记录按 zy 分组。报表样式为“随意式”。列数为 1，字段布局为“列”，方向为“纵向”。排序字段为“xh”（升序）。报表标题为“学生基本情况一览表”。报表文件名为 report2.rfx。

操作步骤如下：

首先启动“报表向导”，然后按“报表向导”的提示操作。

① 字段选取：本例选择 xs 表中 xh、xm、xb、csrq 和 zy 等字段。

由于选择的是“报表向导”，只能从单个表或视图中选择输出到报表中的字段，如图 15-8 左所示。单击“数据库/表”框右边的“...”按钮，选择需要的表。通过字段选择器，选择报表中需要的字段和在报表中排列的顺序。

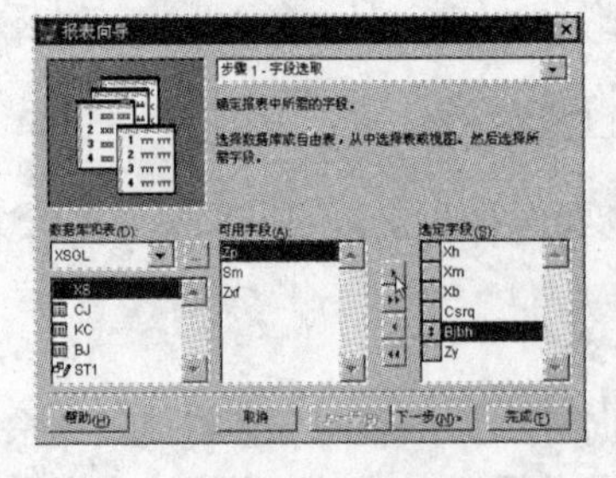
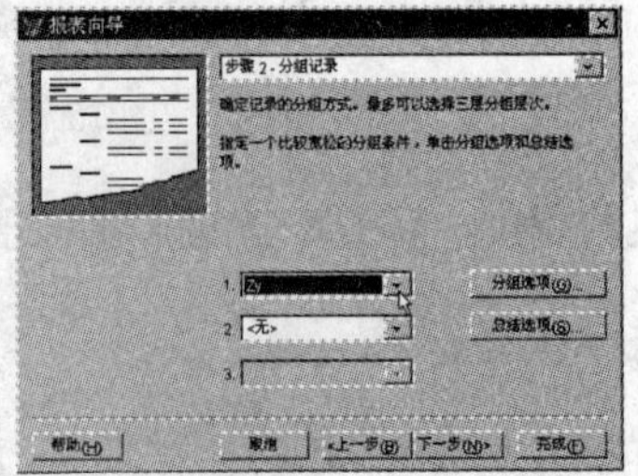

图 15-8 “字段选取”与“分组记录”对话框

② 分组记录：本例选择按 zy 字段分组。

可以使用数据分组来分类并排序字段，这样能够方便读取。如图 15-8 所示，在某个“分组类型”框中选择了一个字段之后，可以选取“分组选项”和“总结选项”来进一步完善分组设置。

选择“分组选项”后将打开“分组间隔”对话框，从中可以选择与用来分组的字段中所含的数据类型相关的筛选级别。

选择“总结选项”将打开一个新的对话框，可以利用计算类型来处理数值型字段。

③ 选择报表样式：本例选择“随意式”。

当选择报表的任何一种样式时，向导都在放大镜中更新成该样式的示例图片，如图 15-9a 所示。

④ 定义报表布局：本例不用选择。

如图 15-9b 所示，选择报表的版面布局。在指定列数或布局时，向导将在放大镜中更新成选定布局的实例图形。如果在步骤 2 中指定分组选项，则本步骤中的“列数”和“字段布局”选项不可用。

列数：设置每行放置几个记录，即分栏数。如果栏数不合适，则会造成重叠。

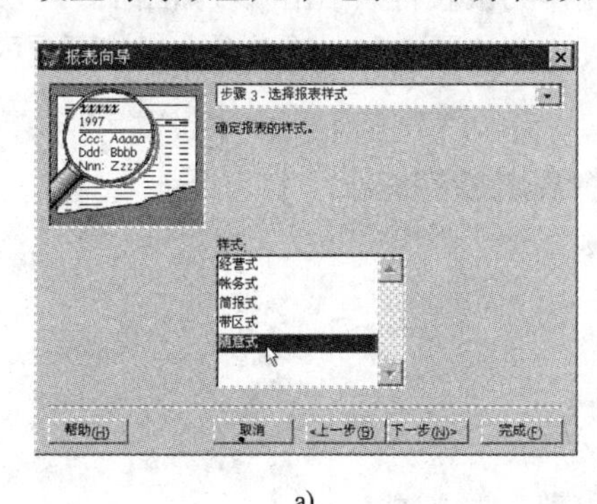

a)

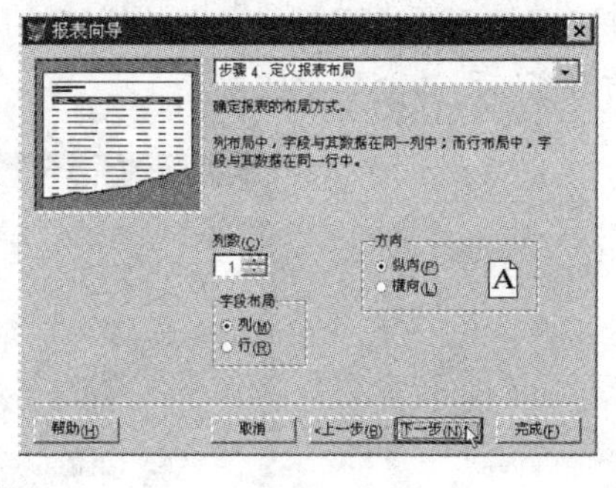

b)

图 15-9 “选择报表样式”与“定义报表布局”对话框

a) 选择报表样式 b) 定义报表布局

字段布局有以下两种排列方式。

- 列：按列排列，每页的字段名称在每列的顶部，每个记录占一行。
- 行：按行排列，字段一个接一个，字段名在字段的左边。

方向：用来设置纸张是竖放（纵向），还是横放（横向）。

由于版面样式、字段的多少、字段的宽度等原因，会造成字段内容重叠，要想看到所设计的最后效果，在最后一步中选择“预览”按钮。若对设计的报表不满意，返回上一步修改。

⑤ 排序记录：本例选择“xh”字段。

如图 15-10a 所示，按照视图查询结果排序的顺序选择字段。若要按原始顺序排列，则可不选择，直接单击“下一步”按钮。

⑥ 完成：本例输入报表标题“学生基本情况一览表”。

如图 15-10b 所示是向导的最后一个对话框。在“报表标题”文本框中输入报表的标题。

由于报表的制作和纸张尺寸、报表式样、字段等有关，选择不当会出现报表超宽的情况。如果选定数目的字段不能放置在报表中单行指定宽度之内，字段将换到下一行显示。如果不希望字段换行，清除“对不能容纳的字段进行折行处理”选项。为了不丢失数据，一般应选择本框。

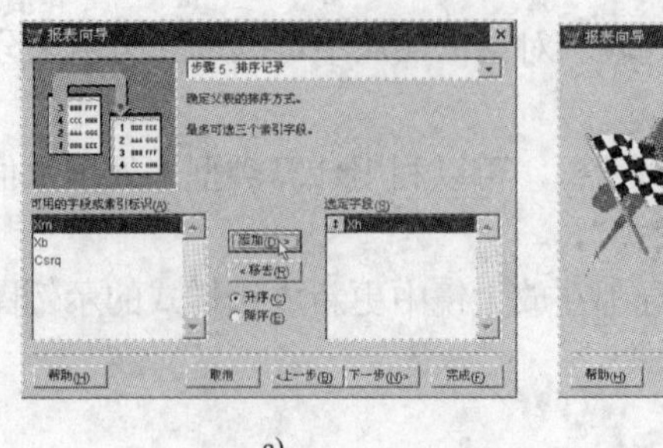

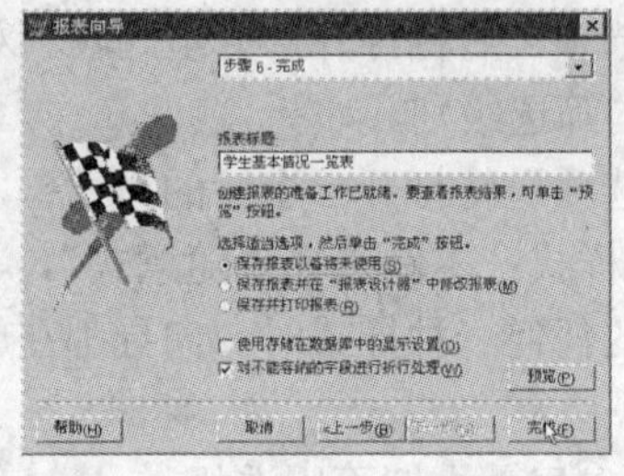

a) b)

图 15-10 “排序记录”与“完成”对话框

a) 排序记录 b) 完成

在完成对话框中选择“预览”按钮，刚才制作的报表将显示出来，如图 15-11 所示。若不满意，则可返回前面的步骤，或者调整纸张的尺寸及放置方向，或者删去那些可要可不要的字段。单击预览窗口可改变显示比例。

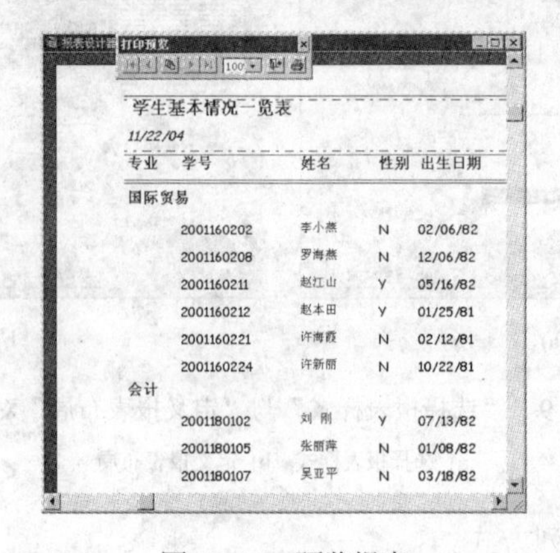

图 15-11 预览报表

执行前面几个步骤后，单击“完成”按钮，将报表文件保存为 report2.frx，完成报表的设计。

15.2.3 启动“报表设计器”

如果不想使用“报表向导”或“快速报表”，也可以使用“报表设计器”从空白报表布局开始，然后添加控件来设计报表。启动“报表设计器”的步骤如下：

① 在“项目管理器”的“文档”选项卡中，选定“报表”，如图 15-6a 所示。

② 选择“新建”按钮。在如图 15-6b 所示的对话框中，选择“新建报表”命令。此时显示“报表设计器”对话框。可以使用“报表设计器”的任何功能来添加控件和定制报表。

15.3 设计报表

通过前面的学习，读者已经会制作一些简单的报表，但在实际应用中，还需要设计更为复杂的报表或对简单报表进行各种修饰和修改。Visual FoxFro 所提供的报表设计器可以完成所有这些工作：设置报表数据源、更改报表的布局、添加报表的控件和设计数据分组等。

15.3.1 报表工具栏

与报表设计有关的工具栏主要包括“报表设计器”和“报表控件”两个。单击“显示”菜单中的“工具栏”命令，在弹出的“工具栏”对话框中可以设置显示或隐藏相应的工具栏。

1．报表设计器工具栏

报表设计器工具栏中共有 5 个工具按钮，其功能说明见表 15-2。

表 15-2 报表设计器工具栏

图标	名称	说明
	数据分组	在报表设计过程中，单击此按钮，显示“数据分组”对话框，用于创建数据分组并指定其属性
	数据环境	在报表设计过程中，单击此按钮，显示“数据环境设计器”窗口，可以结合用户界面同时设计一个依附的数据环境
	报表控件工具栏	在报表设计过程中，单击此按钮，可以启动或关闭报表控件工具栏，以便于利用各控件进行用户界面的设计
	调色板工具栏	在报表设计过程中，单击此按钮，可以启动或关闭调色板工具栏。利用调色板工具栏可以进行各对象前景与背景颜色的设置
	布局工具栏	在报表设计过程中，单击此按钮，可以启动或关闭布局工具栏。利用布局工具栏可以针对对象进行位置配置和对齐设置

2．报表控件工具栏

报表控件工具栏中共有 8 个工具按钮，其功能说明见表 15-3。

表 15-3 报表控件工具栏

图标	名称	功能说明
	选定对象	移动或更改控件的大小，在创建一个控件后，系统将自动选定该按钮，除非选中“按钮锁定”按钮
	标签	在报表上创建一个标签控件，用于显示与记录无关的字符文本，例如标题
	域控件	在报表上创建一个域控件，用于显示字段、内存变量或其他表达式的内容
	线条	用于在报表上绘制垂直或水平直线
	矩形	用于在报表上绘制矩形
	圆角矩形	用于在报表上绘制圆角矩形
	图片/ActiveX 绑定控件	用于在报表上添加图片或包含 OLE 对象的通用型字段
	按钮锁定	用于添加多个同类型控件而不需要多次选中该按钮

15.3.2 报表的数据源

报表输出的数据来自于相关的表或视图，如果一个报表总是使用相同的数据源，就可以把数据添加到报表的数据环境中。当数据源中的数据更新之后，使用同一报表文件打印的报表将反映新的数据内容，而报表的格式不变。

数据环境通过下列方式管理报表的数据源：打开或运行报表时打开表或视图；基于相关表或视图收集报表所需数据集合；关闭或释放报表时关闭表。

1．向数据环境中添加表或视图

向数据环境中添加表或视图的步骤如下：

① 从“显示”菜单中选择“数据环境”命令，打开“数据环境设计器”对话框。

② 用鼠标右键单击“数据环境设计器”，从弹出菜单中选择“添加”命令，如图 15-12a 所示。

③ 在弹出的“添加表或视图”对话框中，依次选定表或视图，然后单击“添加”按钮。

④ 最后单击“确定”按钮，返回“数据环境”设计器，如图 15-12b 所示。

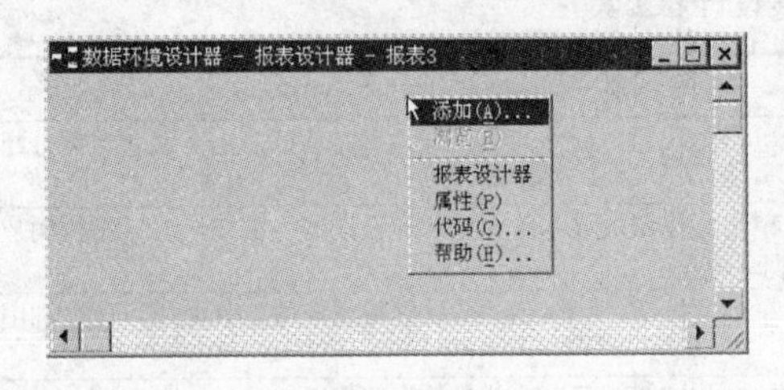

a)

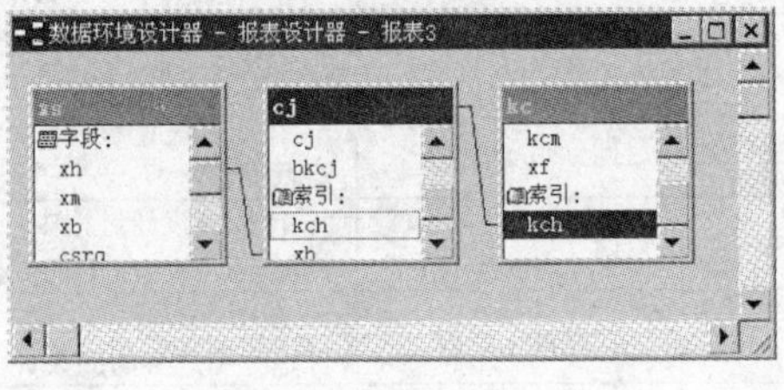

b)

图 15-12　在“数据环境”中添加表或视图

a) 添加表或视图　b) 运行结果

2．为数据环境设置索引

为数据环境设置索引，可设置出现在报表中的记录顺序。为数据环境设置索引的步骤为：

① 从“显示”菜单中选择“数据环境”命令。

② 用鼠标右键单击“数据环境设计器”，从弹出菜单中选择“属性”命令，如图 15-13a 所示。

③ 在打开的“属性”窗口中，选择“对象”框中的“Cursor1”项。

④ 选择“数据”选项卡，然后选定“Order”属性。

⑤ 输入索引名。或者，从可用索引列表中选定一个索引，如图 15-13b 所示。

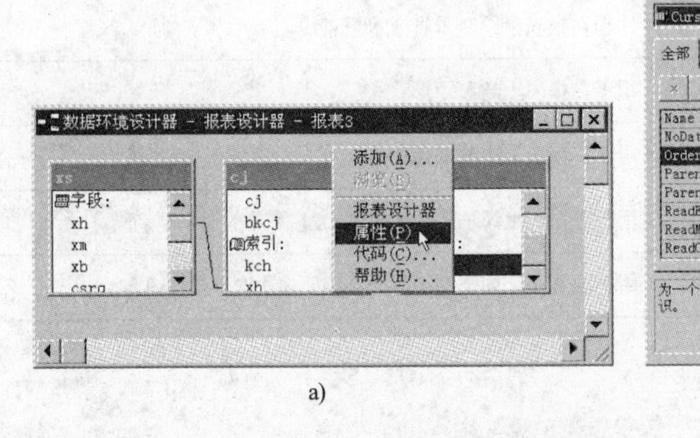

a)　　b)

图 15-13　为数据环境设置索引

a) 选择“属性”　b) 设置索引

15.3.3　报表布局

一个良好的报表会把数据放在报表合适的位置上。在报表设计器中，报表包括若干个带区，带区的作用主要是控制数据在页面上的打印位置。在打印或预览报表时，系统会以不同的方式处理各个带区的数据。

1．报表的带区

报表中可能包含的一些带区以及每个带区的典型内容如图 15-14 所示，注意每个带区下的栏标识了该带区。

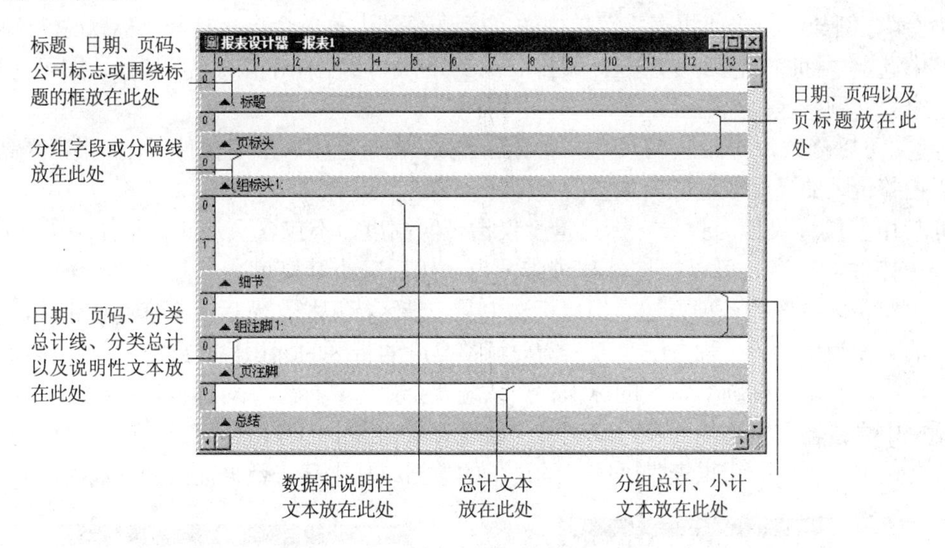

图 15-14 “报表设计器”中的报表带区

使用“报表设计器”内的带区，可以控制数据在页面上的打印位置。表 15-4 列出了报表的一些常用带区以及使用情况。

表 15-4 常用的带区

带 区	打 印	使 用 命 令
标题	每报表一次	从“报表”菜单中选择“标题/总结”带区
页面标头	每页面一次	默认可用
列标头	每列一次	从“文件”菜单中选择“页面设置”设置“列数”>1
组标头	每组一次	从“报表”菜单中选择“数据分组”
细节带区	每记录一次	默认可用
组注脚	每组一次	从“报表”菜单中选择“数据分组”
列注脚	每列一次	从“文件”菜单中选择“页面设置”设置“列数”>1
页面注脚	每页面一次	默认可用
总结	每报表一次	从“报表”菜单中选择“标题/总结”带区

在“报表设计器”的带区中，可以插入各种控件，它们包含打印的报表中想要的标签、字段、变量和表达式。要增强报表的视觉效果和可读性，还可以添加直线、矩形以及圆角矩形等控件，也可以包含图片或 OLE 绑定型控件。

使用报表带区可以决定报表的每页、分组及开始与结尾的样式，可以调整报表带区的大小。在报表带区内，添加报表控件，然后移动、复制、调整大小、对齐以及调整它们，从而安排报表中的文本和域控件。

报表也可能有多个分组带区或者多个列标头和注脚带区。使用本章稍后的定义报表的页面和在布局上分组数据部分中提供的过程，可以添加这些带区。

可以在任何带区中设置任何“报表”控件。也可以添加运行报表时执行的用户自定义函数。

2．添加与调整报表带区

① 在“报表设计器”中，可以添加所需要的带区。添加带区的方法见表 15-4 中的“使用命令”。例如，单击“报表”菜单中的“标题/总结”菜单命令，打开“标题/总结”对话框，在其中选定“标题带区”复选框，如图 15-15 所示。然后单击“确定”按钮，即可在报表中添加一个“标题带区”。

② 可以修改每个带区的尺寸和特征。例如，在带区中添加了控件后，如果带区高度不够，可以调整带区的高度以适应所放置的控件。

使用左侧标尺作为指导。标尺量度仅指带区高度，不包含页边距。不能使带区高度小于布局中控件的高度。可以把控件移进带区内，然后减小其高度。

调整带区高度的一种方法是用鼠标选中某一带区标识栏，然后上下拖动该带区，直至得到满意的高度为止。另一种方法是双击需要调整高度的带区的标识栏，此时系统将显示一个对话框。例如，双击“标题”带区的标识栏，系统就会弹出“标题”对话框，如图 15-16 所示。在对话框中直接输入所需的高度，或调整“高度”微调器中的数值即可。选中“带区高度保持不变”复选框，可以防止报表带区因容纳过长的数据或从中移去数据而改变其高度。

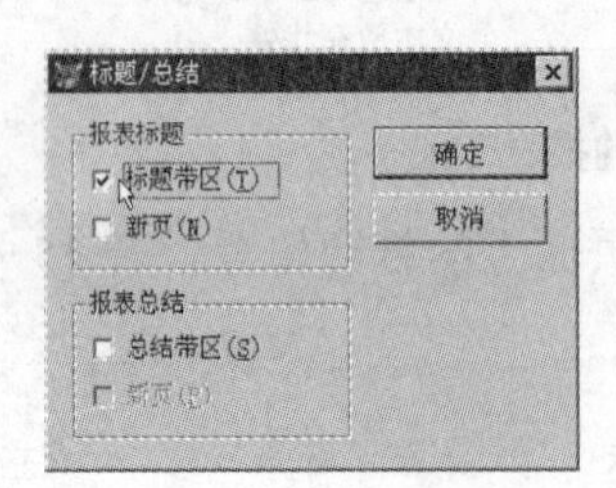

图 15-15 “标题/总结”对话框

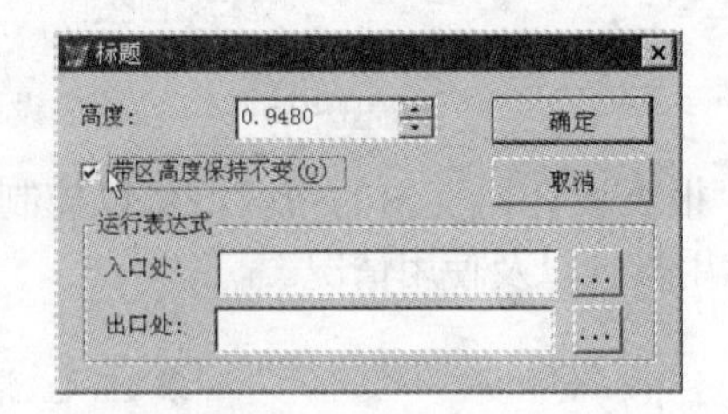

图 15-16 调整带区的高度

15.3.4 报表中的控件使用

从面向对象的角度来看，报表可看成由诸多控件组合而成。因此，对报表的设计主要也是对控件及其布局的设计。这里还需要说明：

① 可以在任何带区加入任何报表控件。

② 相同的报表控件安置在不同的带区时，其输出效果也不一样，故使用带区可以控制数据在页面上的打印位置。

③ 可以调整带区大小，但不能使带区高度小于其内控件的高度。

④ 可以有多对组标头与组注脚带区。

1．标签控件

标签控件在报表的使用中相当广泛。例如，每一个报表都有一个标题，每一个字段前都要有说明性文字等，这些标题或说明性文字就是使用标签控件来实现的。

使用标签控件的操作很简单，只要在“报表控件”工具栏中单击“标签”按钮，然后在报表指定位置上单击鼠标，便会出现一个插入点光标，即可在当前位置上输入文本。

可以更改标签控件中文本的字体和大小，选定标签控件，从“格式”菜单中选择“字体”

命令，在打开的“字体”对话框中选择适当的字体和大小。

若要更改标签控件的默认字体，可从“报表”菜单中选择“默认字体”命令，在打开的“字体”对话框中选择适当的字体和大小。

【例 15-3】 为例 15-1 中的报表添加一个“标题带区”，然后在该带区中放置一个标签控件，该标签控件显示报表的标题“学生情况表”。

操作步骤如下：

① 打开例 15-1 中的报表文件报表 1.frx，系统自动打开报表设计器。

② 单击“报表”菜单中的“标题/总结”命令，打开“标题/总结”对话框。

③ 选中“标题带区”复选框，如图 15-15 所示，然后单击“确定”按钮，即可在报表中添加一个“标题带区”。

④ 在“标题带区”中添加一个标签控件，在光标处输入学生情况表。

⑤ 单击“格式”菜单中的“字体”命令，在打开的“字体”对话框中选择适当的字体及大小项。

⑥ 重新选定该标签控件，然后单击“格式”菜单中的“文本对齐方式”子菜单，选择“居中”项。

修改后的报表如图 15-17 所示。

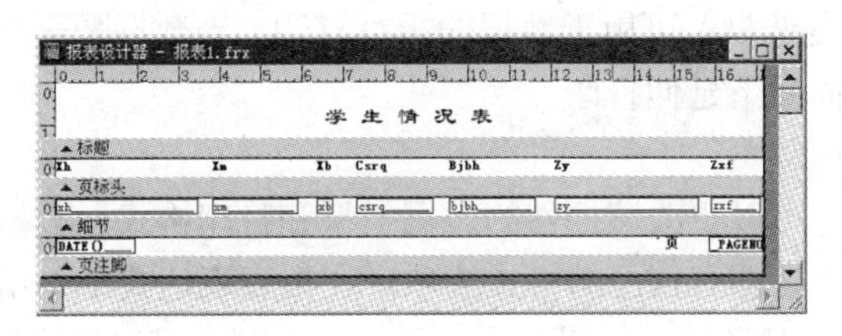

图 15-17　添加一个标题

2．线条、矩形、圆角矩形控件

报表控件中线条、矩形、圆角矩形等控件的生成和设置比较简单，只需注意以下几点：

① 单击所需要的控件，在相应的带区拖动鼠标即可生成控件。

② 生成控件后，选中控件拖动鼠标可移动控件的位置。

③ 双击控件即可打开控件对话框，对控件进行相应的设置，包括布局、属性等。

注意：在报表中生成多个控件时，这些控件有时按一点的布局排列，这时可以用布局工具栏对控件进行设置，布局的含义与表单上使用布局工具栏一样，可以参阅前面章节中关于布局工具栏的使用。

3．域控件

域控件又称为表达式控件，用来表示表中字段、内存变量、系统变量、报表变量、表达式等计算结果。在报表中添加域控件有两种方法：一是从数据环境中添加，二是直接插入域控件。

若要从数据环境中添加表中字段，则可打开报表的数据环境，选择表或视图，拖放字段到布局上。

若要从工具栏添加表中字段，可按如下步骤操作：

① 从“报表控件”工具栏中，插入一个“域控件”。

② 在“报表表达式”对话框中，单击“表达式”框后的对话按钮。

③ 在“字段”框，双击所需的字段名。表名和字段名将出现在“报表字段的表达式”内。如果“字段”框为空，则应该向数据环境添加表或视图。不必保持表达式中表的别名。

可以删除它或者清除“表达式生成器”对话框选项。

④ 单击“确定”按钮。

⑤ 在“报表表达式”对话框中，单击“确定”按钮。

4．报表表达式

当在报表中插入一个域控件之后，系统将打开“报表表达式”对话框，如图 15-18 所示。其各部分含义如下。

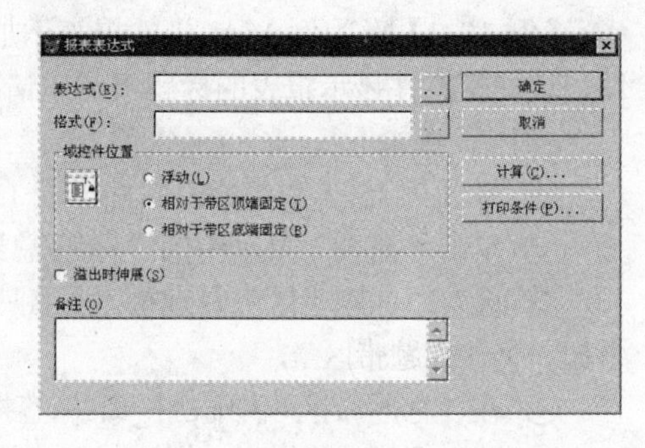

图 15-18　“报表表达式”对话框

- “表达式”文本框：用于输入表达式，也可通过其右侧的对话按钮打开表达式生成器来设置表达式。
- “格式”文本框：用于为表达式输入输出格式符，也可通过其右侧的对话按钮打开格式对话框来指定格式。
- “计算”按钮：用于打开计算字段对话框，以便为控件指定统计类型和范围。
- “打印条件”按钮：用于打开打印条件对话框，以便为控件指定打印的时机。
- “溢出时伸展”复选框：可用于数据的折行打印。当数据长于字段控件宽度时，多余部分能在垂直方向向下延伸打印。

5．格式对话框

插入“域控件”后，可以更改该控件的数据类型和打印格式。数据类型有字符型、数值型和日期型，每一种数据类型都有自己的格式选项。在报表表达式中单击“格式”文本框右边的“...”按钮，打开“格式”对话框，如图 15-19 所示。在其中可以进行数据的格式设置。

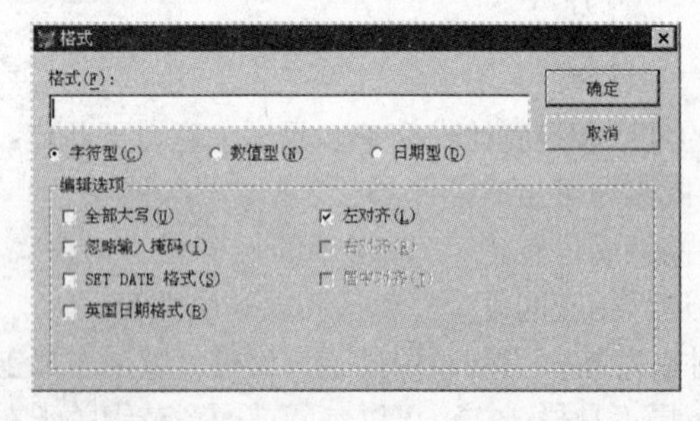

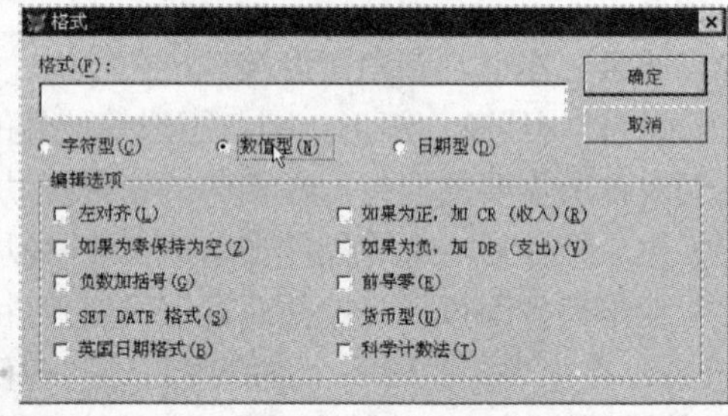

图 15-19　“格式”对话框

6．计算字段对话框

在表达式对话框中单击“计算”按钮，弹出如图 15-20 所示的“计算字段”对话框，它允许为控件选择一项统计，主要由下面两部分组成。

（1）重置组合框

该组合框用于选定控件计算的复零时刻，包括的选项如下。

① 报表尾：此为默认值，表示在报表打印结束时将控件计算复零。

② 页尾：表示在报表每页打印结束时将控件计算复零。假定一个多页报表的页注脚带区已设置了价格字段控件，若要求每页价格分别小计，则应选择页尾重置；如要求价格累计到底，则应选报表尾重置。

③ 列尾：在多列打印中，表示每一列打印结束时将控件计算复零。数据分组后分组表达

式会自动添入重置组合框中，这一选项能使控件计算在组值变化时复零。

（2）计算区

该区包括 8 个选项按钮，用户可为控件从中选定一项要执行的计算，也可指定不进行计算。

① 不计算：对控件不进行计算，直接打印表达式值。此为默认选项。

② 计数：用于计算并返回表达式出现的次数，此时不返回表达式的值。例如，DATE()表达式放置在细节带区将根据表的记录数从 1 开始依次打印，放在页注脚带区则打印最大记录数。

③ 总和：用于计算表达式值的总和。

④ 平均值：用于计算表达式的算术平均值。

⑤ 最小值：用于求表达式的最小值。

⑥ 最大值：用于求表达式的最大值。

⑦ 标准误差：用于计算表达式的方差的平方根。

⑧ 方差：用于衡量各表达式值与平均值的偏离程序。

上述计算可用于整个报表、每组、每页或每列，计算范围与重置框中的选择有关。

7．打印条件对话框

在表达式对话框中单击“打印条件”按钮，可弹出如图 15-21 所示的对话框，说明如下。

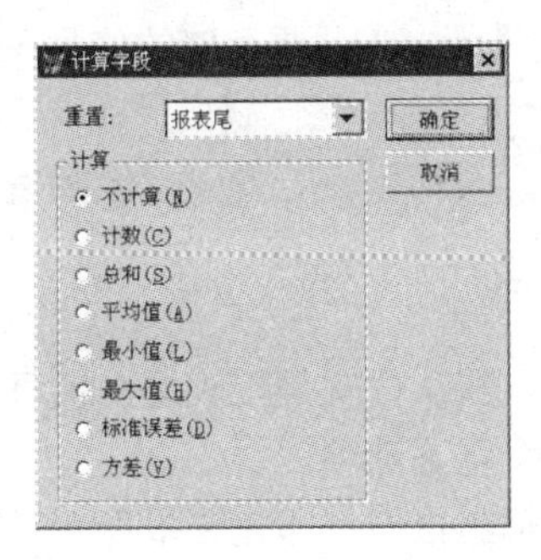

图 15-20 “计算字段”对话框

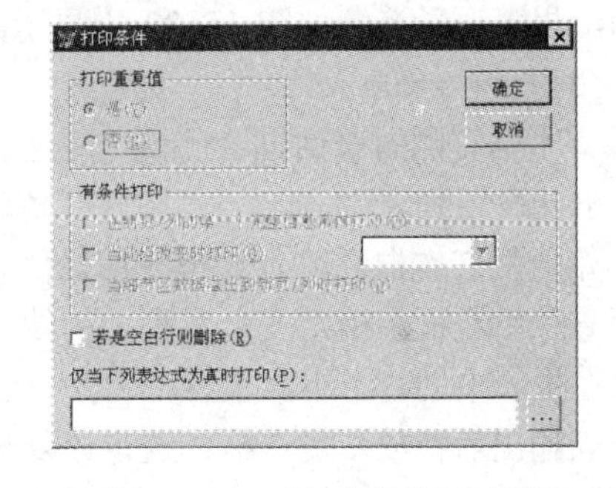

图 15-21 “打印条件”对话框

①“打印重复值”区：选定“是”选项按钮表示控件总是打印，此为默认状态。选定“否”选项按钮仅当控件值改变时才会打印，即不打印重复值，打印位置将留空。

②“有条件打印”区：“在新页/列的第一个完整信息带内打印”复选框用于指定在新页或新列的第一个完整信息带内打印，而不是在前一页或前一列的信息带内接着打印。

选定“当此组改变时打印”复选框后，再在其右边的组合框中选出一个组，则当组值改变时就会打印。

选定“当细节区数据溢出到新页/列时打印”复选框后，当细节带区中的打印内容已满一页或一列而换到另一页或另一列时就会打印。

③“若是空白行则删除”复选框：如果设置的条件使控件不被打印，并且又没有其他对象位于同一水平位置上，那么选定该复选框就会删除控件所在行；若该复选框未选定，则打印一个空行。

④“仅当下列表达式为真时打印”文本框：用于输入一个表达式，或利用对话按钮显示表达式生成器来设置表达式。当表达式的值为真时控件才被打印，否则不打印。

15.3.5 报表变量

若要在报表中操作数据或显示计算结果，则可以使用报表变量。使用报表变量，可以计算各种值，并且可以用这些值来计算其他相关值。

1．创建报表变量

“报表”菜单中的“变量”命令可用于创建与编辑报表变量。在“报表”菜单中选择“变量”命令将弹出“报表变量”对话框，如图 15-22 所示。

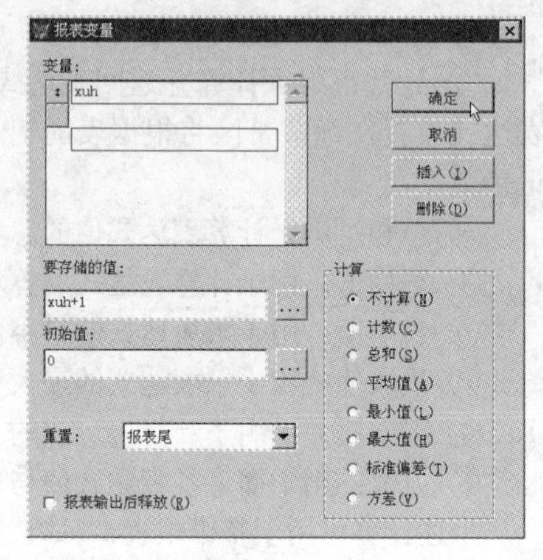

图 15-22 “报表变量”对话框

其中各组件的含义如下。

①“变量”列表区：用于显示已定义的报表变量，并可输入报表变量。拖动列表中变量名左边的上下双箭头按钮可改变报表变量的排列次序。

②“插入”按钮：用于在变量列表框中插入一个空文本框，以便定义新的变量。

③“删除”按钮：用于在变量列表框中删除选定的变量。

④“要存储的值”文本框：输入表达式，并将此表达式赋值给报表变量。例如图 15-22 中显示的报表变量为 xuh，要存储的值是 xhu+1，这相当于设置了命令 xuh = xuh + 1。

选定该文本框右侧的对话框会出现“表达式生成器”对话框，若变量已经赋值，它就会被列入该对话框的变量列表中。

⑤“初始值”文本框：输入变量的初始值。

⑥“重置”组合框：指定变量重置为初始值的位置。默认位置是报表尾，也可选择页尾或列尾。如果在报表中创建了组，重置框将为该组显示一个重置选项。

⑦“报表输出后释放”复选框：选定该复选框后，每当报表打印完毕报表变量即从内存中释放；如果未选定，除非退出 Visual FoxPro 或使用 CLEAR ALL、CLEAR EMORY 等命令来释放，否则此变量一直保留在内存中。

⑧“计算”区：用来指定变量执行的计算操作。从其初始值开始计算，直到变量被再次重置为初始值为止。该区各选项按钮的功能前面已介绍过，这里不再重复。

2．创建报表变量控件

报表变量建立后，变量名即进入表达式生成器列表框，供创建域控件时选用。

创建报表变量控件的步骤：选定报表控件工具栏的“域控件”按钮，单击“报表设计器”窗口某处，在“报表表达式”对话框中选定“表达式”文本框右侧的“...”按钮，出现“表达式生成器”对话框，在“表达式生成器”对话框的“变量列表”中双击某报表变量，单击“确定”按钮返回“报表表达式”对话框，单击“确定”按钮返回“报表设计器”窗口，报表变量控件便已产生。

【例 15-4】 设计报表“成绩一栏表”，报表列出 cj 表中的所有成绩，如图 15-23 所示。

本例使用报表变量控件来输出序号和平均成绩，主要设计步骤如下：

① 新建一个空白报表，并增加标题带区和总结带区。

② 打开数据环境，添加 xs 和 cj 表作为数据源，两个表按学号字段建立关系。用鼠标右键

单击关系连线，选择弹出菜单中的“属性”命令，打开“属性”窗口。设置关系：Relation1 的 OneToMany 属性为真-.T.，使得只有在“子表的记录指针遍历了所有相关记录之后，才移动父表的记录指针”。

③ 创建报表变量：单击“报表”菜单中的“变量”命令，打开“报表变量”对话框，在“变量列表区”编辑框中输入 xuh，在“要存储的值”文本框中输入 xuh+1；再创建 pj 变量，在“要存储的值”文本框中输入 cj.cj，并在“计算”区选择“平均值”，如图 15-24 所示。

成绩一览表

	专业	姓名	课程号	成绩
1	计算机应用	李富强	111101	78
2	计算机应用	李富强	141203	74
3	计算机应用	李富强	151101	86
4	计算机应用	冯见岳	151101	77
5	计算机应用	冯见岳	111101	89
6	计算机应用	冯见岳	141203	90
7	国际贸易	罗海燕	631206	89
8	国际贸易	罗海燕	111101	71
9	国际贸易	罗海燕	151101	87
10	会计	张丽萍	151101	69
11	会计	张丽萍	111101	70
12	会计	张丽萍	621201	68
13	会计	刘　刚	621201	70
14	会计	刘　刚	111101	53
15	会计	刘　刚	151101	64
16	国际贸易	赵江山	631206	90

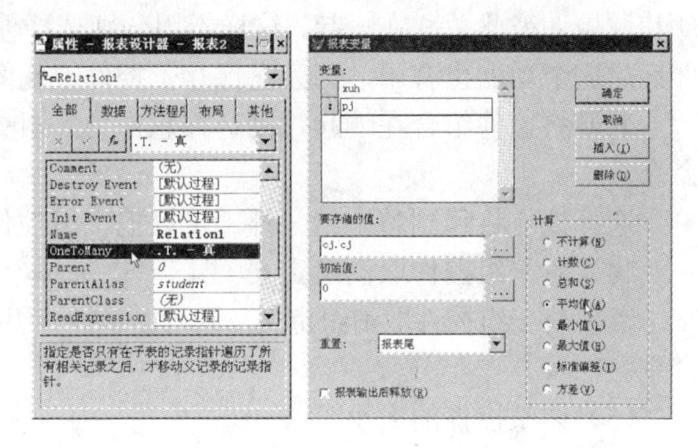

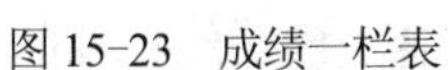
图 15-23　成绩一栏表

图 15-24　创建报表变量

④ 在各个带区添加如图 15-25a 所示的控件和字段。

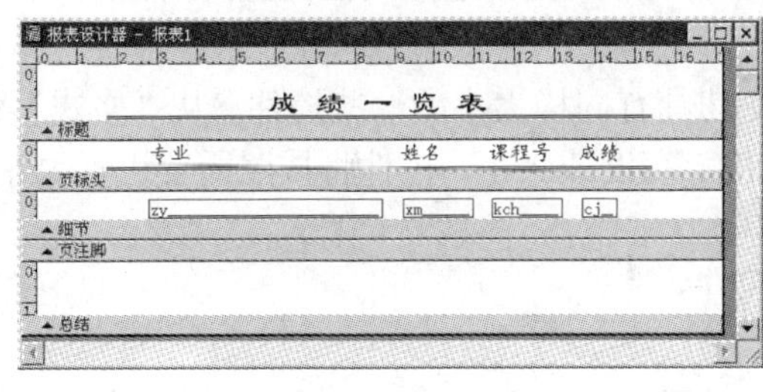

a)

b)

图 15-25　添加控件和字段

a) 添加控件和字段　b) 创建报表变量控件

⑤ 创建报表变量控件：在“报表控件”栏上单击“域控件”按钮，创建域控件，在弹出的“报表表达式”对话框中的“表达式”文本框中输入 xh。同理，创建 pj 报表变量控件，然后，将这两个控件分别拖入细节带区的最左面和总结带区，如图 15-25b 所示。

⑥ 预览报表如图 15-23 所示。将报表文件保存为 report4.frx。

15.3.6　报表控件的布局

1．选择、移动及调整报表控件的大小

如果创建的报表布局上已经存在控件，则可以更改它们在报表上的位置和尺寸。可以单独更改每个控件，也可以选择一组控件作为一个单元来处理。

（1）移动一个控件

若要移动一个控件，则可以选择控件并把它拖动到“报表”带区中新的位置上。

控件在布局内移动位置的增量并不是连续的，增量取决于网格的设置。若要忽略网格的作用，则可以在拖动控件的同时按下〈Ctrl〉键。

（2）选择多个控件

若要选择多个控件，则可以在控件周围拖动以画出选择框。选择控点将显示在每个控件周围。当它们被选中后，可以作为一组内容来移动、复制或删除。

（3）将控件组合在一起

通过将控件标识在一个组中，可以为多个任务将一组控件关联在一起。例如，将标签控件和域控件彼此关联在一起，这样不用分别选择便可移动它们。当已经设置格式并且对齐控件后，这个功能也有用，因为它保存了控件彼此间的位置。

若要将控件组合在一起，则选择想作为一组处理的控件，从“格式”菜单选择“分组”命令。

选择控点将移到整个组之外，可以把该组控件作为一个单元处理。

（4）对一组控件取消组定义

若要对一组控件取消组定义，则可以选择该组控件，然后从“格式”菜单选择“取消组”命令。

（5）调整控件的大小

如果在布局上已有控件，则可以单独地更改它的尺寸，或者调整一组控件的大小使它们彼此相匹配，可以调整除标签之外任何报表控件的大小。标签的大小由文本、字体及磅值决定。若要调整控件的大小，则可以选择要调整的控件，然后拖动选定的控点直到所需的大小。

（6）匹配多个控件的大小

若要匹配多个控件的大小，则可以选择想使其具有同样大小的一些控件，从“格式”菜单中选择“大小”命令。选择适当选项来匹配宽度、高度或大小，控件将按照需要进行调整。

2．复制和删除报表控件

可以单独或成组复制或删除布局上的任意控件。

（1）复制控件

选择要复制的控件，从“编辑”菜单中选择“复制”命令，然后选择“粘贴”命令。控件的副本将出现在原始控件下面，将副本拖动到布局上的正确位置。

（2）删除控件

选择要删除的控件，从“编辑”菜单中选择“剪切”命令或按〈Delete〉键。

3．对齐控件

可以根据彼此间关系对齐控件，或者根据“报表设计器”提供的网格放置它们，可以沿某一侧或居中对齐控件。

若要对齐控件，则选择想对齐的控件，从“格式”菜单中选择“对齐”命令。从子菜单中选择适当对齐选项。Visual FoxPro 使用距离所选对齐方向最近的控件作为固定参照控件。

也可以使用“布局”工具栏。使用工具栏可以同距离所选一侧最远的控件对齐，只要在单击对齐按钮时按下〈Ctrl〉键，如图 15-26 所示。

选择对齐所有控件的边缘线时，应考虑到所有控件应彼此分开，而不应相互重叠。同一行上的控件如果沿它们右侧或左侧对齐，它们将彼此堆在一起。同样，同一竖线上的控件上、下对齐也会重叠。

要使所有控件按照此控件的左边对齐，选择“左边对齐”按钮

要使所有控件按照此控件的左边对齐，按住〈Ctrl〉键，再选择“左边对齐”按钮

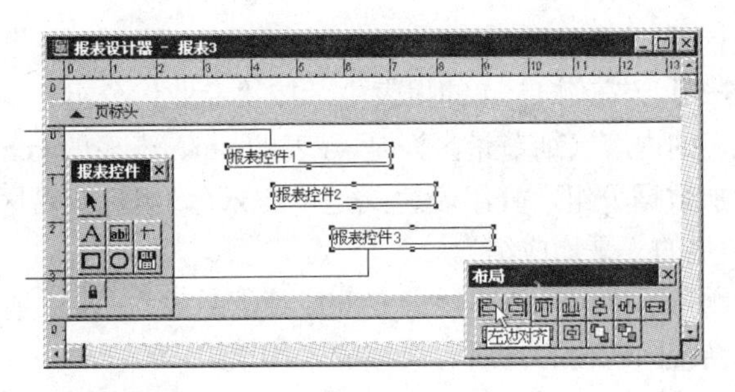

图 15-26　左对齐工具

若要居中对齐带区内的控件，则选择想对齐的控件，然后从“格式”菜单中选择“对齐”命令。从子菜单中，选择“垂直居中对齐”命令或“水平居中对齐”命令。控件将移动到各自带区的垂直或水平中心。

4．调整控件的位置

使用状态条或表格控件，可以将控件放置在报表页面上的特定位置。默认情况下，控件根据网格对齐其位置，可以选择关掉对齐功能和显示或隐藏网格线。网格线可以帮助用户按所需布局放置控件。

若要将控件放置在特定的位置，则从“显示”菜单中选择“显示位置”命令。选择一个控件，然后使用状态栏上的位置信息将该控件移动到特定位置。

若要人工对齐控件，则从“格式”菜单中清除“对齐格线”命令。

若要显示网格线，则从“显示”菜单中选择“网格线”命令。网格将在报表带区中显示。

若要更改网格的度量单位，则从“格式”菜单中选择“设置网格刻度”命令。在“水平”、“垂直”框内，分别输入代表网格每一方块水平宽度和垂直高度的像素数目。

15.4　报表分组与多栏报表

在实际应用中，常需要把具有某种相同信息的数据组织在一起，使报表更易阅读。分组可以明显地分隔相关纪录和为相关纪录添加总结性数据。

15.4.1　报表分组

一个报表可以设置一个或多个数据分组，组的分隔基于分组表达式。

1．数据分组

如果数据源是表，则记录的物理顺序可能不适合分组。为了使数据源适合于分组处理记录，必须对数据源进行适当的索引或排序。通过为表设置索引，或是在数据环境中使用视图、查询作为数据源，才能达到合理分组显示记录的目的。

如果数据表已经设有索引，则可以在数据环境中设定索引：

① 为报表打开数据环境设计器。

② 在数据环境设计器中单击鼠标右键，从弹出菜单中选择“属性”命令，打开“属性”窗口。

③ 在“属性”窗口中选定对象“Cursor1”。

④ 修改其“Order”属性为相应的索引名。

2．单级分组报表

单级分组报表是指表达式进行单层（一级）数据分组。例如，可以按“客户号”分组，相

同客户的记录在一起打印。

【例 15-5】 在例 15-4 的报表中，按“专业”分组打印，具体要求如下：

① 报表的内容（细节带区）是 xs 表的 xm、cj 表的 kch 和 cj。

② 增加数据分组，分组表达式是“xs.zy”，组标头带区的内容是“zy”，组注脚带区的内容是该组学生的“平均成绩”。

③ 标题带区中，标题是“分专业成绩汇总表”，要求是 3 号字、黑体，括号是全角符号。

④ 总结带区的内容是所有成绩的平均值。

为了正确处理分组数据，必须事先对报表文件的数据源进行索引，本例假定已经对“zy”建立了索引，索引名为“zy”。

在例 15-4 报表的基础上进行修改，主要步骤如下。

① 打开报表文件，并同时打开报表设计器。

② 设置当前索引：打开数据库环境设计器。右击鼠标，从弹出菜单中选择“属性”命令，打开“属性”窗口。确认对象框中为“cursor1”，在“数据”选项卡中选定“order”属性，从索引列表中选择 zy。

③ 添加数据分组：选择“报表”菜单中的“数据分组”命令，在弹出的“数据分组”对话框中单击第一个“分组表达式”框右侧的“...”按钮，打开“表达式生成器”。对话框中选择“zy”作为分组依据。单击“确定”按钮，报表设计器中添加了“组标头 1：zy”和“组注脚 1：zy”两个带区。

④ 添加报表变量：单击“报表”菜单中的“变量”命令，打开“报表变量”对话框，在“变量列表区”编辑框中输入 zpj，在“要存储的值”文本框中输入 cj.cj，在“重置”组合框中选择“xs.zy”，并在“计算”区选择“平均值”。

⑤ 调整域控件：把“zy”字段的域控件从“细节”带区移动到“组标头”带区最左面；调整细节带区和页标头带区的其他控件，使它们上下对齐。

与例 15-4 中总结带区的域控件 zj 相仿，在组注脚中添加域控件 zzj，如图 15-27a 所示。需要说明的是，将该控件添加到组注脚带区，计算出的平均值是本组的，而总结带区则是计算全部的。

最后，在组注脚带区添加一个线条控件。

⑥ 预览效果如图 15-27b 所示。

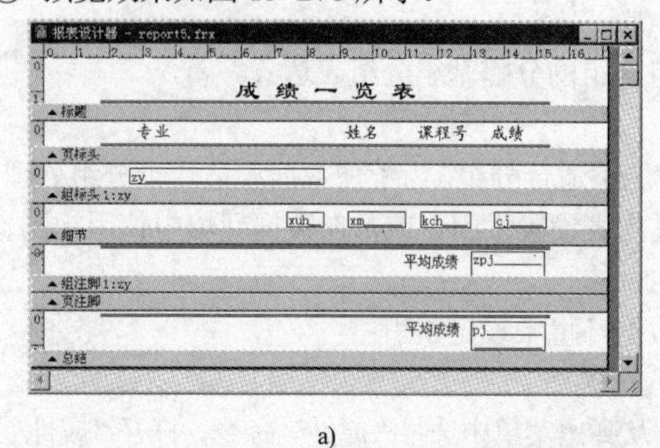

a)

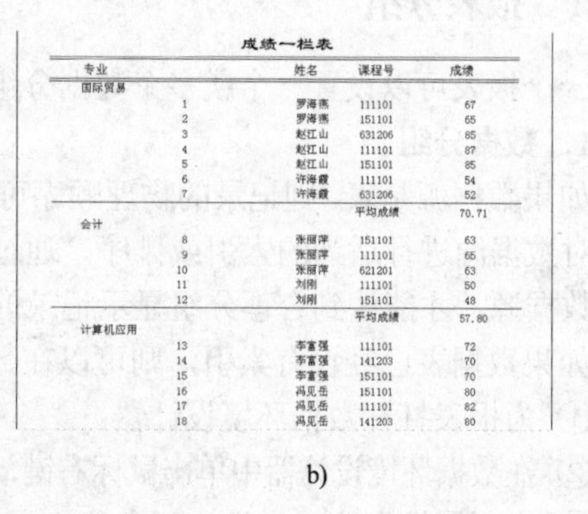

成绩一栏表

专业		姓名	课程号	成绩
国际贸易				
	1	罗海燕	111101	67
	2	罗海燕	151101	65
	3	赵江山	631206	85
	4	赵江山	111101	87
	5	赵江山	151101	85
	6	许海霞	111101	54
	7	许海霞	631206	52
			平均成绩	70.71
会计				
	8	张丽萍	151101	63
	9	张丽萍	111101	65
	10	张丽萍	621201	63
	11	刘刚	111101	50
	12	刘刚	151101	48
			平均成绩	57.80
计算机应用				
	13	李富强	111101	72
	14	李富强	141203	70
	15	李富强	151101	70
	16	冯见岳	151101	80
	17	冯见岳	111101	82
	18	冯见岳	141203	80

b)

图 15-27 分组报表

a) 设置界面 b) 运行结果

3. 多级分组报表

在报表中，最多可以有 20 级数据分组。嵌套分组有助于组织不同层次的数据和总计表达式，但在实际应用中往往只用到 3 级分组。在设计多级数据分组报表时，需要注意分组的级与多重索引的关系。

（1）多级数据分组基于多重索引

多级分组报表的数据源必须可以分出级别来，例如数据源中有“zy”“xm”和“kch”等字段，可以按关键字表达式“zy + xm + kch”建立索引，也可以按关键字表达式“kch + xm + zy”建立索引。如何建立索引，应视具体情况而定。

（2）分组层次

一个数据分组对应于一组“组标头”和“组注脚”带区。数据分组的编号按其创建的顺序而定，编号越大的分组离细节带区越近。

（3）更改分组

在“数据分组”对话框中可以改变分组的顺序，更改或删除组带区。

当在“数据分组”对话框中移动组的位置而改变分组顺序时，组带区中定义的所有控件都将自动移到新的位置。对组重新排序并不更改以前定义的控件，例如，框或线条以前是相对于组带区的上部或底部定位的，它们仍将固定在组带区的原位置。

组被删除后，该组带区将从报表布局中删除。如果该组带区中含有控件，则将提示同时删除控件。

需要特别注意的是，更改分组后，必须重新指定索引，才能够正确组织各组的数据。

15.4.2 报表分栏

多栏报表是指分为多列打印输出的报表。如果输出的字段较少，横向只占用部分页面，则可以设计成多栏报表。

1．页面设置

从“文件”菜单中选择“页面设置”命令，打开“页面设置”对话框，如图 15-28 所示。各部分的含义如下。

①“列数”：主要用于报表中的数据是 1 栏还是多栏，默认为 1 栏。

②“宽度”：主要用于页面的可使用宽度。

③“间隔”：只有列数文本框中的值大于 1 时才起作用，用于设置栏与栏间的间隔。

④“打印顺序”：只有列数文本框的值大于 1 时才起作用，用于设置栏与栏数据是按从下到下还是从左到右的顺序打印。

⑤“左页边距”：设置页面左边距。

2．设置“打印顺序”

在打印报表时，默认情况下“细节”带区中的内容依“自上向下”的顺序打印。对于多栏报表，这种打印顺序只能靠左边距打印一个栏目，页面上的其他栏均为空白。为了能在页面上打印出多个栏，需要将“打印顺序”设置为“自左向右”。

3．设置“列标头”和“列注脚”带区

在“页面设置”对话框中设置“列数”，将改变报表分栏。例如设置列数为 2，则将整个页面平均分为两部分；设置列数为 3，则将整个页面平均分为三部分。单击“确定”按钮，在报表设计器中将添加一个“列标头”带区和一个“列注脚”带区，同时“细节”带区也将相应缩短，如图 15-29 所示。

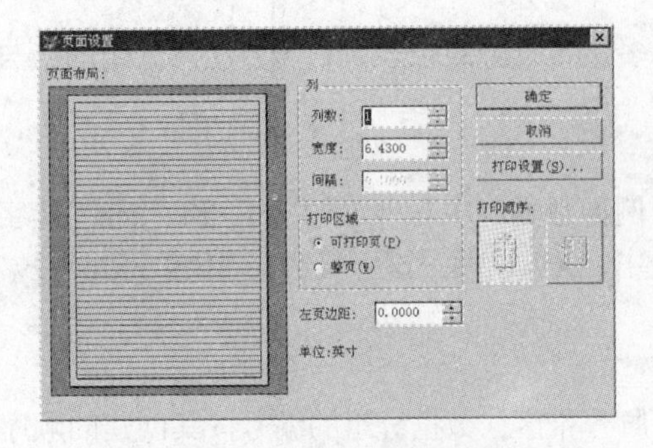

图 15-28 “页面设置”对话框

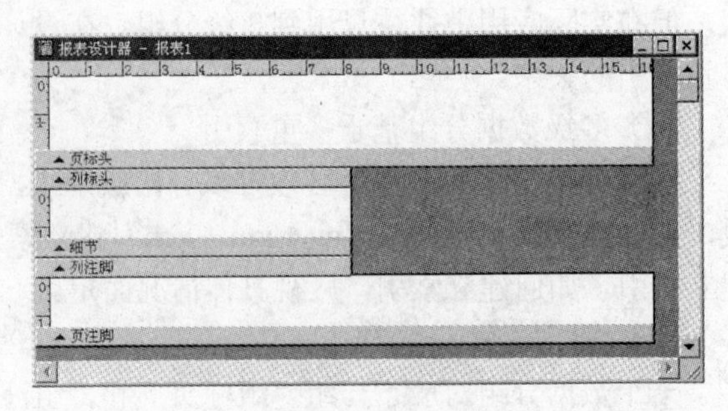

图 15-29 “列标头”和“列注脚”带区

下面以一个实例来说明多栏报表的设计。

【例 15-6】 将例 15-4 的报表设计成分栏报表。

① 打开报表文件：report4.frx。

② 设置多栏报表：在页面设置中将列数设为 2，在报表设计器中将添加 1/2 的一对“列标头”带区和“列注脚”带区。

③ 设置打印顺序：在“页面设置”对话框中选择打印顺序为“自左至右”，以避免只靠左边距打印一个栏目，页面上其他栏目空白。单击“确定”按钮，关闭对话框。

④ 复制页标头带区的标签控件：zy、xm、kch、cj，并调整其位置。

⑤ 调整“细节”带区各域控件的位置，如图 15-30 所示。

⑥ 调整“标题”标签的位置（水平居中），并调整各线条控件的长度。

⑦ 单击“文件”菜单中的“另存为”命令，在打开的“另存为”对话框中，将报表另存为 report6.frx。预览效果如图 15-31 所示。

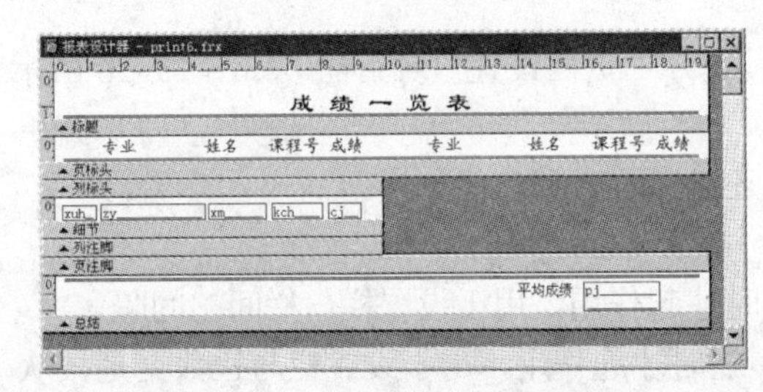

图 15-30 调整各域控件的位置

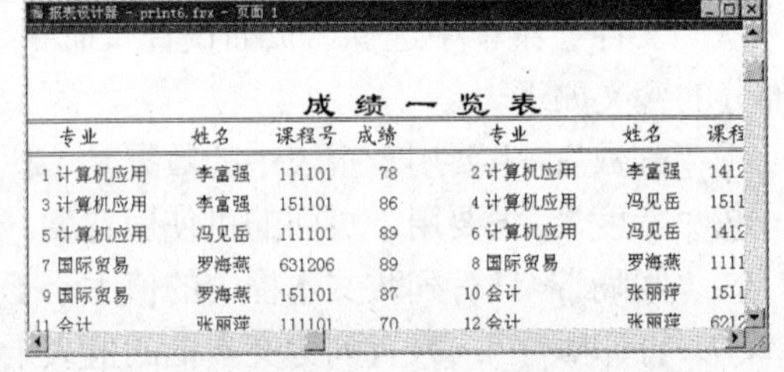

图 15-31 分栏报表

15.5 预览和打印报表

用户可以在定制报表布局的任何时候预览或打印报表。

15.5.1 预览结果

通过预览报表，不用打印就能看到它的页面外观。例如，可以检查数据列的对齐和间隔，或者看报表是否返回希望的数据。有两个选择：显示整个页面或者缩小到一部分页面。

1. 设计时的预览

如果报表已经在“报表设计器”中打开，那么任何时候都可以使用“预览”功能查看报表的打印效果。其操作十分方便：

① 可以从“显示”菜单中选择“预览”命令。

② 可以从“文件”菜单中选择“打印预览”命令。

③ 可以用鼠标右键单击“报表设计器”，从弹出菜单中选择“预览”命令。

④ 可以直接单击“常用”工具栏中的“打印预览”按钮。

2．使用命令预览

也可以使用命令来预览报表，命令的格式为：

REPORT FORM 〈报表文件名〉 PREVIEW

例如，在命令窗口输入如下命令，即可预览例 15-6 中的分栏报表：

```
REPORT FORM report6.frx PREVIEW
```

说明：上述命令还可以使用 Visual FoxPro 命令中的范围子句和 For 条件子句来控制报表所包含的记录。

预览窗口通常包含一个“打印预览”工具栏。在“打印预览”工具栏中，单击“前一页”或“下一页”按钮可以切换页面；若要更改报表图像的大小，选择“缩放”列表；要打印报表，可以单击“打印报表”按钮；若想要返回，则单击“关闭预览”按钮。

15.5.2 打印报表

在实际应用中，最为重要的是将报表通过打印机输出。

1．设计时打印

如果报表已经在“报表设计器”中打开，那么任何时候都可以打印报表。其操作十分方便：

① 可以从“文件”菜单中选择“打印”命令或直接单击“常用”工具栏中的“打印”按钮。

② 可以从“报表”菜单中选择“运行”命令或直接单击“常用”工具栏中的“运行”按钮。

③ 可以用鼠标右键单击“报表设计器”，从弹出菜单中选择“打印”命令。

④ 还可以通过预览，使用“打印预览”工具栏中的“打印”按钮。

2．使用命令打印

也可以使用命令来打印报表，命令的格式为：

REPORT FORM 〈报表文件名〉 TO Printer

例如，在命令窗口输入如下命令，即可打印例 15-6 中的分栏报表：

```
REPORT FORM report6.frx TO Printer
```

说明：

① 上述命令还可以使用 Visual FoxPro 命令中的范围子句和 For 条件子句来控制报表所包含的记录。

② 如果未设置数据环境，则显示“打开”对话框，并在其中列出一些表，从中可以选定要进行操作的一个表，把报表发送到打印机上。

15.6 习题 15

一、选择题

1．以下各选项不能启动报表向导途径的是（　　）。

A．打开“项目管理器”，在“文档”选项卡中，选择“报表”命令

B．从“文件”菜单的“新建”中选择“报表”命令。

C．从“格式”菜单中选择“报表”命令

D．在“工具”菜单中选择“向导”子菜单，选择“报表”命令

2．下列控件中又称为“表达式控件”的是（　　）。

A．标签控件　　B．线条控件

C．图片/ActiveX 图片控件　　D．域控件

3．下列带区中不是快速报表默认的基本带区的是（　　）。

A．页标头　　B．标题　　C．细节　　D．页注脚

4．使用报表向导定义报表时，定义报表布局的选项是（　　）。

A．列数、方向、字段布局　　B．列数、行数、字段布局

C．行数、方向、字段布局　　D．列数、行数、方向

5．下列各选项对于报表变量控件叙述正确的是（　　）。

A．报表变量控件和其他报表控件一样可以直接创建

B．报表变量控件必须先创建报表变量才能创建

C．可以先创建报表控件再创建报表变量

D．报表变量和报表变量控件没有关系

6．在设计表单时，定义、修改表单数据环境的设计器是（　　）。

A．数据库设计器　　B．数据环境设计器

C．报表设计器　　D．数据设计器

7．为了在报表的某个区域显示当前日期，应该插入一个（　　）。

A．域控件　　B．日期控件　　C．标签控件　　D．表达式控件

8．报表文件的扩展名是（　　）。

A．MNX　　B．FXP　　C．PRG　　D．FRX

二、填空题

1．设计报表时包括两个部分，即________和________。

2．在 Visual FoxPro 中提供的 3 种创建报表的方法是________、________和________。

3．域控件可以打印表或视图中的________、________和________。

4．数据分组之后会自动弹出的两个带区是________和________。

5．数据分组的分组字段必须是________。

6．数据分栏之后会自动添加的两个带区是________和________。

三、上机题

利用 Visual FoxPro 的快速报表功能建立一个满足如下要求的简单报表：

① 报表的内容是 order_detail 表的记录（全部记录，横向）。

② 增加“标题带区”，然后在该带区中放置一个标签控件，该标签控件显示报表的标题“器件清单”。

③ 将页注脚区默认显示的当前日期改为显示当前的时间。

④ 最后将建立的报表保存为 report1.frx。